高等学校“十二五”规划教材

油气储运安全技术

张乃禄　肖荣鸽　编著

西安电子科技大学出版社

内 容 简 介

本书共10章，阐述了石油天然气的性质、油气储运的生产与安全特点及其事故类型，详细介绍了现代安全管理理论和系统安全分析与评价技术，根据油气储运的专业范围，系统地介绍了油气集输站场、油气管道、油库、液化石油气储运等的安全管理与技术，并综合讨论了油气储运有关的HSE管理体系和石油天然气火灾与灭火技术。

本书内容全面丰富、系统性强、重点突出、注重应用，可作为高等院校安全工程专业和油气储运工程专业及相关专业的教材，也可作为安全工程、油气储运、石油工程等相关行业工程技术人员与管理人员的培训教材和参考书，还可作为从事安全管理、安全评价工作的相关人员的实用参考书和注册安全工程师与安全评价师的考试辅导用书。

图书在版编目(CIP)数据

油气储运安全技术/张乃禄，肖荣鸽编著. —西安：西安电子科技大学出版社，2013.10

高等学校“十二五”规划教材

ISBN 978-7-5606-3207-0

Ⅰ. ① 油…　Ⅱ. ① 张…　② 肖…　Ⅲ. ① 石油与天然气储运—安全管理—高等学校—教材　Ⅳ. ① TE8

中国版本图书馆CIP数据核字(2013)第223357号

策　　划　戚文艳
责任编辑　雷鸿俊　郭亚萍
出版发行　西安电子科技大学出版社(西安市太白南路2号)
电　　话　(029)88242885　88201467　　邮　　编　710071
网　　址　www.xduph.com　　电子邮箱　xdupfxb001@163.com
经　　销　新华书店
印刷单位　陕西天意印务有限责任公司
版　　次　2013年10月第1版　　2013年10月第1次印刷
开　　本　787毫米×1092毫米　1/16　印　张　19
字　　数　450千字
印　　数　1～3000册
定　　价　33.00元
ISBN 978-7-5606-3207-0/TE

XDUP 3499001-1

如有印装问题可调换

前　言

随着国民经济的发展以及石油和天然气需求的快速增长，我国迎来了油气输送和储存工业的大发展。增强安全生产意识，提高安全管理水平，保障油气储运设施的安全运营，是油气储运工程技术与管理人员的重要任务。油气储运安全技术已成为油气储运工程建设与安全生产的重要技术保障措施之一。

为了适应这种需求，为油气储运工程、石油工程、安全工程专业的学生开设了“油气储运安全技术”这门课程，其目的是：通过油气储运安全管理和安全技术的教学，使学生能够应用相关理论、方法和手段，进行油气储运工程的安全设计；掌握油气储运安全管理的基本方法，能对油气集输站场、油气管道和油库进行安全运行管理，并能对典型的油气管道事故和油库事故进行分析；让学生能够充分认识安全技术、安全管理在油气储运系统管理中的重要地位，从总体上提高学生分析和解决油气储运安全生产问题的能力。

“油气储运安全技术”是油气储运工程专业的限选课程，是安全工程与石油工程专业的选修课，本课程的主要目标是培养学生在油气储运实际工作中分析和解决有关安全方面问题的能力。本书可作为高等院校油气储运工程专业的本科教材，也可作为石油工程、安全工程、油气储运等相关行业工程技术人员与管理人员的培训教材和参考书。

本书是作者参考国内外有关文献资料，结合作者从事油气储运安全技术的教学和工作经验，在西安石油大学《油气储运安全技术》讲义的基础上编写的。

本书共 10 章。其中，第 1、2、3、4、5、8 章由西安石油大学张乃禄教授编写，第 6、7、9、10 章由西安石油大学肖荣鸽博士编写。本书由张乃禄教授统稿，由西安石油大学王遇冬教授主审，并提出了许多宝贵的修改建议。在编写过程中，在读研究生徐菁、陈建锋、贾智文、赵鹏、颜瑾、周加明等做了大量的辅助工作。本书在编写过程中，参考了国内多位专家的相关著作、文章以及研究报告和行业相关规范与标准，得到了西安石油大学领导和同仁的大力支持，并提出了许多宝贵的意见，还得到了西安电子科技大学出版社戚文艳等编辑的指正与帮助，在此一并表示衷心的感谢。

由于编者水平有限，本书在内容的广度、深度和编排上难免有疏漏和不足，恳请读者批评指正。

编　者

2013 年 7 月

目　录

第 1 章　绪　论

1.1　油气储运安全技术概述

1.1.1　石油、原油及天然气

根据 1983 年第 11 届世界石油大会对石油、原油和天然气的定义，石油(Petroleum)是指在地下储集层中以气相、液相和固相天然存在的，通常以烃类为主并含有非烃类的复杂混合物。原油(Crude Oil，简称 Oil)是指在地下储集层中以液相天然存在的，并在常温和常压下仍为液相的那部分石油。天然气(Natural Gas，简称 Gas)则是指在地下储集层中以气相天然存在的，并且在常温和常压下仍为气相(或有若干凝液析出)，或在地下储集层中溶解在原油内，在常温和常压下从原油中分离出来时又呈气相的那部分石油。

因此，石油是原油和天然气的总称。我国习惯上将原油称为石油，故国内也常采用“石油天然气”这样的提法来指原油和天然气，但在国际交往中则必须将石油、原油和天然气三者的含义严格区分开来。

1.1.2　油气储运及其安全技术

顾名思义，油气储运就是石油天然气(简称油气)产品的储存和运输，在石油工业内部是联系油气生产、加工、运输、分配、销售等各个环节的纽带。如图 1-1 所示，油气储运主要包括矿场油气集输与处理，油气长距离管道输送，各转运枢纽的储存与装卸，终点分配油库(或配气站)的营销，炼油厂和石油化工厂(简称炼化厂)油气产品的储运与营销等。

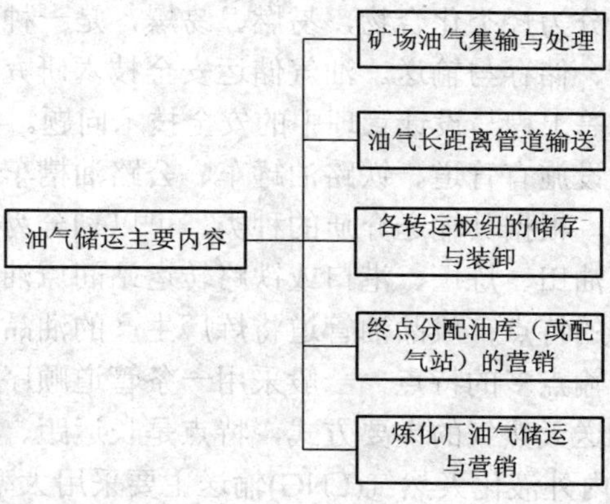

图 1-1　油气储运主要内容

油气储运是把油井、气井产物高效地处理成合格的天然气、原油、水和固体排放物，调节油气田的生产，把原油和天然气安全、经济地输送到各个炼油企业和用户，以保障国家成品油和天然气销售系统的安全、高效运行，实现国家的战略石油储备和商业石油储备的过程。油气储运过程如图1-2所示。

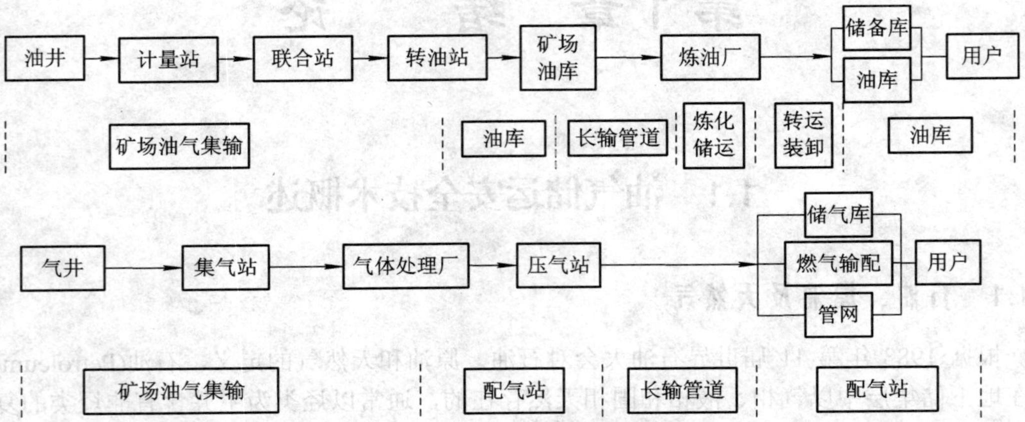

图1-2　油气储运过程示意图

油气储运安全技术是为了控制和消除油气储运过程中各种潜在的不安全因素，针对油气储运工程设计与施工、生产作业环境、设备设施、工艺流程和作业人员等方面存在的安全问题，结合油气储运各个环节的危险辨识、风险评价以及危险控制而采取的一系列技术措施。

油气储运安全是储运安全生产工作的重要组成部分。作为一门综合性的实用学科，储运安全技术的研究涉及石油、机械、电子、电气、系统工程、管理工程等广泛的知识领域，其研究对象包括人(生产作业人员)、物(石油与天然气储运相关的设备设施)、环境(内、外部环境)等各个对象及其相关的各个环节。

1.1.3　油气储运安全的研究对象与目的

1. 油气储运安全的研究对象

石油天然气的主要成分为烃类化合物，易燃、易爆，是一种危险品。油气储运主要是油气危险品的生产、处理、储存与输送。油气储运安全技术研究的是油气储运过程中油气生产、处理、输送、储存等工程与设计管理中的安全技术问题。

油气储运涉及的运输设施有管道、铁路油罐车、公路油槽车以及油轮等。当前应用最多的输送方式为管道运输，根据其输送介质的种类，可以划分为原油管道、成品油管道和天然气管道。原油管道是油田、炼厂、港口或铁路转运站间原油的主要输送方式，具有管径大、运距长、分输点少的特点；成品油管道将炼厂生产的油品运至油库或转运站，具有输油品种多、批量大、分输点多的特点，一般采用一条管道顺序输送多种油品的工艺；天然气管道是陆地和海上输送天然气的主要方式，特点是长运距、大口径、高压力，能形成大型供气系统。目前，国内外液化天然气(LNG)输送主要采用大型的LNG运输船和槽车以及管道。

油品储存设施主要指油库。根据油库的管理体制和经营性质，可以划分为独立油库和企业附属油库两大类，如图1-3所示。根据主要储油方式，油库可以划分为地面油库(主要设备为油罐)、隐蔽油库、山洞油库、水封石洞油库和海上油库等；根据运输方式，油库可以划分为水运油库、陆运油库和水陆联运油库；根据经营油品的种类，油库可以划分为原油库、润滑油库、成品油库等。

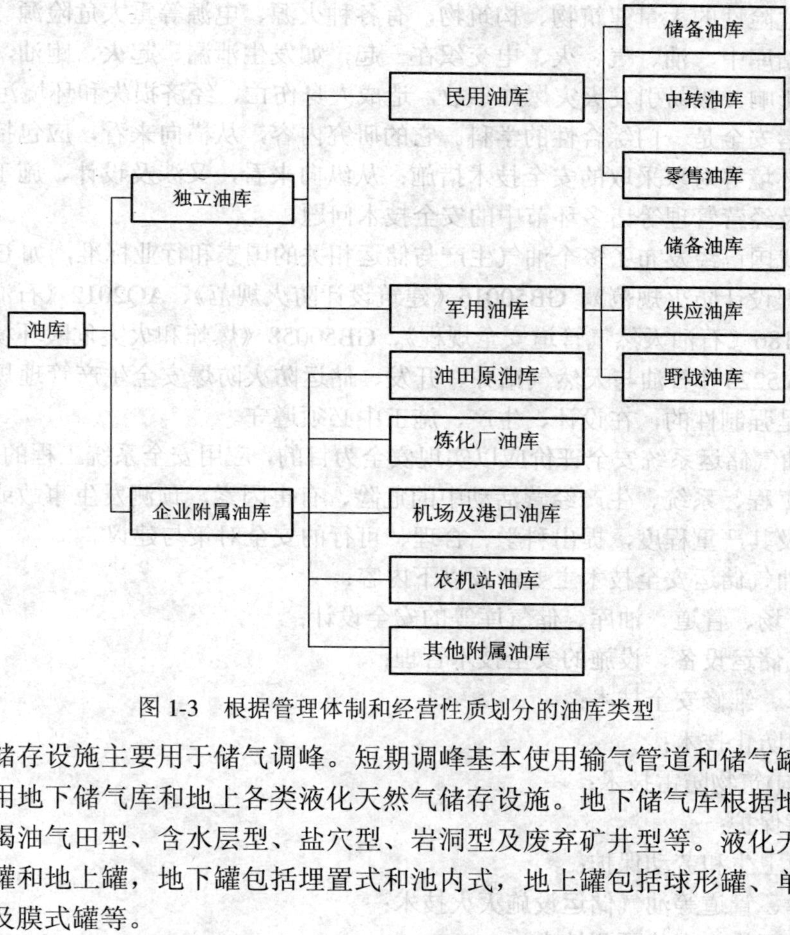

图1-3 根据管理体制和经营性质划分的油库类型

天然气储存设施主要用于储气调峰。短期调峰基本使用输气管道和储气罐；中长期调峰则需要使用地下储气库和地上各类液化天然气储存设施。地下储气库根据地质构造，可以划分为枯竭油气田型、含水层型、盐穴型、岩洞型及废弃矿井型等。液化天然气储存设施分为地下罐和地上罐，地下罐包括埋置式和池内式，地上罐包括球形罐、单容罐、双容罐、全容罐及膜式罐等。

2．油气储运安全研究的目的

油气储运安全技术研究的目的是认真贯彻执行国家有关的法律、方针、政策及法规、标准，分析研究油气储运工程设计与施工及生产过程中存在的各种不安全因素，采取有效的控制和消除各种潜在不安全因素的技术措施，防止事故的发生，保障职工的人身安全和健康，保证国家财产安全。因此，在研究中必须坚持“安全第一，预防为主”的原则。

所谓“安全第一”，就是要求油气储运行业在考虑经营决策、设计施工、计划措施安排，组织指挥生产作业，以及在科技成果的应用、技术改造、新建、改建、扩建项目等活动中，应当把安全作为一个重要的前提条件，落实安全生产的各项措施，保证生产长期、安全地进行，保障职工的安全与健康。

所谓“预防为主”，就是应当把安全工作的重点放在事故的预测预防上，运用安全科学的基本原理及事故发生和发展的规律，对各种事故和潜在的危险性进行科学的预测，以便采取有效的预防措施，防止事故的发生和扩大，最大限度地减少事故造成的损失。

1.1.4　油气储运安全技术的内容

在油气储运过程中，有易燃、易爆的油气，有高温、高压的设备，有分散面积大、具有不同火灾危险性的大量建筑物、构筑物，有各种火源、电源等重大危险源。在油气输送中，尤其在站库中，油、气、火、电交织在一起，如发生泄漏、起火、跑油，加上自然和人为因素的影响，极易引发火灾爆炸事故，造成人身伤亡、经济损失和环境污染。

油气储运安全是一门综合性的学科。它的研究内容，从横向来看，应包括对储运领域的人、物、环境等对象采取的安全技术措施；从纵向来看，又涉及设计、施工、验收、操作、维修以及经营管理等诸多环节中的安全技术问题。

目前，我国已经发布了多个油气生产与储运相关的国家和行业标准，如GB50183《石油天然气工程设计防火规范》、GB50016《建筑设计防火规范》、AQ2012《石油天然气安全规程》、SY6186《石油天然气管道安全规程》、GB50058《爆炸和火灾危险环境电力装置设计规范》、SY5225《石油与天然气钻井、开发、储运防火防爆安全生产管理规定》等。这些规范大都是强制性的，在设计、生产、施工中必须遵守。

此外，油气储运系统安全评价应以实现安全为目的，应用安全系统工程的原理和方法，辨识与分析工程、系统、生产经营活动中的危险、有害因素，预测发生事故或造成职业危害的可能性及其严重程度，提出科学、合理、可行的安全对策与建议。

因此，油气储运安全技术主要涉及以下内容：

(1) 站、场、管道、油库、储气库等的安全设计；

(2) 油气储运设备、设施的安全技术管理；

(3) 检修、维修安全技术；

(4) 静电防止技术；

(5) 建(构)筑物防雷技术；

(6) 环境保护；

(7) 职业卫生和劳动保护；

(8) 站库、管道等油气储运设施灭火技术；

(9) 安全评价与事故预测技术。

1.2　油气储运安全技术的现状和发展

1.2.1　油气储运安全技术的现状

1. 油气资源的开发与利用加快，安全生产压力增大

石油天然气是经济发展和人民生活不可缺少的重要能源。由于国内油气资源分布不均衡和进口油气数量快速增加，近年来我国油气储运建设规模不断扩大。根据国家发改委统计，2012 年，我国石油表观消费量达 4.9 亿吨，对外依存度为 58%，已超过国际能

源机构的预测值。根据国际能源机构预测，到 2020 年我国石油需求将达到 4.61 亿吨，国家发改委能源研究所预测的数据为 4.76 亿吨，对外依存度将高达 60%，超过美国目前 50% 的水平。

我国国民经济和社会发展“十二五”规划纲要提出：“合理规划建设能源储备设施，完善石油储备体系，加强天然气和煤炭储备与调峰应急能力建设；加快西北、东北、西南和海上进口油气战略通道建设，完善国内油气主干管网；统筹天然气进口管道、液化天然气接收站、跨区域骨干输气网和配气管网建设，初步形成天然气、煤层气、煤制气协调发展的供气格局。”由此可知，未来我国油气储运建设将继续处于重要的发展期；同时，随着油气储运建设规模的不断扩大，若发生大的泄漏、火灾、爆炸事故，将会对国家财产、人民生命和环境安全造成巨大威胁，甚至影响社会稳定。因此，经济发展形势和国家能源安全都要求加大油气开发的力度，油气储运安全生产压力增大。

2. 科技自主创新能力较弱，安全科技支撑体系不完善

我国目前在一些关键领域缺乏具有自主知识产权的核心技术，高层次技术人才匮乏，安全科技开发和新技术推广还没有形成产业化；与油气储运相关的高等教育、科研、设计、设备制造等领域科技人才短缺，应用基础研究薄弱，无法满足我国石油天然气行业安全生产发展的需要。我国在防硫化氢腐蚀材料研究和生产方面，与国外存在比较大的差距，大量管材需要进口。目前世界上能全流程生产 G3 高抗腐蚀镍基合金油管的只有美国特钢、日本住友等几家公司，国内镍基合金高耐蚀合金管材的生产尚处于初级阶段。

目前，应重点结合油气储运工程建设和生产运行需要，抓好重大科技项目攻关、重大技术现场实验和成熟技术推广应用三个环节，提高科技成果应用率。重点推进“西气东输关键技术”、“LNG 接收站关键技术”、“原油管道节能降耗方案研究”、“长输管道关键设备与技术国产化”等重大科技项目技术攻关；加快开展具有自主知识产权的数据采集与监视系统(SCADA 系统)国产化研究；尽快推广油气管道安全预警系统、液体管道泄漏检测技术等节能、环保、安全运行的新技术。

3. 安全隐患仍大量存在，油气储运伤亡事故时有发生

2012 年全球(不包括我国)油气产业各类事故发生了 104 起，共造成了 250 人死亡、3736 人受伤和 17 人失踪。其中，油气管道运输事故 41 起，油轮 21 起，罐车 10 起，油罐火车 1 起，油气储运事故占到总量的 70.2%，比上年同期暴增了 24.13%。从事故性质看，违规操作 48 起，占总事故的 46.2%，比上年同期增加了 11.37%；恐怖袭击 39 起，占总事故的 37.5%，大体与上年的情况相当；第三方暴力施工造成的事故有 16 起，占总事故的 15.4%。从国别看，美国发生事故 18 起，占总事故的 17.3%，其他 7 个经济合作与发展组织(OECD)成员国 24 起，欧佩克及其他 18 个产油国共 54 起。美国依然是事故发生频率最高的国家，且运输事故占据了一半，管道系统老化和第三方暴力施工是美国管道安全的最大杀手。

在我国，2012 年被媒体关注的石油石化产业各类事故共 218 起，事故造成 103 人死亡、910 人受伤、13 人失踪。其中，石油和天然气管道事故有 44 起，占总事故的 20.2%，排在产业事故的第二位，70%是外部第三方野蛮施工造成的管道破坏，而违规操作、因盗油对长输管道的打孔和管道老化各占 1/3；罐体事故有 32 起，占总事故的 14.7%，排在事故高发产业的第三位。

4. 油气储运设施易构成重大危险源，发生事故的概率较大

油库方面，随着国家战略储备体系的建立和完善，油罐向大型化发展；储气库从目前的调峰型向战略储备型方向延伸及发展；管道方面，管线向长距离、大管径、大输量、高压力方向发展；新建管道沿途地质条件恶劣，自然灾害频发。

油气储存和运输规模都在不断增大，油气长输管道具有管径大、压力高、线路长的特点；油库储罐储存容量不断增大，大型浮顶储罐单罐容积已达 $15\times10^4\,m^3$，且油库区域内布置的储罐较为密集，商业储备库或者国家储备库容量已达数百万立方米；目前，液化天然气接收站 LNG 储罐单罐容积一般为 $16\times10^4\,m^3$，储存量也很大。地下储气库将在我国的油气消费、油气安全领域发挥更加重要的作用，建库目标将从目前的调峰型向战略储备型方向延伸及发展。我国将形成四大区域性联网协调的储气库群：东北储气库群、华北储气库群、长江中下游储气库群和珠江三角洲储气库群，而油气储运设施易构成重大危险源。

1) 我国石油储备基地

2003 年起，我国开始筹建石油储备基地。初步规划用 15 年时间分三期完成油库建设，第一期为 1000 万吨至 1200 万吨，第二期和第三期分别为 2800 万吨。2006 年 10 月建成镇海国家石油储备基地，建设规模为 520 万立方米，共 52 台储油罐，如图 1-4 所示。同时建设的还有舟山、黄岛、大连等储备基地，储存容量分别为 500 万立方米、320 万立方米和 300 万立方米。2008—2010 年，储备能力被提高至 30 000 万桶，相当于我国 40 天的净石油进口量。我国还准备建设一座大型地下石油储备设施，储备能力将达到 4400 万桶。远期规划目标是形成相当于 90 天的战略石油储备能力，即国际能源署(IEA)规定的战略石油储备能力的“达标线”。到 2015 年能够满足 90 天的石油净进口量时，我国石油储备能力需要提高至 62 500 万桶。

图 1-4　镇海储备库

2) 我国地下储气库

我国的地下储气库建设起步较晚，20 世纪 70 年代在大庆油田曾经进行过利用气藏建设地下储气库的尝试。2000 年 11 月，我国首次在大港油田利用枯竭凝析气藏建成了城市调峰型大张坨地下储气库，如图 1-5 所示。2006 年冬季用气高峰期，该地下储气库每天向

北京供气逾 $1600\times10^4\,m^3$，弥补了陕甘宁天然气的供应量缺口。

图1-5　大张坨地下储气库

3) 西气东输管道

西气东输管道一线长约3900 km，管径1016 mm，设计压力10 MPa，以塔里木盆地天然气为气源，年计划输气量为 $120\times10^8\,m^3$。西气东输管道于2001年7月4日正式开工，2004年10月全线贯通。西气东输一线工程线路如图1-6所示，途经新疆—甘肃—宁夏—陕西—山西—河南—安徽—江苏—上海，穿越“三山一塬、五越一网”。其中“三山”指太行山、太岳山、吕梁山，“一塬”指黄土高原，“五越”指五次大型河流穿越——三次过黄河、一次过长江、一次过淮河，“一网”指江南水网。

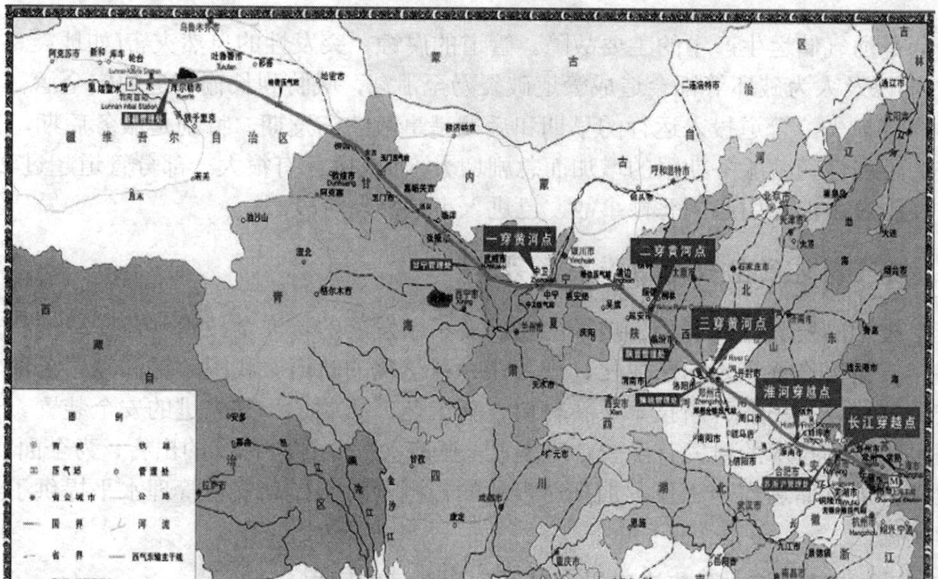

图1-6　西气东输一线工程线路示意图

一线工程穿过的主要地形区有塔里木盆地、吐鲁番盆地、河西走廊、宁夏平原、黄土高原、华北平原、长江中下游平原，如图1-7所示。全线地形地貌复杂，地质灾害频发。

图 1-7　西气东输一线工程沿线地形地貌

5. 偷油盗气和管道腐蚀泄漏已成为储运安全的防范重点

近年来，由于社会治安形势日趋恶化，犯罪分子疯狂地打孔偷油盗气，严重干扰了油气储运的正常生产，给油田造成了巨大的经济损失。例如，胜利油田油气集输公司仅在 1999 年 10 月一个月内就发现盗油破坏泄漏点 13 处，损失原油数千吨，直接经济损失 200 多万元。2000—2003 年中国石油管道分公司所管辖的重点管线被打孔盗油共计 305 次，特别是 2003 年 12 月 19 日，兰成渝管线广元—江油段因被打孔盗油而引发重大盗油事故，90 号汽油损失约 423 m^3。2002—2009 年间，中国石化共遭受油气管道打孔盗油/气 19 804 次，累计泄漏油品 4.7×10^4 吨，油田发生开井盗油 12 167 次，累计泄漏油品 2.1×10^4 吨，总计经济损失 5.3×10^8 元，间接经济损失难以计算。这不但导致管道长时间停输或凝管报废，上游关井停产，下游炼厂减产以及成品油、天然气供应中断，而且因油品外泄还造成了环境灾难。

泄漏是油气储运生产中的主要故障。管道的腐蚀、突发性的自然灾害(如地震、滑坡、河流冲击)以及人为破坏等都会造成管道破裂乃至泄漏，威胁到长输管道的安全运行，造成巨大的经济损失。管道投入运行的早期和后期是事故的高发期，特别是服务后期，管道事故发生的可能性随着服务期限的增加而急剧增大，而我国已有很大一部分管道超过 20 年管龄，曾发生过由泄漏引起的恶性事故，已进入事故高发阶段。

1.2.2　油气储运安全技术的发展趋势

安全技术的发展是随着科学技术的发展而不断发展的。安全技术规范、标准和规程日益完善，安全工作逐步走向法律化、规范化、科学化的轨道。我国改进和完善了油气储运工程安全装置，利用各种新技术、新材料、新工艺，研制了一些先进的安全装置。油气储运工程事故预测技术的研究有了一定进展。一些有关安全评价标准的出台，为全面、合理、客观地评价油气储运安全工作，加强对事故的预测预防，提高安全管理水平提供了可靠、规范的依据。

1. 安全科技新技术和先进成果在储运安全领域的应用

1) 网络与智能化监控系统

油气田自动化技术是一种运用控制理论、仪器仪表、计算机和其他信息技术，对油气田的油井、计量间、管汇阀组、转油站、联合站及原油外输系统等实施检测、控制、优化、调度、管理和决策，达到增加产量、提高质量、降低消耗和确保安全等目的的综合性技术。油气田自动化技术正在向开放性、网络化和集成化方向发展，具体表现在以下方面：① PLC 向微型化、PC 化、网络化和开放性方向发展；② DCS 系统设计面向测控管一体化；③ SCADA 系统向标准化和集成化方向发展。

2) 先进高效的灭火器材和自动报警与灭火系统

大庆油田工程有限公司设计了大型原油储罐自动灭火系统，其中包括火灾自动检测装置、火灾报警控制装置、灭火水泵、泡沫泵、泡沫控制阀等。储罐的自动灭火控制过程是按照程序自动进行的，即使在油库停电的情况下，由于设置了引擎泵和发电机组，其自动灭火系统仍可自动投运。

3) 消除危险的油气储运新技术及新设备

用于消除油气储运危险的新技术与新设备不断涌现，如管线检漏装置和可燃气体探测报警装置、油罐防雷装置、静电消除装置、含油污水处理装置、油罐防溢、防瘪装置等。现有的自动化监控技术基本上可以对管道泄漏或破坏进行定位，主要包括油气管道泄漏监测系统和输油气管道安全预警技术。目前，国内应用的输油气管道泄漏监测技术主要有流量平衡法、负压波法、次声波法以及将负压波和流量平衡耦合的技术；安全预警技术主要有管道智能防腐层预警、分布式光纤预警、管道声波预警、周界防护、视频安全监控等技术。在现有人防和物防的基础上，其发展趋势是应加强技防的投入。

4) 设备管道防腐新技术与新材料

用于设备、管道防腐的无机非金属防腐层所使用的无机防腐材料具有不老化，耐腐蚀、耐磨损和耐温的性能优异，使用寿命比有机材料大大提高。现在的无机非金属防腐层主要有陶瓷涂层、搪瓷涂层和玻璃涂层。陶瓷涂层具有高化学稳定性，耐腐蚀、耐氧化、耐高温，目前已有自蔓延高温合成、热喷涂、化学反应法等较成熟的制备方法。搪瓷涂层具有极强的耐腐蚀性能，用它对钢制管道进行防腐处理将会使防腐水平得到极大提高。由于腐蚀防护所涉及的表面材料的性质由微观结构所决定，纳米技术的出现与应用无疑将给腐蚀控制技术的发展带来巨大的机遇。目前在沁水盆地煤层气集输工程中还采用了一些非金属柔性复合管道材料，而且建立了这些材料的相关行业标准。

站间集油、掺水管道、污水管道、输气管道、轻烃管道等宜采用牺牲阳极保护。在采用牺牲阳极保护时，土壤电阻率小于或等于 15 Ω·m 的环境中宜使用组合式锌阳极；土壤电阻率大于 15 Ω·m、小于 100 Ω·m 的环境中宜使用组合式镁阳极；当土壤电阻率大于 100 Ω·m 时，不宜采用牺牲阳极保护。长输管道通常宜采用外加电流阴极保护法。为确保阴极保护效果，在被保护管道首、末端必须安装绝缘接头，大型站库内埋地管道采用区域性阴极保护。

5) 设备故障诊断技术

设备故障诊断是通过对设备及其工作过程的信息检测、分析与辨识来判断设备及其工作过程的状态，对存在故障或有故障隐患的设备，要进一步找出故障的具体部位和原因，预测故障的发展趋势和潜在的危险，并由此确定应采取的相应措施和对策。诊断故障的设备分为：

(1) 以检测仪表为主体的监视诊断装置。如 Bently 公司的 Bently 序列 Bently7200、Bently9000、Bently3300 等型号和飞利浦(Philips)公司的 Philips 序列。这种装置的主要构成部件是传感器和指示仪表箱，多数是用于振动测试分析的。

(2) 检测仪表配备软硬件分析系统或装置。比起第一种装置，它主要是增加了频谱分析仪，其主要功能是进行频谱分析，也有部分功能是通过计算机软件去实现的。如 Bently 公司的 ADRE3 及 Entek 公司的 PM 等系统，就具有频谱分析、谱阵图、波德图(Pode Plot)、轴心轨迹图等功能，有助于诊断的准确性。

(3) 计算机辅助监测诊断系统。这种系统主要由传感器、接口装置和计算机组成，其中接口装置具有电平转换(缩放)、采样、存储等功能。这类诊断系统可以实时监测和自动诊断，有利于预防突发性故障，是故障诊断技术的主要发展方向。

(4) 人工智能诊断系统。人工智能的研究起源于 20 世纪 50 年代，开始主要用于游戏、博弈，60 年代前后应用了启发式技术和一般问题求解方法，20 世纪 60—70 年代开始用计算机程序来模拟人类思维，开发了问题求解程序，建立了人工智能表处理(List Processor，LISP)语言，开发了带有实用型的专家系统，同时出现了解释分子结构的 DENDRAL 系统、对传染性疾病诊断的 MYCIN 系统、进行地质探矿的 PROSPECTD R 系统、研究分子遗传的 MOLGEN 系统等。这些系统在知识表达、逻辑推理等基本问题上，为专家诊断系统的发展奠定了基础。

2．事故预测预防理论研究将更加深入，并逐步在实践中应用

通过应用各种安全理论，探索事故发生和发展的规律，对各种事故和潜在的危险性进行科学预测，对生产系统的安全可靠性进行定性的和定量的分析、评价，以便采取有效的预防措施防止事故的发生和扩大。

对事故进行预测和预防所使用的安全理论包括以下几种：

1) 安全系统工程

安全系统工程是以预测和防止事故为中心，以识别、分析评价和控制安全风险为重点开发、研究出来的安全理论和方法体系。它将工程(系统)中的安全作为一个整体系统，应用科学的方法对构成系统的各个要素进行全面的分析，判明各种状况下危险因素的特点及其可能导致的灾害性事故，通过定性和定量分析对系统的安全性作出预测和评价，将系统事故降至最低的可接受限度。危险识别、风险评价、风险控制是安全系统工程方法的基本内容。

2) 人体工程学

人体工程学应用人体测量学、人体力学、劳动生理学、劳动心理学等学科的研究方法，对人体结构特征和机能特征进行研究，提供人体各部分的尺寸、重量、体表面积、比重、重心以及人体各部分在活动时的相互关系以及范围等人体结构特征参数；提供人体各部分的出力范围、动作时的习惯等人体机能特征参数，分析人的视觉、听觉、触觉以及肤觉等感觉器官的机能特性；分析人在各种劳动时的生理变化、能量消耗、疲劳机理以及人对各种劳动负荷的适应能力等。

3) 人机工程学

人机工程学是研究人和机器的相互作用，使机器设计得与人体的各种机能要求相适应，以提高人机系统工作效率的一门学科。人机工程学主要研究三个方面的内容：机器系统中直接由人操作或使用的部件的设计；环境控制和人身安全装置的设计；人机系统的整体设计。通过合理的设计，可以有效地减少作业中的差错，保证人机系统的安全；减少由于事故造成的操作人员伤害和财产的损失；使人机系统发挥更大的工作效率，有效使用人力资源。

4) 安全心理学

安全心理学是研究人在劳动过程中伴随生产工具、机器设备、工作环境、作业人员之间关系而产生的安全需要、安全意识及其反应行动等心理活动的一门科学，研究劳动中意外事故发生的心理规律并为防止事故发生提供科学依据的工业心理学领域。

安全心理学主要研究的内容有：

(1) 分析研究生产过程中人们对自身安全问题产生的心理现象。

(2) 帮助人们正确组织安全技术训练和安全思想教育培训。

(3) 开展安全监察、安全检查，及时发现人的不安全动作及其心理状态，以便采取补救措施。

(4) 对事故中的人的思想状态、精神支柱、行为习惯进行深入研究，弄清重复发生事故的原因和动机。

(5) 从心理学角度，对易于产生和重复不安全动作的工人，给予积极的心理影响，防止同类事故重演。

3. 建立安全运行长效机制，规范操作规程

2010年10月1日，《中华人民共和国石油天然气管道保护法》正式实施。这项法规不但是石油天然气行业开展管道保护工作的法律依据，更是严厉打击不法分子打孔盗油、非法占压、违法施工的利器。管道运行管理单位应积极开展“管道保护法”的学习和宣传工作，加强与地方的合作，严打不法盗油，根治违法施工，确保油气管道安全平稳运行。

建立管道安全运行长效机制是一项长期任务，要求企业同时做好内部环境建设和外部环境建设。外部环境需要通过与政府和社会的共同努力来建设，内部环境要求企业形成自身特色的企业文化、完善安全管理制度、落实安全责任、采取新工艺及加强设备管理等。

目前，随着我国油气管道的不断增加，已形成相互交织的油气管网。因此，在输油生产过程中，任何一次误操作影响的不仅仅是一台泵、一个阀门，而且极有可能对储油罐及上下游管道或泵站造成连锁反应，酿成严重后果。几年前，曾发生过因输油站值班调度误操作造成原油储罐冒顶事故，所幸及时采取措施，没有造成更大损失。确保每一次操作准确无误，需要从制度入手，规范操作流程，加强职工的日常安全教育培训，使每一名职工养成良好的安全操作习惯，自觉自动地执行相关操作规程，从而确保油气储运的安全平稳运行。

4. 建立油气储运安全性评价指标体系和技术，加强完整性管理，提高储运安全质量和安全管理水平

在油气储运安全技术中，常面临多种方案的选择问题，每个方案有很多不同的技术指标和经济指标，每个指标又有不同的量纲和重要性，并且各指标间还存在着复杂的相互关联性，单一的评价方法无法全面并准确地确定方案的可行性。因此，在油气储运工程安全技术中，运用综合评价方法显得尤其重要。

一般情况下，完整的综合评价分为三个步骤：首先，确定评价对象，明确评价目的；

其次，建立评价指标体系；最后，选定评价方法和数学模型，包括选择评价方法和确定权重等。这个过程属于定量过程，将评价值或者排序值量化是综合评价的核心。对于评价指标体系较为复杂的系统，可以综合几种不同的方法进行多级评价、逐层综合。在油气储运工程中，常用的综合评价方法有层次分析法、灰色关联法、灰色物元法、模糊物元法、数据包络法和模糊综合评价法。

要保证油气储运安全，必须做到：建立油气储运安全技术评价体系，加快推进信息项目建设，做好事故应急反应预案(ERP)系统、工程建设管理系统、管道与油库生产系统的推广和应用工作；开展完整性管理系统的试点建设，加强天然气与原油管道、站库数据仓库系统运营维护工作，有效推进业务体系建设工作；进一步完善集中调控管理体系、理顺建管分离管理体系，建立天然气销售管理体系和下游业务管理体系；实现石油集团公司、专业公司、地区公司 HSE 管理体系对接和统一工作及系统推进对标工作，逐步形成一套协调统一的技术标准；继续开展天然气与原油管道、站库的业务国际安全评级工作，重点落实评级结果，针对评级发现的短板，督促地区公司制定整改方案，落实整改措施；突出抓好设计质量管理，加强建设项目过程中的质量安全监督检查和承包商、分包商管理，有效贯彻 HSE 管理体系，提高工程质量和安全管理水平。另外，还要建立评价油气储运安全性评价指标体系，研究评价油气储运设备安全性的科学方法，使理论研究成果更接近于实际情况。

在经济快速发展的今天，原油和天然气是国民经济和人民生活不可或缺的能源，油气储运仍担负着保障油气能源生产与供应的重要使命。油气长输管道目前的这种链式输送方式，一个环节发生故障，就会影响整条管道，影响上游油气的产出、供给以及下游炼厂和加油(气)站，造成重大的社会影响。因此，油气储运安全对于整个能源产业甚至国家产业，对于保障社会经济的良好运行和人民生活的和谐安定至关重要，应该给予高度重视。

思考题

1．简述储运安全技术的研究目的。
2．储运安全技术研究的主要内容是什么？
3．简述油气储运安全技术的现状。
4．简述油气储运安全技术的发展趋势。

第 2 章　油气储运安全技术基础

2.1　油气储运生产的特点

2.1.1　石油与天然气的危险性

原油是一种深褐色的液体，主要为多种液态烃的混合物，其元素组成包括碳、氢、氮、硫、氧，还有微量的磷、铁、镁等；原油的相对密度大多在 0.80～0.98 之间；原油具有较高的电阻率，在管道、容器中流动能产生静电，有导致其燃烧或爆炸的危险。

天然气分为气藏气、凝析气藏气和油田伴生气三种。气藏气是指在开采过程的任何阶段，储集层流体均呈气态，但随组成不同，采到地面后在分离器或管线中则可能有少量液烃析出。凝析气藏气(凝析气)是指储集层流体在原始状态下呈气态，但开采到一定阶段，随储集层压力下降，流体态进入露点线内的反凝析区，部分烃类在储集层及井筒中呈液态(凝析油)析出。油田伴生气(油田气、伴生气)是指在储集层中与原油共存，采油过程中与原油同时被采出，经油气分离后所得的天然气。

原油和天然气具有易燃、易爆、易蒸发、易积聚静电荷、易受热膨胀和流动扩散、毒性、腐蚀性、易沸溢喷溅等明显特征。

1．易燃性

物质的燃烧必须同时具备三个条件，即可燃物、助燃物和着火源。描述原油和天然气燃烧性能的指标有闪点、燃点和自燃点。

1) 闪点

可燃液体表面都有一定的蒸气存在，蒸气浓度取决于液体的温度，可燃液体蒸气与空气组成的混合物遇到明火会发生闪燃，引起闪燃的最低温度称为闪点。

闪燃不能使液体燃烧，原因是在闪点温度下，液体蒸发缓慢，可燃液体与空气的混合物瞬间燃尽，新的可燃蒸气来不及蒸发补充，故闪燃瞬间熄灭。

闪点大小的判断：油品相对分子质量越大，闪点越高；随着密度的增大而升高；油品沸点越低，闪点也越低，危险性就越大；油品的馏分越低，则闪点也越低，例如轻质油品的危险性就较大，重质油的危险性就较小；同一种物质的闪点随着蒸气压的降低而升高。闪点是衡量油品易燃性的主要标志。

由 GB 50183—2004《石油天然气工程设计防火规范》中对可燃液体、气体火灾危险性分类规定可知，可燃液体是按其蒸气压或闪点的高低，可燃气体是按其爆炸下限大小来分类的，油气火灾危险性分类如表 2-1 所示。实际上，这些参数均直接反映了可燃液体、气体的燃烧及爆炸性能。

表 2-1　油气火灾危险性分类

<table>
<tr><th colspan="2">类　别</th><th>特　　征</th></tr>
<tr><td rowspan="2">甲</td><td>A</td><td>37.8℃下蒸气压大于 200 kPa 的液态烃</td></tr>
<tr><td>B</td><td>(1) 闪点小于 28℃的液体(甲 A 类和液化天然气除外)
(2) 爆炸下限小于 10%(体积百分比)的气体</td></tr>
<tr><td rowspan="2">乙</td><td>A</td><td>(1) 闪点大于或等于 28℃而小于 45℃的液体
(2) 爆炸下限大于或等于 10%的气体</td></tr>
<tr><td>B</td><td>闪点大于或等于 45℃而小于 60℃的液体</td></tr>
<tr><td rowspan="2">丙</td><td>A</td><td>闪点大于或等于 60℃而小于或等于 120℃的液体</td></tr>
<tr><td>B</td><td>闪点大于 120℃的液体</td></tr>
</table>

2) 燃点

油品蒸气与空气形成混合物，遇到明火就会着火且能持续燃烧的最低温度，称为燃点(又称着火点)。油品的燃点高于闪点。易燃油品的燃点比闪点高出 1～5℃，油品的闪点越低，则燃点与闪点越接近。

3) 自燃点

自燃点是指在没有外部火花或火焰条件下，能够自行引燃和继续燃烧的最低温度。

一般来说，石油产品的密度越大，闪点越高，自燃点越低，因此从自燃角度来讲，重质油料比轻质油料火灾危险性更大。

天然气无闪点数据，但天然气中气态烃的自燃点是随着分子量的增加而降低的，如甲烷的自燃点高于乙烷、丙烷的自燃点。

4) 闪点、燃点、自燃点三者的关系

闪点、燃点、自燃点三者都是有条件的，与油品的化学组成和馏分组成有关。对同一种油品来说，自燃点>燃点>闪点。对于不同的油品来说，闪点越高的油品，燃点也越高，但自燃点反而越低；反之，闪点越低则燃点也越低，自燃点越高，油品的着火危险性越大。

不同油品的闪点、自燃点如表 2-2 所示。

表 2-2　不同油品闪点、自燃点一览表

油品名称	闪点/℃	自燃点/℃
原油	27～45	380～530
喷气燃料	−60～10	390～530
车用汽油	−50～10	426
煤油	28～45	380～425
轻柴油	45～120	350～380
润滑油	180～210	300～350

2. 易爆性

爆炸是物质发生非常迅速的物理和化学变化的一种形式。这种形式在瞬间放出大量能量，使其周围压力突变，同时产生巨大的声响。爆炸也可视为气体或蒸气在瞬间剧烈膨胀的现象。由于爆炸威力巨大，它造成的破坏往往是灾难性的。

原油和天然气都属于易爆物质，原油蒸气或天然气按一定比例与空气(或氧气)混合，达到一定浓度范围时，遇火源就会发生爆炸，这个浓度范围就是原油、天然气的爆炸极限。石油及石油产品的爆炸浓度的上下限或爆炸温度的上下限的范围越宽，发生爆炸的机会也就越大。原油、天然气主要组分与空气混合时的爆炸极限见表 2-3。

表 2-3　石油、天然气主要组分与空气混合时的爆炸极限

组　分	爆炸极限/(%)(体积)		闪点/℃	自燃点/℃	在空气中完全燃烧的理论浓度/(%)
	下限	上限			
甲烷	5.0	15.0	−190	537	9.5
乙烷	3.0	12.5	−60	515	5.66
丙烷	2.1	9.5	−104	450	4.02
丁烷	1.5	8.5	0	365	3.12
戊烷	1.5	7.8	−40	260	2.56
硫化氢	4.3	45.5		290	—
原油	1.1	6.4	27～45	380～530	—
天然气	3.6～6.5	13～17	—	570～750	—
液化石油气	1.5	9.5	—	446～480	—
汽油	1.7	7.2	−50～10	415～530	—

在油气储存区域将可燃气体报警装置的报警点设定在油气爆炸下限的 20%～25%(体积百分比)以内，就是基于对爆炸极限的认识。

3．蒸发性

蒸发性是油气产品特别是原油最重要的特性之一。一般来说，馏分越轻的油品挥发性越强，而且会随温度的升高而增强。蒸发性越强的燃料蒸发耗损越大，着火危险性也越大。1 kg 汽油大约可蒸发 0.4 m^3 的汽油蒸气；煤油和柴油在常压下蒸发稍慢一些。由于蒸发出来的油气相对密度较大，易在作业场区、储油场地及低洼处弥漫聚集，具有很大的火灾危险性。

影响蒸发损耗的因素有：① 油品本身性质方面的因素，如沸点、蒸气压、蒸发潜热、粘度和表面张力等；② 外界条件的因素，如油温变化、油罐顶壁与液面间体积大小、油罐罐顶严密性、油罐大小呼吸等。

大呼吸：指油罐收、发油作业时的呼吸。

小呼吸：油罐在没有收发油作业的情况下，随着外界气温、压力在一天内的升降周期变化，罐内气体空间温度、油品蒸发速度、油气浓度和蒸气压力也随之变化，这种排出石油蒸气和吸入空气的过程，叫小呼吸。

4．易积聚静电电荷

石油产品的电阻率很高，一般为 $10^{12}\ \Omega \cdot m$ 左右。汽油、煤油、柴油的电阻率都很高。电阻率越高，导电率越小，集聚电荷能力越强。因此，石油产品特别是汽油、煤油、柴油在流动、喷射、冲击、过滤、搅拌等过程中，因液体与器壁的摩擦均会产生大量静电。静电的主要危害是静电放电、静电积聚形成电压差等。静电在一定条件下会放电，如果静电放电产生的电火花能量达到或超过油品蒸气的最小点火能量，就会引起燃烧或爆炸。石油及其产品在装卸、泵送过程中，由于流动、喷射、冲击等所产生的静电电场强度和油面电位可达到 20 000～30 000 V，石油产品的静电集聚能力强，最小点火能量低(例如汽油仅0.1～0.2 mJ)。在集输过程中油气与管道、容器、机泵、过滤介质以及水、杂质等发生碰撞和摩擦，都会产生并聚集一定量的静电荷，且静电的产生速度远大于流散速度，因此会造成静电荷的不断积聚。当静电积聚到一定程度时，就可能在薄弱环节进行释放而产生电火花，引发火灾或爆炸事故。

5．易流动扩散和受热膨胀

原油和天然气是流体，具有流动和扩散的特性。油品的扩散能力取决于油品的粘度。轻质油粘度低、密度小，流动性和扩散性强；原油随着温度的升高，粘度会降低，流动和扩散性会增强。当油罐爆炸破损以后，油品会从油罐内向外流出，并且顺着地势高低，沿着地面流淌，使火灾范围扩大，扑救变得十分困难，因此在油罐区需修筑一定高度的防火堤。油品密度比水小，流淌的油品会浮于水面上燃烧，油罐区排水沟会成为火灾的传播途径，应采取阻隔措施。

2005 年 11 月 13 日，中国石油天然气股份有限公司吉林石化分公司双苯厂硝基苯精馏塔发生爆炸，造成 8 人死亡，60 人受伤，直接经济损失 6908 万元，并引发“松花江水污染事件”。国务院事故及事件调查组经过深入调查、取证和分析，认定中石油吉林石化分公司双苯厂“11·13”爆炸事故和“松花江水污染事件”是一起特大安全生产责任事故和特别重大水污染责任事件。

油气受热后，体积膨胀，使得其蒸气压增高。储罐在快速泄放或温度骤降的过程中，罐内容易产生负压，当呼吸阀通气量达不到要求时，往往会造成储罐抽瘪，这种情况又会使储存容器发生泄漏。

6．毒性

石油产品及其油蒸气具有一定毒性，轻质油品毒性比重质油品毒性小一些，但轻质油品蒸发性大，往往会使其在空气中的油蒸气浓度比重质油大，由于空气中油气的存在会使氧气的含量降低，因此危险性较大。当石油蒸气经口、鼻进入人的呼吸系统，能使人体器官受害而产生急性或慢性中毒。当空气中油蒸气含量为 0.28%时，人在该环境中经过 12～14 min 便会感到头晕；如果含量达到 1.130%～2.22%，将会使人难以支持；当油蒸气含量更高时，会使人立即晕倒，失去知觉，造成急性中毒。

组成天然气的烷烃自身是无毒的，当空气中大量弥漫这种气体时，它会造成人因氧气不足而呼吸困难，进而失去知觉、昏迷甚至窒息死亡。但是，如果天然气中含有硫化氢，就会对人体产生毒害作用。硫化氢是无色有毒气体，它具有强烈的臭鸡蛋气味。

2003 年 12 月 23 日，中国石油西南油气田分公司开县罗家 16H 井发生天然气井喷，含有高浓度硫化氢的天然气四处弥漫、扩散，导致 243 人因硫化氢中毒死亡，2142 人因硫化氢中毒住院治疗，65 000 人被紧急疏散安置，直接经济损失达 8200 余万元。

7．腐蚀性

对油品储运设备来说，腐蚀性是导致设备寿命缩短或破坏的主要原因之一，其中以电化学腐蚀最为严重。

油品中含有少量水分和微量腐蚀性物质，如含硫物质(包括有机硫化物和硫化氢)和氯离子，给金属的电化学腐蚀创造了条件。空气中的盐分也会加速罐体的腐蚀。储罐和管线受烃类产品中水分和腐蚀性物质的作用，发生电化学腐蚀，往往会造成不易发觉的罐壁或管壁变薄，最后导致穿孔和油品泄漏。

8．石油产品的沸溢、喷溅特性

原油或重质油在储罐内着火时，若罐内有水的存在，则容易发生沸溢或喷溅，即燃烧油品大量外溢，甚至从罐中喷出。这种现象是由热波造成的。原油或重油是多种烃的混合物，油品燃烧时，液体表面的轻馏分首先被烧掉，而余下的重组分逐渐下沉，并把热量带到下层，从而逐渐向深层加热，这种现象称为热波。热油和冷油的分界面称为热波面。当热波面与油中乳状液相遇或者接触到储罐中的底层水时，水被汽化，体积膨胀，形成黏稠的泡沫，并迅速升腾到油罐表面，甚至把上层油品托起，喷溅到空中。

油品中，只有原油或重质油品存在明显的热波，容易发生沸溢或喷溅。不能因为重质油品闪点高、着火危险性小而放松警惕。

2.1.2　油气储运生产的特点

油气储运工程作为油田开发工程的重要组成部分，是衔接油藏工程、钻井工程和地面建设工程的纽带，是实现油田开发的重要手段。

1．油气储运生产的特点

现代石油开发是由石油与天然气的地质勘探、钻井、试油、采油(气)、井下作业、油气集输与初步加工处理、油气储运及工程建设等诸多生产环节构成的一个大的产业体系。油气储运大部分工作是在野外分散进行的，相对来说环境条件和工作条件都较为恶劣。油气储运生产的特点有：

(1) 生产介质易燃、易爆、易挥发、有毒有害、腐蚀性强，作业条件比较苛刻。油气储运生产的主要介质是原油和天然气。原油的主要成分是烃，天然气的主要成分是甲烷。它们的组成成分形成了其固有的易燃、易爆性，遇火源会立即燃烧。原油挥发的油气或天然气与空气混合达到一定比例，具有一定浓度时会发生爆炸。原油与天然气中常含有少量的硫化物，如硫化氢，其毒性较大，还有一定的腐蚀性。

(2) 油气储运生产过程连续化。油气储运的主要任务是油气的集输、储存、运输，其生产过程均为连续化的。整个过程要受制于一个统一的压力系统，任何一个局部事件都会影响到整个系统的有效运行，甚至会导致事故的连锁反应。如在地面集输过程中，由于设备故障或其他原因会导致输油管线憋压。

(3) 生产过程多为高压、高温或低温，油气储罐密闭化。集气系统的天然气多为高压，为了充分利用天然气的压力能，减少处理过程生产设施的尺寸和占地面积，通常都使处理过程在较高压力下运行。高压使得设备和管线内压爆炸事故的可能性和危害性加大。原油在密闭的管线中输送，并经过各种泵增压，最后输至密闭储罐里进行储存。在整个过程中，各种密闭的装置都要承受各种压力与温度变化的相互作用，再加上油气的腐蚀性与装置本身的缺陷，极易造成各种事故的发生。

2. 油气储运生产的特殊性

1) 高危险性

油气储运生产的主要产物是原油、天然气及液化石油气、天然汽油等。它们都具有易流失、易蒸发、易燃、易爆等特性。在这些产品的储存、转运、装卸等环节中，跑、冒、滴、漏现象极易发生。油气轻组分的挥发，时常导致油气生产区域局部出现可燃气体浓度过高。由于油气的闪点低、爆炸上下限范围宽，极易在遇有火源、静电放电和遭雷击的情况下，引发爆炸或着火燃烧。

2) 连续性

油气生产工艺往往与高温、高压、深冷环境分不开，且生产过程必须集中化、自动化、连续化，一旦发生故障或险肇造成间断，涉及的范围大，恢复生产和运行的时间长、成本高，且容易诱发火灾爆炸事故。

3) 均衡性

在油气的开发和储运过程中，油气始终处于密闭状态，油气开发主要依靠地下能量，均衡生产不仅可以维持这种能量，还可以提高油气采收率，所以地面以上的各种配套系统的压力、温度、流量等都必须具备均衡性。

鉴于石油天然气的物理化学性质，油气在开采、储存和输送过程中均存在着很大的火灾爆炸危险性，且一旦发生火灾往往难以施救，加上工艺过程的连续性，某个部位发生险情，势必会影响整个装置的安全运行。为此，必须了解和掌握石油与天然气防火防爆知识，以便认真落实油气开发、集输安全措施，提高自我防护技能，保障油气生产过程中员工人身安全和企业财产安全。

2.2 油气储运安全的特点及要求

油气储运安全就是通过分析来确定油气储运系统中存在的固有的或潜在的危险，并针对这种危险所采取的各种安全管理、安全技术措施。油气储运工程系统大部分在野外分散作业。整个生产过程具有机械化、密闭化和连续化的特点，生产介质为易燃、易爆的石油和天然气，具有很高的危险性。因此，做好油气储运工程安全工作具有重要意义。

2.2.1 油气储运安全的特点

油气储运安全的特点主要包含以下三个方面的内容：

(1) 油气储运系统大部分在野外分散作业，各个环节都有机地联合在一起。油气储运整个生产过程具有机械化、密闭化和连续化的特点，生产的介质为易燃、易爆的原油和天然气，对人与人、人与机器之间的协调都有较高的要求，所有生产工作的完成都需要有严格的规章制度、严密的劳动组织和正确的生产指挥系统以及每个岗位工人的熟练操作，否则生产的安全就无法保证。

(2) 油气储运的主要介质是原油和天然气。原油和天然气具有易燃、易爆、易挥发和易于聚集静电等特点。挥发的油气与空气混合达到一定的比例，遇明火就会发生爆炸或燃烧，造成很大的破坏。油气还有一定的毒性，如果大量排泄或泄漏，将会造成人、畜中毒和环境污染。

(3) 油气储运设备和材料是多种多样的，带有不同程度的危险性。储运生产过程中使用的机械、设备、车辆及原材料数量大、品种多，给安全管理带来一定的困难。

2.2.2　油气储运生产的安全要求

油气储运的特点决定了对安全的要求有一些是与其他产业体系相同或相似的，例如工程施工中的安全要求、交通安全要求、某些自然灾害事故的预防要求以及对生产中常会发生的一些一般性事故的安全要求等，这些可称为“一般安全要求”。另外，还有一些是由油气储运工程生产的特殊性决定的，例如油气储罐、防火防爆及防静电聚积等方面的安全要求，以及地震、雷击等对油气储运工程有特殊危害的自然异变的预防要求等，这些则称为“特殊安全要求”，以便与“一般安全要求”加以区别。

1. 一般安全要求

在油气储运工程生产中，发生频率较高的是那些常见的一般性事故。这些事故大体上可归纳为五类，即：

(1) 由机械性外力的作用而造成的机械性伤害事故。

(2) 由机械、化学和热效应的联合作用而产生的小型爆炸事故。

(3) 因人体接触或接近带电物体而造成的电击或电伤事故以及因电器设备异常发热而造成的烧毁设备等电气事故。

(4) 因直接接触高温物体而造成的热伤害事故(包括低温作业中的冻伤事故)。

(5) 因有毒或有腐蚀性的物质作用于人体而造成伤害或中毒的化学物质伤害事故；一般性的自然灾害事故，包括洪涝及大风等。

上述事故均属于常见事故，不仅发生的几率高，而且在各个产业体系中都有可能发生。但需要强调的是，油气储运工程生产中的许多重大事故，如储罐着火、爆炸等，往往都是由常见的一般性事故引起的二次事故，因此对一般性事故的预防也绝不可掉以轻心。

2. 特殊安全要求

油气储运工程生产中的特殊安全要求可以用“五防”来概括，即防火、防爆、防静电、防油气蒸发与泄漏和防中毒与腐蚀。

3. 事故预防措施

在储运工程生产的全过程中，首先要针对原油和天然气易燃、易爆的特点采取相应的安全措施；针对其他方面的特点，也应采取有效的安全措施。在油气储运工程生产活动中开展的“六防”就是有效的事故预防措施，“六防”即防火、防爆、防触电、防中毒、防冻、防机械伤害。

1) 防火

防火是油气储运工程生产中极为重要的安全措施，防火的基本原则是设法防止燃烧必要条件的形成。

2) 防爆

油气储运工程生产过程中发生的爆炸，大多数是混合气体的爆炸，即可燃气体(原油蒸气或天然气)与助燃气体(空气)的混合物浓度在爆炸极限范围内的爆炸，属于化学性爆炸的范畴。原油、天然气的爆炸往往与燃烧有直接关系，爆炸可以转为燃烧，燃烧也可以转为爆炸。

3) 防触电

随着油气储运工程的不断发展，电气设备已遍及油气储运工程生产的各个环节。如果电器设备安装、使用不合理，维修不及时，就会发生电器设备事故，危及人身安全，给国家和人民带来重大损失。

4) 防中毒

原油、天然气及其产品的蒸气具有一定的毒性。这些物质经口、鼻进入人体，超过一定吸入量时，可导致慢性或急性中毒。

除了上述物质能够直接给人体造成毒害外，油气储运工程生产过程中泄漏油气还会对生态环境造成危害，水中的生物如鱼虾等也会死亡。

5) 防冻

油气储运工程生产场所大部分分布在野外，一些施工作业也在野外进行，加之我国油田原油的含蜡量高、凝固点高、粘度高，这样一来就给储运工程生产带来很大的难度。

LNG是以甲烷为主要组分的液烃类混合物，其中含有通常存在于天然气中的少量的乙烷、丙烷、氮等其他组分。LNG储存温度极低，其沸点在大气压力下约为−160℃。

LNG 造成的低温会对身体暴露的部分产生各种影响，如果对处于低温环境的人体未能施加保护，将会引起冷灼伤。LNG 接触到皮肤时，可造成与烧伤类似的灼伤，如果暴露于寒冷的气体中，即使时间很短，不足以影响面部和手部的皮肤，但对于像眼一样脆弱的组织会受到损害。人体未受保护的部分不允许接触装有 LNG 而未经隔离的容器，这种极冷的金属会粘住皮肉，而且拉开时会将其撕裂。

6) 防机械伤害

机械伤害事故是指由于机械性外力的作用而造成的事故。在储运工程生产工作中机械伤害事故是较常见的，一般分为人身伤害和机械设备损坏两种。在储运工程生产过程中，接触的机械是较多的，从起重、装卸到运输，无一不和机械打交道。

2.3 油气储运事故类型

2.3.1 机械性事故

机械性事故是指由于机械性外力的作用而造成的事故。一般表现为人身伤亡或机器损坏。油气储运工程范围内使用的机械设备，多数是重型或大容量的，而且是在重载、高速、高压或高温等条件下运行，机械化及自动化程度也都比较高，因此在油气储运工程范围内，经常发生翻机、断轴、开裂、重物脱落等机械性事故。同时，由于在生产过程中使用了大量的管道及各种阀件，因而泄漏、断裂等事故也时有发生。机械性事故极易引发人身伤亡，其中常见的机械性事故及应当采取的相应预防措施如下：

(1) 机器外露的运动部分在运行中引起的绞、辗伤害或因运动部件断裂、飞出而造成的人身伤亡及机器损坏事故。

要求机器的外露部分应加装防护罩。对于一些事故发生频率高、危险性大的机器，如游梁式抽油机、离心泵、压缩机、加热炉等，在危险部位要做好安全标记，靠近村屯附近或道路两旁要加装防护栏。

(2) 导致各类机械事故发生的手持工具如锤、钳、扳手等易造成的碰、砸、割等人身伤害。这类机械性事故在油气储运工程生产中发生频率最高。

工人在操作时要注意安全，并必须穿戴劳保服装。在重物坠落或空中运移时造成的打击事故，经常发生于设备安装、吊装等作业中。因此，作业时应加装必要的防护措施，现场工作人员必须戴安全帽，非工作人员必须远离现场。

(3) 高处坠落造成的伤亡事故，如从罐顶、房顶上坠落下来，或从平地跌入坑内或池中等。

对此要求登高作业人员必须使用安全带，在高空施工时加装安全网，在平台及梯子等处应设置扶手及护栏，在地坑及水池上要加盖或加护栏等。

2.3.2　火灾爆炸事故

油气储运工程范围内常见的爆炸事故有压力容器的爆炸，切割或修补储存油气的容器或管道时引起的爆炸，以及油气泄漏后引起的爆炸等。2005 年 6 月 3 日 15 时 10 分左右，位于新疆南部拜城县克孜尔乡境内的西气东输主力气源克拉 2 气田中央处理厂 6 号装置发生爆炸，造成 2 人死亡，9 人重伤，主力气田停止向西气东输管道供气。

原油和天然气在储存、运输等作业过程中，原油蒸气不断地向空气中逸散，称为“挥发”。油气储运中的“跑、冒、滴、漏”现象，称为泄漏。这两种现象不但直接造成经济损失，而且还会导致火灾及爆炸事故。

爆炸事故防范和处理的基本要求是：防止爆炸性混合气体的形成；在有爆炸危险的场所，严格控制火源的进入；一旦发生爆炸就及时泄出压力，使之转化为单纯的燃烧，以减轻其危害；同时切断爆炸传播途径等。

火灾事故防范和处理的基本要求是在危险场所应严格控制火源，配备相应的消防器材，并设置危险警示装置、自动报警系统及通风设备；采用与生产性质相适应的耐火建筑等级；严防生产设备的“跑、冒、滴、漏”等。

油气储运生产中，腐蚀现象分均匀腐蚀和局部腐蚀。统计表明，造成设备及管道突然性事故的大部分原因是局部腐蚀。严重的腐蚀会损坏设备和管线，不但影响正常生产，而且造成“跑、冒、滴、漏”，成为事故隐患，严重者还会导致设备管线爆炸，酿成中毒、爆炸火灾事故。

2.3.3　电气事故

电气事故主要表现为人体接触或接近带电物体时造成的电击或电伤，电弧或电火花引发的爆炸事故以及由电气设备异常发热而造成的烧毁设备，甚至引起火灾等事故。油气储运生产中，介质的特殊性决定了在油气可能泄漏、聚积的场所，包括电动机、变压器、供电线路、各种调整控制设备、电器仪表、照明灯具及其他电气设备等电气设施，在运行及启、停过程中绝不允许有电火花及电弧产生，要达到整体防爆要求。

预防电气事故大体上有以下安全要求：电气设备的选择与安装应符合安全原则，这是保证用电安全的先决条件；采用各种防护措施，其中包括防止接触电气设备中带电部件的防护措施、防止电气设备漏电伤人的防护措施、防止因高压电窜到低压线路上而引起触电事故的防护措施以及在使用电气设备时应使用各种防护用品等；建立严格的安全用电制度，对工人进行安全用电知识教育，并定期或按季节对电气设备进行安全检查。

2.3.4 中毒事故

原油及其蒸气具有一定的毒性，当石油及其蒸气从口、鼻进入人的呼吸系统，能使人体器官受害而产生急性或慢性中毒。当空气中油气含量超过 2.22%，将会使人立即晕倒，失去知觉，造成急性中毒。此时若不能及时发现并抢救，则可能导致窒息死亡。若皮肤经常与原油接触，则会产生脱脂、干燥、裂口、皮炎或局部神经麻木等症状。

无硫天然气主要成分为烃类混合物，属低毒性物资，但长期接触可导致神经衰弱综合征。不同油气田生产的天然气组成差别较大，但其主要组分为甲烷，尤其是干天然气(贫气)中的甲烷含量一般均高达 90%以上。甲烷属单纯窒息性气体，高浓度时使人因缺氧窒息而引起中毒，空气中甲烷浓度达到 25%～30%时人会出现头昏、呼吸加速、运动失调等症状。含硫天然气中含有一定浓度的 H_2S。H_2S 为无色、剧毒气体，具有臭鸡蛋气味，是强烈的神经毒物，对黏膜亦有明显的刺激作用。H_2S 对人体的影响主要为急性中毒和慢性损害，较高浓度下发生“电击样”中毒，慢性接触可引起嗅觉减退，但是否能引起慢性中毒尚有争论。

原油和天然气除了直接给人体造成毒害之外，其排放还会给生态环境造成危害。其中主要是含油污水的排放，石油排入水中后，将漂浮在水面上形成一层油膜，阻止大气中的空气溶解于水，从而造成水体缺氧，影响到水体的自净作用。

油气储运工程生产中的防中毒措施大体上可归纳为三个方面：① 严格控制废气、废液和废渣的排放量(其中包括防止泄漏)，对生产流程及主要设备进行密闭操作以及对含油污水进行处理等；② 及时排除聚集于工作场所的油气，主要是采取通风措施，但应指出的是，因油气密度比空气大，常积存于地面上及低洼处，故通风设备应设置于低处；③ 对工作人员加强防毒知识教育，健全职业卫生制度，强调使用防毒用品等。

2.3.5 雷电袭击事故

雷电是大自然中的静电放电现象，建筑物、构筑物、输电线路和变配电装备等设施及设备遭到雷电袭击时，会产生极高的电压和极大的电流，在其波及的范围内可能造成设备或设施的损坏，导致火灾或爆炸，并直接或间接地造成人员伤亡。

1998 年 7 月 13 日下午 4 时 10 分，黄陂横店某石油储库，一名司机正在附近为汽车加油。忽然，一声惊雷响起，相隔 50 m 的 4 号储罐顶端闪出巨大的火花，4 号储罐起火爆炸。300 多名消防官兵经过一个半小时的全力抢救，终将大火扑灭。此时，一座 1000 m^3 的柴油罐已被烧毁，125 吨 0 号柴油则化为灰烬。正常情况下，即使遭受雷击，油库也不可能发生如此巨大的爆炸。这次爆炸是如何形成的呢？随着调查的深入，技术人员发现，当地持续的高温天气，使位于洼地地槽内的 4 号油罐不断加热，罐内的柴油因此渐渐气化。该油罐储量为 1000 m^3，可储油 2000 吨，可实际上仅储油 211 吨，罐内存在很大的空间，使气化的柴油气体受热膨胀，导致油气从呼吸阀外泄，聚集在油罐顶处。受到雷击后，油气发生燃烧，并通过排气阀引燃罐内油气，从而引发了爆炸。

2.3.6　泄漏事故

油气储运工程范围内常见的泄漏事故类型分为可燃气体泄漏、有毒气体泄漏、液体泄漏。根据泄漏情况，可以把生产中容易发生泄漏的设备归纳为 10 类：管道、挠性连接器、过滤器、阀门、压力容器或反应罐、泵、压缩机、储罐、加压或冷冻气体容器、火炬燃烧器或放散管。

泄漏后果与泄漏物质的相态、压力、温度、燃烧性、毒性等性质密切相关。泄漏的危险物质的性质不同，其泄漏后果也不相同。

1．可燃气体泄漏后果

可燃气体泄漏后与空气混合达到燃烧界限，遇到引火源就会发生燃烧或爆炸。泄漏后发火时间的不同，泄漏后果也不相同：可燃气体泄漏后立即发火，发生扩散燃烧产生喷射性火焰或形成火球，影响范围较小；可燃气体泄漏后与周围空气混合形成可燃云团，遇到引火源发生爆燃或爆炸，破坏范围较大。

2．有毒气体泄漏后果

有毒气体泄漏后形成云团在空气中扩散，有毒气体浓度较大的浓密云团将笼罩很大范围，影响范围大。

3．液体泄漏后果

一般情况下，泄漏的液体在空气中蒸发而形成气体，泄漏后果取决于液体蒸发生成的气体量。液体蒸发生成的气体量与泄漏液体的种类有关：常温常压液体泄漏时，液体泄漏后聚集在防液堤内或地势低洼处形成液池，液体表面发生缓慢蒸发；加压液化气体泄漏时，液体在泄漏瞬间迅速气化蒸发，没来得及蒸发的液体形成液池，吸收周围热量继续蒸发；低温液体泄漏后形成液池，吸收周围热量蒸发，液体蒸发速度低于液体泄漏速度。

泄漏引起的危害是：资源浪费和损失；环境污染；进一步引起燃烧、爆炸；有毒介质的泄漏会导致中毒事故。例如，1989 年 6 月 4 日，在原苏联 Bash-Kiria 境内的一条液氢管线，由泄漏引起爆炸，酿成 300 人死亡，800 人受伤，两个车头、37 节车厢被毁的悲剧。1990 年 7 月 4 日西西伯利亚秋明油田发生管道腐蚀破裂致原油泄漏引起大火，损失原油 40 万吨，有 65 km 的输油管停运。

2.3.7　地震灾害事故

地震所产生的危害，是由行进的地震波和永久性的土地变形而引起的。对油气储运工程来说，地震会造成油、气储罐开裂或倾覆以及管道及阀件断裂等震害。地震波所能影响的区域要比永久性的土地移动的发生区域大，破坏管道系统薄弱部分的可能性大。而永久性的土地移动比地震波形成的最大地表变位的后果要严重，它常常造成严重的灾难性破坏。在地震时，永久性的土地移动对地下管道和其他管道造成的最大扭曲，可以看做是地震中最严重的破坏形式。其中储罐、管道及各种大型容器均属于高压性设备，而且多为集中布置，被输送、储存及加工的又是易燃、易爆的油气，因此，遭受地震时不仅损坏率极高，同时还会伴随发生火灾及爆炸等严重的二次事故。

总的来说，储运过程中发生频率高、损失严重的事故类型主要是火灾事故、爆炸事故和泄漏事故以及泄漏引起的中毒事故。这些事故相互关联，甚至在同一事故中共同存在。例如，天然气管线发生泄漏，有害气体大量扩散可能引发中毒事故。另外泄漏气体遇明火可能发生爆炸或燃烧。

思 考 题

1．论述油气储运生产的特点。

2．简述油气储运安全的特点。

3．简述油气储运常见的事故类型。

4．常见的机械性事故有哪些？

第 3 章　现代安全管理理论与技术

3.1　概　　述

3.1.1　安全相关的基本概念

1．安全(Safety)

安全：无危则安，无损则全。安全是指人的身心免受外界(不利)因素影响的存在状态(含健康状况)及其保障条件。安全是人、机具及人和机具构成的环境三者处于协调平衡状态，一旦打破这种平衡，安全就不存在了。

狭义的安全：人类个体与周围环境的相容性及某一领域或系统中的技术安全，如：矿业、冶金、化工、建筑、机械、航空等。

广义的安全：人类的生存环境——地球的生态安全，包括来自宇宙的多种复杂的天文危险隐患的识别，从技术安全到生产、生活、生存领域的大安全——全民安全、全社会安全。

安全的特点如下：

(1) 安全是相对的，不是绝对的，绝对安全是不存在的。

(2) 安全是主观和客观的统一。安全是人们对事故的主观认识和容忍程度。

(3) 安全不是瞬间的结果，而是一种状态。

(4) 安全具有经济性、复杂性、社会性。

(5) 构成安全问题的矛盾双方是安全与危险，而非安全与事故。因此，衡量系统是否安全不应仅仅依靠事故指标。

(6) 在不同的时代，不同的生产领域，人们所能接受的损失水平是不同，衡量系统是否安全的指标也不相同。

2．危险(Danger)

危险是指系统易于受到损害或伤害的一种状态，常指危害或危害因素。危险是在生产活动中人员伤亡或财产遭受损失的可能性超出了可接受限度的一种状态。当存在危险状态时，就可能导致人身伤亡、设备损坏等事故的发生。

危险包含了各种隐患，这些隐患是导致事故发生的潜在的原因。隐患包括尚未被人们所认识的，或者被人们所认识但尚未得到控制的各种危险。例如，下井采煤的危险主要有冒顶、水淹、瓦斯爆炸等；化工生产的危险主要有危险品着火、爆炸、中毒、化学灼伤；建筑施工的危险主要有机械伤害、高处坠落等。

危险按其来源可分为由物、环境、人这几方面所引起的危险；按其危险性质能否改变，可分为不可改变因素与可变因素。例如，油气的易燃、易爆性是一种危害因素，这是由输送介质的组成和性质决定的，是无法改变的因素，管道防腐层损坏是导致其腐蚀的危害因素之一，这是可以通过检测、修复等措施来改变的可变因素。

安全和危险是一对互为前提的存在，如图 3-1 所示。

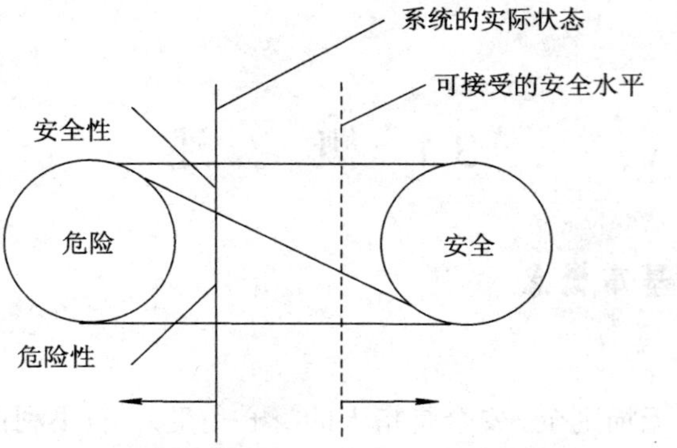

图 3-1　安全和危险的相互关系

3．危害(Hazard)

生产中可能引起的损害，包括引起疾病和外伤，造成财产、工厂、产品或环境破坏，招致生产损失或增加负担等。

危害即是对人体健康、财产、环境可能的损害。如某公司生产过程中噪声较大，危害员工的听觉；违章操作会危害公司的仪器、设备等财产；公司排放含有有毒物质的废水会危害水体环境等。

危险和危害的区别与联系：二者均表示不安全，但是危害着重表达可能造成人员伤害、职业病、环境污染的根源和状态；而危险除了表达人员可能遭受伤害外，也表达可能使设备、建筑物或其他财产遭到破坏。

4．风险(Risk)

风险是描述系统危险程度的客观量，又称危险性(Danger Property)，是事故发生的可能性和事故造成后果的严重程度的综合度量。

风险有两方面含义：一是发生危害事件的可能性，如某公司采用不加防腐涂层的管道运输原油，发生漏油事故的可能性较大，即风险较大；采用了防腐管道，发生漏油事故的可能性相对较小，即风险较小。二是事件结果的严重性，如在存有危险或爆炸品的地区发生火灾，会导致整个设施乃至工厂的破坏和人员伤亡，后果异常严重，即风险较大；而在没有危险或爆炸品的地区发生火灾，只可能导致设备的小部分受损，灭火困难小，后果不算严重，即风险较小。

通常人们从导致事故发生的概率和事故后果两方面评价系统的风险或危险性。衡量风险大小的指标是风险率。

风险率 = 危险源导致事故的概率 × 事故后果严重程度，用公式表达即

$$R = P \times S \tag{3-1}$$

式中：R 为风险率(损失/时间)；P 为事故发生的概率(次/时间)；S 为事故损失的大小程度(损失/次)。

由于概率值难以取得，常用频率代替概率，风险率计算式可改写为

$$风险率=\frac{事故次数}{单位时间}\times\frac{事故损失}{事故次数}=\frac{事故损失}{单位时间}$$

有两条长输管道，一条输送原油，一条输送天然气。假设两条管道的事故概率相同，一旦出现泄漏，引发火灾、爆炸事故，输气管道事故的破坏性及伤亡损失常比原油管道严重，输气管道这方面的风险更大。但若对输气管道采取各种措施，如增加管壁厚度、加强防腐等，使事故概率下降，则可使其风险降低。这说明我们在危害因素不变的条件下可以采取有效的防护措施来改变系统的风险大小。

5. 风险评价(Risk Assessment)

风险评价，也称为安全评价，是指应用安全系统工程的原理和方法，对系统中潜在的危害因素进行识别、分析，判断系统发生事故的可能性大小及其危害程度，即评价其风险大小的程度，为制定预防及控制风险措施的安全管理决策提供科学依据。风险评价是现代安全管理的重要环节，它将贯穿在工程项目的全过程，从设计、施工、运行到维修直至报废的各个阶段的安全管理中都要运用风险评价。

6. 事故(Accident)

事故是指在生产活动过程中，造成人员死亡、伤害、职业病、财产损失、环境污染或其他损失的意外事件。它是个人或集体在为了实现某一意图而采取行动的过程中，突然发生了与人的意志相反的情况，迫使这种行动暂时或永久地停止的事件。由于生产过程中存在着各种危害因素，某些危害因素在一定的条件下能导致事故的发生。掌握事故的特性和规律，事先采取有效的控制措施，就可以预防事故发生并减少其造成的损失。

事故有以下三方面的含义：

(1) 可能造成职业病、工伤或其他妨碍人身健康的事故。

(2) 可能造成工厂、设施或设备损坏或停工的事故。

(3) 可能造成环境污染或生态破坏事故。

以上三种情况，无论发生在企业内部或其相关方(供货方、承包方、顾客或社区)，都称之为事故。

7. 安全管理(Safety Management)

安全管理是指管理者对安全生产进行的计划、组织、指挥、协调和控制的一系列活动，以保护职工在生产过程中的安全与健康，保护国家和集体的财产不受损失，促进企业改善管理、提高效益，保障事业的顺利发展。

安全管理的主要观点：

1) 没有绝对的安全

任何事物中都包含了不安全的因素，具有一定的危险性。安全的油库并不意味着已经杜绝了事故，只不过相对而言事故发生的概率较低，事故损失较小而已。安全科学所要实现的目标不是“事故为 0”的那种极端理想的状况，而是达到“最大的安全程度”，达到

一种实际上可能的、相对安全的目标。

2) 安全贯穿于系统的整个寿命期间

安全贯穿着系统从设计、施工、运行的整个环节。例如，联合站设计、建设与运行整个过程与安全管理息息相关。

3) 系统危险源是事故发生的根本原因

系统中的危险源是导致事故发生的根本原因，安全科学的基本任务是控制和消除系统中的危险源，使系统达到一种安全状态。

8. 安全工程(Safety Engineering)

安全工程是运用科学与工程技术手段辨识、消除或控制系统中的危险、危害，实现系统安全的工程领域。安全工程包括危险辨识、危险性评价及危险控制三个方面的内容。

1) 危险辨识(Hazard Identification)

危险辨识是发现和识别系统危险源的工作，是危险控制的基础。

2) 危险性评价(Risk Assessment)

危险性评价即评价危险源所导致的事故造成人员伤亡和财产损失的程度。当危险评价结果认为系统危险性低于“可接受的安全水平”时，可忽略这种危险，否则要采取控制措施。

3) 危险控制(Hazard Control)

危险控制即利用工程技术或管理手段消除和控制系统危险源，防止危险、危害源导致事故，造成人员伤害和财物损失。

一般应该在危险辨识的基础上进行风险评价，然后根据评价结果采取控制措施。在实际操作过程中，三者往往相互交叉，相互重叠，如图 3-2 所示。

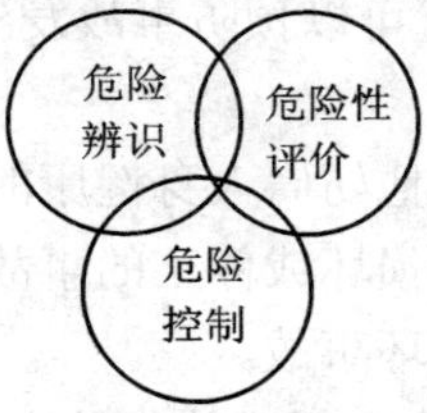

图 3-2　安全工程三要素之间的关系

3.1.2　安全管理的内容和意义

企业安全管理的主要内容包括：建立和健全各级安全管理机构，明确各级的职责和权力；制定和完善企业的安全规章、制度，制定各岗位的安全操作规程和安全责任制，制定各级事故应急预案等；对全体职工及特殊岗位工作者进行安全培训、安全教育；组织各种安全活动，包括安全生产分析、安全检查、安全宣传、事故应急预案演练及总结评比等；事故管理也是安全管理的重要内容之一，主要包括事故调查、分析、统计、事故处理报告、提出预防措施、资料管理等工作。

传统的安全管理方法及程序有方法简单、容易掌握、出结论所需时间短的优点，但除去制定规章制度和安全培训教育，其余的工作都着重在总结、评价过去，多为事故发生后进行研究和处理的“事后过程”，不具有预测性。安全评价往往是以是否发生重大事故或事故多少来评价企业的安全性。实际上在一定条件下，事故隐患是存在的，但事故可能发生也可能不发生，它具有偶然、随机的性质。目前没有出事故不一定说明该系统的安全有足够的稳定性。另一方面，随着生产技术发展及系统本身、环境条件的变化，新的不安全因素又会出现，仅仅从以前的事故中总结的预防措施往往可能滞后，且难以预测今后的事故发生概率及严重程度。

现代安全管理应用安全系统工程的理论和方法，使系统的安全处于最佳状态。它用系统工程的理论、方法来分析和研究系统中不安全因素的内在联系，检查各种可能发生的事故的概率及其危险程度，对风险做出定性及定量的评价。在一定投资、生产成本等约束条件下，把发生事故的可能性及造成的损失减低到目前可以接受的水平。根据风险评价的结果，提出相应的整改措施，把有限的资源进行最佳配置，以达到控制或消除事故的目的。这种方法通过危害因素识别和风险评价，划分风险程度、级别，指导人们预先采取降低风险的措施，预防事故的发生。因此安全管理具有如下意义：

(1) 搞好安全管理是防止伤亡事故和职业危害的根本对策。

(2) 搞好安全管理是贯彻落实“安全第一，预防为主”方针的基本保证。

(3) 安全技术和劳动卫生措施要靠有效的安全管理才能发挥应有的作用。

(4) 在技术、经济力量薄弱的情况下，为了实现安全生产，更加需要突出安全管理的作用。

(5) 搞好安全管理，有助于改进企业管理、全面推进企业各方面工作的进步、促进经济效益的提高。

3.1.3　安全管理方法的着眼点

上世纪 60 年代以前，安全管理主要是从本质安全方面上考虑，在装备上不断改善对人们的保护，利用自动化控制手段使工艺流程的保护性能得到完善；70 年代，安全管理开始注重对人的行为研究，注重考察人与环境的相互关系；80 年代以后，安全管理逐渐发展形成了一系列的思路和方法，一系列安全制度出台。一般认为，安全管理的基本方法的着眼点有如下几个方面：

(1) 掌握事故发生的规律，是管理上的先决条件。

(2) 要正确判断所掌握的事故状况及动向与安全管理的目标值或指标有多大程度的偏差。

(3) 根据事故统计资料了解事故的倾向对制定措施是必不可少的，但若同时对所有的事故倾向都采取措施，也不是很好的办法。

(4) 采取有效的安全措施时，如果只是单纯地作为措施而贯彻的话，就很难取得期望的良好结果。

(5) 当有重点地采取各项管理方法时，要不断弄清它所产生的结果或取得的效果。

(6) 在采取措施的过程中，当发现了阻碍达到目标的因素时，一定要“反馈”，以便对原来的措施加以补充修改，消除这种阻碍因素。

(7) 对效果不显著的措施，要及时吸收反馈并采取合适的新措施。

3.1.4　安全管理的基本原理

1．系统原理

系统原理是人们在从事管理工作时，运用系统的观点、理论和方法对管理活动进行充分的分析，以达到管理优化的目标，即从系统论的角度来认识和处理管理中出现的问题。系统原理的原则有：

(1) 整分合原则：该原则的基本要求是充分发挥各要素的潜力，提高整体功能，即首先要从整体功能和整体目标出发，对管理对象有一个全面的了解和谋划；其次，要在整体规划下实行明确的、必要的分工或分解；最后，在分工或分解的基础上，建立内部横向联系或协作，使系统协调配合、综合平衡地运行。

(2) 反馈原则：它指的是成功的高效管理，离不开灵敏、准确、迅速的反馈。

(3) 封闭原则：该原则是指在任何一个管理系统内部，管理手段、管理过程等必须能够组成一个连续封闭的回路，才能形成有效的管理活动。基本精神是系统内各种管理机构之间，各种管理制度、方法之间，必须相互制约，管理才能有效。管理系统的基本封闭回路如图 3-3 所示。

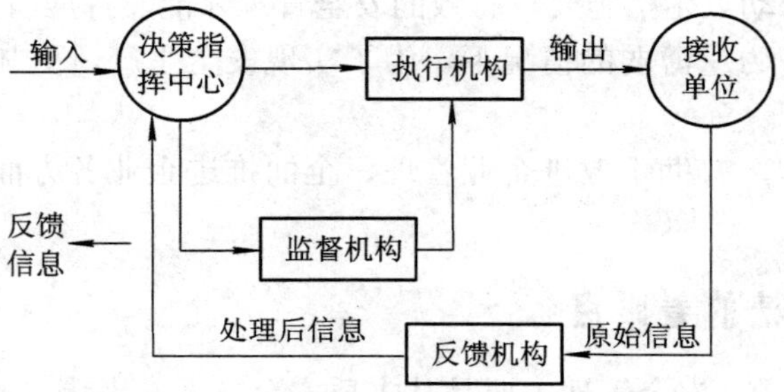

图 3-3　管理系统的基本封闭回路图

(4) 动态相关性原则：该原则是指任何管理系统的正常运转，不仅要受到系统本身条件的限制和制约，还要受到其他有关系统的影响和制约，并随着时间、地点的改变以及人们努力程度的不同而发生变化。

2．人本原理

人本原理就是在管理中坚持以人为本，注重发挥被管理者的积极性、主动性，使被管理者在工作中充分发挥自己的潜能，创造性地完成工作任务。

1) 能级原则

能级原则认为，人和其他要素的能量一样都有大小和等级之分，并会随着一定条件的变化而发展变化。它强调知人善任，调动各种积极因素，把人的能量发挥在安全管理活动相适应的岗位上。

现代安全管理认为，单位和个人都具有一定的能量，并且可以按照能量的大小顺序排列，形成管理的能级，就像原子中电子的能级一样。在安全管理系统中，可以建立一套合理的能级，根据单位和个人能量的大小安排其工作，发挥不同能级的能量，保证结构的稳定性和安全管理的有效性。在运用能级原则时应该做到以下三点：

(1) 建立合理稳定的能级结构。

(2) 不同的能级主体应授予不同的权力，完成不同的职责。

(3) 不同能级的主体应给予与之相应的岗位。

稳定的能级结构如图 3-4 所示。

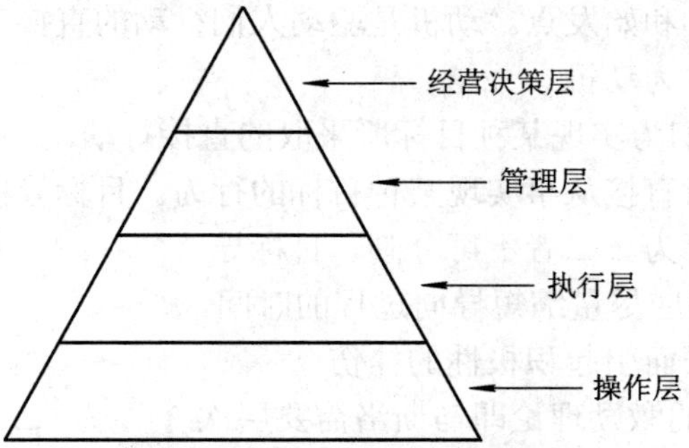

图 3-4　稳定的能级结构图

2) 动力原则

动力原则是指安全管理必须有强大的动力，促使各种安全管理要素有效地发挥作用，产生强大的合力，使安全管理运动持续而有效地进行。

从动态角度看，安全管理就是运动。安全管理运动要持续有效地进行下去，就离不开能源，离不开动力。动力不仅是安全管理运动的动因、源泉，而且动力运用的正确与否，制约着管理是否能够有序地进行。

安全管理工作是一种社会活动，而任何社会活动都是人所进行的活动。现代安全管理的核心或动力，就是发挥和调动人的创造性、积极性。因此，动力原则就是发挥和保持人的能动性，并合理地加以利用，使安全管理运动持续而有效地进行下去。

动力包括物质动力、精神动力、信息动力。物质动力是指物质待遇及经济效益。精神动力主要有理想、道德、信念、荣誉。信息动力包括消息、情报、指令等。

3) 激励原则

激励原则是指在安全管理过程中，必须科学地运用各种激励手段，使它们有机结合，从而最大限度地激发人们在生产、劳动、工作中安全管理的积极性。

(1) 激励过程。人的任何行为的产生都是由动机驱使。动机以需要为基础，人的需要不仅复杂，有时还会相互矛盾，这就是激励。激励过程如图 3-5 所示。

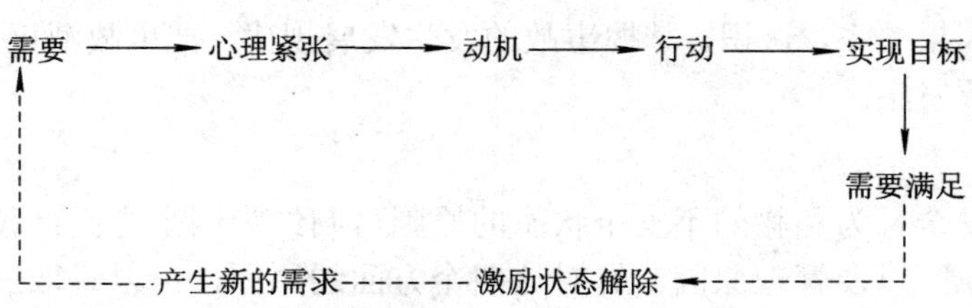

图 3-5　激励过程

① 需要。需要是指人对某种目标的渴求和欲望，它是人心理上的主观感受，有以下三个特点：

指向性：指需要有明确的目标与诱激物。

周期性：可以重复发生，但不是一成不变的简单重复。

变化性：发生的强度不同，内容不同。

② 动机。动机是指推动人们从事某种活动的直接原因，它是人的行为内部的驱动力。需要是动机的源泉、基础和始发点。动机是驱动人们行动的直接动力。当需要具有明确和特定的目标时，才能转化为动机。

③ 行为。行为是人们为实现某种目标所采取的直接行动。行为可分为目标行为和目标导向行为。目标行为是指直接从事实现某种目标的行为。目标导向行为是指为实现目标而在准备过程中所采取的行为。二者不可分割，目标导向行为是不可缺少的，但应尽量缩短导向过程的时间，以减少由于导向行为过长而引起积极性的挫伤。

(2) 激励理论。这里的激励理论即马斯洛需要层次论，这一理论认为人的需要分为五种，像阶梯一样从低到高，按层次逐级递升。如图 3-6 所示，五种需要分别为生理需要、安全需要、社交需要、尊重需要、自我实现。

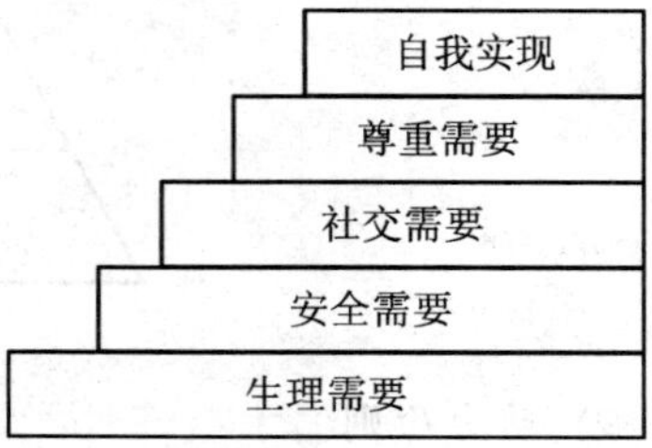

图 3-6　马斯洛的需要层次图

3. 预防原理

安全管理工作应当以预防为主，即通过有效的管理和技术手段，减少和防止人的不安全行为和物的不安全状态出现，从而使事故发生的概率降到最低，这就是预防原理。运用预防原理的原则有：

1) 偶然损失原则

事故与损失之间存在着偶然性。一个事故的后果产生的损失大小或损失种类是由偶然性决定的。反复发生的同类事故并不一定会产生相同的损失。即使是避免了损失的危险事故，如果再次发生，会产生多大损失也只能由偶然性原则决定。

无论事故是否造成了损失，为了避免事故损失，唯一的方法是阻止事故再次发生。这个原则强调，在安全管理实践中，一定要重视各类事故，包括险肇事故。只有将险肇事故控制住，才能真正防止事故损失。

2) 因果关系原则

事故的因果关系决定了事故的发生是建立在事故的原因之上的。为了防止事故的发生，必须寻找事故的因果关系，认识、掌握事故的发生发展规律，把事故消灭在起因形成阶段，从而最终避免事故发生。

3) 3E 原则

造成人的不安全行为和物的不安全状态的原因可归结为四个方面：技术原因、教育原因、身体和态度原因以及管理原因。针对这四个方面的原因，可以采取三种防止对策，即工程技术对策、教育对策和法制对策。因为技术(Engineering)、管理(Enforcement)和教育(Education)三个英文单词的第一个字母均为 E，所以也有人称之为“3E”对策。

4) 本质安全化原则

本质安全化是指设备设施、工艺过程、作业环境等，不靠事后补救措施，而是靠自身预先设计来防止事故发生或控制事故后果。本质安全化是安全管理的最高境界，是保证安全的最根本途径。本质安全化原则的含义是从一开始和从本质上实现安全化，从根本上消除事故发生的可能性，从而达到预防事故发生的目的。

4. 强制原理

采取强制管理的手段控制人的意愿和行为，使个人的活动、行为等受到安全生产管理要求的约束，从而实现有效的安全生产管理，这就是强制原理。

所谓强制，就是无需做很多的思想工作来统一认识、讲清道理，被管理者必须绝对服从，不必经被管理者同意便可采取控制行动。

一般来说，管理均带有一定的强制性。管理是指管理者对被管理者施加作用和影响，并要求被管理者服从其意志、满足其要求、完成其规定的任务的活动，这显然带有强制性。不强制便不能有效地抑制被管理者的无拘个性，将其调动到符合整体管理利益和目的的轨道上来。

安全生产管理更需要具有强制性，这是由于以下三个原因：

(1) 事故损失的偶然性。企业不重视安全工作，存在人的不安全行为或物的不安全状态时，由于事故的发生及其造成的损失具有偶然性，并不一定马上会产生灾害性的后果，这样会使人觉得安全工作并不重要，可有可无，从而进一步忽视安全工作，使得不安全行为和不安全状态继续存在，直至发生事故，悔之已晚。

(2) 人的“冒险”心理。这里的“冒险”是指某些人为了获得某种利益而甘愿冒受到伤害的风险。持有这种心理的人不恰当地估计事故潜在的可能性，心存侥幸，在避免风险和获得利益之间做出了错误的选择。这里“利益”的含义包括：省事、省时、省能、图舒服、爱美、逞能逞强、提高金钱收益等。冒险往往会使人产生有意识的不安全行为。

(3) 事故损失的不可挽回性。这一原因可以说是安全生产管理需要强制性的根本原因。事故损失一旦发生，往往会造成永久性的损害，尤其是人的生命和健康，更是无法弥补。因此，在安全问题上，经验一般都是间接的，不能允许当事人通过犯错误来积累经验和提高认识。

与强制原理相关的原则有：

(1) “安全第一”原则。“安全第一”就是在生产经营活动中，在处理保证安全与生产经营活动的关系上，要始终把安全放在首要位置，优先考虑从业人员和其他人员的人身安全，实行“安全优先”的原则。

(2) 监督原则。监督是安全管理系统工作的重要一环，安全管理制度、规程的全面贯彻实施，没有有效的监督机构和机制是难以做到的。

3.2　系统安全管理理论

3.2.1　基本概念

1. 系统安全

系统安全是指在系统寿命周期内应用系统安全管理及系统安全工程原理，识别危险源并采取有效的控制措施使其危险性减至最小，从而使系统在规定的性能、时间和成本范围内达到最佳的安全程度。

2. 系统安全管理

系统安全管理是确定系统安全大纲要求，保证系统安全工作项目和活动的计划，实施和完成与整个项目的要求相一致的一门管理学科。

3. 系统安全理论的主要观点

(1) 在事故致因理论方面，改变了人们只注重人员的不安全行为而忽略硬件故障在事故致因中作用的传统观念，开始考虑如何通过改善物的即系统的可靠性来提高复杂系统的安全性，从而避免事故。

(2) 没有任何一种事物是绝对安全的，任何事物中都潜伏着危险因素，通常所说的安全或危险只不过是一种主观的判断。

(3) 不可能根除一切危险源和危险，但是可以减少来自现有危险源的危险性，应该减少总的危险性而不是只彻底去消除几种选定的危险。

(4) 由于人的认识能力有限，有时不能完全认识危险源和危险，即使认识了现有的危险源，随着生产技术的发展，新技术、新工艺、新材料和新能源的出现，又会产生新的危险源。

3.2.2 事故致因理论

事故致因理论是人们对事故机理所做的逻辑抽象和数学抽象，是描述事故成因、经过和后果的理论，是研究人、物、环境、管理及事故处理这些基本因素如何作用而形成事故、造成损失的理论。

事故致因理论是从本质上阐明工伤事故的因果关系，说明事故的发生、发展过程和后果的理论。其目的在于：认识事故本质；指导事故调查与分析；提出事故预防措施。

国内外现有的事故致因理论有多种：事故频发倾向理论、海因里希因果连锁论、能量意外释放理论、管理失误论、扰动起源理论、事故遭遇倾向理论、轨迹交叉理论、两类危险源理论、现代因果连锁理论等，而适合我国情况的主要有四种：事故因果类型(连锁论)、多米诺骨牌理论(The Dominoes Theory)、系统理论、轨迹交叉论。

1. 事故频发倾向理论

事故频发倾向理论是阐述企业工人中存在着个别人容易发生事故的、稳定的、个人的内在倾向的一种理论。

1) 泊松分布

当发生事故的概率不存在个体差异时，即不存在事故频发倾向者时，一定时间内事故发生次数服从泊松分布。

2) 偏倚分布

一些工人由于存在精神或心理方面的问题，如果在生产操作过程中发生过一次事故，则会造成胆怯或神经过敏，当再继续操作时，就有重复发生第二次、第三次事故的倾向，符合这种统计分布的主要是少数有精神或心理缺陷的工人。

3) 非均等分布

当工厂中存在许多特别容易发生事故的人时，发生不同次数事故的人数服从非均等分布，即每个人发生事故的概率不相同。

2．海因里希因果连锁理论

海因里希因果连锁论又称海因里希模型或多米诺骨牌理论，该理论由海因里希首先提出来，用以阐明导致伤亡事故的各种原因及其与事故间的关系。该理论认为，伤亡事故的发生不是一个孤立的事件，尽管伤害可能在某瞬间突然发生，却是一系列事件相继发生的结果。

海因里希借助于多米诺骨牌形象地描述了事故的因果连锁关系，即事故的发生是一连串事件按一定顺序互为因果依次发生的结果。如一块骨牌倒下，则将发生连锁反应使后面的骨牌依次倒下。

1) 伤害事故连锁构成

(1) 人员伤亡的发生是事故的结果。

(2) 事故发生的原因是人的不安全行为或物的不安全状态。

(3) 人的不安全行为或物的不安全状态是由于人的缺点造成的。

(4) 人的缺点是由于不良环境诱发或者是由先天的遗传因素造成的。

2) 事故连锁过程影响因素(多米诺骨牌效应)

(1) 遗传及社会环境；

(2) 人的缺点；

(3) 人的不安全行为或物的不安全状态；

(4) 事故；

(5) 伤害。

海因里希模型如图 3-7 所示。

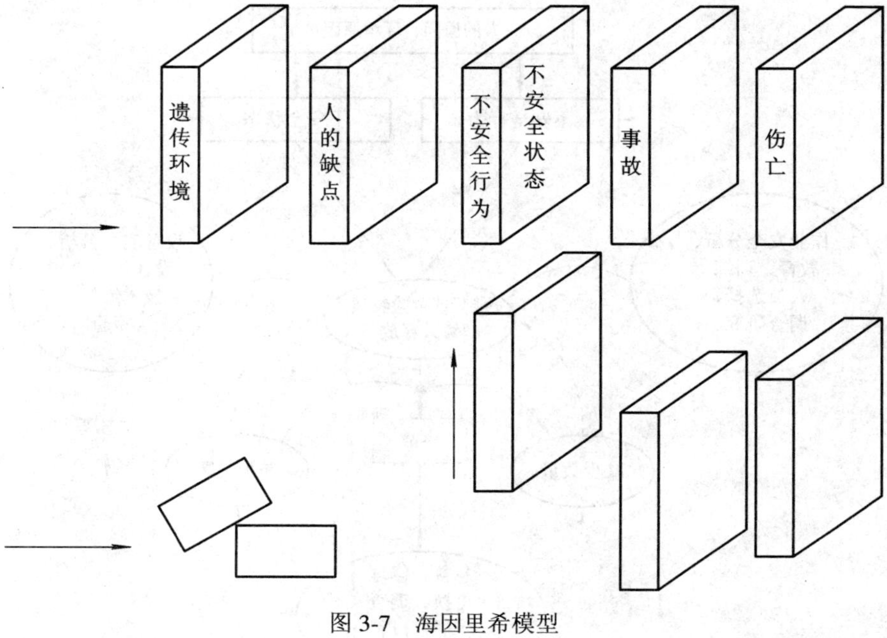

图 3-7　海因里希模型

3．能量意外释放理论

1961 年吉布森提出了解释事故发生机理的能量意外释放论，认为事故是一种不正常的或不希望的能量释放。生产、生活中经常遇到各种形式的能量，如机械能、热能、电能、化学能、电离及非电高辐射、声能、生物能等，它们的意外释放都会威胁安全。

1) 能量与有害物质

能量与有害物质是危险、危害因素产生的根源，也是最根本的危险、危害因素。一般来说，系统具有的能量越大，存在的有害物质数量越多，其潜在危险性和危害性就越大。另一方面，只要进行生产活动，就需要相应的能量和物质(包括有害物质)，因此危险、危害因素是客观存在的。

能量的存在形式包括动能、势能、热能、电能、化学能、核能和机械能等。能量的载体：如行驶的汽车、运转的机床、高空存放的物体、高压容器等。危险物质：如易燃易爆物质、有毒有害物质、自燃性物质、腐蚀性物质及其他危险化学品等。

2) 能量失控

在生产实践中，能量与危险物质在受控条件下，按照人们的意志在系统中流动、转换，进行生产。如果发生失控(没有控制、屏蔽措施或控制措施失效)，就会发生能量与有害物质的意外释放和泄漏，造成人员伤亡和财产损失。因此，失控也是一类危险、危害因素，主要体现在设备故障(或缺陷)、人的失误和管理缺陷、环境因素等方面，并且这几个方面可相互影响。伤亡事故调查分析的结果表明：能量或危险物质失控都是由于人的不安全行为或物的不安全状态造成的。根据能量意外释放理论提出的事故因果模型如图3-8所示。

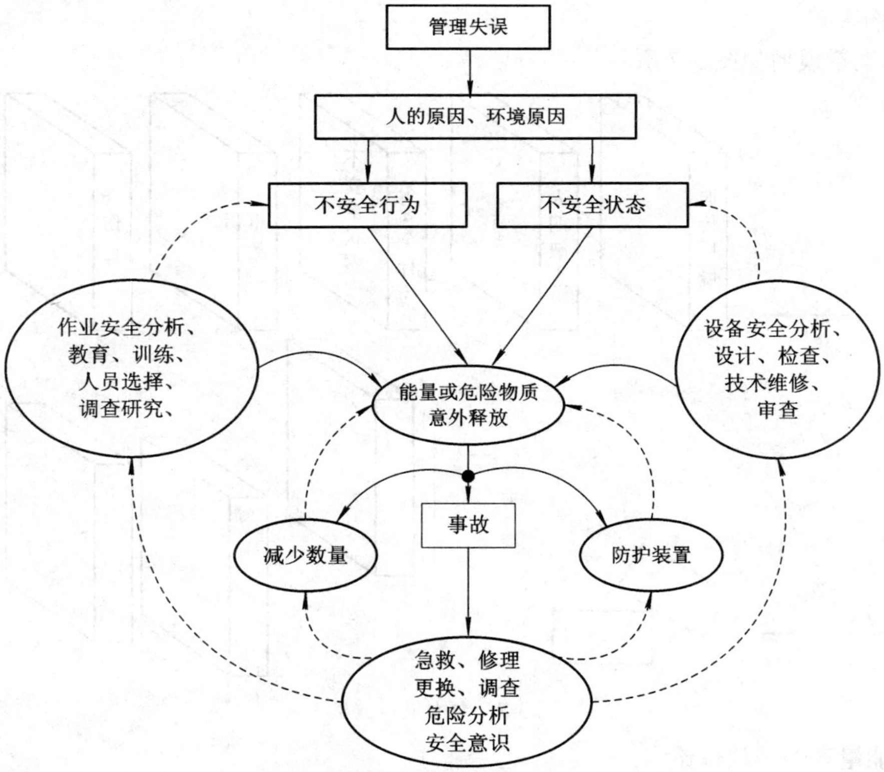

图 3-8　能量观点的事故因果连锁模型

3) 事故致因

引发事故的原因主要有以下两点：

(1) 接触了超过机体组织所能抵抗的某种形式的过量的能量。

(2) 有机体与周围环境的正常能量交换受到了干扰。

4) 事故表现

机械能、电能、热能、化学能、电离及非电离辐射、生能、生物能等，都可能导致人员伤害。

5) 防范措施

从能量意外释放论出发，预防事故就是控制、约束能量或危险物质，防止其意外释放；防止伤害或损坏，就是在一旦发生事故，能量或危险物质意外释放的情况下，防止人体与之接触，或者一旦接触时，使作用于人体或财物的能量或危险物质的量尽可能地小，使其不超过人或物的承受能力。

在安全工程中防止能量或危险物质意外释放，防止人员伤害或财物损失的主要技术措施有：① 用安全的能源代替不安全的能源；② 限制能量；③ 防止能量蓄积；④ 控制能量释放；⑤ 延缓释放能量；⑥ 开辟释放能量的渠道；⑦ 设置屏蔽设施：在人、物与能源之间设置屏障，在时间或空间上把能量与人隔离；⑧ 提高防护标准；⑨ 改变工艺流程；⑩ 修复或急救。

4．管理失误论

在早期的事故因果连锁理论中，海因里希把遗传和社会环境看做事故的根本原因，表现出了它的时代局限性。尽管遗传因素和人员成长的社会环境对人员的行为有一定的影响，却不是影响人员行为的主要因素。

博德在海因里希事故因果连锁理论的基础上，提出了与现代安全观点更加吻合的事故因果连锁理论，即管理失误论。该理论的核心在于对现场失误的背后原因进行了深入的研究。操作者的不安全行为及 生产作业中的不安全状态等现场失误是由企业领导者及事故预防工作人员的管理失误造成的。管理人员在管理工作中的差错或疏忽，企业领导人决策错误或没有做出决策等失误，对企业经营管理及事故预防工作具有决定性的影响。管理失误论反映企业管理系统中的问题，它涉及管理体制，即有组织地进行管理工作，确定怎样的管理目标，如何计划、实现确定的目标等方面的问题。管理体制反映作为决策中心的领导人的信念、目标及规范，它决定各级管理人员安排工作的轻重缓急、工作基准及指导方针等重大问题。在企业中，如果管理者能够充分发挥管理机能中的控制机能，则可以有效地控制人的不安全行为、物的不安全状态。

5．扰动起源理论

事故过程包含着一组相继发生的事件。生产系统的外界影响是经常变化的，可能偏离正常的或预期的情况。当行为者能够适应扰动时，生产活动可以维持平衡不发生事故。当行为者不能适应扰动，平衡过程被破坏时，就会发生事故。可以将事故看做由事件链中的扰动开始，以伤害或损害为结束的过程，也称为“P 理论”。

6．事故遭遇倾向理论

事故遭遇倾向理论实际上是事故频发倾向理论的修正。自格林伍德的研究起，迄今有无数的研究者对事故频发倾向理论的科学性问题进行了专门的研究探讨，关于事故频发倾向者存在与否的问题一直有争议。许多研究结果表明，前后不同时期里事故发生次数的相关系数与作业条件有关；工厂规模不同，生产作业条件也不同，大工厂的场合相关系数大约在 0.6 左右，小工厂则或高或低，表现出劳动条件的影响。

7．轨迹交叉理论

轨迹交叉理论的主要观点是：在事故发展进程中，人的因素运动轨迹与物的因素运动轨迹的交点就是事故发生的时间和空间，即人的不安全行为和物的不安全状态发生于同一时间、同一空间或者说人的不安全行为与物的不安全状态相遇时将在此时间、此空间发生事故。

轨迹交叉理论作为一种事故致因理论，强调人的因素和物的因素在事故致因中占有同样重要的地位。按照该理论，可以通过避免人与物两种因素运动轨迹交叉，即避免人的不安全行为和物的不安全状态同时、同地出现来预防事故的发生。

8．现代因果连锁理论

博德在海因里希事故因果连锁理论的基础上，提出了现代事故因果连锁理论，其事故连锁过程影响因素如图 3-9 所示。

图 3-9　事故连锁过程影响因素

9．两类危险源理论

在系统安全研究中认为，危险源的存在是事故发生的根本原因，防止事故就是消除、控制系统中的危险源。危险源是可能导致人员伤害或财物损失事故、工作环境破坏或这些情况组合的潜在不安全因素的根源。按此定义，生产、生活中的许多不安全因素都是危险源。传统上，危险源 = 危害因素。

GB/T13861—2009《生产过程中的危险和危害因素分类与代码》将危险和危害因素分为四大类，分别是“人的因素”、“物的因素”、“环境因素”和“管理因素”。根据危险源在事故发生、发展中的作用，把危险源划分为两大类，即第一类危险源和第二类危险源。

1) 第一类危险源

根据能量意外释放论，事故是能量或危险物质的意外释放，作用于人体的过量的能量或干扰人体与外界能量交换的危险物质是造成人员伤害的直接原因。于是，把系统中存在的、可能发生意外释放的能量或危险物质称作第一类危险源。这类危险源是直接引起人员伤害、财产损失或环境破坏的根本原因，能量、能量的载体或危险物质的存在是发生事故的物理本质。这类危险源是导致事故发生的主体，并决定事故后果的严重程度。又由于这类危险源是客观存在的，也称为固有危险源。

2) 第二类危险源

导致约束、限制能量措施失效或破坏的各种不安全因素称作状态危险源，也称为第二类危险源。在生产和生活中，为了利用能量，让能量按照人们的意图在系统中流动、转换和做功，必须采取措施约束、限制能量，即必须控制危险源。约束、限制能量的能量屏蔽措施应该可靠地控制能量，防止能量意外释放。实际上，绝对可靠的控制措施并不存在。在许多因素的复杂作用下，约束、限制能量的控制措施可能失效，能量屏蔽可能被破坏而发生事故。第二类危险源往往是一些围绕着第一类危险源随机发生的现象，它们出现的情况决定事故发生的可能性，第二类危险源出现得越频繁，发生事故的可能性越大。

3) 两类危险源的关系

一起事故的发生是两类危险源共同起作用的结果。第一类危险源的存在是事故发生的前提，没有第一类危险源就谈不上能量或危险物质的意外释放，也就无所谓事故。另一方面，如果没有第二类危险源破坏对第一类危险源的控制，也不会发生能量或危险物质的意外释放。第二类危险源的出现是第一类危险源导致事故的必要条件。

在事故的发生、发展过程中，两类危险源相互依存、相辅相成。第一类危险源在事故发生时释放出的能量是导致人员伤害或财物损坏的能量主体，决定事故后果的严重程度；第二类危险源出现的难易决定事故发生的可能性的大小。两类危险源共同决定危险源的危险性。

4) 危险源辨识方法

通常用有可供参考先例、有以往经验可以借鉴的直观经验法对危险源进行辨识，辨识方法分为对照经验法和类比方法两种。

(1) 对照经验法：对照有关标准、法规、检查表或依靠分析人员的观察分析能力，借助于经验和判断能力直观地评价对象危险性和危害性的方法。经验法是辨识中常用的方法，其优点是简便、易行，其缺点是受辨识人员的知识、经验和占有资料的限制，可能出现遗漏。

(2) 类比方法：利用相同或相似系统或作业条件的经验和职业安全的统计资料来类推、分析主要对象的危险源。多用于危害因素和作业条件危险因素的辨识过程。

3.3　事故统计及分析

事故统计分析是运用数理统计来研究事故发生规律的一种方法。

3.3.1　事故的基本特性

1．事故与海因里希法则

事故是在人们生产、生活活动过程中突然发生的、违反人们意志的、迫使活动暂时或永久停止的，可能造成人员伤害、财产损失或环境污染的意外事件。事故分为未遂事故、二次事故、非工作事故，其发生规律遵循海因里希法则。

1) 未遂事故

未遂事故是指有可能造成严重后果，但由于其偶然因素，实际上没有造成严重后果的事件。当然，研究未遂事故也有很多困难。其一，也是最主要的问题，就是人们对其不重视。只要事故的发生没有造成严重后果，许多人认为只是虚惊一场，事故之后我行我素，依然如故，员工如此，管理层如此，政府部门也是如此。其二，未遂事故数量庞大，对其进行调查、统计、分析研究需要投入大量的人力、物力，在有些情况下，这种投入是令人难以承受的。其三，未遂事故的界定困难。在大量的各类突发性事件中，未遂事故的界限在有些情况下是模糊的，对它的界定会因人们理解的程度，观察事物的角度的不同而有所不同。其四，我们只关心那些可能会造成严重事故的未遂事故，但在大量的未遂事故中筛选出这类事故要依赖于人的经验和直觉。

2) 二次事故

二次事故是指由外部事件或事故引发的事故。所谓外部事件，是指包括自然灾害在内的与本系统无直接关联的事件。二次事故可以说是造成重大损失的根源，绝大多数重、特大事故主要是由于二次事故造成的。

3) 非工作事故

非工作事故即员工在非工作环境中，如旅游、娱乐、体育活动及家庭生活等诸方面的活动中发生的人身伤害事故。

4) 海因里希法则

海因里希法则是美国著名安全工程师海因里希提出的300∶29∶1法则。这个法则意思是说，当一个企业有300个隐患或违章，必然要发生29起轻伤或故障，在这29起轻伤事故或故障当中，有一起重伤、死亡或重大事故，如图3-10所示。

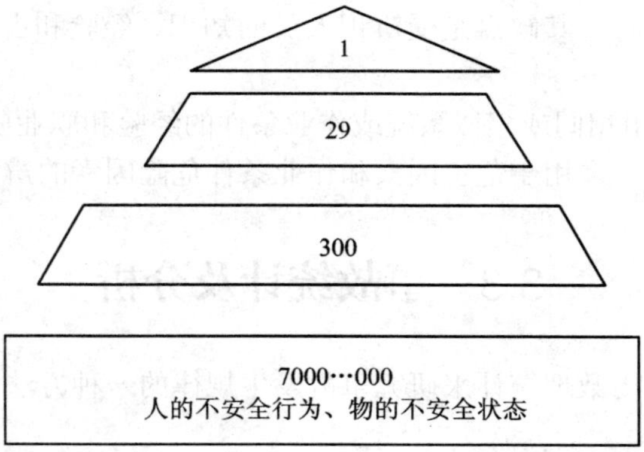

图3-10　海因里希法则示意图

2. 事故的基本特性

事故的基本特性有：因果性、偶然性、必然性、规律性、潜在性、再现性、预测性和突发性。

1) 事故的因果性(Causality of Accident)

某一现象作为另一现象发生的根据，其因果性即是这两种现象之间的关联。事故的起因乃是它和其他事物相联系的一种形式。事故是相互联系的诸原因的结果。在这一关系上是“因”的现象，在另一关系上却会以“果”出现，反之亦然。因果关系有继承性，或称非单一性，也就是多层次性，即第一阶段的结果往往是第二阶段的原因，如火灾－烟气－中毒。

事故因果性是说，一切事故的发生，都是事故原因相互作用的结果，并且多数事故的原因都是可以认识的。

2) 事故的偶然性、必然性和规律性(Chance，Necessity and Regularity of Accident)

事故具有偶然性的特点，在一定条件下可能发生、也可能不发生，是随机事件，即事故的偶然性。事故的因果性又表明事故有其发生的必然性，长时期构成事故发生的条件就必然会造成事故的发生。

从本质上讲，伤亡事故属于在一定条件下可能发生，也可能不发生的随机事件。事故的发生包含着偶然因素，事故的偶然性是客观存在的，与我们是否明了现象的原因完全不相干。

事故是由于客观某种不安全因素的存在，随时间进程产生某些意外情况而显现出的一种现象。因它或多或少地含有偶然的本质，故不易决定它所有的规律，但在一定范畴内，用一定的科学仪器或手段，却可以找出近似的规律，从外部和表面上的联系，找到内部的决定性的主要关系。如应用概率论的分析方法，收集尽可能多的事例进行统计处理，并应用伯努里大数定律，找出带根本性的问题，这就是从偶然性中找出必然性，认识事故发生的规律性，使事故消除在萌芽状态之中。

3) 事故的潜在性和再现性(Potentiality and Reappearance of Accident)

事故在未发生之前，似乎一切都处于“正常”和“平静”状态，但并不是不发生事故，相反，此时事故正处于孕育和生长阶段，这就是事故的潜在性。在时间的推移中，事故会突然违反人的意愿而发生，事故的潜在性实质上存在于一切过程的始终。在其所经过的时间内，不安全的隐患是潜在的，条件成熟就会显现，决不会脱离时间而存在。

事故包含在绝对时间之中，我们不能认识绝对时间，因而也不能认识绝对时间中的某些事故，但是却可能认识在相对时间轨迹上相继展开的相对时间及在其中显现的事故。时间是一去不复返的，同样，完全相同的事故也不会再次重复显现。只能说，对类似的事故阻挡其再现是可能的。

4) 事故的预测性和突然性(Prediction and Unexpection of Accident)

正是因为事故有孕育和生长的过程，在这个过程中，必然有某些信息出现，这就是事故的预测性。基于对过去的事故所积累的经验，人们可以在自然的客体中进行事故预测。这种预测是根据以往积累的经验和知识，通过研究所构思出来的一个模型。如果在未来的时间里出现了没有预测到的条件变化，就会破坏最初的预测性。因此，为防止事故发生，在进行生产活动开始之时就应正确掌握当时的条件，充分运用已有的经验和知识，并及时加以校正，以便对未来时间里的情况预测得更加准确。单凭人的感觉是无力预测的，因而需要使用科学仪器来扩大人体感觉的灵敏度。使用科学仪器和采用科学方法测量是提高预测可靠性的重要途径。

但是，事故有其突然性，突然出现在相对时间上的事故往往难于预测。意想不到的偶然性是存在的。在集体劳动中的个人并不常是按照自然环境中的客观规律去行动的，从而出现了许多人工环境，这是难以预测的。

3．伤害分类

根据人员受到伤害的严重程度和伤害后的恢复情况，可将伤害分为以下四类：

(1) 暂时性失能伤害：受伤害者或中毒者暂时不能从事原岗位工作，经过一段时间的治疗或休息可以恢复工作能力的伤害。

(2) 永久性部分失能伤害：导致受伤害者或中毒者肢体或某些器官的功能发生不可逆的丧失的伤害。

(3) 永久性全失能伤害：使受伤害者或中毒者完全残废的伤害。

(4) 死亡。

4．伤亡事故

在安全管理工作中，从事故统计的角度把造成损失工作日达到或超过 1 天的人身伤害或急性中毒事故称作伤亡事故。其中，在生产区域中发生的和生产有关的伤亡事故称作工伤事故。工伤事故包括工作意外事故和职业病所致的伤残及死亡。这里所说的“伤”是指劳动者在工作中因发生意外事故导致身体器官或生理功能受到损害，它分为器官损伤和职业病损伤两种情况，通常表现为暂时性的、部分的劳动能力丧失。“残”是指劳动者因公负伤或者患职业病后，虽经治疗、休养，但仍难痊愈，致使身体功能或智力不全，它包括肢体缺损和智力丧失两种情况，通常表现为永久性的部分劳动能力丧失或永久性的全部劳动能力丧失。

5．事故的分类

根据事故发生后造成后果的情况，在事故预防工作中把事故划分为伤害事故、损坏事故、环境污染事故和未遂事故。

常见事故类型及伤害严重度如表 3-1 所示。

表 3-1　事故类型及伤害严重度

事故类型	暂时丧失劳动能力比例/(%)	部分丧失劳动能力比例/(%)	完全丧失劳动能力比例/(%)
运输	24.3	20.9	5.6
坠落	18.1	16.2	15.9
物体打击	10.4	8.4	18.1
机械	11.9	25.0	9.1
车辆	8.5	8.4	23.0
手工工具	8.1	7.8	1.1
电气	3.5	2.5	13.4
其他	15.2	10.8	13.8

1) 按事故类别分类

国家标准 GB6441—1986《企业职工伤亡事故分类》按致害原因将事故类别分为二十类，见表 3-2。

表 3-2　按致害原因的事故分类

序号	事故类型	备　注
1	物体打击	指落物、滚石、捶击、碎裂、崩块、砸伤、不包括爆炸引起的物体打击
2	车辆伤害	包括挤、压、撞、颠覆等
3	机械伤害	包括铰、碾、割、戳
4	起重伤害	各种起重作业引起的伤害
5	触电	电流流过人体或人与带电体间发生放电引起的伤害，包括雷击
6	淹溺	各种作业中落水及非矿山透水引起的溺水伤害
7	灼烫	火焰烧伤、高温物体烫伤、化学物质灼伤、射线引起的皮肤损伤等，不包括点烧伤及火灾事故引起的烧伤
8	火灾	造成人员伤亡的企业火灾事故
9	高处坠落	包括由高处落地和由平地落坑
10	坍塌	建筑物、构筑物、堆置物倒塌及土石塌方引起的事故，不适用于矿山冒顶、片帮及爆炸、爆破引起的坍塌事故
11	冒顶片帮	指矿山开采、掘进及其坑道作业发生的顶板冒落、侧壁垮塌
12	透水	适用于矿山开采以及坑道作业时因水涌造成的伤害
13	爆炸	由爆破作业引起，包括由爆破作业引起的中毒
14	火药爆炸	生产、运输和储运过程中的意外爆炸
15	瓦斯爆炸	包括瓦斯、煤尘与空气混合形成的混合物爆炸
16	锅炉爆炸	适用于工作压力在 0.07 MPa 以上，以水为介质的蒸汽锅炉的爆炸
17	压力容器爆炸	包括物理爆炸和化学爆炸
18	其他爆炸	可燃气体爆炸、蒸汽、粉尘等与空气混合物形成的爆炸性混合物的爆炸；炉膛、钢水包、亚麻粉尘的爆炸
19	中毒和窒息	职业性毒物进入人体引起的急性中毒、缺氧窒息伤害
20	其他	上述范围之外的伤害事故，如冻伤、扭伤、摔伤、野兽咬伤等

2) 按伤害程度分类

在伤亡事故统计的国家标准 GB6441—1986《企业职工伤亡事故分类》中，把受伤害者的伤害分成如下三类：

(1) 轻伤：损失工作日低于 105 天的失能伤害。

(2) 重伤：损失工作日等于或大于 105 天的失能伤害。

(3) 死亡：发生事故后当即死亡，包括急性中毒死亡或受伤后在 30 天内死亡的事故。死亡损失工作日为 6000 天。

3) 按事故严重程度分类

为了研究事故发生原因，便于对伤亡事故进行统计分析和调查处理，国务院有关部门将事故按严重程度细分为如下六类：

(1) 轻伤事故：只发生轻伤的事故。

(2) 重伤事故：发生了重伤但是没有死亡的事故。

(3) 死亡事故：一次事故中死亡 1～2 人的事故。

(4) 重大死亡事故：一次事故中死亡 3～9 人的事故。

(5) 特大死亡事故：一次事故中死亡 10 人及 10 人以上的事故。

(6) 特别重大死亡事故。符合下列情况之一的事故：民航客机发生的机毁人亡(死亡 40 人及以上)事故；专机和外国民航客机在中国境内发生的机毁人亡事故；铁路、水运、矿山、水利、电力事故造成一次死亡 50 人及以上或者一次造成直接经济损失 1000 万元及以上的；公路和其他发生一次死亡 30 人及以上或直接经济损失在 500 万元及以上的事故(航空、航天器科研过程中发生的事故除外)；一次造成职工和居民 100 人及以上的急性中毒事故；其他性质特别严重，产生重大影响的事故。

4) 按事故经济损失程度分类

根据国家标准 GB6721—1986《企业职工伤亡事故经济损失统计标准》的规定，将事故分成以下四类：

(1) 一般损失事故：经济损失小于 1 万元的事故。

(2) 较大损失事故：经济损失大于等于 1 万元，但小于 10 万元的事故。

(3) 重大损失事故：经济损失大于等于 10 万元，但小于 100 万元的事故。

(4) 特大损失事故：经济损失大于等于 100 万元的事故。

5) 中国石化集团公司事故评价指标和等级

(1) 一般事故。凡符合下列条件之一的为一般事故：一次事故造成重伤 1～9 人；一次事故造成死亡 1～2 人；一次事故造成经济损失在 10 万元及以上，100 万元以下(不含 100 万元)；一次跑油、料在 10 吨及以上；一次事故造成 3 套及以上生产装置或全厂停产，影响日产量的 50%及以上。

(2) 重大事故。凡符合下列条件之一的为重大事故：一次事故造成死亡 3～9 人；一次事故造成重伤 10 人及以上；一次事故造成经济损失在 100 万元及以上，500 万元以下(不含 500 万元)。

(3) 特大事故。凡符合下列条件之一的为特大事故：一次事故造成死亡 10 人及以上；一次事故造成直接经济损失 500 万元及以上。

6. 事故的原因

事故的原因分为事故的直接原因和间接原因。

1) 事故的直接原因

所谓事故的直接原因，即直接导致事故发生的原因，又称一次原因。大多数学者认为事故的直接原因只有两个，即人的不安全行为和物的不安全状态。

(1) 物的不安全状态。物的不安全状态方面的原因如表 3-3 所示。

表 3-3　物的不安全状态方面的原因

类　别	具 体 表 现
防护、保险、信号等装置缺乏或有缺陷	① 无防护 ② 防护不当
设备、设施、工具附件有缺陷	① 设计不当，结构不合安全要求；② 强度不够；③ 设备在非正常状态下运行；④ 维修、调整不良
个人防护用品、用具缺少或有缺陷	① 个人防护用品、用具缺少(无个人防护用品、用具)；② 缺陷指所用防护用品、用具不符合安全要求
生产(施工)场地环境不良	① 照明光线不良；② 通风不良；③ 作业场所狭窄；④ 作业场所杂乱；⑤ 交通线路的配置不安全；⑥ 操作工序设计或配置不安全；⑦ 地面滑；⑧ 贮存方法不安全；⑨ 环境温度、湿度不当

(2) 人的不安全行为。人的不安全行为有如下表现：

① 操作错误、忽视安全、忽视警告，如：(a) 未经许可开动、关停、移动机器；(b) 开动、关停机器时未给信号；(c) 开关未锁紧，造成意外转动、通电或泄漏等；(d) 忘记关闭设备；(e) 忽视警告标志、警告信号；(f) 操作错误(指按钮、阀门、扳手、把柄等的操作)；(g) 奔跑作业；(h) 供料或送料速度过快；(i) 机器超速运转；(j) 违章驾驶机动车；(k) 酒后作业；(l) 客货混载；(m) 冲压机作业时手伸进冲压模；(n) 工件紧固不牢；(o) 用压缩空气吹铁屑；(p) 其他。

② 造成安全装置失效，如：(a) 拆除了安全装置；(b) 安全装置堵塞，失去了作用；(c) 因调整错误造成安全装置失效；(d) 其他。

③ 使用不安全设备，如：(a) 使用临时的、不牢固的设施；(b) 使用无安全装置的设备；(c) 其他。

④ 手代替工具操作，如：(a) 用手代替手动工具；(b) 用手清除切屑；(c) 不用夹具固定，手持工件进行加工。

⑤ 物体(指成品、半成品、材料、工具、切屑和生产用品等)存放不当。

⑥ 冒险进入危险场所，如：(a) 冒险进入涵洞；(b) 接近漏料处(无安全设施)；(c) 采伐、集材、运材、装车时未离开危险区；(d) 未经安全监察人员允许进入油罐或井中；(e) 未做好准备工作就开始作业；(f) 冒进信号；(g) 调车场超速上下车；(h) 易燃、易爆场所有明火；(i) 私自搭乘矿车；(j) 在绞车道上行走；(k) 未及时瞭望。

⑦ 攀、坐不安全位置，如平台护栏、汽车挡板、吊车吊钩等。

⑧ 在起吊物下作业、停留。

⑨ 机器运转时加油、修理、检查、调整、焊接、清扫等。

⑩ 有分散注意力的行为。

⑪ 在必须使用个人防护用品、用具的作业或场合中，忽视其使用，如：(a) 未戴护目镜或面罩；(b) 未戴防护手套；(c) 未穿安全鞋；(d) 未戴安全帽、呼吸帽；(e) 未佩戴呼吸护具；(f) 未佩戴安全带；(g) 未戴工作帽；(h) 其他。

⑫ 不安全装束，如：(a) 在有旋转零部件的设备旁作业时穿肥大服装；(b) 操纵带有旋转零部件的设备时戴手套；(c) 其他。

⑬ 对易燃、易爆危险品处理错误。

2) 事故的间接原因

事故的间接原因，则是指使事故的直接原因得以产生和存在的原因，如图 3-11 所示。

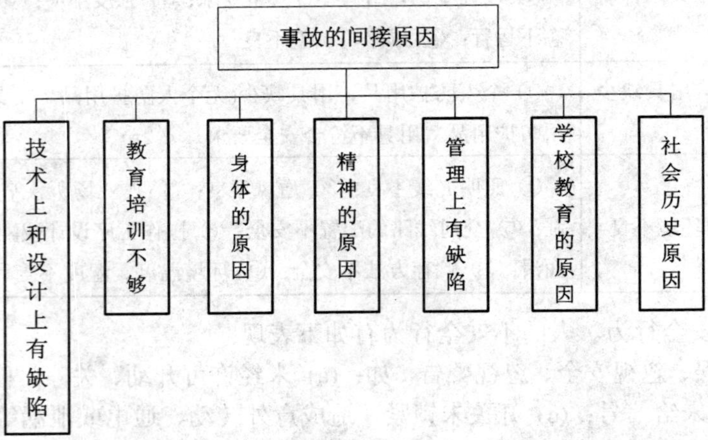

图 3-11　事故的间接原因构成图

3.3.2　事故统计与分析

1. 事故统计方法及主要指标

事故统计分析的目的包括三个方面：一是进行企业外的对比分析。依据伤亡事故的主要统计指标进行部门与部门之间、企业与企业之间、企业与本行业平均指标之间的对比。二是对企业、部门的不同时期的伤亡事故发生情况进行对比，用来评价企业安全状况是否有所改善。三是发现企业事故预防工作存在的主要问题，研究事故发生原因，以便采取措施防止事故发生。

1) 事故统计方法

常用的伤亡事故统计方法主要有柱状图、趋势图、管理图、扇形图、玫瑰图和分布图等。柱状图以柱状图形来表示各统计指标的数值大小，如图 3-12、图 3-13 所示。

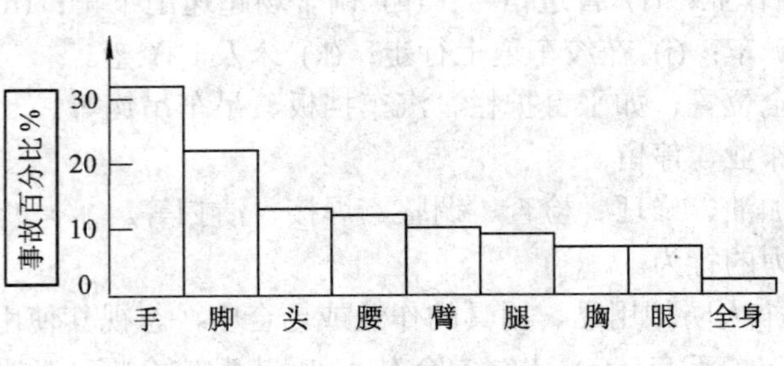

图 3-12　伤害部位分布柱状图

伤亡事故发生趋势图是一种折线图。它用不间断的折线来表示各统计指标的数值大小和变化，最适合于表现事故的发生与时间的关系，如图 3-14 所示。

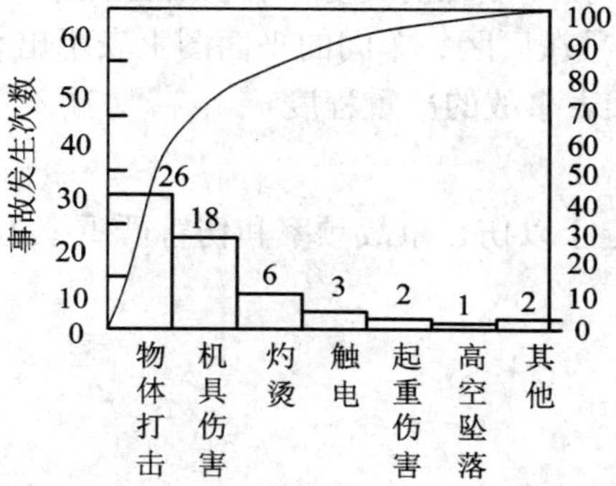

图 3-13　伤亡事故发生次数的柱状图

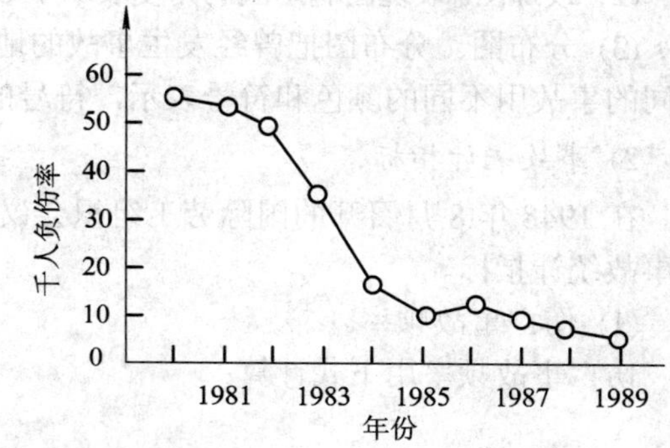

图 3-14　伤亡事故发生趋势图

伤亡事故管理图也称伤亡事故控制图。为了预防伤亡事故发生，降低伤亡事故发生频率，企业、部门广泛开展安全目标管理。伤亡事故管理图是在实施安全目标管理中为及时掌握事故发生情况而经常使用的一种统计图表，如图 3-15 所示。

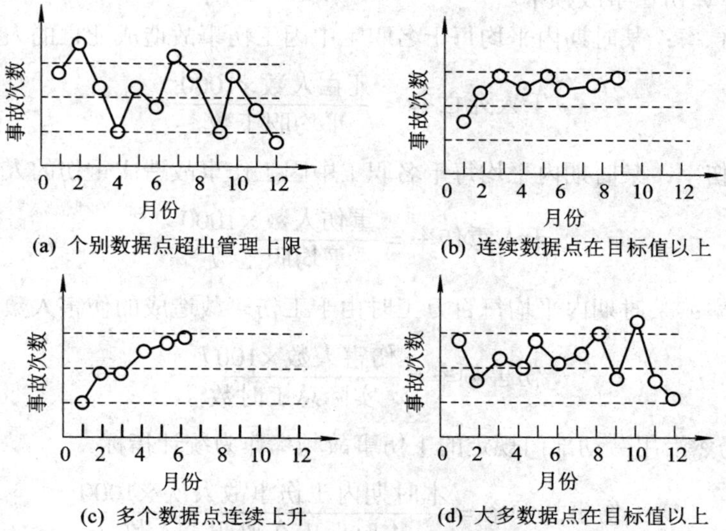

图 3-15　伤亡事故管理图

在一定时期内，一个单位里伤亡事故发生次数的概率分布服从泊松分布，并且泊松分布的数学期望和方差都是 λ。这里 λ 是事故发生率，即单位时间里的事故发生次数。若以 λ 作为每个月伤亡事故发生次数的目标值，当置信度取 90%时，按下述公式确定安全目标管理的上限 U 和下限 L：

$$\begin{aligned} U &= \lambda + 2\sqrt{\lambda} \\ L &= \lambda - 2\sqrt{\lambda} \end{aligned} \tag{3-2}$$

除了上述方法以外，还有扇形图、玫瑰图和分布图等。

(1) 扇形图。扇形图用一个圆形中各个不同面积的扇形来代表各种事故因素、事故类别、统计指标的所占比例，又称作圆形结构图。

(2) 玫瑰图。玫瑰图利用圆的角度表示事故发生的时序，用径向尺度表示事故发生的频数。

(3) 分布图。分布图把曾经发生事故的地点用符号在厂区、车间的平面图上表示出来。不同的事故用不同的颜色和符号表示，符号的大小代表事故的严重程度。

2) 事故统计指标

在 1948 年 8 月召开的国际劳工组织会议上，确定了以伤亡事故频率和伤害严重率为伤亡事故统计指标。

(1) 伤亡事故频率。

伤亡事故频率用下式计算：

$$a = \frac{A}{N \cdot T} \tag{3-3}$$

式中：a 为伤亡事故频率；A 为伤亡事故发生次数(次)；N 为参加生产的职工人数(人)；T 为统计时间。

我国的国家标准 GB6441—1986《企业伤亡事故分类》规定，按千人死亡率、千人重伤率和伤害频率计算伤亡事故频率。

① 千人死亡率：某时期内平均每千名职工中因工伤事故造成死亡的人数。

$$千人死亡率 = \frac{死亡人数 \times 1000}{平均职工数}$$

② 千人重伤率：某时期内平均每千名职工中因工伤事故造成重伤的人数。

$$千人重伤率 = \frac{重伤人数 \times 1000}{平均职工数}$$

③ 伤害频率：某时期内平均每百万工时由于工伤事故造成的伤害人数。

$$伤害频率 = \frac{伤害人数 \times 100万}{实际总工时数}$$

目前我国仍然沿用劳动部门规定的工伤事故频率作为统计指标。

$$工伤事故频率 = \frac{本时期内工伤事故人次 \times 1000}{本时期内在册职工人数}$$

习惯上把工伤事故频率叫做千人负伤率。

(2) 伤害严重率。

我国的国家标准 GB6441—1986《企业伤亡事故分类》规定，按伤害严重率、伤害平均严重率和按产品产量计算的死亡率等指标计算事故严重率。

① 伤害严重率：某时期内平均每百万工时由于事故造成的损失工作日数。

$$伤害严重率 = \frac{总损失工作日数 \times 100万}{实际总工时数}$$

国家标准中规定了工伤事故损失工作日算法，其中规定永久性全失能伤害或死亡的损失工作日为 6000 个工作日。

② 伤害平均严重率：受伤害的每人次平均损失工作日数。

$$伤害平均严重率 = \frac{总损失工作日数}{伤害人数}$$

③ 按产品产量计算的死亡率。这种统计指标适用于以吨、立方米为产量计算单位的企业、部门。例如：

$$百万吨钢(或煤)死亡率 = \frac{死亡人数 \times 100万}{实际产量(t)}$$

$$1万立方米木材死亡率 = \frac{死亡人数 \times 10000}{木材产量(m^3)}$$

3) 伤亡事故发生规律分析

事故伤害统计分析的分析内容包括：起因物、致害物、伤害方式、受伤部位、受伤性质，如图 3-16 所示。

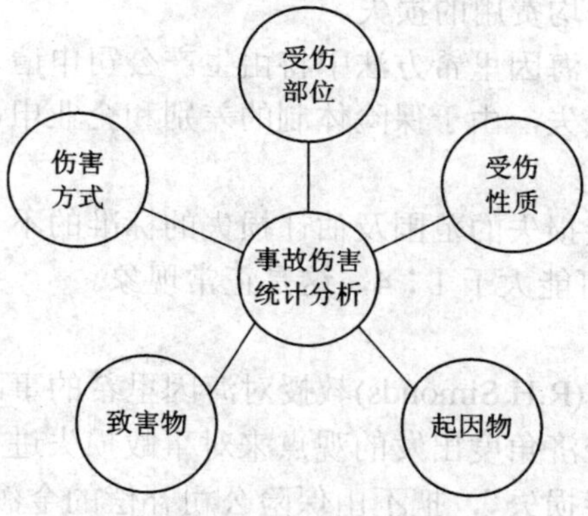

图 3-16　事故伤害统计分析图

4) 伤亡事故统计分析中应该注意的问题

伤亡事故统计分析中应该注意的问题为：一是延长观测期间，如图 3-17 所示为某企业伤亡事故统计情况，分析其 1979 年的事故情况时延长了观测时间，增加了 1978 年和 1980 年的数据；二是扩大统计范围。这样可以提高统计分析的精确性和可靠性。

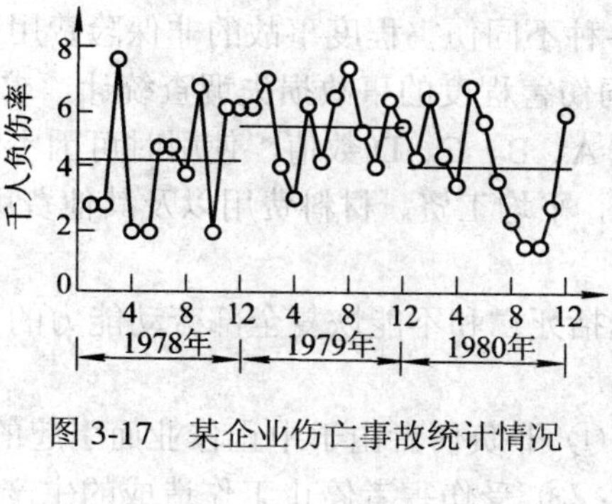

图 3-17　某企业伤亡事故统计情况

2. 事故经济损失统计

1) 国外对伤亡事故直接经济损失和间接经济损失的划分

(1) 海因里希方法。

H·W·海因里希(H.W.Herunrich)在 1926 年对工伤事故造成的事故损失费用问题进行了探讨。他把一起事故的损失划分为两类：将由生产公司申请、保险公司支付的金额划为“直接损失”，把除此之外的财产损失和因停工使公司受到损失的部分作为“间接损失”，并对一些事故的损失情况进行了调查研究，得出直接损失与间接损失的比例为 1∶4，认为事故的间接损失费用比直接损失费用要大的多。

间接经济损失的内容：① 受伤害者的时间损失；② 其他人员由于好奇、同情、救助等引起的时间损失；③ 工长、监督人员和其他管理人员的时间损失；④ 医疗救护人员等不由保险公司支付酬金人员的时间损失；⑤ 机械设备、工具、材料及其他财产损失；⑥ 生产受到事故的影响而不能按期交货的罚金等损失；⑦ 按职工福利制度所支付的经费；⑧ 负伤者返回岗位后，由于工作能力降低而造成的工作损失以及照付原工资的损失；⑨ 由于事故引起人员心理紧张或情绪低落而诱发其他事故造成的损失；⑩ 即使负伤者停工也要支付的照明费、取暖费等每人平均费用的损失。

直接经济损失的内容：海因里希方法中将由生产公司申请、保险公司支付的金额划为“直接损失”。对于直接损失，由于保险体制的差别和企业申请保险的水平不同，具体情况会有较大的区别。

由于各个企业确定间接损失的范围及估计损失的标准的不一致，直接损失与间接损失的比例可能小于 1∶4，也可能大于 1∶4，这是正常现象。

(2) 西蒙兹方法。

美国的 R·H·西蒙兹(R.H.Simonds)教授对海因里希的事故损失计算方法提出了不同的看法，他采取了从企业经济角度出发的观点来对事故损失进行判断。首先，他把由保险公司支付的金额定为“直接损失”，把不由保险公司补偿的金额定为“间接损失”。他的非保险费用与海因里希的间接费用虽然看似是同样的观点，但其构成要素不同。他还否定了海因里希的直接损失与间接损失比为 1∶4 的结论，并代之以平均值法来计算事故损失。

$$
\begin{aligned}
\text{事故总损失} &= \underset{\text{(直接损失)}}{\text{由保险公司支付的费用}} + \underset{\text{(间接损失)}}{\text{不由保险公司补偿的费用}} \\
&= \text{保险损失} + A \times \text{停工伤害次数} + B \times \text{住院伤害次数} \\
&\quad + C \times \text{急救医疗伤害次数} + D \times \text{无伤害事故次数}
\end{aligned}
$$

式中，A、B、C、D 表示各种不同伤害程度事故的非保险费用平均金额，是预先根据小规模试验研究(对某一时间不同伤害程度的事故损失调查统计，求其均值)而获得的。

西蒙兹没有给出具体的 A、B、C、D 数值，使用时可因不同的行业条件采取不同的数值，即随企业或行业的变化，平均工资、材料费用以及其他费用会有相应变化，A、B、C、D 的数值也会随之变化。

在上述公式中，没有包括死亡和不能恢复全部劳动能力的伤残伤害，当发生这类伤害时，应另行计算。

间接经济损失的内容：① 非负伤者由于中止作业而引起的工作损失；② 修理、拆除被损坏的设备、材料的费用；③ 受伤害者停止工作造成的生产损失；④ 加班劳动的费用；

⑤ 监督人员的工资；⑥ 受伤害者返回工作岗位后，生产减少造成的损失；⑦ 新工人的教育、训练费用；⑧ 企业负担的医疗费用；⑨ 为进行事故调查而付给监督人员和有关工人的费用；⑩ 其他损失。

直接经济损失的内容：R·H·西蒙兹教授把由保险公司支付的金额定为“直接损失”。

2) 我国对伤亡事故直接经济损失和间接经济损失的划分

(1) 伤亡事故直接经济损失：(a) 人身伤亡后的支出费用，其中包括：医疗费用(含护理费用)、丧葬及抚恤费用、补助及救济费用、歇工工资；(b) 善后处理费用，其中包括：处理事故的事务性费用、现场抢救费用、清理现场费用、事故罚款及赔偿费用；(c) 财产损失价值，其中包括：固定资产损失价值、流动资产损失价值。

(2) 伤亡事故间接经济损失：(a) 停产、减产损失价值；(b) 工作损失价值；(c) 资源损失价值；(d) 处理环境污染的费用；(e) 补充新职工的培训费用；(f) 其他费用。

伤亡事故直接经济损失与间接经济损失的比例在博德的冰山理论中得到了很好的体现。博德在分析七八十年代美国的伤亡事故直接与间接经济损失时，得到了如图 3-18 所示的冰山图。从图中可以看出，能够被人们所看见的那一部分直接经济损失只是冰山一角，而在这背后还隐藏着巨大的很难精确计算的隐性损失(即间接经济损失)，这一部分在整体损失中占有很大的比例。

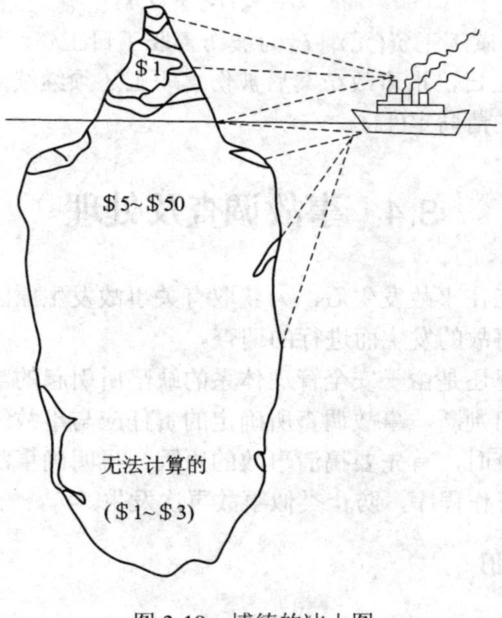

图 3-18　博德的冰山图

3) 伤亡事故经济损失计算方法

伤亡事故经济损失可由直接经济损失与间接经济损失之和求出。

我国现行标准规定的伤亡事故经济损失包括：工作损失；医疗费用；处理事故的事务性费用；现场抢救费用；事故罚款和赔偿费用；固定资产损失价值；流动资产损失价值；资源损失价值；处理环境污染的费用；补充新职工的培训费用；补助费、抚恤费等。

工作损失可以按下式进行计算，即

$$L = D \cdot \frac{M}{S \cdot D_0} \tag{3-4}$$

式中：L 为工作损失价值；D 为一起事故的总损失工作日数，死亡一名职工按 6000 个工作日计算，受伤职工伤害情况按 GB6441—86《企业职工伤亡事故分类标准》的附表确定(日)；M 为企业上年税利(税金加利润)(万元)；S 为企业上年平均职工人数；D_0 为企业上年法定工作日数。

医疗费用可以按下式进行计算，即

$$M = M_b + \frac{M_b}{P} \cdot D_c \tag{3-5}$$

式中：M 为被伤害职工的医疗费(万元)；M_b 为事故结案日前的医疗费(万元)；P 为事故发生之日至结案之日的天数(日)；D_c 为延续医疗天数，指事故结案后还须继续医治的时间，由企业劳资、安全、工会等按医生诊断意见确定(日)。

注：上述公式是测算一名被伤害职工的医疗费，一次事故中多名被伤害职工的医疗费应累计。

歇工工资可以按下式进行计算，即

$$L = L_a(D_a + D_k) \tag{3-6}$$

式中：L 为被伤害职工的歇工工资(元)；L_a 为被伤害职工日工资(元)；D_a 为事故结案前的歇工日(日)；D_k 为延续歇工日，指事故结案后被伤害职工还须继续歇工的时间，由劳资、安全、工会等与有关单位酌情商定(日)。

3.4　事故调查及处理

所谓事故调查，是指在事故发生后，为获取有关事故发生原因的全面资料，找出事故的根本原因，防止类似事故的发生而进行的调查。

不管是由于突发情况还是由于安全管理体系的缺陷所引起的事故都应被明确，以便使负责事故处理的部门作出判断。事故调查所确定的责任应与事故的实际和潜在影响的程度相符合。在进行事故调查时，首先要搞清事故的原因，再明确事故的责任，以便采取纠正措施，有必要时可修改工作程序，防止类似事故再次发生。

3.4.1　事故调查的目的

1. 事故调查与安全管理

事故调查是最有效的事故预防方法，它为制定安全措施提供依据，揭示新的或未被人注意的危险。通过事故调查可以确认管理系统的缺陷，同时它也是高效的安全管理系统的重要组成部分。

2. 事故调查的目的

首先必须明确的是，一个科学的事故调查过程的主要目的就是防止事故的再次发生。

也就是说，根据事故调查的结果，提出整改措施，控制事故或消除此类事故。

同时，对于重大特大事故，包括死亡事故，甚至重伤事故，事故调查还是满足法律要求和提供违反有关安全法规的资料，使司法机关正确执法的主要手段。

此外，通过事故调查还可以描述事故的发生过程，鉴别事故的直接原因与间接原因，从而积累事故资料，为事故的统计分析及类似系统、产品的设计与管理提供信息，为企业或政府有关部门安全工作的宏观决策提供依据。

3.4.2　事故调查的准备

1. 事故调查程序

在抢救与事故现场保护处理完后，就应开始对事故进行调查。事故调查的主要程序包括组成调查组，进行现场勘察、人员调查询问、事故鉴定、模拟试验等，还应收集各种物证、人证、事故事实材料(包括人员、作业环境、设备、管理、事故过程等材料)。调查结果是进行事故分析的基础材料。GB 6442—1986《企业职工伤亡事故调查分析规则》中关于事故的调查程序有如下的规定：

(1) 成立事故调查小组；
(2) 事故的现场处理；
(3) 物证搜集；
(4) 事故事实材料的搜集；
(5) 证人材料的搜集；
(6) 现场摄影；
(7) 事故图绘制；
(8) 事故原因分析；
(9) 事故调查报告编写；
(10) 事故调查结案归档。

2. 事故调查的物质准备

(1) 像机和胶卷——用于现场照相取证；
(2) 纸、笔、夹——记事、做笔录等；
(3) 有关规则、标准——参考资料；
(4) 放大镜——样品鉴定；
(5) 手套——收集样品；
(6) 录音机、带——记录与目击证人等的交谈或调查过程；
(7) 急救包——抢救他人或自救；
(8) 绘图纸——绘制现场地形图等；
(9) 标签——采样时标记采样地点及物品；
(10) 样品容器——采集液体样品等；
(11) 罗盘——确定方向。

常用的仪器有噪声、辐射、气体等的采样或测量设备及与被调查对象直接相关的测量仪器等。

3. 事故调查组织及原则

(1) 事故调查组的组成。事故调查组的组成应当遵循“精简、效能”的原则。根据事故的具体情况，事故调查组由有关人民政府、安全生产监督管理部门、担负安全生产监督管理职责的有关部门、监察机关、公安机关以及工会等指派人员组成，并邀请人民检察院派人参加，事故调查组的组成如图 3-19 所示。事故调查组成员应当具有事故调查所需要的知识和专长，并应与所调查的事故没有直接利害关系。事故调查组组长由负责事故调查的人民政府指定，主持事故调查组的工作。

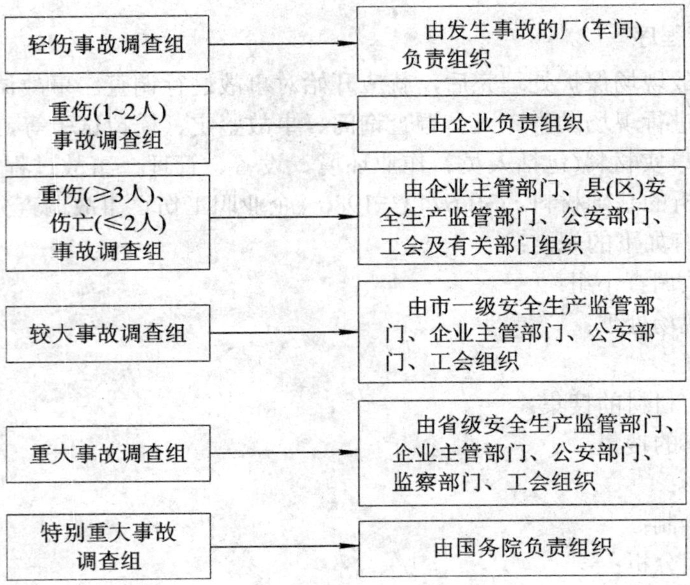
轻伤事故调查组
由发生事故的厂(车间)负责组织
重伤(1~2人)事故调查组
由企业负责组织
重伤(≥3人)、伤亡(≤2人)事故调查组
由企业主管部门、县(区)安全生产监管部门、公安部门、工会及有关部门组织
较大事故调查组
由市一级安全生产监管部门、企业主管部门、公安部门、工会组织
重大事故调查组
由省级安全生产监管部门、企业主管部门、公安部门、监察部门、工会组织
特别重大事故调查组
由国务院负责组织

图 3-19　事故调查组的组成

① 轻伤事故、重伤事故：由企业负责人或其他指定人员组织生产、技术、安全等有关人员及工会成员构成调查组，进行事故调查。

② 死亡事故：由企业主管部门会同企业所在地安全监督管理部门、公安部门、工会组成调查组，进行事故调查。

③ 重大事故：按照企业隶属关系，由省、自治区、直辖市企业主管部门或者国务院有关主管部门会同行政部门、公安部门、监察部、工会组成调查组，进行调查。

④ 死亡、重伤事故：调查组应当邀请人民检察院派人员参加，还可以邀请其他部门的人员和有关专家参加。

(2) 事故调查组的职责：

① 查明事故发生的原因、经过、人员伤亡情况及直接经济损失；

② 认定事故的性质和事故责任；

③ 提出对事故责任者的处理建议；

④ 总结事故教训，提出防范和整改措施；

⑤ 提交事故调查报告。

4．事故调查应遵循的原则

事故调查处理应当按照“实事求是，尊重科学”的原则，及时、准确地查清事故原因，查明事故性质和责任，总结事故教训，提出整改措施，并对事故责任者提出处理意见。在事故调查中，应遵循的主要原则有：

(1) “实事求是，尊重科学”的原则。对事故的调查处理要揭示事故发生的内外原因，找出事故发生的机理，研究事故发生的规律，制定预防事故重复发生的措施，做出事故性质和事故责任的认定，依法对有关责任人进行处理，因此，事故调查处理必须以事实为依据，以法律为准绳，严肃认真地对待，不得有丝毫的疏漏。

(2) “四不放过”的原则，即：事故原因没有查清楚不放过；事故责任者没有受到处理不放过；职工群众没有受到教育不放过；防范措施没有落实不放过。这四个方面互相联系，相辅相成，构成了预防事故再次发生的防范系统。

(3) “公正、公开”的原则。公正，就是实事求是，以事实为依据，以法律为准绳，既不准包庇事故责任人，也不得借机对事故责任人打击报复，更不得冤枉无辜。公开，就是事故调查处理的结果要在一定范围内公开，以引起全社会对安全生产工作的重视，吸取事故的教训。

(4) “分级管辖”的原则。事故的调查处理是依照事故的严重级别来进行的。按照目前我国有关法律、法规的规定，生产安全事故调查和处理依据《生产安全事故报告和调查处理条例》(国务院 493 号令)进行。

3.4.3　事故调查的基本步骤

1．事故现场处理

事故现场处理的步骤是：安全抵达现场→现场危险分析→现场营救→防止进一步危害→保护现场。

2．事故现场勘查

事故现场勘查工作主要关注四个方面的信息，即人(People)、部件(Part)、位置(Position)和文件(Paper)，且表述这四个方面的英文单词均以字母 P 开头，故人们也称之为“4P”技术，其关系如图 3-20 所示。

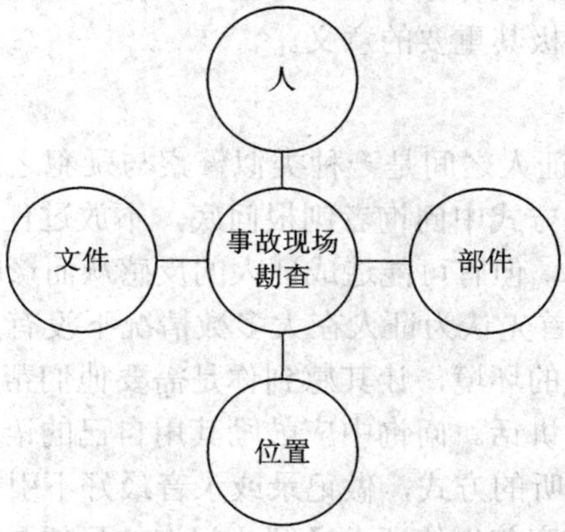

图 3-20　事故现场勘察

3. 人证的保护与问询

所谓证人，通常是指看到事故发生或事故发生后最快抵达事故现场且具有调查者所需信息的人。广义上则是指所有能为了解事故提供信息的人，甚至包括有些不知事故发生，却能提供有价值信息的人。

1) 人证保护与询问工作应注意的问题

(1) 证人之间会强烈地互相影响。

(2) 证人会强烈地受到新闻媒介的影响。

(3) 不了解他所看到的事，不能以自己的知识、想法去解释的证人，容易改变他们掌握的事实去附和别人。

(4) 证人会因为记不住、不自信或自认为不重要等原因忘却某些信息。如一个人10年后才讲出他看到的事情，因为当时他认为这没有价值。

(5) 问询开始的时间越晚，细节会越少。

(6) 问询开始的时间越晚，内容越可能改变。

(7) 最好画出草图，结合草图讲解其所闻所见。

2) 证人的确定

证人的确定工作是人证保护与问询工作的第一步。在收集证据时首先要搜集证人的信息(如姓名、地址、电话号码等)，以便与证人保持联系。

在一些特殊情况下，也可采用广告、电视、报纸等形式征集有关事故信息，获得证人的支持。

3) 证词的可信度

由于证人背景的差异及其在该事件中所处的地位都可能产生证词可信度上的差异，而不同可信度的证词其重要性是有很大差异的。例如，熟悉发生事故的系统或环境的人能提供更可信的信息，但也有可能把自己的经验与事实相混淆，加上自己的主观臆断；而与肇事者或受害者有特殊关系的人或与事故有某种特定关系的人，其证词的可信度同事故与其工作的关系、个人的卷入程度、与肇事者或受害者的关系等密切相关。可信度最高的证人是那些与事故发生没有关联，且可以根据其经验与水平做出准确判断者，一般称之为专家证人。我国各级政府聘请的安全专家组的专家们，实际上就属于这类人，他们的经验和判断对于事故结论的认定具有极其重要的意义。

4) 证人的问询

(1) 审讯式。调查者与证人之间是一种类似警察与疑犯之间的对手关系，问询过程高度严谨，逻辑性强，且在此方式中问询者刨根问底，不放过任何细节。问询者一般多于一人。这种问询方式效率较高，但有可能造成证人的反感从而影响双方之间的交流。

(2) 问询式。这种方法首先认为证人在大多数情况下没有义务描述事故，作证主要依赖于自愿。因而应创造轻松的环境，让其感到你是需要他们帮助的朋友。这种方式花费时间较多，但可使证人更愿意讲话。问询中应鼓励其用自己的语言讲，尽量不打断其叙述过程，而是采用点头、仔细聆听的方式，做记录或录音最好不引人注意。

无论采用何种方法，都应首先使证人了解，问询的目的是了解事故真相，防止事故再发生。好的调查者，一般都采用两者结合，以后者为主的问询方式，并结合一些问询技巧进行工作。

(3) 问询中应注意的问题。在问询中，应注意以下 7 个问题：

① 情绪激动的人容易产生事实的扭曲或夸大，特别在口头叙述时更是如此。

② 被调查者本人的信仰及先入为主的观点也会对其叙述产生影响，比如反对酗酒者对酒精与肇事间的关系特别敏感。

③ 小孩子做证人则各有利弊。8～10 岁的孩子一般会毫不隐瞒，实事求是地讲述自己的所见所闻，但再小一些的孩子就会加上自己的一些想象。

④ 证人的性别与证词的可信度没有关系，但智力型证人的可靠性似乎比其他人稍高一些。

⑤ 如果有两个以上的证人，我们可采用列表的方式来进行证词一致性的比较与判断。

⑥ 在可能的情况下，应对事故发生时处于不同位置的人员进行调查，以获得不同的细节。

⑦ 当多人的证词显示出矛盾时，则应通过进一步的问询获得更详细的信息。

4. 物证的收集与保护

物证的收集与保护是现场调查的另一项重要工作，前面提到的“4P”技术中的“3P”——部件(Part)、位置(Position)、文件(Paper)属于物证的范畴。保护现场工作的很主要的一个目的也是保护物证。几乎每个物证在加以分析后都能用以确定其与事故的关系。

3.4.4 事故分析与验证

事故分析是根据事故调查所取得的证据进行事故的原因分析和责任分析。事故的原因分析包括事故的直接原因、间接原因和主要原因；事故责任分析包括事故的直接责任者、领导责任者和主要责任者。

事故发生的主要原因有两种：一是由于安全管理体系内部的缺陷造成的，二是由于突发事件造成。在进行事故调查时，要首先搞清事故的原因，再明确事故的责任，以便采取纠正措施。

事故分析包括现场分析和事后深入分析两部分。

1. 现场分析

现场分析又称为临场分析或现场讨论，是在现场实地勘验和现场访问结束后，由所有参加现场勘查的人员，全面汇总现场实地勘验和现场访问所得的材料，并在此基础上，对事故有关情况进行分析研究和确定对现场的处置的一项活动。

2. 事后深入分析

事后深入分析则是在充分掌握资料和现场分析的基础上，进行全面深入细致的分析。事后深入分析的方法有如下三种：

(1) 综合分析法。

(2) 个别案例技术分析法。它包括根据基本技术原理进行分析，以基本计算进行分析，从中毒机理进行分析，以责任分析法进行分析。

(3) 系统安全分析法。

3.4.5 事故处理

伤亡事故发生后，应按照“四不放过”的原则，进行调查处理。

1. 事故处理结案程序

伤亡事故处理工作应当在事故发生后的90天内结案，特殊情况不得超过180天。其处理结案程序因事故的严重程度而异：

(1) 轻伤事故由企业处理结案。

(2) 重伤事故由事故调查组提出处理意见，征得企业所在地劳动安全监察部门同意，由企业主管部门批复结案。

(3) 死亡事故由事故调查组提出处理意见，处理前经市一级劳动安全监察部门同意，由市同级企业主管部门批复结案。

(4) 重大伤亡事故由事故调查组提出处理意见，处理前经省、自治区、直辖市劳动安全监察部门审查同意，由同级企业主管部门批复结案。

(5) 特别重大事故由事故调查组提出处理意见，处理前经国务院安全监察部门审查同意，由同级企业主管部门批复结案。

2. 事故结案类型

在事故处理过程中，无论事故大小都要查清责任、严肃处理，并注意区分责任事故、非责任事故和破坏事故。

(1) 责任事故。因有关人员的过失而造成的事故为责任事故。

(2) 非责任事故。由于自然界的因素而造成的不可抗拒的事故或由于未知领域的技术问题而造成的事故为非责任事故。

(3) 破坏事故。为达到一定目的而蓄意制造的事故为破坏事故。

3. 责任事故的处理

1) 领导的责任

有下列情形之一时，应当追究有关领导人的责任：

(1) 由于安全生产规章制度和操作规程不健全，职工无章可循，造成伤亡事故的；

(2) 对职工不按规定进行安全技术教育或职工未经考试合格就上岗操作，造成伤亡事故的；

(3) 由于设备超过检修期限运行或设备有缺陷，又不采取措施，造成伤亡事故的；

(4) 作业环境不安全，又不采取措施，造成伤亡事故的；

(5) 由于挪用安全技术措施经费，造成伤亡事故的。

2) 追究肇事者和有关人员责任

有下列情况之一时，应追究肇事者或有关人员的责任：

(1) 由于违章指挥或违章作业、冒险作业，造成伤亡事故的；

(2) 由于玩忽职守、违反安全生产责任制和操作规程，造成伤亡事故的；

(3) 发现有发生事故危险的紧急情况，不立即报告，不积极采取措施，因而未能避免事故或减轻伤亡的；

(4) 由于不服从管理、违反劳动纪律、擅离职守或擅自开动机器设备，造成伤亡事故的。

3) 重罚的条件

有下列情形之一时，应当对有关人员从重处罚：

(1) 对发生的重伤或死亡事故隐瞒不报、虚报或故意拖延报告的；

(2) 在事故调查中隐瞒事故真相、弄虚作假，甚至嫁祸于人的；

(3) 事故发生后，由于不负责任，不积极组织抢救或抢救不力，造成更大伤亡的；

(4) 事故发生后，不认真吸取教训、采取防范措施，致使同类事故重复发生的；

(5) 滥用职权，擅自处理或袒护、包庇事故责任者的。

3.4.6 事故调查报告

事故调查的目的是从事故中吸取教训以防止类似的事故再次发生。各级机构应将发生的危害安全的事故向有关部门报告。这些部门包括：上级主管部门、有关员工、地方政府、司法部门、当地居民团体等。各机构应有一个向执法部门报告事故的明确机制。

1．基本思想

事故调查的基本思想：首先进行初始评审和事故报告；决定是否需要进一步评审，指定调查队；审查事故现场和环境条件，会见证人，分析操作条件、数据和其他证据；准备调查报告，就补救行动形成一致意见；签署报告和纠正行动计划。事故报告应达到法律要求的范围或达到公司对外交流方针所要求的更广的范围。

2．事故调查报告的内容

事故调查报告的核心内容反映对事故调查分析的结果，即反映事故发生的全过程和原因所在、工伤造成的人员伤亡和经济损失情况、事故的责任者及其责任情况、事故处理意见和防范措施的建议等，具体内容如下：

(1) 事故发生单位的概况；

(2) 事故发生经过和事故救援情况；

(3) 事故造成的人员伤亡和直接经济损失；

(4) 事故发生的原因和事故性质；

(5) 事故责任的认定以及对事故责任者的处理建议；

(6) 事故防范和整改措施。

根据事故的严重与复杂程度，事故调查通常分为专项调查(如管理调查、技术调查等)和综合事故调查。如果事故过程和原因比较简单明确，一般只需提供报告，否则，除了提供综合报告外，还需提供专项分析报告。专项调查报告内容主要侧重于事故发生过程、事故鉴定或模拟试验、事故发生原因、事故责任、事故预防措施等。

3．事故调查报告的撰写要求

(1) 事故发生过程的调查分析要准确。事故到底是怎样发生的，这对原因分析和责任分析是很重要的。因此，必须将事故情况调查准确，例如死亡事故在发生时现场没有证人则难以查准，要想分析准确，必须对工艺要求、死者操作习惯及身体情况、施工的操作环境条件和事故前的详细情况了解清楚，并广泛听取群众意见，取得统一的准确情况并进行分析研究。论述时，可按事故发生之前、之时及之后的时间序列进行描述，事故发生的人、物、环境状态、事故发展情况等都应交代清楚。

(2) 原因分析要明确。根据事故的特点，结合生产、技术、设备和管理等方面进行分析，明确哪些是直接原因，哪些是间接原因。分析要细致，要有证据，内容要有说服力，为责任分析和采取防范措施奠定基础。

(3) 责任分析要明确。在原因已知的基础上，分析每条原因应该由谁负责。责任一般分为直接责任、主要责任和领导责任(包括教育、检查、措施不当)。根据具体情况必须将责任落实到每一个人，如技术安全措施不当应由技术负责人负责。一个单位连续发生重大伤亡事故就要追究其法人的责任。凡是说明承担责任的内容，必须实事求是，证据必须准确可靠。

(4) 对责任者处理要严肃。对造成事故的责任者要以教育为主；对违反安全生产规章制度、工作不负责任以致造成重大事故的责任者，必须予以处罚，情节严重的移交司法部门。凡遇下列情况者都应给予严肃处理：

① 已发现明显的事故征兆，但未及时采取措施消除事故隐患，以致发生重大伤亡事故者。

② 不执行规章制度，带头或指使违章作业，造成重大伤亡事故者。

③ 已发生过伤亡事故，仍不接受教训者；有预防措施，却不积极组织实施，又发生同类伤亡事故者。

④ 经常违反劳动纪律和操作规程，屡教不改，以致引起事故而造成他人伤亡者。

⑤ 无故拆除安全设备和安全装置，以致造成重大伤亡者。

⑥ 工作严重不负责或失职造成重大事故者。

(5) 预防措施要具体。只有预防事故的措施具体细致，才能更好地落实，否则，措施就无法落实，就会变成空话。预防事故的措施要根据造成事故的漏洞以及整个生产过程安全薄弱环节的实际情况制订。其项目要具体，执行要有负责人，完成要定期限，并明确规定负责检查执行情况的责任人。如果有措施，但因不积极落实，又造成重大伤亡事故的措施执行人要受到更加严肃的处理。

(6) 调查组成员要签字。调查组成员对事故情况、原因分析、责任分析、处理建议、防范措施等取得统一或基本统一意见后，每个调查组成员都要在调查报告上签字，有不同意见者可在签字时注明具体保留意见。签字完成后，即宣布调查组任务已完成。

事故调查报告书完成后，企业领导必须及时认真地讨论和研究调查报告，并尊重调查组的意见。因为调查组成员来自不同岗位、职务和专业，特别是他们还深入事故现场，掌握了第一手材料。企业领导不得任意修改调查报告。为了便于上级准确地掌握情况并及时批复，公司、企业领导对调查报告如有不同意见可以提出，并与调查报告同时上报。

同时，事故调查结束后，企业接到调查报告书批复的处理决定后，要向群众宣布调查处理结果，教育职工吸取教训并落实措施。

3.5 事故预防与控制

安全管理的实施需要事故预防、应急措施和保险补偿手段相互间的有机结合，而事故预防则是重中之重。我国的安全生产方针是“安全第一，预防为主”。

3.5.1　事故预防与控制的基本原则

事故预防与控制包括两部分内容，即事故预防和事故控制，前者是指通过采用技术和管理的手段使事故不发生，而后者则是通过采用技术和管理的手段使事故发生后不造成严重后果或使损失尽可能地减小。

对于事故的预防与控制，应从安全技术、安全教育、安全管理三个方面入手，采取相应的“3E”对策，如图 3-21 所示。

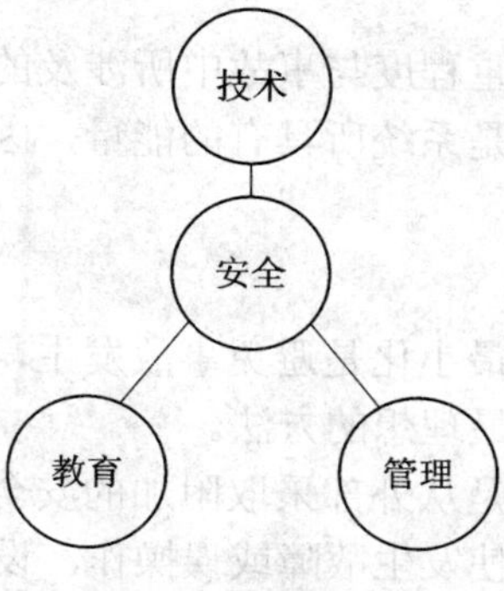

图 3-21　“3E”对策

3.5.2　安全技术对策

安全技术对策是以工程技术手段解决安全问题，预防事故的发生及减少事故造成的伤害和损失，是预防和控制事故的最佳安全措施。

1. 安全技术对策的基本原则

安全技术可以划分为预防事故发生的安全技术及防止或减轻事故损失的安全技术，这是事故预防和应急措施在技术上的保证。评价一个设计、设备、工艺过程是否安全，可从以下几个方面加以考虑：

1) 防止人失误的能力

必须能够防止在装配、安装、检修或操作过程中发生可能导致严重后果的人的失误。

2) 对人失误后果的控制能力

人的失误是不可能完全避免的，因此一旦人发生可能导致事故的失误时，应能控制或限制有关部件或元件的运行，保证安全。

3) 防止故障传递的能力

应能防止一个部件或元件的故障引起其他部件或元件的故障，以避免事故的发生。

4) 失误或故障导致事故的难易

应能保证有两个或两个以上相互独立的人失误或故障，或者一个失误、一个故障同时发生才能导致事故发生。对安全水平要求较高的系统，则应通过技术手段保证至少 3 个或更多的失误或故障同时发生才会导致事故的发生。常用的并联冗余系统就可以达到这个目的。

5) 承受能量释放的能力

运行过程中可能会产生高于正常水平的能量释放，应采取措施使系统能够承受这种释放。

6) 防止能量蓄积的能力

能量蓄积的结果将导致意外的过量的能量释放。

2. 预防事故的安全技术

1) 控制能量

对于任何事故，其后果的严重程度与事故中所涉及的能量的大小紧密相关，因为事故中涉及的能量绝大多数情况下就是系统所具有的能量，因而用控制能量的方法可以从根本上保证系统的安全性。

2) 危险最小化设计

通过设计消除危险或使危险最小化是避免事故发生，确保系统的安全水平的最有效的方法。而本质安全技术则是其中最理想的方法。

所谓本质安全技术，是指不是从外部采取附加的安全装置和设备，而是依靠自身的安全设计进行本质方面的改善，即使发生故障或误操作，设备和系统仍能保证安全。

3) 隔离

隔离是采用物理分离、护板和栅栏等将已识别的危险同人员和设备隔开，以防止危险或将危险降低到最低水平并控制危险的影响。隔离是最常用的一种安全技术措施。

预防事故发生的隔离措施包括分离和屏蔽两种。前者指空间上的分离，后者指应用物理的屏蔽措施进行隔离，它比空间上的分离更加可靠，因而最为常见。利用隔离措施也可以将不相容的物质分开，以防止事故。隔离也可用于控制能量释放所造成的影响，如在坚固的容器中进行爆炸试验，防止对人或其他物体的影响。隔离也可用于防止放射源等有害物质对人体的危害，如 X 光室医生的含铅防护服即可防止 X 射线对医生的伤害。护板和外壳也常用于隔离危险的工业设备，如各种旋转部件、热表面和电气设备等。此外，时间上的隔离也是一种隔离手段。

4) 闭锁、锁定和联锁

所谓闭锁，是指防止某事件发生或防止人、物等进入危险区域，如油罐车上的闭锁装置，可防止在车体未接地的情况下向车内加注易燃液体。锁定则是指保持某事件或状态或避免人、物脱离安全区域。联锁装置主要应用于电气系统中，主要目的是保证在特定的情况下不发生某事件。

3. 避免和减少事故损失的安全技术

只要有危险存在，即使可能性很小，就总存在导致事故的可能性，而且没有任何办法精确地确定事故发生的时间。事故发生后如果没有相应的措施迅速控制局面，则事故的规模和损失可能会进一步扩大，甚至引起二次事故，造成更大、更严重的后果。因此，我们必须采取相应的应急措施避免或减少事故损失，具体措施包括以下几个方面：

1) 隔离操作或远距离操作

当人与施加危害的物质、物体接触时，就存在发生伤亡事故的可能性。如果将两者隔离开或保持一定距离，就可以避免人员伤害事故的发生或减弱对人体的危害。例如，对放射性、高温和噪声等的防护，可以通过设置隔离屏障、提高生产自动化及遥控程度防止操作人员接近有害物质。

2) 设置薄弱环节预防设备毁坏

在设备或装置上安装薄弱元件，当危险因素达到危险限之前，这个环节预先被破坏，或将能量释放，或将装置安全停运，从而防止重大事故发生。例如在压力容器上装安全阀或爆破膜，在储存轻质油品的拱顶油罐的灌顶装呼吸阀与液压安全阀，在电气设备上装保险丝等。

3) 提高设备强度、增加安全裕量

为了提高设备和设施的安全程度，采用增大安全系数、加大安全裕量、提高结构强度的方法，防止因结构破坏而导致事故发生。例如，液化石油气管道的安全度设计系数按管道通过的地区等级分别为 0.72、0.6、0.5 和 0.4 四种。站内管道及重要穿跨越段的安全度设计系数还要更小一些，以降低管材的许用应力，增大管材的裕量。

4) 封闭危险物质或能量

封闭危险物质或能量就是将危险物质和能量局限在一定的范围内，它可以有效地防止事故发生和减少事故的损失。例如，在输油管道的站场和油库的储油区内，地上油罐需设置防火堤，防火堤应采用耐火材料建造，应能承受所容纳油品的静压且不会泄漏，这样可使油罐事故的漏油被限制在防火堤内，以避免火灾、环境污染等的范围扩大。

5) 警告提示

警告可以提醒人们注意，及时发现危险因素或危险部位，以便及时采取措施，防止事故发生，常用设置警告牌或警告信号等方法。例如，在油气管道经过的居民密集地区，穿越的铁路、公路、河流及其他特殊地段都要设置明显的警告标志，说明管道位置及危险等内容，避免因不知道管道位置和危险而发生损伤管道的事故。

3.5.3　安全教育对策

1. 安全教育的意义

安全教育是事故预防与控制的重要手段之一。

所谓安全教育，实际上应包括安全教育和安全培训两大部分。安全教育是通过各种形式，包括学校的教育、媒体宣传、政策导向等，努力提高人的安全意识和素质，并使人学会从安全的角度观察和理解要从事的活动和面临的形势，用安全的观点解释和处理自己遇到的新问题。安全培训，亦称安全生产教育，主要是指企业为提高职工安全技术水平和防范事故能力而进行的教育培训工作，也是企业安全管理的主要内容。

2. 安全教育的内容

安全教育的内容可概括为三个方面，即安全态度教育、安全知识教育和安全技能教育。

3. 安全教育的形式和方法

根据教育的对象，可把安全教育分为对管理人员的安全教育和对生产岗位职工的安全教育两大部分。各级管理人员的安全教育是指对企业车间主任(工段长)以上干部、工程技术人员和行政管理干部的安全教育。

安全教育有如下七种形式：

(1) 广告式：包括安全广告、标语、宣传画、标志、展览、黑板报等形式，它以精炼的语言，醒目的方式，在醒目的地方展示，提醒人们注意安全和怎样才能保证安全。

(2) 演讲式：包括教学、讲座的讲演、经验介绍、现身说法、演讲比赛等。这种教育形式可以是系统教学，也可以专题论证、讨论，用以丰富人们的安全知识，提高对安全生产的重视程度。

(3) 会议讨论式：包括事故现场分析会、班前班后会、专题研讨会等，以集体讨论的形式使与会者在参与过程中进行自我教育。

(4) 竞赛式：包括口头、笔头知识竞赛，安全、消防技能竞赛以及其他各种安全教育活动评比等。激发人们学安全、懂安全、会安全的积极性，促进职工在竞赛活动中树立安全第一的思想，丰富安全知识，掌握安全技能。

(5) 声像式：用声像等现代艺术手段，使安全教育寓教于乐，主要有安全宣传广播、电影、电视、录像等。

(6) 文艺演出式：以安全为题材编写和演出的相声、小品、话剧等文艺演出的教育形式。

(7) 学校正规教学：利用国家或企业开办的大学、中专、技校，设立安全工程专业或将安全知识穿插渗透于其他专业的安全课程。

4. 提高安全教育的效率

在进行安全教育过程中，为提高安全教育效率，应注意以下五个方面：

(1) 领导者要重视安全教育。

(2) 安全教育要注重效果。

(3) 要重视初始印象对学习者的重要性。

(4) 要注意巩固学习成果。

(5) 应与企业安全文化建设相结合。

3.5.4 安全管理对策

安全管理对策是“3E”对策之一，其英文单词“Enforcement”的原意是“强制”、“实施”，即用各项规章制度、奖惩条例约束人的行为和自由，达到控制人的不安全行为，减少事故的目的。

安全管理包括：安全检查、安全审查、安全评价。

1. 安全检查

安全检查是安全生产管理工作中的一项重要内容，是保持安全环境，矫正不安全操作，防止事故的一种重要手段。

安全检查的方式按检查的性质，可分为一般性检查、专业性检查、季节性检查和节日前后的检查等。

2. 安全审查

对工程项目的安全审查是依据有关安全法规和标准，对工程项目的初步设计、施工方案以及竣工投产进行综合的安全审查、评价与检验。其目的是查明系统在安全方面存在的缺陷，按照系统安全的要求，优先采取消除或控制危险的有效措施，切实保障系统的安全。

3. 安全评价

安全评价是系统安全工程的重要组成部分。它采用系统科学的方法辨识系统存在的危险因素，并根据其事故风险的大小采取相应的安全措施，以达到实现系统安全的目的。

企业安全管理包括企业的行政管理(也称综合安全管理)、技术设备安全管理和环境安全管理。企业安全管理评价就是依据系统工程的原理，以有关法规、标准、制度的安全要求为依据，对人员、设备、技术、资金、环境等方面的安全管理状况进行评价，从而确定企业对其固有危险性控制的有效程度。

3.5.5 事故应急救援预案

事故应急救援在安全对策措施中占有非常重要的地位。安全评价报告中对策措施的章节内必须要有应急救援预案的内容。制定事故应急救援预案的目的是为了在重大事故发生后能及时予以控制，有效组织抢险和救助，防止重大事故蔓延，减少事故损失。

针对设备、设施、场所、环境，在安全评价和评估了事故的形成、发展过程、危害范围、破坏区域的基础上，为降低事故损失，就机构人员、救援设备、设施、条件、环境、行动步骤和纲领、控制事故发展的方法和程序等预先做出的计划和安排，称之为事故应急救援预案。

1. 应急救援预案的类型

根据事故应急预案的对象和级别，应急预案可分为以下四种类型：

1) 应急行动指南或检查表

针对已辨识的危险采取特定应急行动。简要描述应急行动必须遵从的基本程序，如发生情况向谁报告，报告什么信息，采取哪些应急措施等。这种应急预案主要起提示作用，对相关人员要进行培训，有时将这种预案作为其他类型应急预案的补充。

2) 应急响应预案

针对现场每项设施和场所可能发生的事故情况编制应急响应预案。如化学泄漏事故的应急响应预案、台风应急响应预案等。应急响应预案要包括所有可能的危险状况，明确有关人员在紧急状况下的职责。这类预案仅说明处理紧急事务的必需行动，不包括事前要求(如培训、演练等)和事后措施。

3) 互助应急预案

互助应急预案是相邻企业为在事故应急处理中共享资源、相互帮助制定的应急预案。这类预案适合于资源有限的中、小企业以及高风险的大企业，需要高效的协调管理。

4) 应急管理预案

应急管理预案是综合性的事故应急预案，这类预案详细描述事故前、事故过程中和事故后何人做何事、什么时候做、如何做。这类预案要明确完成每一项职责的具体实施程序。

应急管理预案包括事故应急的四个逻辑步骤：预防、预备、响应、恢复。

县级以上政府机构、具有重大危险源的企业，除单项事故应急预案外，应制定重大事故应急管理预案。

2. 应急救援预案的编制内容

应急救援预案主要应包括以下内容：

1) 基本情况

企业的概况，主要包括企业的地址、经济性质、从业人数、隶属关系、主要产品、产量等内容。

2) 危险目标的确定

可选择对以下材料辨识事故类别、综合分析危害程度，确定危险目标：

(1) 危险化学品生产、储存、使用等企业现状的安全评价报告。

(2) 健康、安全、环境管理体系文件。

(3) 职业安全健康管理体系文件。

(4) 重大危险源辨识结果。

(5) 其他。

3) 应急救援组织机构设置、人员组成和职责的划分

(1) 应急救援组织机构设置。依据危险化学品事故的类别、危害程度的级别和从业人员的评估结果，设置分级应急救援组织机构。

(2) 组成人员。明确主要负责人、有关管理人员及现场指挥人。

(3) 主要职责。组织制定危险化学品事故应急救援预案；负责人员、资源配置、应急队伍的调动；确定现场指挥人员；协调事故现场有关工作；批准本预案的启动与终止；事故状态下各级人员的职责；危险化学品事故信息的上报工作；接受政府的指令和调动；组织应急预案的演练；负责保护事故发生后的相关数据。

4) 报警、通讯联络的选择

依据现有资源的评估结果，确定以下内容：

(1) 24 小时有效的报警装置；

(2) 24 小时有效的内部、外部通讯联络手段。

5) 事故发生后应采取的工艺处理措施

根据工艺规程、操作规程的技术要求，确定采取的处理措施。

6) 人员紧急疏散、撤离

依据对可能发生危险化学品事故场所、设施及周围情况的分析结果，确定以下内容：

(1) 事故现场人员清点，撤离的方式、方法；

(2) 非事故现场人员紧急疏散的方式、方法。

7) 危险区的隔离

依据可能发生的危险化学品事故类别、危害程度级别，确定以下内容：

(1) 危险区的设定；

(2) 事故现场隔离区的划定方式、方法；

(3) 事故现场隔离方法。

8) 检测、抢险、救援及控制措施

依据有关国家标准和现有资源的评估结果，确定以下内容：

(1) 检测的方式、方法及检测人员防护、监护措施；

(2) 抢救、救援方式、方法及救援人员的防护、监护措施；

(3) 现场实时监测及异常情况下抢险人员的撤离条件、方法；

(4) 应急救援队伍的调度；

(5) 控制事故扩大的措施；

(6) 事故可能扩大后的应急措施。

9) 受伤人员现场救护、医院救治

依据对可能发生的事故现场情况分析结果、附近地区医疗机构的设置情况的综合分析结果，确定以下内容：

(1) 伤亡人员的转移路线、方法；

(2) 受伤人员现场处置措施；

(3) 受伤人员进入医院前的抢救措施；

(4) 选定的受伤人员救治医院；

(5) 提供受伤人员的致伤信息。

10) 应急救援保障

(1) 内部保障。依据现有资源的评估结果，确定以下内容：

① 确定应急队伍；

② 消防设施配置图、工艺流程图、现场平面布置图和周围地区图、气象资料、危险化学品安全技术说明书、互救信息等存放地点、保管人；

③ 应急通信系统；

④ 应急电源、照明；

⑤ 应急救援装备、物资、药品等；

⑥ 保障制度目录，如：责任制，值班制度，培训制度，应急救援装备、物资、药品等检查、维护制度，演练制度。

(2) 外部救援。依据对外部应急救援能力的分析结果，确定以下内容：

① 企业互助的方式；

② 请求政府协调应急救援力量；

③ 应急救援信息咨询；

④ 专家信息。

11) 预案分级响应条件

依据危险化学品事故的类别、危害程度的级别和从业人员的评估结果，可能发生的事故现场情况分析结果，设定预案的启动条件。

12) 事故应急救援关闭程序

(1) 确定事故应急救援工作结束；

(2) 通知本单位相关部门、周边社区及人员，事故危险已解除。

13) 应急培训计划

依据对从业人员能力的评估和社区或周边人员素质的分析结果，确定以下内容：

(1) 应急救援人员的培训；

(2) 员工应急响应的培训；

(3) 社区或周边人员应急响应知识的宣传。

14) 演练计划

依据现有资源的评估结果，确定以下内容：

(1) 演练准备；

(2) 演练范围及频次；

(3) 演练组织。

15) 附件

(1) 组织机构名单；

(2) 值班联系电话；

(3) 组织应急救援有关人员联系电话；

(4) 危险化学品生产单位应急咨询服务电话；

(5) 外部救援单位联系电话；

(6) 政府有关部门联系电话；

(7) 企业平面布置图；

(8) 消防设施配置图；

(9) 周边地区单位、住宅、重要基础设施分布图；

(10) 保障制度。

3. 应急救援预案编制的格式及要求

1) 格式

(1) 封面：标题、企业名称、事故编号、实施日期、签发人(签字)、公章。

(2) 目录。

(3) 引言、概况。

(4) 术语、符号和代号。

(5) 预案内容。

(6) 附录。

(7) 附加说明。

2) 基本要求

(1) 使用 A4 白色胶版纸(70g 以上)。

(2) 正文采用仿宋 4 号字。

(3) 打印文本。

4. 应急救援预案的编制步骤

应急救援预案的编制步骤如图 3-22 所示。

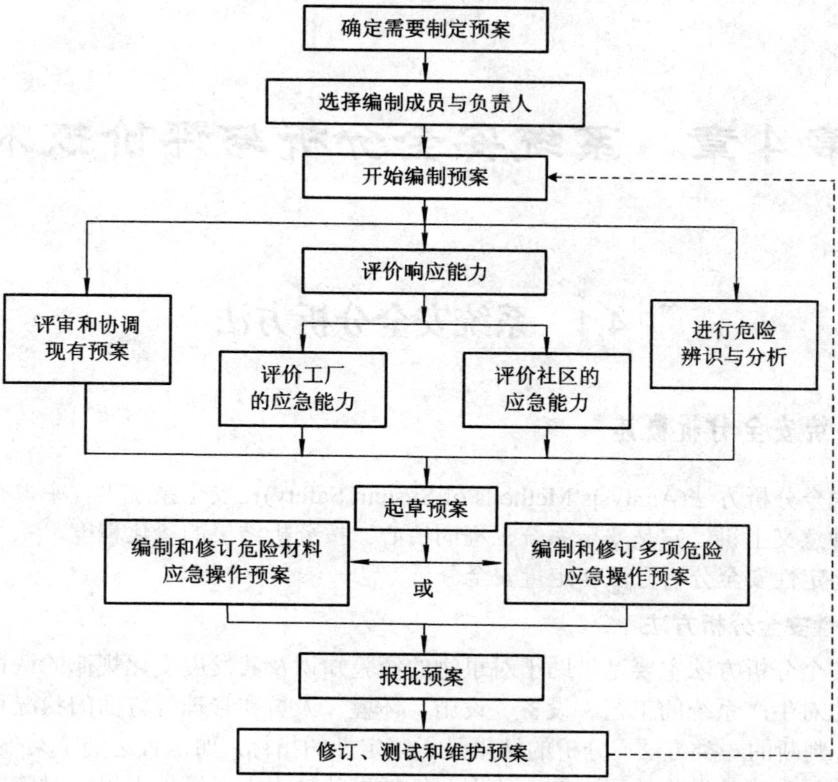

图 3-22　应急救援预案的编制步骤

思　考　题

1. 简述安全管理的基本原理。
2. 海因里希因果连锁论的主要内容是什么？
3. 论述两类危险源理论。
4. 简述事故的原因。
5. 事故统计方法有哪几种？
6. 简述事故经济损失统计方法及主要内容与指标。
7. 简述事故调查的基本步骤。
8. 论述事故处理与事故调查报告的主要内容。
9. 论述安全技术对策。
10. 论述事故应急管理的基本原则和任务。

第 4 章 系统安全分析与评价技术

4.1 系统安全分析方法

4.1.1 系统安全分析概述

系统安全分析方法(Analysis Methods of System Safety)在安全系统工程中占有重要的地位，从某种意义上讲，它是安全系统工程的核心。按分析结果的量化程度，系统安全分析方法可分为定性安全分析方法和定量安全分析方法。

1. 定性安全分析方法

定性安全分析方法主要是借助于对事物的经验知识及其发展变化规律的认识，根据直观判断能力对生产系统的工艺、设备、设施、环境、人员和管理等方面的状况科学地进行定性分析、判断的一类方法。分析的结果是一些定性的指标，如是否达到了某项安全指标、事故类别和导致事故发生的因素等。依据分析结果从技术上、管理上提出对策措施加以控制，达到系统安全的目的。目前，常用的定性安全分析方法有：安全检查法(Safety Review，SR)、安全检查表分析法(Safety Checklist Analysis，SCA)、专家评议法、预先危险分析法(Preliminary Hazard Analysis，PHA)、作业条件危险性分析法(Job Risk Analysis，LEC)、故障类型及影响分析(Failure Mode Effects Analysis，FMEA)、故障假设分析法(What... If，WI)、危险和可操作性研究(Hazard and Operability Study，HAZOP)以及人的可靠性分析(Human Reliability Analysis，HRA)等。

定性安全分析方法的特点是容易理解，便于掌握，分析过程简单。目前定性安全分析方法在国内外企业安全管理工作中被广泛使用。但定性安全分析方法往往依靠经验判断，带有一定的局限性。

2. 定量安全分析方法

定量安全分析方法是运用大量的实验结果和广泛的事故资料统计分析获得的指标或规律(数学模型)，对生产系统的工艺、设备、设施、环境、人员和管理等方面的状况按有关标准运用科学的方法构造数学模型，进行定量化分析的一类方法。分析的结果是定量指标，如事故发生的概率、事故的伤害(或破坏)范围、定量的危险性、事故致因因素的关联度或重要度等。

以可靠性、安全性为基础，先查明系统中存在的隐患并求出其损失率、有害因素的种类及其危害程度，然后再与国家规定的有关标准进行比较、量化。常用的方法有：故障树分析法(Fault Tree Analysis，FTA)、事件树分析法(Event Tree Analysis，ETA)、模糊数学综合评价法、层次分析法、作业条件危险性分析法(LEC)、原因后果分析法(Cause-Consequence Analysis，CCA)等。

按照定量结果类别的不同，定量安全分析方法可以分为概率风险评价法、伤害(或破坏)范围评价法和危险指数评价法(Hazard Index，HI)。

4.1.2　系统安全分析方法的选择

1．系统安全分析方法的适用情况

系统安全分析方法的适用情况如表 4-1 所示。

表 4-1　系统安全分析方法适用情况

分析方法	开发研制	方案设计	样机	详细设计	建造投产	日常运行	改建扩建	事故调查	拆除
安全检查表分析		√	√	√	√	√	√	√	√
预先危险性分析	√	√	√	√					
危险与可操作性研究			√	√		√	√		
故障类型及影响分析			√	√		√	√	√	
故障树分析			√	√		√	√	√	
事件树分析						√	√	√	
因果分析			√	√		√	√	√	

2．选择系统安全分析方法的注意事项

在选择系统安全分析方法时，应根据实际情况，并考虑以下几个问题：

1) 分析的目的

一些系统安全分析方法只能用于查明危险源，而几乎所有的方法都可以用于列出潜在的事故地点清单或确定降低危险性的措施，只有少数方法可以提供定量的数据。

2) 可获得的资料

分析者可能获得的资料的多少、详细程度、资料的新旧等都会影响系统安全分析方法的选择。

为了正确地进行分析，应该收集最新的、高质量的资料。

3) 对象的特点

被分析对象的复杂程度和规模、工艺类型、工艺过程中的操作类型对安全分析方法都会有很大的影响，因此应该根据被分析对象的类型选择合适的分析方法。

4) 对象的危险性

当对象的危险性较高时，分析者、管理者倾向于采用系统的、严格的、预测性的方法，如危险与可操作性研究、故障类型及影响分析、事件树分析、故障树分析等方法。反之，则倾向于采用经验的、不太详细的分析方法，如安全检查表分析法等。

5) 其他

影响选择系统安全分析方法的其他因素包括分析者的知识和经验、完成期限、经费支持、分析者和管理者的喜好等。

4.1.3 安全检查表分析法

1. 方法概述

安全检查表分析法(SCA)是依据相关的标准、规范，对工程、系统中已知的危险类别、设计缺陷以及与一般工艺设备、操作、管理有关的潜在危险性和有害性进行判别检查。安全检查表分析法是安全评价方法中最初步、最基础的一种，通常用于检查某系统中的不安全因素，查明薄弱环节的所在。使用安全检查表分析法进行检查的主要过程是：根据检查对象的特点、有关规范及标准的要求，确定检查项目和要点；按提问的方式，把检查项目和要点逐项编制成安全检查表；评价时对表中所列项目逐项进行检查和评判。这种方法要求事先把检查对象分割成若干子系统，以提问或打分的形式将检查项目列成表。视具体情况可采用不同类型、格式的安全检查表，以便进行有效的分析。该方法可用于工程、系统的各个阶段，常用于对熟知的工艺设计进行分析，有经验的人员还要将设计文件与相应的安全检查表进行比较，这种方法也可用于新工艺过程的早期开发阶段。

2. SCA 法步骤

一旦确定了分析区域或范围，安全检查表分析方法包括三个步骤，即建立安全检查表、完成分析和编制分析结果文件。

1) 建立安全检查表

为了编制一张标准的检查表，评价人员应确定检查表的标准设计或操作规范，然后依据存在的缺陷和不同差别编制一系列带问题的检查表。编制检查表所需资料包括有关标准、规范及规定、国内外事故案例、系统安全分析事例、研究成果等资料。检查表需按设备类型和操作情况提供一系列的安全检查项目。

SCA 法是基于经验的方法，安全检查表必须由熟悉装置的操作、标准、政策和规程的，有经验的和具备专业知识的人员协同编制。所拟定的安全检查表，应当是通过回答表中所列问题就能够发现系统设计和操作各个方面与有关标准不符的地方。安全检查表一旦准备好，即使缺乏经验的工程师也能独立使用它。它可以作为其他危险分析的一部分。当建立某一特定工艺过程的详细安全检查表时，应与通用安全检查表对照，以保证其完整性。

2) 完成分析

对已运行的系统，分析组应当视察所分析的工艺区域。在视察过程中，分析人员将工艺设备和操作与安全检查表进行比较。依据对现场的视察、阅读系统的文件、与操作人员座谈以及个人的理解回答安全检查表项目。当所观察的系统特性或操作特性与安全检查表上希望的特性不同时，分析人员应当记下差异。新工艺过程的安全检查表分析在施工之前常常是由分析组在分析会议上完成的。分析会议主要是对工艺图纸进行审查、完成安全检查表和讨论差异。

3) 编制分析结果文件

危险分析组完成分析后应当总结或视察会议过程中所记录的差异。分析报告应包含用于分析的安全检查表复印件。任何有关提高过程安全性的建议与恰当的解释都应写入分析报告中。

3．SCA 法的优、缺点及适用范围

SCA 法因简单、经济、有效而被经常使用。SCA 法是以经验为主的方法，使用其进行安全评价时，成功与否很大程度上取决于检查表编制人员的专业知识和经验水平，如果检查表不完整，评价人员就很难对危险性状况作有效的分析。SCA 法可用于安全生产管理和熟知的工艺设计、物料、设备或操作规程的分析，也可用于新工艺过程的早期开发阶段来识别和消除在类似系统多年操作中所发现的危险。但由于 SCA 只能作定性分析，不能提供事故后果及危险性分级，因此很少推荐将其用于安全预评价，事故调查中一般也不使用。

4.1.4　预先危险分析法

1．方法概述

预先危险分析法(Preliminary Hazard Analysis，PHA)又称初步危险分析，是一项为实现系统安全而进行危害分析的初始工作，常用于对潜在危险了解较少和无法凭经验觉察的工艺项目的初步设计或工艺装置的研究和开发中，或用于对危险物质和项目装置的主要工艺区域等在开发初期阶段(包括设计、施工和生产前)对物料、装置、工艺过程以及能量失控时可能出现的危险性类别、出现条件及可能导致事故的后果作宏观的概略分析。其目的是识别系统中存在的潜在危险，确定其危险等级，防止危险发展成事故。当分析的是一个庞大现有装置或当环境无法使用更为系统的方法时，PHA 技术非常有用。英国 ICI 公司就是在工艺装置的概念设计阶段或工厂选址阶段或项目发展过程的初期，用这种方法来分析可能存在的危险性。

在 PHA 中，分析组应考虑工艺特点，列出系统基本单元的可能危险性和危险状态。这些可能的危险性和危险状态是在概念设计阶段确定的，包括：原料、中间物、催化剂、三废、最终产品的危险特性及其反应活性；装置设备；设备布置；操作环境；操作(测试、维修等)及操作规程；各单元之间的联系；防火及安全设备。当识别出所有的危险情况后，列出可能的原因、后果以及可能的改正或防范措施。

2．PHA 方法步骤

PHA 法包括三个步骤：分析准备、完成分析和编制分析结果文件(报告)。

1) 分析准备

PHA 分析通过经验判断、技术诊断或其他方法调查和确定危险源(即危险因素存在于哪个子系统中)，对所需分析系统的生产目的、物料、装置及设备、工艺过程、操作条件以及周围环境等进行充分详细的调查了解，即需要分析组收集装置或系统的有用资料以及其他可靠的资料(如任何相同或相似的装置，或者即使工艺过程不同但使用相同的设备和物料)。危险分析组应尽可能从不同渠道汲取相关经验，包括相似设备的危险性分析、相似设备的操作经验等。

为了让 PHA 达到预期的目的，分析人员必须至少写出工艺过程的概念设计说明书。因此，必须知道过程所包含的主要化学物品、反应、工艺参数以及主要设备的类型(如容器、反应器、换热器等)。此外，装置需要完成的基本操作和操作目标的说明有助于确定设备的危险类型和操作环境。

2) 完成分析

PHA 识别可能发现不希望后果的主要危险和事故情况，因此 PHA 还应对设计标准进行分析或找到能消除或减少这些危险的其他途径，要作出这样的评判需要一定的经验。危险分析组在完成 PHA 过程中应考虑以下因素：

(1) 危险设备和物料，如燃料、高反应活性物质、有毒物质；爆炸、高压系统、其他储能系统；

(2) 设备与物料之间的与安全有关的隔离装置；

(3) 影响设备和物料的环境因素，如地震、振动、洪水、极端环境温度、湿度、静电；

(4) 操作、测试、维修及紧急处置规程；

(5) 辅助设施，如储槽、测试设备、公用工程；

(6) 与安全有关的设备，如调节系统、备用设备、灭火及人员保护设备。

对工艺过程的每一个区域，分析组都要识别危险并分析这些危险的可能原因及导致事故的可能后果。最后，分析组为了衡量危险性的大小及其对系统破坏性的影响程度，根据事故的原因和后果，可以将各类危险性划分为四个等级，见表 4-2。然后分析组将列出消除或减少危险的建议。

表 4-2 危险性等级划分

级别	危险程度	可能导致的后果
I	安全的	不会造成人员伤亡及系统损坏
II	临界的	处于事故的边缘状态，暂时还不至于造成人员伤亡、系统损坏或降低系统性能，但应予以排除或采取控制措施
III	危险的	会造成人员伤亡和系统损坏，要立即采取防范对策措施
IV	灾难性的	造成人员重大伤亡及系统严重破坏的灾难性事故，必须予以果断排除并进行重点防范

3) 编制分析结果文件

为方便起见，PHA 的分析结果以表格的形式记录。其内容包括识别出的危险、原因、可能结果、危险类别以及改正或预防措施。表 4-3 是 PHA 的分析结果记录表格。PHA 结果表常作为 PHA 的最终产品提交给装置设计人员。

表 4-3 PHA 记录表格

区域：________ 会议日期：________
图号：________ 分析人员：________

危险	原因	主要后果	危险等级	建议改正/预防措施

3. PHA 法的优、缺点及适用范围

预先危险分析法是一种宏观的概略定性分析方法。在项目发展初期使用 PHA 有如下优点：

(1) 能识别可能的危险，并且用较少的费用或时间就能进行改正；

(2) 能帮助项目开发组分析和设计操作指南；

(3) 简单易行、经济、有效。

因此，对固有系统采取新的操作方法、接触新的危险物质、工具和设备时，进行 PHA

分析比较合适，它从一开始就能消除、减少或控制主要的危险。当只希望进行粗略的危险和潜在事故情况分析时，也可用 PHA 对已建成的装置进行分析。

4.1.5　危险与可操作性研究法

1. 方法概述

危险与可操作性研究法(Hazard and Operability Analysis，HAZOP)是以系统工程为基础，主要针对化工装置而开发的一种定性的危险性评价方法。它是以关键词为引导，分析讨论生产过程中工艺参数可能出现的偏差、偏差出现的原因、后果以及这些偏差对整个系统的影响，并有针对性地提出必要的对策措施。

HAZOP 法的特点是由中间状态参数的偏差开始，分别找出原因、判明后果，是属于从中间向两头分析的方法。其本质就是通过一系列的分析会议对工艺图纸和操作规程进行分析。在装置的设计、操作、维修等过程中，需要工艺、工程、仪表、土建、给排水等专业的人员一起工作。因此危险与可操作性分析实际上是一个系统工程，需要各专业人员的共同参与才能识别更多的问题。

HAZOP 分析对工艺或操作的特殊点进行分析，这些特殊点称为“分析节点”或工艺单元/操作步骤。通过分析每个“节点”，识别出那些具有潜在危险的偏差，这些偏差通过引导词(或关键词)引出。一套完整的引导词应包括每个可认识的偏差而不遗漏。表 4-4 列出了 HAZOP 分析中经常遇到的术语及定义，表 4-5 列出了 HAZOP 分析常用的引导词。

表 4-4　常用 HAZOP 分析术语

项　目	定义及说明
工艺单元	具有确定边界的设备(如两容器之间的管线)单元，对单元内工艺参数的偏差进行分析；对位于PID图上的工艺参数进行偏差分析
操作步骤	间歇过程的不连续动作，或者是由HAZOP分析组分析的操作步骤；可能是手动、自动或计算机自动控制的操作，间歇过程每一步使用的偏差可能与连续过程不同
工艺指标	确定装置如何按照希望操作而不发生偏差，即工艺过程的正常操作条件；采用一系列的表格、文字或图表进行说明，如工艺说明、流程图、管道图、PID等
引导词	用于定性或定量设计工艺指标的简单词语，引导识别工艺过程的危险
工艺参数	与过程有关的物理和化学特性，包括概念性的项目如反应、混合、浓度、pH值及具体项目如温度、压力、相数及流量
偏差	分析组使用引导词系统地对每个分析节点的工艺参数(如流量、压力)进行分析发现的一系列偏离工艺指标的情况(如无流量、压力高等)；偏差的形式通常是“引导词+工艺参数”
原因	偏差的原因：一旦找到发生偏差的原因，就意味着找到了对付偏差的方法和手段。这些原因可能是设备故障、人为失误、不可预见的工艺状态(如组成改变)，来自外部的破坏(如电源故障)等
后果	偏差所造成的后果(如释放出有毒物质)；分析组常常假定发生偏差时，已有的安全保护系统失效；不考虑那些细小的与安全无关的后果
安全保护	指设计的工程系统或调节控制系统(如报警、连锁、操作规程等)，用以避免或减轻偏差发生时所造成的后果
措施或建议	修改设计、操作规程或者进一步分析研究(如增加压力报警、改变操作顺序等)的建议

表 4-5　HAZOP 分析常用引导词及意义(参考 GB 13548—92)

引导词	意　义	备　注
NONE(不或没有)	完成这些意图是不可能的	任何意图都实现不了，但也没有任何事情发生
MORE(过量)	数量增加	与标准值相比，数值偏大，如温度、压力、流量偏高
LESS(减量)	数量减少	与标准值相比，数值偏小，如温度、压力、流量偏低
AS WELL AS(伴随)	定性增加	所有的设计与操作意图均伴随其他活动或事件的发生
PART OF(部分)	定性减少	仅有一部分意图能够实现，有一些则不能
REVERSE(相逆)	逻辑上与意图相反	出现与设计意图完全相反的事或物，如物料反向流动
OTHER THAN(异常)	完全替换	出现和设计要求不相同的事或物，如发生异常事件或状态、开/停车、维修、改变操作模式

2. HAZOP 分析法步骤

HAZOP 分析法可按如下步骤进行，即分析准备、完成分析和编制分析结果文件。

1) 分析准备

(1) 确定分析的目的、对象和范围。分析对象通常由装置或项目负责人确定，并得到 HAZOP 分析组组织者的帮助。

(2) 分析组的构成。HAZOP 研究小组一般由 4～8 人组成，每个成员都能为所研究的项目提供知识和经验。小组应尽可能小，以便最大限度发挥每个成员的作用。HAZOP 研究小组最少由 4 人组成，包括组织者、记录员、两名熟悉过程设计和操作的人员，但 5～7 人的分析组是比较理想的。

(3) 获得必要的文件资料。最重要的文件资料是带控制点的工艺流程图(P&ID)、平面布置图、工艺管线管道数据表、安全排放原则、化学危险品数据、工艺数据表。其他需要的文件包括操作与维护指导手册、仪表控制图、逻辑图、安全程序文件、设备与管道单线图、装置手册和设备制造手册等。重要的图纸和数据应在分析会议之前分发到每位分析成员手中。

(4) 将资料变成适当的表格并拟定分析顺序。连续过程的工作量最小。在分析会议之前使用最新的图纸确定分析节点，每一位分析人员在会议上都应有这些图纸。对间歇过程来说，准备工作量很大，主要是因为操作过程复杂，分析这些操作程序是间歇过程 HAZOP 分析的主要内容。如有两个或两个以上的间歇过程同时在过程中出现，应当将过程中每个步骤下每个容器的状态都表示出来。

(5) 安排会议次数和时间。制定会议计划，首先要确定分析会议所需时间。一般来说每个分析节点平均需 20～30 min，可以给每个设备分配 2～3 h。每次会议持续时间不要超过 4～6 h，会议时间越长效率越低。可以把装置划分成几个相对独立的区域，每个区域讨论完毕后，会议组作适当修整，再进行下一区域的分析讨论。

2) 完成分析

图 4-1 是 HAZOP 分析流程图。分析组对每个节点或操作步骤使用引导词进行分析，得到一系列的结果，如偏差的原因、后果、保护装置、建议措施等。当发现危险情况后，

HAZOP分析组每一位成员都应明白问题所在。在分析过程中，应当把握每个偏差的分析，建议措施完成之后再进行下一偏差的分析。在考虑采取某种措施以提高安全性之前应对与“节点”有关的所有危险进行分析以减少那些悬而未决的问题。此外，对偏差或危险应当主要考虑易于实现的解决方法，而不是花费大量时间去设计解决方案。过程危险性分析会议的主要目的是发现问题，而不是解决问题，但是如果解决方法是明确和简单的，应当作为意见或建议记录下来。

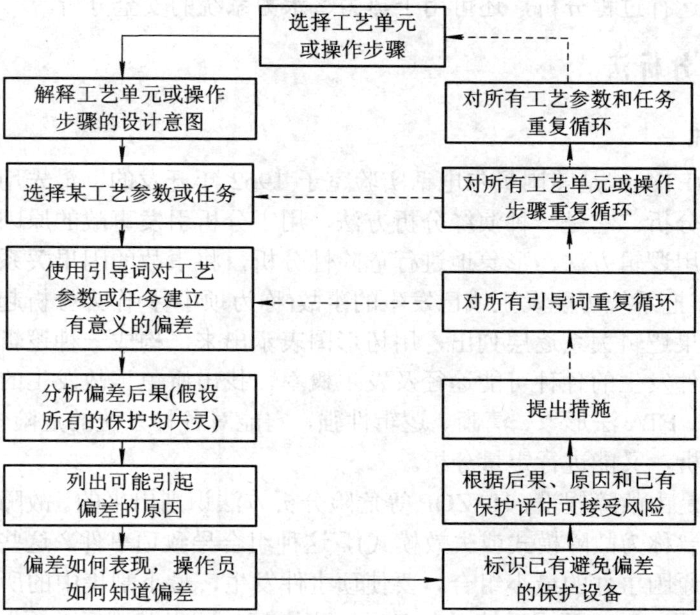

图4-1　HAZOP分析流程图

HAZOP分析涉及过程的各个方面，包括工艺、设备、仪表、控制、环境等。HAZOP分析人员的知识及可获得的资料总是与HAZOP分析方法的要求有距离，因此对某些具体问题可听取专家的意见。必要时对某些部分的分析可延期进行，在获得更多的资料后再进行分析。

3) 编制分析结果文件

分析记录是HAZOP分析的一个重要组成部分。负责记录的人员应根据分析、讨论过程提炼出恰当的结果，尽管不可能把会议上说的每一句话都记录下来，但必须记录所有重要的意见。必要时可举行分析报告审核会，让分析组对最终报告进行审核和补充。通常，HAZOP分析会议以表格形式记录，如表4-6所示。

表4-6　HAZOP分析记录表

分析人员：________图纸号：________

会议日期：________版本号：________

序号	偏差	原因	后果	安全保护	建议措施

3．HAZOP 法的优、缺点及适用范围

HAZOP 方法的优点是简便易行，且背景各异的专家们一起工作，在创造性、系统性和风格上互相影响和启发，能够发现和鉴别更多的问题，要比他们独立工作更为有效。缺点是分析结果受分析评价人员主观因素的影响。

适用范围：虽然该评价方法起初是专门用于评价新工程项目设计审查阶段的，用以查明潜在危险源和操作难点，以便采取措施加以避免，但 HAZOP 法特别适合于化工系统、装置设计审查和运行过程分析，还可用于热力、水力系统的安全分析。

4.1.6　故障树分析法

1．方法概述

故障树分析(FTA)法是美国贝尔电话实验室于 1962 年开发的，最先用于民兵式导弹发射系统的可靠性分析。它是一种演绎分析方法，用于分析引发事故的原因并评价其风险。故障树分析法采用逻辑方法，形象地进行危险性分析，将事故的因果关系形象地描述为一种有方向“树”：把系统可能发生或已发生的事故(称为顶事件)作为分析起点，将导致事故的原因事件按因果逻辑关系逐层列出，用树形图表示出来，构成一种逻辑模型，然后定性或定量地分析事件发生的各种可能途径及发生概率，找出避免事故发生的各种方案并优选出最佳安全对策。FTA 法形象、清晰、逻辑性强，它能对各种系统的危险性进行识别评价，既适用于定性分析，又能进行定量分析。

顶事件通常是由故障假设、HAZOP 等危险分析方法识别出来的。故障树模型是原因事件(即故障)的组合(称为故障模式或失效模式)，这种组合导致顶事件。这些故障模式称为割集，最小割集是原因事件的最小组合。要使顶事件发生，最小割集中的所有事件必须全部发生。“事故树”是一种表示导致事故的各种因素之间的因果及逻辑关系图。事故树分析把系统的失效事件作为顶上事件，把引起失效事件的各种直接因素作为二次事件，按照逻辑关系，用逻辑门将它们联系起来。依次逐级找出所有直接原因，作为下一级事件，直到分解到不必再分解的基本事件为止。这种图是一棵树根在上的倒置的树，最上的树根是顶上事件，最下层的是基本事件。它不仅能分析出事故的直接原因，还能深入揭示事故的潜在原因。这些因素中已全面包含了影响系统安全的各种危害因素，能简明、形象地表示出各种因素的相互关系。事故树分析已成为安全评价的主要方法之一，可用于对较复杂的系统进行风险评价，是常用于设计、运行阶段风险分析或事故后调查的一种评价方法。

2．FTA 名词术语和符号

1) 故障树及符号

在故障树分析中，各种故障状态或不正常情况皆称故障事件；各种完好状态或正常情况皆称成功事件。两者均可简称为事件。

底事件是故障树分析中仅导致其他事件的原因事件。底事件位于所讨论的故障树底端，总是作为某个逻辑门的输入事件而不是输出事件。底事件分为基本事件与未探明事件：① 基本事件是在特定的故障树分析中无须探明其发生原因的底事件；② 未探明事件是原则上应进一步探明其原因，但暂时不必或者暂时不能探明其原因的底事件。

结果事件是故障树分析中由其他事件或事件组合所导致的事件。结果事件总位于某个逻辑门的输出端。结果事件分为顶事件与中间事件：① 顶事件是故障树分析中所关心的结果事件，顶事件位于故障树的顶端，总是作为故障树中逻辑门的输出事件而不是输入事件；② 中间事件是位于底事件和顶事件之间的结果事件，中间事件既是某个逻辑门的输出事件，同时又是别的逻辑门的输入事件。

特殊事件是指在故障树分析中需用特殊符号表明其特殊性或引起注意的事件。特殊事件分为开关事件和条件事件：① 开关事件是在正常工作条件下必然发生或者必然不发生的特殊事件；② 条件事件是描述逻辑门起作用的具体限制的特殊事件。

2) 逻辑门及符号

在故障树分析中逻辑门只描述事件间的逻辑因果关系。下面对逻辑门做简要的介绍。

(1) 与门：表示仅当所有输入事件发生时，输出事件才发生。

(2) 或门：表示至少一个输入事件发生时，输出事件就发生。

(3) 非门：表示输出事件是输入事件的对立事件。

特殊门有以下几种：

(1) 顺序与门：表示仅当输入事件按规定的顺序发生时，输出事件才发生。

(2) 表决门：表示仅当几个输入事件中 n 个或 n 个以上的事件发生时，输出事件才发生。

(3) 异或门：表示仅当单个输入事件发生时，输出事件才发生。

(4) 禁门：表示仅当条件事件发生时，输入事件的发生才导致输出事件的发生。

3) 转移符号

转移符号分为相同转移符号和相似转移符号，表示转移到或来自于另一个子(故障)树，通常用三角形表示。

故障树分析中使用的各种符号、名称及定义见表 4-7。

表 4-7　故障树分析的逻辑和事件符号

符　号	名　称	定　义	符　号	名　称	定　义
	基本事件	在特定的故障树分析中无须探明其发生原因的底事件	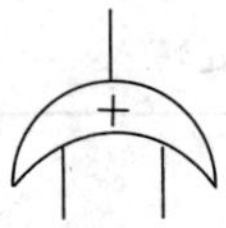	或门	至少一个输入事件发生时，输出事件就发生
	未探明事件	原则上应进一步探明其原因，但暂时不必或者暂时不能探明其原因的底事件		与门	仅当所有输入事件发生时，输出事件才发生
	结果事件	故障树分析中由其他事件或事件组合所导致的事件		非门	输出事件是输入事件的对立事件

续表

符号	名称	定 义	符号	名称	定 义
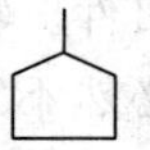	开关事件	正常工作条件下必然发生或者必然不发生的特殊事件	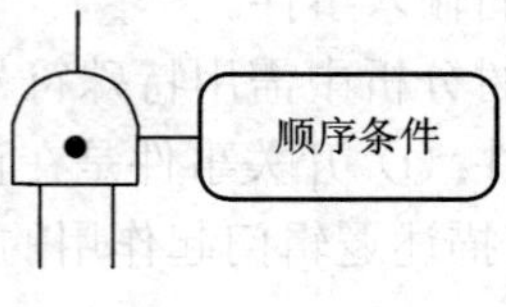	顺序与门	仅当输入事件按规定的顺序发生时，输出事件才发生
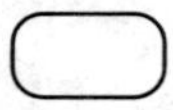	条件事件	描述逻辑门起作用的具体限制的特殊事件		异或门	仅当单个输入事件发生时，输出事件才发生
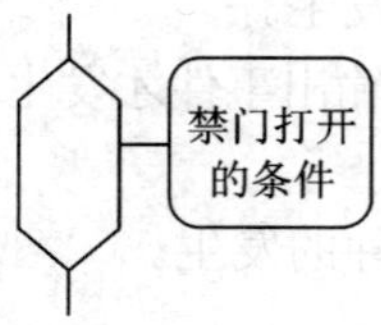	禁门	仅当条件事件发生时，输入事件的发生才导致输出事件的发生	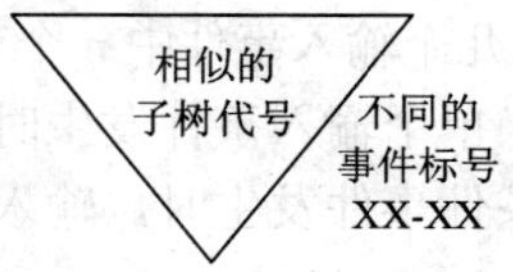 (a) 相似转向别处	相似转移符号	下面转到结构相似而事件标号不同的子树去
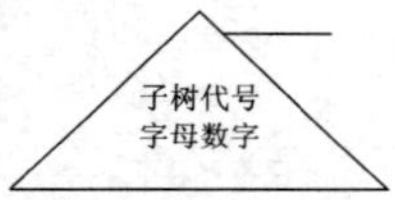	相同转移符号	在三角形内标出向何处转移	 (b) 相似转到此处		从子树与此处子树相似但事件标号不同处转入
		在三角形内标出向何处转入			

4) 故障树

故障树是一种特殊的倒立树状逻辑因果关系图。它用上表中事件符号、逻辑门和转移符号描述系统各种事件的因果关系，逻辑门的输入事件是输出事件的“因”，输出事件是输入事件的“果”。故障树分为以下几类：

(1) 二状态故障树：如果故障树的底事件刻画一种状态，而其对立事件也只刻画一种状态，则称其为二状态故障树。

(2) 多状态故障树：若故障树的底事件有三种以上互不相容的状态，则称其为多状态故障树。

(3) 规范化故障树：将画好的故障树中各种特殊事件与特殊门进行转换或删减，变成仅含有底事件、结果事件以及“与”、“或”、“非”三种逻辑门的故障树，这种故障树称为规范化故障树。

(4) 正规故障树：仅含故障事件以及“与门”、“或门”的故障树称为正规故障树。

(5) 非正规故障树：含有成功事件或者“非门”的故障树称为非正规故障树。

(6) 对偶故障树：将二状态故障树中的“与门”换为“或门”，“或门”换为“与门”，而其余不变，这样得到的故障树称为原故障树的对偶故障树。

(7) 成功树：除将二状态故障树中的“与门”换为“或门”、“或门”换为“与门”外，将底事件与结果事件换为相应的对立事件，这样所得到的树称为原故障树对应的成功树。

3. FTA 方法步骤

FTA 方法基本程序流程如图 4-2 所示。FTA 方法的步骤为：首先详细了解系统状态及各种参数，绘出工艺流程图或平面布置图。其次，收集事故案例(国内外同行业、同类装置曾经发生的)，从中找出后果严重且较易发生的事故作为顶事件，根据经验教训和事故案例，经统计分析后，求解事故发生的概率(频率)，确定要控制的事故目标值。然后从顶事件起按其逻辑关系，构建故障树。最后作定性分析，确定各基本事件的结构重要度，求出概率，再作定量分析。

如果事故树规模很大，可借助计算机进行。目前我国 FTA 一般都考虑到进行定性分析为止。

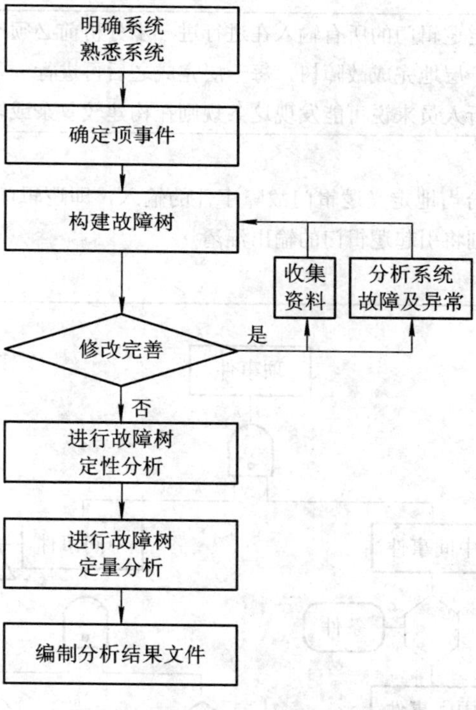

图 4-2　故障树分析法基本程序流程

1) 故障树的构建

故障树的构建从顶事件开始，用演绎和推理的方法确定导致顶事件的直接的、间接的、必然的、充分的原因。通常这些原因不是基本事件，而是需进一步发展的中间事件。为了保证故障树的系统性和完整性，构建故障树须遵循几条基本规则，见表 4-8。故障树结构图如图 4-3 所示。

表 4-8　故障树构建规则

项　目	构 建 规 则
故障事件陈述	把故障的陈述写入事件框(中间事件)和事件圆圈(基本事件)内。要准确说明各部分的故障模式，让这些陈述尽可能准确且是完整说明故障树所必需的。"在什么地方"和"是什么"确定了设备和它的失效状态，"为什么"说明按照这样的设备状态系统所处的状态，从而说明为什么把该设备状态作为一个故障；这些陈述要尽可能的完整，在故障树构建过程中分析人员应当不用简略语或缩写
故障树分析	当对某个故障事件进行分析时，应该提出这样的问题："该故障是由设备故障造成的吗?"如果回答"是"，则该故障事件作为"设备故障"；如回答"不是"，则该故障作为"系统故障"。对于"设备故障"，用"或门"去找出所有可能导致该设备故障的故障事件；对于"系统故障"则应找出该故障事件的原因
无奇迹发生	如果在设备的正常功能下可能导致故障结果，还是要假设设备的功能是正常的，永远不要假设发生奇迹，不要假设设备的所有不希望故障不会发生，或者即使发生也可避免事故
完成每个逻辑门	某特定逻辑门的所有输入在进行进一步分析前必须准确定义。对简单的模型，应该一层一层地完成故障树，每一层完成之后再进行一下层的分析。然而，对于有经验的分析人员来说可能发现这条规则在构建较复杂或较大的故障树时不大适用。
一个逻辑门不能直接连到另一个逻辑门，逻辑门之间必须有故障事件	应当恰当地定义逻辑门故障事件的输入，即逻辑门不能与其他的逻辑门直接连接，否则将引起逻辑门的输出混淆

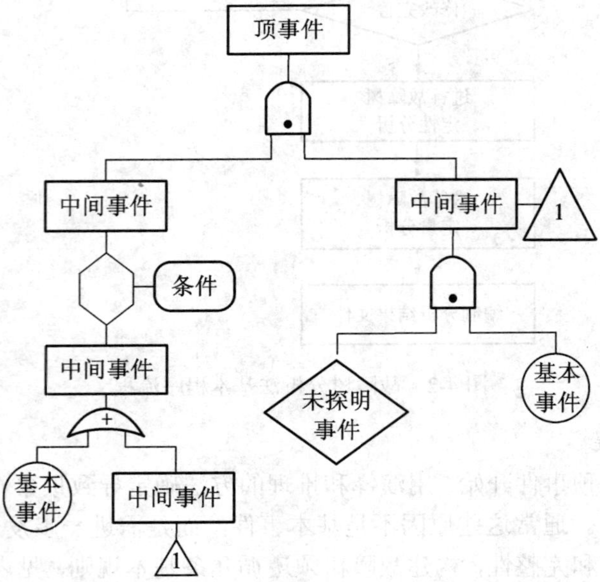

图 4-3　故障树结构图

2) 故障树的定性分析

故障树的定性分析仅按故障树的结构和事故的因果关系进行分析。在分析过程中不考虑各事件的发生概率或认为各事件的发生概率相等。其内容包括求基本事件的最小割集、最小径集及其结构重要度，求取方法有质数代入法、矩阵法、行列法、布尔代数化简法等。这里结合图 4-4 重点介绍布尔代数化简法。

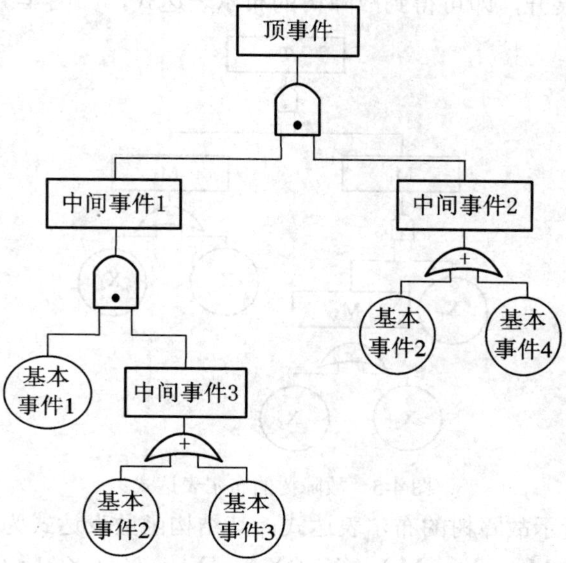

图 4-4　正规故障树例图

3) 布尔代数化简法

在故障树分析中常用逻辑运算符号“·”、“+”将各个事件 A、B、C 等连接起来。这些连接式称为布尔代数表达式。在求最小割集时要用布尔代数运算法则化简代数式，这些法则有：

(1) 交换律：
$$A + B = B + A$$
$$A \cdot B = B \cdot A$$

(2) 结合律：
$$A + (B + C) = (A + B) + C$$
$$A \cdot (B \cdot C) = (A \cdot B) \cdot C$$

(3) 分配律：
$$A \cdot (B + C) = A \cdot B + A \cdot C$$
$$A + (B \cdot C) = (A + B) \cdot (A + C)$$

(4) 吸收律：
$$A \cdot (A + B) = A$$
$$A + A \cdot B = A$$

(5) 互补律：
$$A + A' = 1$$
$$A \cdot A' = 0$$

(6) 幂等律：
$$A \cdot A = A$$
$$A + A = A$$

(7) 狄摩根定律：
$$(A + B)' = A' \cdot B'$$

$$(A \cdot B)' = A' + B'$$

(8) 对偶律: $(A')' = A$

(9) 重叠律: $A + A'B = A + B = B + B'A$

其中，A'、B'分别为事件 A 和事件 B 的逆事件(或对偶事件)。

在进行故障树定性、定量分析时，需要建立故障树的数学表达式。把顶事件用布尔代数表示，并自上而下展开，即可得到故障树的布尔表达式，如图 4-5 所示。

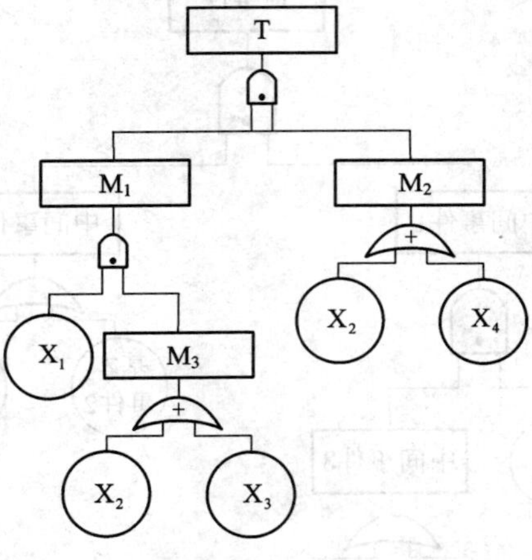

图 4-5 故障树的布尔表达式

图 4-5 为图 4-4 所示故障树的布尔表达式，其结构函数表达式为:

$$T = M_1 \cdot M_2 = (X_1 \cdot M_3) \cdot (X_2 + X_4) = [X_1 \cdot (X_2 + X_3)] \cdot (X_2 + X_4)$$
$$= (X_1X_2 + X_1X_3)(X_2 + X_4) \tag{4-1}$$

故障树中某些基本事件构成一个集合，当集合中这些基本事件全都发生时，顶事件必然发生，这样的集合称为割集。若在某个割集中任意除去一个基本事件就不再是割集了，这样的割集称为最小割集，亦即导致顶事件发生的最低限度的基本事件的集合称为最小割集。

最小割集的求法有布尔代数法和矩阵法。故障树经过布尔代数化简，得到若干交(“与”)集和并(“或”)集，每个交集实际就是一个最小割集。将式(4-1)展开并应用上述布尔代数有关运算法则归并、化简得:

$$T = X_1X_2X_2 + X_1X_2X_4 + X_1X_2X_3 + X_1X_3X_4$$
$$= X_1X_2 + X_1X_2X_4 + X_1X_2X_3 + X_1X_3X_4$$
$$= X_1X_2 + X_1X_3X_4 \tag{4-2}$$

得到两个最小割集:

$$T_1 = \{X_1, X_2\};\ T_2 = \{X_1, X_3, X_4\}$$

最小割集表明系统的危险性，每个最小割集都是顶事件发生的一种可能渠道。最小割集的数目越多，系统越危险。最小割集的作用如下:

(1) 最小割集表示顶事件发生的原因。事故发生必然是某个最小割集中几个事件同时存在的结果。求出故障树全部最小割集就可掌握事故发生的各种可能，对掌握事故的发生规律、查明原因大有帮助。

(2) 每一个最小割集都是顶事件发生的一种可能模式。根据最小割集可以发现系统中最薄弱的环节，直观判断出哪种模式最危险，哪些次之，以及如何采取安全措施减少事故发生等。

(3) 可以用最小割集判断基本事件的结构重要度，计算顶事件的概率。

从故障树结构上分析各基本事件的重要度，分析各基本事件的发生对顶事件发生的影响程度，叫结构重要度分析。利用最小割集分析判断结构重要度有以下几个原则：

① 单事件最小割集(一阶)中的基本事件的结构重要度系数 $I(i)$大于所有高阶最小割集中基本事件的结构重要度系数。如：在 $T_1 = \{X_1\}$，$T_2 = \{X_2, X_3\}$，$T_3 = \{X_4, X_5, X_6)$三个最小割集中，$I(1)$最大。

② 在同一最小割集中出现的所有基本事件，结构重要度系数相等(在其他割集中不再出现)；如在 $T_1 = \{X_1, X_2\}$，$T_2 = \{X_3, X_4, X_5\}$，$T_3 = \{X_7, X_8, X_9\}$中，$I(1) = I(2)$，$I(3) = I(4) = I(5)$等。

③ 若几个最小割集均不含共同元素，则低阶最小割集中基本事件重要度系数大于高阶割集中基本事件重要度系数。阶数相同，重要度系数相同。

④ 比较两基本事件，若与之相关的割集阶数相同，则两事件结构重要度系数大小由它们出现的次数决定，出现次数多的系数大。如：$T_1 = \{X_1, X_2, X_3\}$，$T_2 = \{X_1, X_2, X_4\}$，$T_3 = \{X_1, X_5, X_6\}$中，$I(1) > I(2)$。

⑤ 相比较的两事件仅出现在基本事件个数不等的若干最小割集中，若它们在各最小割集中重复出现次数相等，则在少事件最小割集中出现的基本事件结构重要度系数大。如：$T_1 = \{X_1, X_3\}$，$T_2 = \{X_2, X_3, X_5\}$，$T_3 = \{X_1, X_4\}$，$T_4 = \{X_2, X_4, X_5\}$中，X_1 出现两次，X_2 也出现两次，但 X_1 位于少事件割集中，所以 $I(1) > I(2)$。

此外，还可以用如下的近似判别式判断：

$$I(i) = \sum_{K_i} \frac{1}{2^{n_i - 1}} \tag{4-3}$$

式中：$I(i)$为基本事件 X_i 的结构重要度系数近似判断值；K_i 为包含 X_i 的所有最小割集；n_i 为包含 X_i 的最小割集中的基本事件个数。

由式(4-3)表示的两个最小径集中各基本事件的结构重要度系数分别为：

$$I(1)=\frac{1}{2^{2-1}}+\frac{1}{2^{3-1}}=\frac{3}{4}$$

$$I(2)=\frac{1}{2^{2-1}}=\frac{1}{2}$$

$$I(3)=\frac{1}{2^{3-1}}=\frac{1}{4}$$

$$I(4)=\frac{1}{2^{3-1}}=\frac{1}{4}$$

当故障树中某些基本事件的集合中这些基本事件全都不发生时，顶事件必然不发生，这样的集合称为径集。若在某个径集中任意除去一个基本事件就不再是径集了，这样的径集称为最小径集，即不能导致顶事件发生的最低限度的基本事件的集合称为最小径集。

最小径集求法是先将故障树化为对偶的成功树(只需将“或门”换“与门”，“与门”换“或门”，事件化为其对偶事件即可)，写出成功树的结构函数，化简得到最小割集表示的成功树的结构函数，再求补得到若干并集的交集，每一个并集实际上就是一个最小径集。

图 4-5 所示故障树对应的成功树见图 4-6。其结构函数为：

$$T' = M_1' + M_2' = (X_1' + M_3') + (X_2' \cdot X_4') = X_1' + (X_2' \cdot X_3') + (X_2' \cdot X_4') = X_1' + X_2'X_3' + X_2'X_4' \quad (4\text{-}4)$$

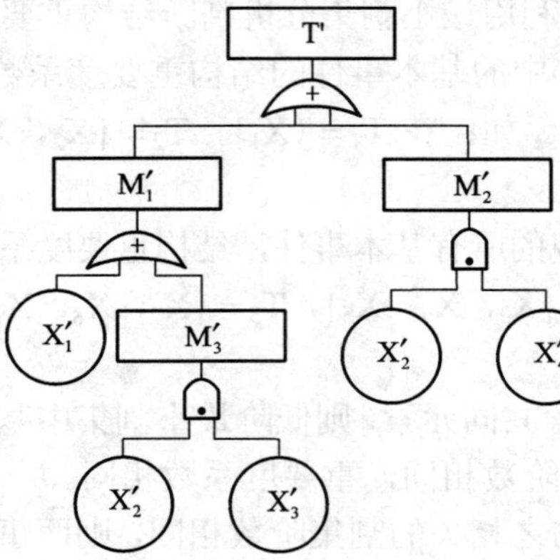

图 4-6　图 4-5 所对应的成功树布尔表达式

利用狄摩根定律求补得：

$$(T')' = (X_1' + X_2'X_3' + X_2'X_4')' = (X_1')' \cdot (X_2'X_3')' \cdot (X_2'X_4')' = X_1 \cdot (X_2 + X_3) \cdot (X_2 + X_4) \quad (4\text{-}5)$$

得到三个最小径集：

$$P_1 = \{X_1\}；P_2 = \{X_2，X_3\}；P_3 = \{X_2，X_4\}$$

由式(4-5)知：

$$T = X_1 \cdot (X_2 + X_3) \cdot (X_2 + X_4)$$

用最小径集表示的等效故障树见图 4-7。

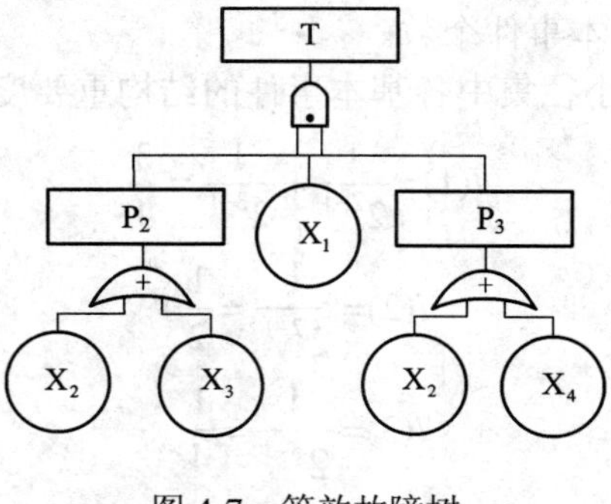

图 4-7　等效故障树

用最小割集判别基本事件结构重要度顺序与用最小径集判别结果一样；凡对最小割集适用的原则，对最小径集都适用。

4) 编制分析结果文件

故障树分析的最后一步是编制故障树分析结果文件。危险分析人员应当提供分析系统的说明、问题的讨论、故障树模型、最小割集、最小径集及结构重要度分析，还应提出有关建议。

4．FTA 法的优、缺点及适用范围

FTA 法的优点如下：

(1) 能识别导致事故的基本事件(基本的设备故障)与人为失误的组合，可为人们提供设法避免或减少导致事故基本原因的线索，从而降低事故发生的可能性；

(2) 能对导致灾害事故的各种因素及逻辑关系作出全面、简洁和形象的描述；

(3) 便于查明系统内固有的或潜在的各种危险因素，为设计、施工和管理提供科学依据；

(4) 使有关人员、作业人员全面了解和掌握各项防灾要点；

(5) 便于进行逻辑运算，进行定性、定量分析和系统评价。

FTA 法的缺点有：FTA 法步骤较多，计算也较复杂；在国内数据较少，进行定量分析还需要做大量工作。

FTA 的应用范围为：FTA 应用比较广，非常适合于重复性大的系统。

5．FTA 方法应用实例

实例：天然气储罐塔装置故障树分析。储罐装置配有呼吸阀及压力自控装置，其中，输出阀堵塞的发生概率为 0.002，呼吸阀故障的发生概率为 0.004，调节阀故障的发生概率为 0.003，调节仪表故障的发生概率为 0.001。请用故障树分析法对受压储罐塔装置进行安全评价，完成以下要求：

(1) 画出以储罐器爆炸为顶事件的故障树。储罐器及故障树如图 4-8 所示。

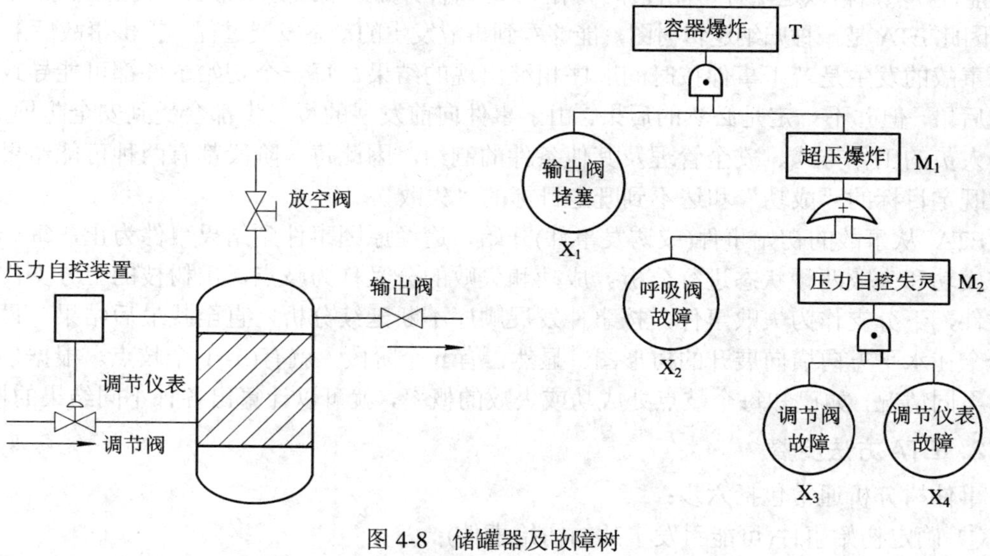

图 4-8 储罐器及故障树

(2) 建立故障树的结构函数，并计算其最小割集。

故障树的结构函数为：

$$T = X_1 \cdot M_1 = X_1 \cdot (X_2 + M_2) = X_1 \cdot (X_2 + X_3X_4) = X_1X_2 + X_1X_3X_4$$

求出两个最小割集为：

$$P_1 = \{X_1,\ X_2\},\ P_2 = \{X_1,\ X_3,\ X_4\}$$

(3) 对故障树各基本事件的重要度进行排序。

① 采用排列法求解：由于 $T=X_1X_2+X_1X_3X_4$，因而故障的结构重要度为 $I_1>I_2>I_3=I_4$。

② 采用近似判别式法求解：

$$I(i)=\sum_{K_i}\frac{1}{2^{n_i-1}}$$

$$I(1)=\frac{1}{2^{2-1}}+\frac{1}{2^{3-1}}=\frac{3}{4},\quad I(2)=\frac{1}{2^{2-1}}=\frac{1}{2}$$

$$I(3)=\frac{1}{2^{3-1}}=\frac{1}{4},\quad I(4)=\frac{1}{2^{3-1}}=\frac{1}{4}$$

所以故障的结构重要度为 $I(1)>I(2)>I(3)=I(4)$。

(4) 计算顶事件储罐爆炸的发生概率。

顶事件储罐爆炸的发生概率为：

$$P=P_1\times P_2+P_1\times P_3\times P_4=0.002\times 0.004+0.002\times 0.003\times 0.001=0.000008006$$

4.1.7 事件树分析法

1. 方法概述

事件树分析法(Event Tree Analysis，ETA)的理论基础是决策论。它与 FTA 法正好相反，是一种从原因到结果的自下而上的分析方法。它从一个初始事件开始，交替考虑成功与失败的两种可能性，然后再以这两种可能性作为新的初始事件，如此继续分析下去，直至找到最后的结果。因此 ETA 是一种归纳逻辑树图，能够看到事故发生的动态发展过程，提供事故后果。

事故的发生是若干事件按时间顺序相继出现的结果，每一个初始事件都可能导致灾难性的后果，但并不一定是必然的后果。由于事件向前发展的每一步都会受到安全防护措施、操作人员的工作方式、安全管理及其他条件的制约，因此每一阶段都有两种可能结果，即达到既定目标的“成功”和达不到既定目标的“失败”。

ETA 从事故的初始事件(或诱发事件)开始，途经原因事件到结果事件为止，每一事件都按成功和失败两种状态进行分析。成功和失败的分叉称为歧点，用树枝的上分支作为成功事件，下分支作为失败事件，按事件发展顺序不断延续分析，直至找最后结果，最终形成一个在水平方向横向展开的树形图。显然，有 n 个阶段，就有(n−1)个歧点。根据事件发展的不同情况，如已知每个歧点处成功或失败的概率，就可以计算出各种不同结果的概率。

2. ETA 方法步骤

事件树分析通常包括六步：

① 确定初始事件(可能引发事故的初始事件)；

② 设计能消除初始事件的安全功能；

③ 编制事件树；

④ 描述导致事故的顺序；

⑤ 确定事故顺序的最小割集；

⑥ 编制分析结果。

1) 确定初始事件

初始事件的选定是事件树分析的重要一环，初始事件应当是系统故障、设备故障、人为失误或是工艺异常，这主要取决于安全系统或操作人员对初始事件的反应。如果所选定的初始事件能直接导致一个具体事故，事件树就能较好地确定事故的原因。在事件树分析的绝大多数应用中，初始事件是预想的。

2) 初始事件的安全功能

对初始事件做出响应的安全功能可被看成为防止初始事件造成后果的预防措施。

安全功能措施通常包括：

① 系统自动地对初始事件做出响应(包括自动停车系统)；

② 当初始事件发生时，报警器向操作者发出警报；

③ 操作员工按设计要求或操作规程对报警做出响应；

④ 启动冷却系统、压力释放系统和破坏系统，以减轻事故的严重程度；

⑤ 设计对初始事件的影响起限制作用的围堤或封闭方法。

这些安全功能(措施)主要是减轻初始事件造成的后果，分析人员应该确定事件的顺序(全面)，确认在事件树中安全功能是否成功。

3) 编制事件树

事件树展开的是事故序列，由初始事件开始，再对控制系统和安全系统的响应进行相应的处理，其结果是明确地确定出由初始事件引起的事故。分析人员按事件顺序列出安全功能(措施)的动作，有时事件可能同时发生，在估计安全系统对异常状况的响应时，分析人员应仔细考虑正常工艺控制对异常状况的响应。

编制事件树的第一步，是写出初始事件和用于分析的安全功能(措施)，初始事件列在左边，安全功能(措施)写在顶部(格内)。图 4-9 所示为编制事故事件树的第一步。初始事件后面的下边一条线，代表初始事件发生后，虽然采取安全功能(措施)，事故仍继续发展的那一支(路)。

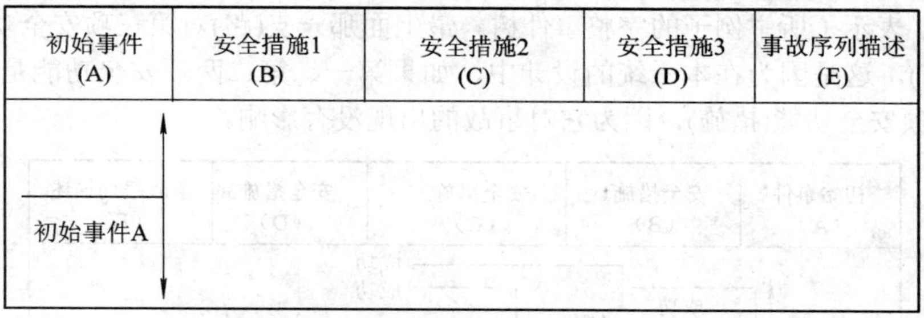

图 4-9　编制事件树的第一步

第二步是评价安全功能(措施)。通常，只考虑两种可能：安全措施成功还是失败。假设初始事件已经发生，分析人员须确定所采用的安全措施成功或失败的判定标准；接着判断如果安全措施成功或失败了，对事故的发生有什么影响。如果对事故有影响，则事件树要分成两支，分别代表安全措施成功和安全措施失败，一般把成功一支放在上面，失败一支放在下面。如果该安全措施对事故的发生没有什么影响，则不需分叉(分支)，可进行下一项安全措施的评价。用字母标明成功的安全措施(如 A，B，C，D)，在字母上面加一横代表失败的安全措施，就我们这个例子来说，设第一个安全措施对事故发生有影响，则在节点处分叉(分支)，如图 4-10 所示。

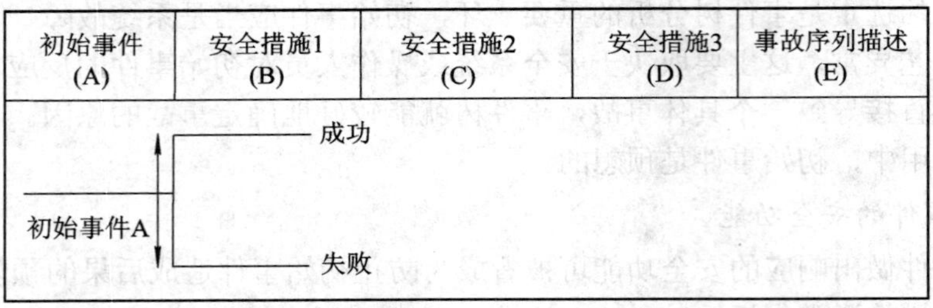

图 4-10　第一安全措施的展开

展开事件树的每一个分叉(节点)都会产生新的事故，都必须对每一项安全功能(措施)依次进行评价。当评价某一事故支(路)的安全功能(措施)时，必须假定本支(路)前面的安全功能(措施)成功或失败，这一点可在所举的例子(当评价第二项安全功能时)中看出来(见图 4-11)。因为上面第一支的第一项安全功能(措施)是成功的，所以上面那一支需要有分叉(节点)，而第二项安全功能(措施)仍可能对事故的发生产生影响。如果第一项安全功能(措施)失败了，则下面那一支(路)中第二项安全功能(措施)就不会有机会再去影响事故的发生了，故下面那一支(路)可直接进入第三项安全功能(措施)的处理(评价)。

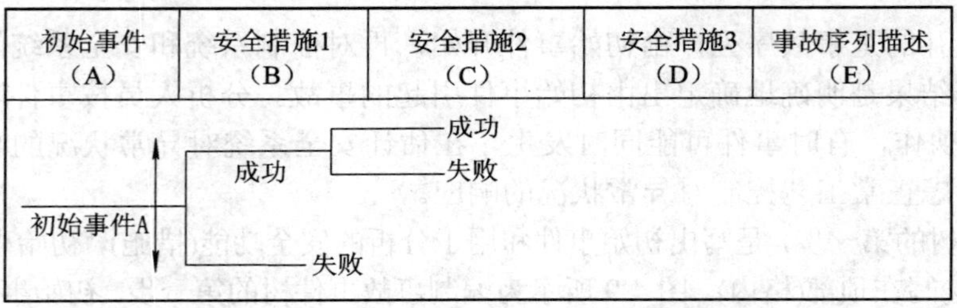

图 4-11　事件树中第二安全措施的展开

图 4-12 表示了所举例子的完整事件树。最上面那一支(路)对第三项安全功能(措施)没有分叉(节点)，这是因为在本系统的设计中，如果第一、第二两项安全功能是成功的，就不需要第三项安全功能(措施)，因为它对事故的出现没有影响。

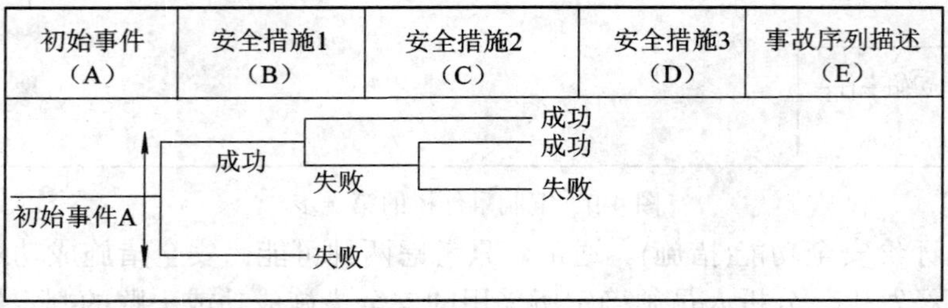

图 4-12　事件树编制

4) 描述导致事故的顺序

所得事故序列的结果说明：事件树分析的下一个步骤是对各事故序列结果进行解释(说明)，应说明由初始事件引起的一系列结果，其中某一序列或多个序列有可能表示安全恢复到正常状态或有序地停止。从安全角度看，其重要意义在于得到事故的后果。

5) 确定事故顺序的最小割集

确定事故序列最小割集：用故障树分析对事件树事故序列加以分析，以便确定其最小割集。每一个事故序列都由一系列安全系统失败组成，并用“与门”逻辑与初始事件相连。这样，每一个事故序列都可以看做是由“事故序列(结果)”作为顶事件的故障树，并用“与门”将初始事件和一系列安全系统失败(故障)与“事故序列(结果)”(顶事件)相连接。

6) 编制分析结果文件

事件树的最后一步是将分析研究的结果汇总，分析人员应对初始事件、一系列的假设和事件树模式等进行分析，并列出事故的最小割集。列出在讨论中得出的不同事故后果和从事件树分析得到的建议措施。

3. ETA 方法的优、缺点及适用范围

ETA 方法采用图解形式，层次清楚。它可看做是 FTA 法的补充，能将严重事故的动态发展过程全部揭示出来，特别是能对大规模系统的危险性及后果进行定性、定量地辨识，并分析其严重程度。它还能对影响严重的故障进行定量分析。

ETA 方法的优点有：事件概率可以按照路径为基础分到节点；结果的影响范围可以在整个树中得到改善；事件树从原因到结果展开，概念上比较容易理解；事件树是依赖于时间的；事件树在检查由系统和人的响应造成的潜在事故时是理想的。

ETA 方法的缺点有：事件树成长非常快，为了保持合理的大小，分支往往必须非常粗；缺少像 FTA 中的数学混合应用。

ETA 可用来分析系统故障、设备失效、工艺异常、人员失误等，应用比较广泛。

4. ETA 方法应用实例

实例：原油管道输送系统事件树评价。

原油管道输送系统构成如图 4-13 所示，A 为增压泵，B 为手动调节阀门，C 为电动流量调节阀；A 增压泵的失效概率为 0.02，B 阀门的关闭概率为 0.04，C 电动阀的不正常概率为 0.03。

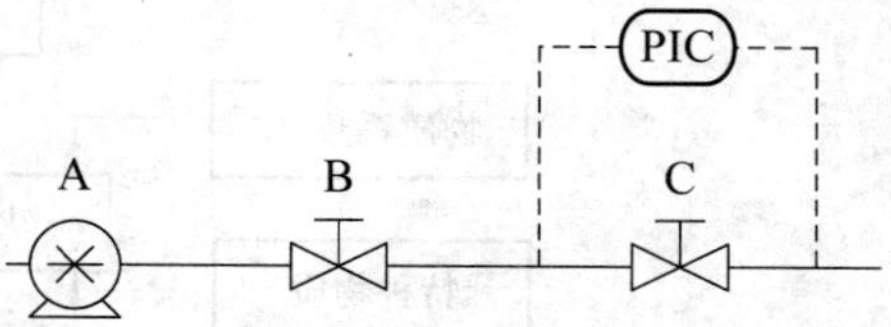

图 4-13　原油管道输送系统

请用事件树分析法对原油管道输送系统进行安全评价，完成以下要求：

(1) 画出原油管道输送系统的事件树。

原油管道输送系统的事件树如图 4-14 所示。

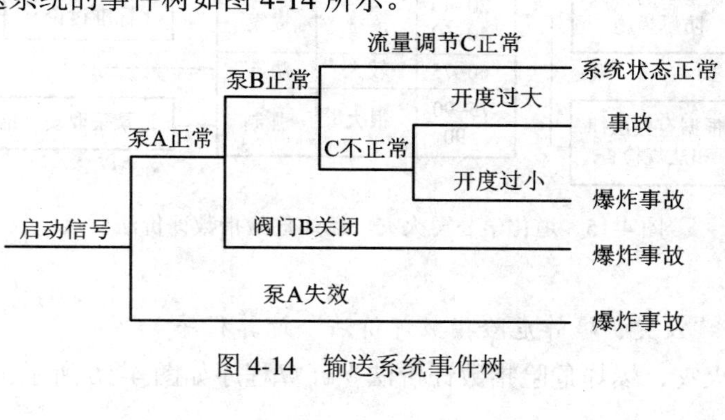

图 4-14　输送系统事件树

(2) 计算原油管道输送系统正常工作的概率。

已知 $P_A = 0.02$、$P_B = 0.04$、$P_C = 0.03$。

系统正常工作的概率：

$$\begin{aligned} P_S &= (1 - P_A) \times (1 - P_B) \times (1 - P_C) \\ &= (1 - 0.02) \times (1 - 0.04) \times (1 - 0.03) \\ &= 0.912576 \end{aligned}$$

(3) 计算原油管道输送系统的失效概率。

失效概率：

$$F(s) = 1 - P_S = 1 - 0.912\,576 = 0.087\,424$$

4.1.8　道化学火灾爆炸危险指数评价法

1．方法概述

1964 年，美国道化学公司首创了火灾、爆炸危险指数评价法，后经过不断修改，目前已发展到了第七版。该法是以以往事故的统计资料、物质的潜在能量和现行安全防灾措施的状况为依据，以单元重要危险物质在标准状态下的火灾、爆炸或释放出危险性潜在能量的大小为基础，同时考虑工艺过程的危险性，计算单元火灾、爆炸指数(F&EI)，确定危险等级，另外加上对特定物质、一般工艺及特定工艺的危险修正系数，求出火灾爆炸指数，定量地对工艺过程和生产装置及所含物料的实际潜在火灾、爆炸和反应性危险逐步推算并进行客观地评价，再根据指数的大小分成几个等级，按等级的要求及火灾爆炸危险的分组采取相应的安全措施的一种方法。道(DOW)化学公司火灾、爆炸危险指数评价法要点如图 4-15 所示。

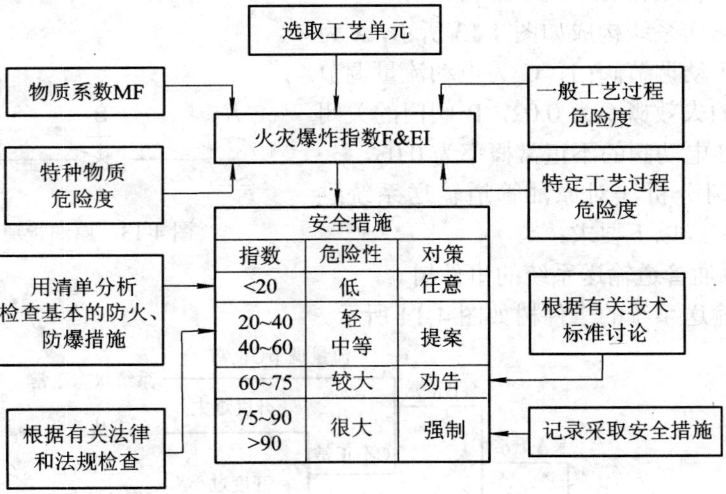

图 4-15　道化学公司火灾、爆炸危险指数评价法要点

2．评价程序

1) 《道七版》“火灾、爆炸危险指数评价法”计算程序

《道七版》“火灾、爆炸危险指数评价法”计算程序如图 4-16 所示。

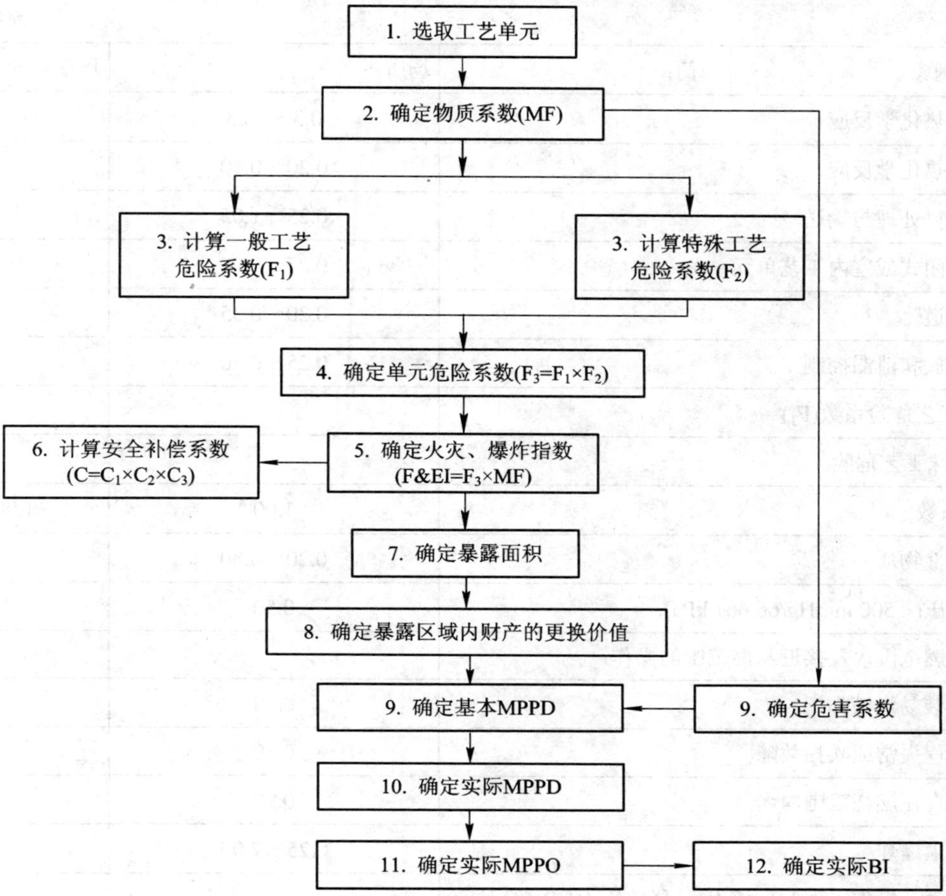

图 4-16　道化学公司火灾、爆炸危险指数评价法计算程序图

2) 分析、计算、评价所需填写的表格

分析、计算、评价需要填写的火灾、爆炸指数表(表 4-9)、安全措施补偿系数表(表 4-10)、工艺单元危险分析汇总表(表 4-11)、生产单元危险分析汇总表(表 4-12)。

表 4-9　火灾、爆炸指数(F&EI)表

地区/国家：	部门：	场所：	日期：
位置：	生产单元：	工艺单元：	
评价人：	审定人(负责人)：	建筑物：	
检查人：(管理部)	检查人：(技术中心)	检查人：(安全和损失预防)	
工艺设备中的物料			
操作状态：设计—开车—正常操作—停车			确定MF的物质：
操作温度：	物质系数：若单元温度超过60℃则需作温度修正		
1. 一般工艺危险		危险系数范围	采用危险系数
基本系数		1.00	1.00

续表

地区/国家：	部门：	场所：	日期：
(1) 放热化学反应		0.3～1.25	
(2) 吸热化学反应		0.20～0.40	
(3) 物料处理与输送		0.25～1.05	
(4) 密闭式或室内工艺单元		0.25～0.90	
(5) 通道		0.20～0.35	
(6) 排放和泄漏控制		0.25～0.50	
一般工艺危险系数(F_1)			
2．特殊工艺危险			
基本系数		1.00	1.00
(1) 毒性物质		0.20～0.80	
(2) 负压(< 500 mmHg/66.661 kPa)		0.50	
(3) 易燃范围内及接近易燃范围的操作：			
A．罐装易燃液体		0.50	
B．过程失常或吹扫故障		0.30	
C．一直在燃烧范围内		0.80	
(4) 粉尘爆炸		0.25～2.00	
(5) 压力：操作压力/kPa(绝对)；释放压力/kPa(绝对)			
(6) 低温		0.20～0.30	
(7) 易燃及不稳定物的质量/kg；物质燃烧热 H_c/kJ ·kg^{-1}			
A．工艺中的液体及气体			
B．储存中的液体及气体			
C．储存中的可燃固体及工艺中的粉尘			
(8) 腐蚀及磨损		0.10～0.75	
(9) 泄漏一接头和填料		0.10～1.50	
(10) 使用明火设备			
(11) 热油热交换系统		0.15～1.15	
(12) 转动设备		0.50	
特殊工艺危险系数(F_2)			
工艺单元危险系数 $F_3 = F_1 \times F_2$			
火灾、爆炸指数 $F\&EI = F_3 \times MF$			

表 4-10　安全措施补偿系数①表

项　　目	补偿系数范围	采用补偿系数①	项　　目	补偿系数范围	采用补偿系数②
I. 工艺控制安全补偿系数 c_1			c. 排放系统	0.91～0.97	
a. 应急电源	0.98		d. 连锁装置	0.98	
b. 冷却装置	0.97～0.99		物质隔离安全补偿系数 f_2=		
c. 抑爆装置	0.84～0.98		III. 防火设施安全补偿系数 c_3		
d. 紧急停车装置	0.96～0.99		a. 泄漏检测装置	0.94～0.98	
e. 计算机控制	0.93～0.99		b. 钢结构	0.95～0.98	
f. 惰性气体保护	0.94～0.96		c. 消防水供应系统	0.94～0.97	
g. 操作规程/指南	0.91～0.99		d. 特殊系统	0.91	
h. 活性化学物质检查	0.91～0.98		e. 计算机控制洒水灭火系统	0.74～0.97	
i. 其他工艺危险分析	0.91～0.98		f. 水幕	0.97～0.98	
工艺控制安全补偿系数 c_1=			g. 泡沫灭火装置	0.92～0.97	
II. 物质隔离安全补偿系数 c_2			h. 手提式灭火器和喷水枪	0.93～0.98	
a. 遥控阀	0.96～0.98		i. 电缆防护	0.94～0.98	
b. 卸料/排空装置	0.96～0.98		防火设施安全补偿系数 c_3=		

注：① 安全措施补偿系数 = $c_1 \times c_2 \times c_3$。② 无安全补偿系数时，填入 1.00。

表 4-11　工艺单元危险分析汇总表

序　号	内　　容	工艺单元
1	火灾、爆炸危险指数(F&EI)	
2	危险等级	
3	暴露区域半径	m
4	暴露区域面积	m^2
5	暴露区域内财产价值	
6	破坏系数	
7	基本最大可能财产损失(基本MPPD)	
8	安全措施补偿系数	
9	实际最大可能财产损失(实际MPPD)	
10	最大可能停工数(MPDO)	天
11	停产损失(BI)	

表 4-12　生产单元危险分析汇总表

<table>
<tr><td colspan="3">地区/国家：</td><td colspan="3">部门：</td><td colspan="2">场所：</td></tr>
<tr><td colspan="3">位置：</td><td colspan="3">生产单元：</td><td colspan="2">操作类型：</td></tr>
<tr><td colspan="3">评价人：</td><td colspan="3">生产单元总替换价值：</td><td colspan="2">日期：</td></tr>
<tr><td>工艺单元主要物质</td><td>物质系数 MF</td><td>火灾、爆炸危险指数 F&EI</td><td>影响区域内财产价值 /百万美元</td><td>基本 MPPD① /百万美元</td><td>实际 MPPD① /百万美元</td><td>停工天数 MPDO② /天</td><td>停产损失 BI /百万美元</td></tr>
<tr><td></td><td></td><td></td><td></td><td></td><td></td><td></td><td></td></tr>
<tr><td></td><td></td><td></td><td></td><td></td><td></td><td></td><td></td></tr>
<tr><td></td><td></td><td></td><td></td><td></td><td></td><td></td><td></td></tr>
<tr><td></td><td></td><td></td><td></td><td></td><td></td><td></td><td></td></tr>
</table>

注：① 最大可能财产损失。② 最大可能停工天数。

3) 相关参数计算

《道七版》参数计算主要包括计算火灾、爆炸指数和暴露半径、暴露区域及暴露区域内的财产损失、工作日损失、停产损失等。

3. 评价内容

1) 工艺单元的选择

进行危险指数评价的第一步是确定评价单元。单元是装置的一个独立部分，应与其他部分保持一定的距离或用防火墙、防爆墙、防护堤等与其他部分隔开。通常，在不增加危险性潜在能量的情况下，可把危险性潜在能量类似的单元归并为一个较大的单元。

2) 确定物质系数

物质系数 MF 是表述物质由燃烧或其他化学反应引起的火灾、爆炸过程中所释放能量大小的内在特性，是最基础的数值。物质系数是由美国消防协会规定的 N_F 和 N_R(分别代表物质的燃烧性和化学活泼性或不稳定性)决定的。

通常，N_F 和 N_R 是针对正常环境温度而言的，但物质发生燃烧和化学反应的危险性随温度上升而急剧增大，如在闪点之上的可燃性液体引起火灾的危险性就比正常环境温度下的易燃性液体大得多；化学反应速度也随温度上升而急剧增大，所以当物质的温度超过60℃时，物质系数就要进行修正。

工具书提供了大量化学物质的物质系数，它能用于大多数场合。对表中未列出的物质，其 N_F 和 N_R 可根据 NFPA 325M 或 NFPA 49 加以确定，并依照温度进行修正。

3) 火灾、爆炸危险指数

火灾、爆炸危险指数(F&EI)按下式计算：

$$F\&EI = F_3 \times MF$$

式中：F_3 为工艺单元危险系数，$F_3 = F_1 \times F_2$(F_3 值的正常范围为 1～8，若大于 8 也按最大值 8 计)；MF 为物质系数；F_1 为般工艺危险系数；F_2 为特殊工艺危险系数。

求出 F&EI 后，按表 4-13 确定其火灾、爆炸危险等级。

表 4-13　火灾、爆炸危险等级

F&EI值	1～60	61～96	97～127	128～158	>159
危险程度	最低	较低	中等	高	非常高
危险等级	Ⅰ	Ⅱ	Ⅲ	Ⅳ	Ⅴ

4) *确定暴露区域面积*

暴露区域半径的计算公式为：

$$R = 0.84 \times 0.3048 \times (\text{F\&EI})$$

该暴露半径表明了单元危险区域的平面分布，它是一个以工艺设备的关键部位为中心，以暴露半径为半径的圆。如果被评价工艺单元是一个小设备，就以该设备的中心为圆心，以暴露半径为半径画圆。如果设备较大，则应从设备表面向外量取暴露半径。

暴露半径决定了暴露区域的大小。

暴露区域面积的计算公式为：

$$S = \pi R^2$$

$$\text{实际暴露区域面积} = \text{暴露区域面积} + \text{评价单元面积}$$

暴露区域表示其内的设备将会暴露在本单元发生的火灾或爆炸环境中。因此，必须采取相应的对策和措施。在实际情况下，暴露区域的中心常常是泄漏点，经常发生泄漏的点是排气(液)口、膨胀节、装卸料连接处等部位，它们均可能成为暴露区域的圆心，要加强重点防范。

5) *确定暴露区域财产更换价值*

暴露区域内财产价值可由区域内含有的财产(包括在存物料)的更换价值来确定：

$$\text{更换价值} = \text{原来成本} \times 0.82 \times \text{增长系数}$$

式中，0.82 是考虑了场地平整、道路、地下管线、地基等在事故发生时不会遭到损失或无需更换的系数；增长系数由工程预算专家确定。

更换价值可按以下几种方法计算：

(1) 采用暴露区域内设备的更换价值。

(2) 用现行的工程成本来估算暴露区域内所有财产的更换价值(地基和其他一些不会遭受损失的项目除外)。

(3) 从整个装置的更换价值推算每平方米的设备费，再乘上暴露区域的面积，即为更换价值。此方法对老厂最适用，但其精确度差。

在计算暴露区域内财产的更换价值时，需计算在存物料及设备的价值。储罐的物料量可按其容量的 80%计算；塔器、泵、反应器等计算在存量或与之相连储罐的物料量，亦可用 15 min 物流量或其有效容积来计算。

物料的价值要根据制造成本、可销售产品的销售价及废料的损失等来确定，要将暴露区内的所有物料包括在内。

在计算暴露区域财产更换价值时，不重复计算两个暴露区域相交叠的部分。

6) 确定危害系数

危害系数由物质系数 MF 和单元危险系数 F_3 曲线的交点确定。它表示单元中的物料或反应能量释放所引起的火灾、爆炸事故综合效应。

7) 计算基本最大可能财产损失(基本 MPPD)

基本最大可能财产损失是假定没有任何一种安全措施来降低的损失。其计算式为：

基本 MPPD = 暴露区域内财产价值 × 危害系数 = 更换价值 × 危害系数

8) 计算安全补偿系数

$$C = C_1 \times C_2 \times C_3$$

式中：C 为安全措施总补偿系数；C_1 为工艺控制补偿系数；C_2 为物质隔离补偿系数；C_3 为防火措施补偿系数。

补偿系数的取值分别按《道七版》所确定的原则选取。无任何安全措施时，上述补偿系数为 1.0。

9) 计算实际最大可能财产损失(实际 MPPD)

实际最大可能财产损失 = 基本最大可能财产损失 × 安全措施补偿系数

它表示在采取适当的防护措施后，事故造成的财产损失。

10) 计算可能工作日损失(MPDO)

估算最大可能工作日损失(MPDO)是评价停产损失(BI)的必经步骤，根据物料储量和产品需求的不同状况，停产损失往往等于或超过财产损失。最大可能工作日损失(MPDO)可以根据实际最大可能财产损失按《道七版》给定的图查取。

11) 计算停产损失(BI)

停产损失(按美元计)按下式计算：

$$\mathrm{BI} = \frac{\mathrm{MPDO}}{30} \times \mathrm{VPM} \times 0.70$$

式中：VPM 为每月产值。

4. 道化学火灾、爆炸危险指数法的优、缺点及适用范围

道化学火灾、爆炸危险指数法能定量地对工艺过程和生产装置及所含物料的实际潜在火灾、爆炸和反应性危险逐步推算并进行客观地评价，并能提供评价火灾、爆炸总体危险的关键数据，能很好地剖析生产单元的潜在危险。但该方法大量使用图表，涉及大量参数的选取，参数取值宽，因人而异，影响了评价的准确性。

道化学火灾、爆炸危险指数法适用于生产、储存、处理易燃、易爆、有化学活泼性、有毒物质的工艺过程及其他有关工艺系统。

4.2 系统安全评价技术

4.2.1 安全评价概述

1. 安全评价的定义

系统安全评价也叫危险评价或称“风险评价”(Risk Assessment)，是对系统或作业中固有的或潜在的危险及其严重程度所进行的分析和评估，一般以既定指数、等级或概率值作出定量的表示。

安全评价是以实现工程、系统安全为目的，应用安全系统工程的原理和方法，对工程、系统中存在的危险、有害因素进行识别与分析，判断工程、系统发生事故和职业危害的可能性及其严重程度，提出安全对策和建议，制定防范措施和管理决策的过程。

在国外，安全评价也称为风险评价或危险评价，它既需要安全评价理论的支撑，又需要理论与实际经验的结合，二者缺一不可。安全评价是安全系统工程的重要组成部分，它是以实现系统安全为目的，按照系统科学的方法，对系统中的危险因素进行预先的识别、分析和评价，确认系统存在的危险性，并根据其形成事故的风险大小采取相应的安全措施，以达到系统安全目的的全过程。

2．安全评价的目的

安全评价的目的是查找、分析和预测工程、系统中存在的危险、有害因素及可能导致的危险、危害后果和程度，提出合理可行的安全对策和措施，指导危险源监控和事故预防，以达到最低事故率、最少损失和最优的安全投资效益。

3．安全评价的意义

安全评价的意义在于可以有效地预防事故的发生，减少财产损失和人员伤亡和伤害。安全评价与日常安全管理和安全监督、监察工作不同，安全评价是从技术方面，分析、论证和评估产生损失和伤害的可能性、影响范围、严重程度及应采取的对策和措施等。

4.2.2 安全评价的内容和分类

1．安全评价的内容

安全评价是一个利用安全系统工程原理和方法识别和评价系统、工程中存在的风险的过程。这一过程包括危险、危害因素及重大危险源辨识，重大危险源危害后果分析，定性、定量的评价，安全对策、措施等内容。安全评价的基本内容如图4-17所示。

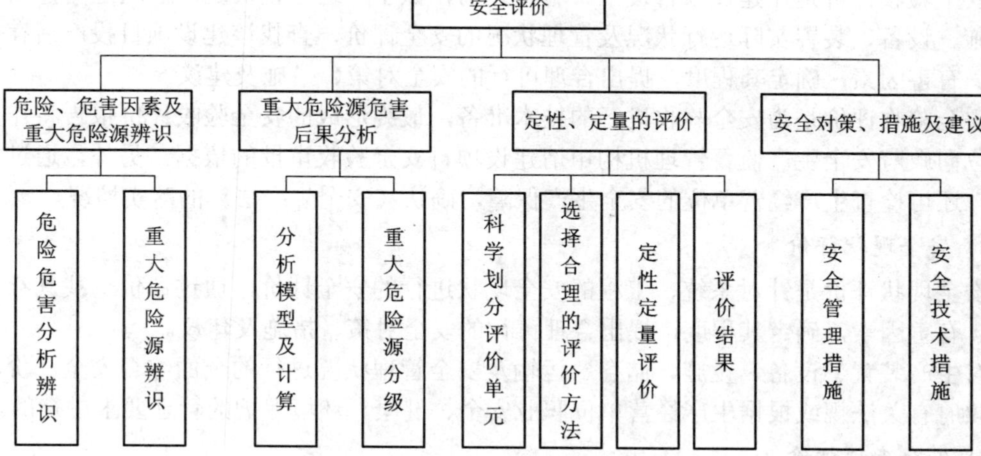

图4-17 安全评价的基本内容

1) 危险、危害因素及重大危险源辨识

根据被评价对象，识别和分析危险、危害因素，确定危险、危害因素的分布、存在的方式、事故发生的途径及其变化的规律；按照国家重大危险源辨识标准 GB18218—2009 进行重大危险源辨识，确定重大危险源。

2) 重大危险源危害后果分析

选择合适的分析模型，对重大危险源的危害后果进行模拟分析，为企业和政府监督部门制订安全对策、措施和为事故应急救援预案提供依据。

3) 定性、定量评价

划分评价单元，选择合理的评价方法，对工程、系统中存在的事故隐患和事故发生的可能性和严重程度进行定性、定量评价。

4) 安全对策、措施及建议

提出消除或减少危险、危害因素的技术和管理措施及建议。

2. 安全评价的分类

通常，根据工程、系统生命周期和评价的目的将安全评价分为安全预评价、安全验收评价、安全现状评价和专项安全评价四类。

1) 安全预评价

安全预评价以拟建建设项目作为研究对象，根据建设项目可行性研究报告的内容，分析和预测该建设项目可能存在的危险、有害因素的种类和程度，提出合理可行的安全对策措施及建议。安全预评价实际上就是在项目建设前应用安全评价的原理和方法对其危险性、危害性进行预测性评价。

经过安全预评价形成的安全预评价报告，将作为项目报批的文件之一，同时也是项目最终设计的重要依据文件之一。安全预评价报告主要提供给建设单位、设计单位、业主、政府管理部门。在设计阶段，必须落实安全预评价所提出的各项措施。

2) 安全验收评价

安全验收评价是在建设项目竣工、验收之前，试生产运行正常之后，通过对建设项目的设施、设备、装置实际运行状况及管理状况的安全评价，查找该建设项目投产后存在的危险、有害因素，确定其程度，提出合理可行的安全对策、措施及建议。

安全验收评价是为安全验收进行的技术准备，最终形成的安全验收评价报告将作为建设单位向政府安全生产监督管理机构申请建设项目安全验收审批的依据。另外，通过安全验收，还可检查生产经营单位的安全生产保障，确认《安全生产法》的落实情况。

3) 安全现状评价

安全现状评价是针对系统、工程的安全现状进行的安全评价，通过评价查找其存在的危险、有害因素，确定其程度，提出合理可行的安全对策、措施及建议。

对生产装置、设备、设施、储存、运输及安全管理状况进行的全面综合安全评价，是根据政府有关法规或根据生产经营单位职业安全、健康、环境保护的管理要求进行的。

4) 安全专项评价

安全专项评价是根据政府有关管理部门的要求，对专项安全问题进行的专题安全分析评价，如危险化学品专项安全评价，非煤矿山专项安全评价等。

安全专项评价一般是针对某一项活动或场所(如一个特定的行业、产品、生产方式、生产工艺或生产装置等)存在的危险、有害因素进行的安全评价，目的是查找其存在的危险、有害因素，确定其程度，提出合理可行的安全对策、措施及建议。

4.2.3　安全评价程序

安全评价程序主要包括：准备阶段，危险、有害因素识别与分析，定性、定量的评价，提出安全对策和措施，形成安全评价结论及建议，编制安全评价报告，如图 4-18 所示。

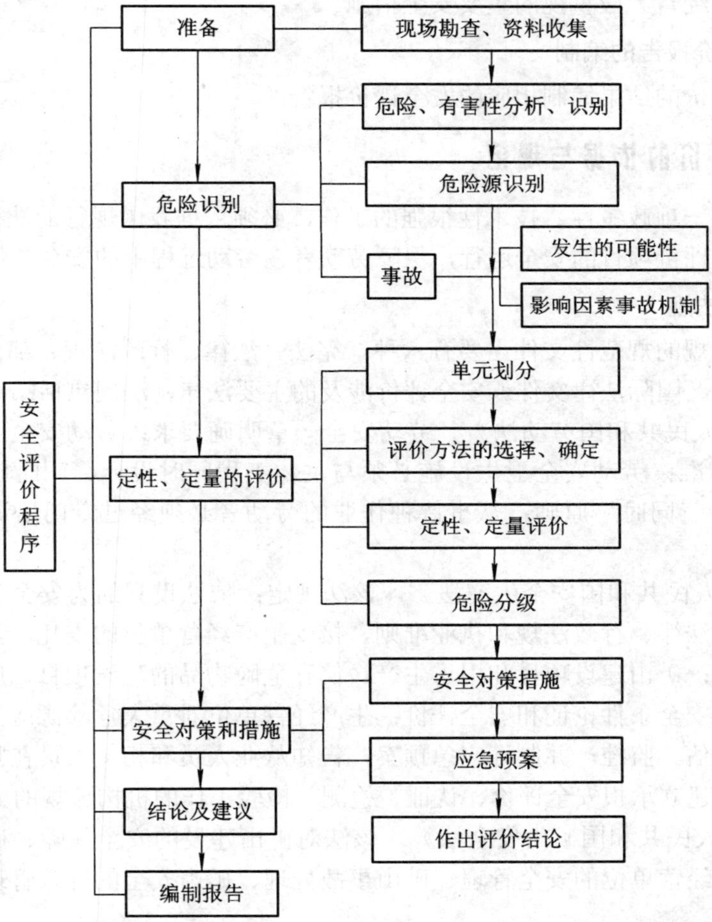

图 4-18　安全评价程序图

1．准备阶段

明确被评价对象和范围，收集国内外相关法律、法规、技术标准及工程、系统的技术资料。

2．危险、有害因素识别与分析

根据被评价的工程、系统的情况，识别和分析危险、有害因素，确定危险、有害因素存在的部位、存在的方式、事故发生的途径及其变化的规律。

3．定性、定量的评价

在危险、有害因素识别和分析的基础上，划分评价单元，选择合理的评价方法，对工程、系统发生事故的可能性和严重程度进行定性、定量评价。

4．安全对策和措施

根据定性、定量评价的结果，提出消除或减弱危险、危害因素的技术和管理措施及建议。

5．评价结论及建议

简要地列出主要危险、有害因素的评价结果，指出工程、系统应重点防范的重大危险因素，明确生产经营者应重视的重要安全措施。

6．安全评价报告的编制

依据安全评价的结果编制相应的安全评价报告。

4.2.4 安全评价的依据与规范

安全评价是一项政策性、技术性很强的工作，必须依据我国现行的法律、法规和技术标准，以保障被评价项目的安全运行，保障劳动者在劳动过程中的安全与健康。

1．法律、法规

我国安全法规的规范性文件主要有六种：宪法、法律、行政法规、部门规章、地方性法规和地方规章、国际法律文件。安全评价涉及的主要法律、法规包括：

(1) 《中华人民共和国劳动法》。劳动安全一章明确要求：劳动安全卫生设施必须符合国家规定的标准；劳动安全卫生设施必须与主体工程同时设计、同时施工、同时投入生产和使用的“三同时”原则；从事特种作业的劳动者必须经过专门培训并取得特种作业资格。

(2) 《中华人民共和国安全生产法》。该法规定：依法设立的为安全生产提供服务的中介机构，依照法律、行政法规和执业准则，接受生产经营单位的委托，为其安全生产工作提供技术服务；矿山建设项目和用于生产、储存危险物品的建设项目，应当分别按照国家有关规定进行安全条件论证和安全评价；生产经营单位对重大危险源应当登记建档，进行定期检测、评估、监控，并制订应急预案，告知从业人员和相关人员在紧急情况下应采取的应急措施；建立承担安全评价、认证、检测、检验工作的机构违规的处罚原则。

(3) 《中华人民共和国矿山安全法》。该法对矿山建设的安全保障、矿山开采的安全保障、矿山生产经营单位的安全管理、矿山事故处理、矿山安全的行政管理及法律责任等做了明确规定。

(4) 《关于加强安全评价机构管理的意见》(国安监管技装字[2002]45 号)。该文件首次明确规定安全评价的主要内容为：安全评价是指运用定量或定性的方法，对建设项目或生产经营单位存在的职业危险因素和有害因素进行识别、分析和评估；安全评价包括安全预评价、安全验收评价、安全现状评价和专项安全评价。

2．评价标准

1) 标准分类

安全评价相关标准可按来源、法律效力、对象特征等分类。

(1) 按标准来源可分为四类：

① 由国家主管标准化工作的部门颁布的国家标准，例如《生产设备安全卫生设计总则》、《生产过程安全卫生要求总则》等；

② 国务院各部委发布的行业标准，例如原冶金部的《冶金生产经营单位安全设计卫生设计规定》等；

③ 地方政府制定和发布的地方标准，例如《不同行业同类工种职工个人劳动防护用品发放标准》([91]鲁劳安字第582号)；

④ 国际标准和外国标准。

(2) 按标准的法律效率可分为两类：

① 强制性标准，例如GB 50016—2006《建筑设计防火规范》、GB 50058—1992《爆炸和火灾危险环境电力装置设计规范》等；

② 推荐性标准，例如JT618—2004《汽车危险货物运输、装卸作业规程》等。

(3) 按标准对象特征可分为管理标准和技术标准。其中技术标准又可分为基础标准、产品标准和方法标准三类。

2) 安全评价所依据的标准

安全评价依据的标准众多，不同行业会涉及不同的标准，难以一一列出。另外，标准也在更新，应注意使用最新版本的标准。

3．评价规范

为了规范安全评价行为，确保安全评价的科学性、公正性和严肃性，国家安全生产监督管理部门制定并发布了安全评价通则、各类安全评价导则及主要行业部门的安全评价导则，为安全评价活动规定了基本原则、目的、要求、程序和方法，是安全评价工作所必须遵循的指南。

我国安全评价规范体系可分为三个层次：① 安全评价通则；② 各类安全评价导则及行业评价导则；③ 各类安全评价实施细则。安全评价规范体系如图4-19所示。

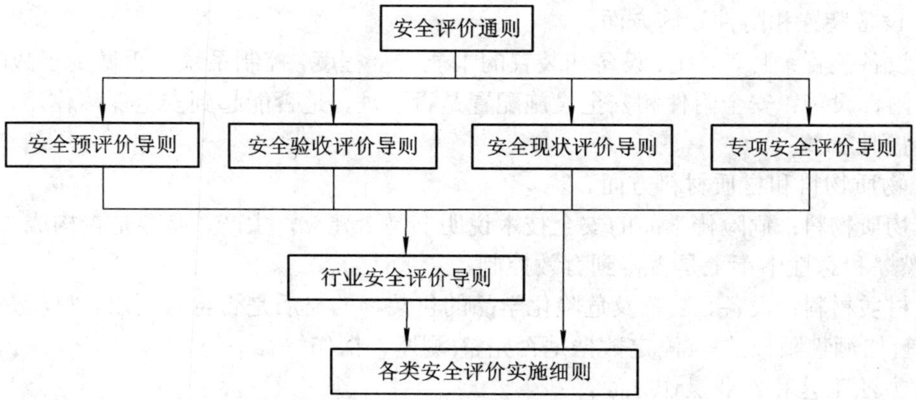

图4-19　安全评价规范体系框图

1) 安全评价通则

安全评价通则是规范安全评价工作的总纲，是安全评价活动的总体指南。它规定了所有安全评价工作的基本原则、目的、要求、程序和方法，对安全评价进行了分类和定义，对安全评价的内容、程序以及安全评价报告评审与管理程序作了原则性说明，对安全评价导则和细则的规范对象作了原则性的规定，但这些原则性规定在具体实施时需要更详细的规范支持。

2) 安全评价导则

各类安全评价导则是根据安全评价通则的总体要求制定的，是安全评价通则总体指南的具体化和细化。导则使细化后的规范更具有可依据性和可实施性，为安全评价提供了易于遵循的规定。目前已发布的安全评价导则，按安全评价种类划分，有安全预评价导则、安全验收评价导则、安全现状评价导则，以及专项安全评价导则；按行业划分，有煤矿安全评价导则、非煤矿山安全评价导则、陆上石油和天然气开采业安全评价导则、水库大坝安全评价导则等。

3) 安全评价实施细则

安全评价实施细则是在某些特殊情况或特殊要求下，根据安全评价通则和导则制定的内容更为详细的安全评价规范。

4.2.5 安全评价结论与报告

1. 评价结论

1) 评价结果分析

评价结果应较全面地考虑评价项目各方面的安全状况，要从“人、机、料、法、环”中理出评价结论的主线并进行分析。除了考虑建设项目的安全卫生技术措施、安全设施能否满足系统安全的要求，安全验收评价还需考虑安全设施和技术措施的运行效果及可靠性。

(1) 人力资源和管理制度方面。

① 人力资源：安全管理人员和生产人员是否经安全培训，是否持证上岗等。

② 安全管理：是否建立安全管理体系，是否建立支持文件(管理制度)和程序文件(作业规程)，设备装置运行是否建立台账，安全检查是否有记录，是否建立事故应急救援预案。

(2) 设备装置和附件设施方面。

① 设备装置：生产系统、设备和装置的本质安全程度，控制系统是否做到了故障安全。

② 附件设施：安全附件和安全设施配置是否合理，是否能起到安全保障作用，其有效性是否得到证实。

(3) 物质物料和材质材料方面。

① 物质物料：危险化学品的安全技术说明书是否建立，生产、储存是否构成重大危险源，在燃爆和急性中毒上是否得到有效控制。

② 材质材料：设备、装置及危险化学品的包装物的材质是否符合要求，材料是否采取防腐措施(如牺牲阳极法)，测定数据是否完整(测厚、探伤等)。

(4) 方法工艺和作业操作方面。

① 方法工艺：生产过程工艺的本质安全程度、生产工艺条件正常和工艺条件发生变化时的适应能力。

② 作业操作：生产作业及操作控制是否按安全操作规程进行。

(5) 生产环境和安全条件方面。

① 生产环境：生产作业环境能否符合防火、防爆、防急性中毒的安全要求。

② 安全条件：自然条件对评价对象的影响，周围环境对评价对象的影响，评价对象总图布置是否合理，物流路线是否安全和便捷，作业人员安全生产条件是否符合相关要求。

2) 评价结果归类及重要性判断

由于系统内各单元评价结果之间存在关联，且各评价结果在重要性上不平衡，对安全评价结论的贡献有大有小，因此在编写评价结论之前最好对评价结果进行整理、分类并按严重度和发生频率分别将结果排序列出。

例如，将影响特别重大的危险(群死、群伤)或故障(或事故)频发的结果，影响重大危险(个别伤亡)或故障(或事故)发生的结果，影响一般危险(偶有伤亡)或故障(或事故)偶然发生的结果等进行排序列出。

3) 评价结论的主要内容

安全评价结论的内容，因评价种类(安全预评价、安全验收评价、安全现状评价和专项评价)的不同而各有差异。通常情况下，安全评价结论的主要内容应包括：

(1) 对评价结果的分析。

① 对评价结果作概述、归类、危险程度排序；

② 对评价结果中可接受的项目还应进一步提出要重点防范的危险、危害；

③ 对评价结果中不可接受的项目要指出存在的问题，列出不可接受的充足理由；

④ 对受条件限制而遗留的问题提出改进方向和措施建议。

(2) 评价结论。

① 评价对象是否符合国家安全生产法规、标准的要求；

② 评价对象在采取所要求的安全对策和措施后达到的安全程度。

(3) 需要持续改进的方向。

① 提出保持现已达到安全水平的要求(加强安全检查、保持日常维护等)；

② 进一步提高安全水平的建议(冗余配置安全设施、采用先进工艺、方法、设备)；

③ 其他建设性的建议和希望。

2．评价报告

1) 安全评价的内容和要求

安全预评价内容主要包括危险、危害因素辨识，危险度评价和安全对策、措施及建议。

危险、危害因素辨识是指找出危险、危害因素并分析其性质和状态的过程。

危险度评价是指评价危险、危害因素导致事故发生的可能性和严重程度，确定承受水平，并按照承受水平采取安全对策和措施，使危险度降低到可承受水平的过程。

2) 安全评价程序

安全预评价程序一般包括：准备阶段；危险、危害因素辨识与分析；确定安全预评价单元；选择安全预评价方法；定性、定量评价；安全对策、措施及建议；安全预评价结论；编制安全预评价报告。

(1) 准备阶段。明确被评价对象和范围，进行现场调查和收集国内外相关法律、法规、技术标准及建设项目资料。

(2) 危险、危害因素辨识与分析。根据建设项目周边环境、生产工艺流程或场所的特点，识别和分析其潜在的危险、危害因素。

(3) 确定安全预评价单元。在危险、危害因素识别和分析基础上，根据评价的需要，将建设项目分成若干个评价单元。

(4) 选择安全预评价方法。根据被评价对象的特点，选择科学、合理、适用的定性、定量评价方法。

(5) 定性、定量评价。根据选择的评价方法，对危险、危害因素导致事故发生的可能性和严重程度进行定性、定量评价，以确定事故可能发生的部位、频次、严重程度的等级及相关结果，为制定安全对策和措施提供科学依据。

(6) 安全对策、措施及建议。根据定性、定量评价结果，提出消除或减弱危险、危害因素的技术和管理对策、措施及建议。

(7) 安全预评价结论。简要列出主要危险、危害因素评价结果；指出建设项目应重点防范的重大危险、危害因素，明确应重视的重要安全对策和措施；给出建设项目从安全生产角度是否符合国家有关法律、法规、技术标准的结论。

(8) 编制安全预评价报告。

3) 评价报告书的格式

(1) 封面。封面上应有建设单位名称、建设项目名称、评价报告(安全预评价报告)名称、预评价报告编号、安全评价机构名称、安全预评价机构资质证书编号及报告完成日期。

(2) 安全预评价机构资质证书影印件。

(3) 著录项。著录项包括安全预评价机构法人代表、审核定稿人、课题组长等主要责任者姓名；评价人员、各类技术专家以及其他有关责任者名单；评价机构印章及报告完成日期。评价人员和技术专家均要手写签名。

(4) 摘要。报告摘要内容主要包括：评价的目的、范围、内容、简述；评价过程简要说明；危险、危害因素辨识结果；重大危险源辨识及评价结果；所采用的评价方法及划分的评价单元；获得的评价结果；主要安全对策、措施及建议概述；最终评价结论。

摘要编写一定要突出重点，层次清楚，言简意赅，进行客观的表述。文字宜控制在2000～3000字。

(5) 目录。

(6) 前言。

(7) 正文。正文包括概述，生产工艺简介，主要危险、危害因素分析，评价方法的选择和评价单元划分，定性、定量安全评价，安全对策、措施及建议，预评价结论等部分内容。

(8) 附件。

(9) 附录。

思考题

1．简述系统安全分析方法。

2．简要论述安全检查表的分析步骤、适用范围及优缺点。

3．简述预先危险分析法的分析步骤与特点。

4．简述危险与可操作研究法的分析步骤。

5．比较事件树与故障树分析方法的异同。

6．简述安全评价的内容。

7．论述安全评价程序。

8．简述安全评价的依据与规范。

9．简述安全评价结论的主要内容。

第 5 章　HSE 管理体系

5.1　HSE 管理体系概况

HSE 是健康(Health)、安全(Safety)和环境(Environment)管理体系的简称。健康、安全与环境管理体系又称为 HSE 或 HSE-MS，是近几年国际工业企业通行的管理体系。HSE 管理体系是系统安全工程理念和技术在企业健康、安全和环境管理中的具体应用。HSE 管理体系的基本原理是戴明(PDCA)管理模式。

工业企业生产和经营中同时伴随健康、安全和环境风险，健康、安全与环境的管理在原则和效果上相似、相辅、相成，有着不可分割的联系。HSE 管理体系是将组织实施健康、安全与环境管理的组织机构、职责、做法、程序、过程和资源等要素有机构成的整体，这些要素通过先进、科学、系统的运行模式有机地融合在一起，相互关联、相互作用，形成动态管理体系。该体系突出预防为主、领导承诺、全员参与、持续改进的科学管理思想，是工业企业管理现代化，走向国际大市场的准入证。

5.1.1　HSE 管理体系的产生和发展

1．HSE 管理体系的产生

20 世纪 80 年代后期，国际上发生了几次重大事故，如 1987 年的瑞士 SANDEZ 大火，1988 年英国北海油田的帕玻尔·阿尔法平台事故以及 1989 年的 Exxon 公司 VALDEZ 泄油等，这些重大事故引起了国际工业界的普遍关注，大家都深深认识到，石油石化作业是高风险的作业，必须采取有效、完善的 HSE 管理系统才能避免重大事故的发生。1991 年，在荷兰海牙召开了第一届油气勘探开发的健康、安全、环保国际会议，HSE 作为一个完整概念逐步为大家所接受。

国内外大石油公司非常关注 HSE 管理体系的建立。如壳牌公司于 1985 年首次在石油勘探开发领域提出了强化安全管理(Enhance Safety Management)的构想和方法，1986 年在强化安全管理的基础上，形成安全管理手册，HSE 管理体系初现端倪。1990 年，该公司制订了自己的安全管理体系(SMS)；1991 年，颁布了健康、安全与环境(HSE)方针指南；1992 年，正式出版安全管理体系标准 EP92—01100；1994 年，正式颁布健康、安全与环境管理体系导则。1994 年油气开发的安全、环保国际会议在印度尼西亚的雅加达召开，由于这次会议由 SPE(美国石油工程师协会 Society of Petroleum Engineers)发起，并得到 IPICA(国际石油工业保护协会)和 AAPG 的支持，影响面很广，全球各大石油公司和服务厂商积极参与，HSE 的活动在全球范围内迅速展开。

1996 年 1 月，ISO/TC67 的 SC6 分委会发布 ISO/CDl4690《石油和天然气工业健康、

安全与环境管理体系》，成为 HSE 管理体系在国际石油业普遍推行的里程碑，HSE 管理体系在全球范围内进入了一个蓬勃发展的时期。

1997 年 6 月，中国石油天然气集团公司分别发布了三个行业标准：SY/T6276—1997《石油天然气工业健康、安全与环境管理体系》，1997 年 9 月 1 日实施；SY/T6280—1997《石油地震队健康、安全与环境管理规范》；SY/T6283—1997《石油天然气钻井健康、安全与环境管理体系指南》，1997 年 11 月 1 日实施。

HSE 管理体系标准是制定 HSE 管理体系的基本框架，是 ISO/CD14690《石油天然气工业健康、安全与环境管理体系》的同等转化。

2001 年 2 月，中国石油化工集团公司发布了十个 HSE 文件(即一个体系、四个规范、五个指南)，形成了完整的 HSE 管理体系标准。

2. HSE 管理体系发展趋势

近年来，HSE 管理体系的发展呈现以下趋势：

(1) HSE 管理日益成为国际贸易中通往世界市场的通行证。世界各国石油石化公司对 HSE 管理的重视程度普遍提高，HSE 管理已成为国际企业安全管理世界性的潮流与主题。目前，各石油企业纷纷建立和持续改进 HSE 管理体系。另外，HSE 管理体系也逐渐从石油企业向其他类型企业推广。

(2) 作为管理核心的以人为本、持续改进的思想得到充分的体现和贯彻。企业日益注重保护员工健康，并将其贯穿于各项工作的始终。

(3) HSE 管理体系的建立和审核向标准化迈进。企业 HSE 的深入开展带来了体系的不断完善，企业对体系的统一化和标准化的需求日益强烈。世界各国的环境立法更加系统，环境标准更加严格。

(4) HSE 管理体系使企业管理趋于一体化。在企业管理标准化的同时，逐步将质量、环境、健康及其相关的管理内容整合，以节约管理和运行成本，减少繁琐的程序和层次，提高企业管理科学化水平的社会和经济效益。

5.1.2 HSE 管理体系的特点和优势

HSE 管理体系要求组织进行风险分析，确定其自身活动可能产生的危害和后果，从而采取有效的防范手段和控制措施防止其发生，减少可能引起的人员伤害、财产损失和环境污染。它强调预防和持续改进，具有高度自我约束、自我完善、自我激励机制，因此是一种现代化的管理模式，是现代企业制度之一。

1. HSE 管理体系的特点

1) 先进性

HSE 系统所宣传和贯彻始终的理念是先进的，如从员工的角度出发，注重以人为本，注重全员参与等。目前，这一体系在职业安全卫生领域是走在世界前列的，易于企业结合实际进行应用和创新。

2) 系统性

HSE 本身就是一个系统，HSE 管理体系强调各要素的有机组合，采用一系列层次分明、相互联系的体系文件实施管理。

3) 预防性

危害辨识、风险分析与评价是 HSE 管理体系的精髓，实现了事故的超前预防和生产作业的全过程控制。

4) 可持续改进和长效性

HSE 管理体系运用戴明管理原则，周而复始地推行"策划、实施、监测、评审"活动，形成 PDCA 循环，使企业健康、安全、环境的表现不断改进，呈现螺旋上升的状态。

5) 自愿性

HSE 的相关标准都是推荐执行的、非强制性的标准，是企业在国内外市场的驱动下自觉自愿的行为，建立 HSE 管理体系也是企业管理自身生存、发展的内在要求。

2. 推行 HSE 管理体系的优势

在我国推行 HSE 管理体系的优势有以下几点：

(1) 建立 HSE 管理体系符合可持续发展的要求。建立和实施符合我国法律、法规和有关安全、劳动卫生、环保标准要求的 HSE 管理体系，有效地规范组织的活动、产品和服务，从原材料加工、设计、施工、运输、使用到最终废弃物的处理进行全过程的健康、安全与环境控制，满足安全生产、人员健康和环境保护的要求，实现企业的可持续发展。

(2) 可促进企业进入国际市场。目前国际上一些大的企业已采用 HSE 标准，国际市场对企业提出了 HSE 管理方面的要求，未制定和执行该标准的企业将被限制在国际市场之外。因此，制定和执行 HSE 管理体系标准就能促进石油企业的健康、安全及环境管理与国际接轨，树立我国企业的良好形象，并使作业队伍能顺利进入国际市场，创造客观的经济效益。

(3) 可减少企业的成本，节约能源和资源。HSE 管理体系摒弃了传统的事后管理与处理做法，采取积极的预防措施，将健康、安全与环境管理体系纳入企业总的管理体系之中，减少废物治理和防止职业病发生的开支，从而降低成本，提高企业经济效益。

(4) 帮助企业规范管理体系，提高企业健康、安全与环境管理水平。

(5) 改善企业的形象，改善企业与当地政府和居民的关系。

(6) 改善投资环境。

(7) 使企业将经济效益、社会效益和环境效益有机地结合在一起。

5.2　HSE 管理体系的构建

5.2.1　HSE 的基本术语

HSE 管理术语的标准化成为健康、安全与环境管理标准化活动中不可缺少的重要环节。

(1) 要素：安全、环境与健康管理中的关键因素。

(2) 事故(专指损伤事故)：事故是指在生产活动中，由于人们受到科学知识和技术力量的限制，或者由于认识上的局限，当前还不能防止或能防止但未有效控制而发生的违背人们意愿的事件序列。具体而言，事故主要指造成死亡、职业病、伤害、财产损失或环境破坏的事件。

(3) 危害：可能造成人员伤害、职业病、财产损失、作业环境破坏的根源或状态。

(4) 风险：发生特定危害的可能性或发生事件结果的严重性。

(5) 风险评价：依照现有的专业经验、评价标准和准则，对危害分析结果作出判断的过程。

(6) 审核：判别管理活动和有关过程是否符合计划安排，这些安排是否得到有效实施，系统地验证企业实施安全、环境与健康方针和战略目标的过程。

(7) 评审：高层管理者对安全、环境与健康管理体系的适应性及其执行情况进行正式评审。评审包括有关安全、环境与健康管理中存在的问题及方针、法规以及因外部条件改变而提出的新目标。

(8) 资源：实施安全、环境与健康管理体系所需的人员、资金、设施、设备、技术和方法等。

(9) 安全、环境与健康管理体系：指实施安全、环境与健康管理的组织机构、职责、做法、程序、过程和资源等构成的整体。

(10) 不符合：任何能够直接或间接造成伤亡、职业病、财产损失、环境污染的事件；违背作业标准、规程、规章的行为；与管理体系要求产生的偏差。

(11) 管理者代表：由公司最高领导者任命，在公司内代表最高领导者履行 HSE 管理职能的人员。

5.2.2 HSE 的基本要素

HSE 管理体系的基本要素由 7 个一级要素及其相应的 25 个二级要素构成，一般称为 32 个管理要素。HSE 管理体系一、二级要素基本点如表 5-1 所示。

表 5-1　HSE 管理体系一、二级要素基本点

一 级 要 素	二 级 要 素
1．领导和承诺	
2．方针和战略目标	
3．规划(策划)	① 对危害因素辨识、风险评价和风险控制的策划 ② 法律、法规和其他要求 ③ 目标和指标 ④ 健康、安全与环境管理方案
4．组织结构、资源和文件	① 组织机构和职责 ② 管理者代表 ③ 资源 ④ 能力和培训 ⑤ 协商和沟通 ⑥ 文件 ⑦ 文件控制

续表

一 级 要 素	二 级 要 素
5．实施和运行	① 设施完整性 ② 承包方和(或)供应方 ③ 顾客和产品 ④ 社区和公共关系 ⑤ 作业许可 ⑥ 运行控制 ⑦ 变更管理 ⑧ 应急准备与响应
6．检查和纠正措施	① 绩效测量和监视 ② 合规性评价 ③ 不符合、纠正措施和预防措施 ④ 事故、事件报告、调查和处理 ⑤ 记录控制
7．管理评审	

1．领导与承诺

1) *领导及其职责*

领导和承诺是建立体系的核心，只有有了强有力的领导和明确的承诺，并以实际有效的资源作保证，才能使体系得以建立、实施和保持。领导是最高管理者，是体系建立的关键。最高管理者应对建立、实施和持续改进HSE体系提供强有力的领导和明确的承诺，通过以下活动证实其承诺：

(1) 向组织传达满足法律、法规及其他要求的重要性；
(2) 制定健康、安全与环境方针；
(3) 确保健康、安全与环境目标的制定和实现；
(4) 进行管理评审；
(5) 确保必要的资源获得。

2) *承诺*

承诺是体系设计的宗旨。承诺是最高管理者遵循的信条和全体员工的行动指南。承诺提出的原则要符合法规、标准要求和企业实际。一般情况下公司只有一个承诺，而分公司可在合资、独资、合作项目时有自己明确的承诺，依据自己的实际提出符合公司总体要求的承诺。承诺的提出在体系建立之前。在形势、政策、生产性质发生根本性变化时可提出承诺修改意见，一般在体系换版时进行修改。承诺的实施要有配套的方针、目标作保证，并且要将职责分解到单位、部门和个人。

承诺的管理包括：制订(广泛征求意见)并形成文件，颁布；内容简明扼要，易被掌握；传达、宣传，使其成为企业文化的一部分；自上而下的承诺；定期组织评审、修订。

3) 企业文化

企业文化即公司对如下各种重要问题的共识：创建怎样的公司(包括发展定位)；价值取向、团队观念；企业对法律(规)、道德的态度；企业对人的态度；企业对社会责任的态度；安全文化。企业文化的核心是培育职工的认同感。

HSE 管理体系要求全员参加体系的建立、运行、实施和保持，因此就要明确和组织全体员工承担健康、安全与环境表现的责任和义务，对于员工的具体责任和义务要求有：

(1) 全体员工每人都要有切实可行、有效的责任制，明确在体系中的职责、权利和义务。

(2) 责任要明确到承担的指标、责任和违章的后果，并明确非常状态的责任和承担的具体工作。

(3) 责任制的变更。工作方法、工艺、设备、环境发生变化时责任制也要进行变更。

企业文化建立与维护是对 HSE 管理体系的支持和丰富，是全员参与 HSE 管理的体现。

2．方针和战略目标

方针和战略目标是由高层领导为公司制定的 HSE 管理指导思想和行为准则，是健康、安全与环境管理的行动原则、改善 HSE 表现的目标，是体系建立和运行的依据及指南。

1) 方针和战略目标的内容

方针和战略目标的内容至少应包括：

(1) 遵守有关法律、法规，在法律、法规没有规定的领域采用现行标准；

(2) 持续改进的思想；

(3) 对事故预防的重视；

(4) 对公司员工的期望和对承包方的要求。

方针和战略目标还可包括针对健康、安全与环境各个方面的内容：

(1) 健康——创建一个健康的工作环境，积极推进雇员健康和福利的改善；

(2) 安全——防止公司活动中可能产生的所有安全事故；

(3) 环境——逐步减少废气、废水和固体废弃物的排放，以最终消除它们对环境的不利影响。

2) 方针和战略目标应满足的要求

健康、安全与环境的方针和目标必须与现行法规、政策相符合，与企业其他方针和目标相一致，反映全体员工的共同意愿；能形成可分解的目标网络，通过全体员工的共同努力能够实现；目标不能定得过高，目标过高会因无法实现而影响员工积极性、损害企业形象，目标也不能定得太低，目标太低会失去对员工的积极性和创造性的激励作用，不利于提高企业的健康、安全与环境的表现水平。具体应体现：

(1) 与公司的其他方针和目标相互协调、保持一致；

(2) 与公司的其他方针和目标具有同等重要性；

(3) 与母公司的方针和战略目标保持一致；

(4) 得到各级组织的贯彻和实施；

(5) 公众易于获得；

(6) 符合或严于相关法律和法规的要求；

(7) 当地法律、规章无相关规定时，应选用或制定本公司的合适标准；

(8) 尽可能有效地减少活动、产品和服务对健康、安全与环境带来的风险和危害；

(9) HSE目标内容应尽可能具体，最好予以量化，例如确定起点和指标。

3. 规划(策划)

1) 对危害因素辨识、风险评价和风险控制的策划

组织应建立并保持程序，用来确定其活动、产品或服务中能够控制或渴望对其施加影响的健康、安全与环境危害因素，以持续进行危害因素辨识、风险评价和实施必要的风险控制和削减措施。这些程序应包括但不限于：常规和非常规的活动；所有进入工作场所的人员(包括合同方人员和访问者)的活动；工作场所的设施(无论由本组织还是由外界所提供)；事故及潜在的危害和影响；以往活动的遗留问题。

组织在建立健康、安全与环境目标时，应考虑危害因素辨识、风险评价的结果和风险控制的效果。组织应开发危害因素辨识、风险评价和风险控制的方法，该方法应满足以下要求：

(1) 依据健康、安全与环境风险和影响的范围、性质和时限进行，确保该方法是主动性的而不是被动性的；

(2) 规定风险分级，识别出可通过风险管理措施来削减或控制的风险；

(3) 与运行经验和所采取的风险削减和控制措施的能力相适应；

(4) 为确定设施要求、识别培训需求和(或)开展运行控制提供输入信息；

(5) 规定对所要求的活动进行监视，以确保其及时有效实施。

2) 法律、法规和其他要求

组织应建立并保持程序，以识别和获取适用的法律、法规和其他应遵守的健康、安全与环境要求。组织应及时更新有关法律、法规和其他要求的信息，并将这些信息传达给相关员工和其他相关方。

“法律法规管理程序”的内容：识别和获取适用的法律、法规和其他要求；组织应及时更新有关法律、法规和其他要求的信息；向员工、有关的相关方传达法律、法规和其他要求的变化。

3) 目标和指标

组织应针对其内部各有关职能和层次，建立并保持形成文件的健康、安全与环境目标和指标。组织在建立和评审健康、安全与环境目标和指标时，应考虑以下因素：

(1) 法律、法规和其他要求；

(2) 健康、安全与环境危害因素和风险；

(3) 可选择的技术方案；

(4) 财务、运行和经营要求；

(5) 相关方的意见。

目标和指标应符合健康、安全与环境方针及战略(总)目标，并考虑对事故预防、清洁生产和持续改进的承诺。目标和指标应符合健康、安全与环境方针及战略(总)目标，并考虑对事故预防、清洁生产和持续改进的承诺。

4) 健康、安全与环境管理方案

组织应制定并保持旨在实现其目标、指标以及针对特定的活动、产品或服务的健康、

安全与环境管理方案。方案应予以文件化，内容应包括但不限于：为实现目标和指标所赋予有关职能和层次的职责和权限；实现目标和指标的方法和时间表。

公司应定期在计划的时间间隔内对健康、安全与环境管理方案进行评审，必要时应针对组织的活动、产品、服务或运行条件的变化，对健康、安全与环境管理方案进行修订。

公司在自己的全部工作程序中应制定实现健康、安全与环境目标和实施表现准则的规划。这些规划应包括：

(1) 目标的明确表述；

(2) 明确各级组织机构与实现目标和表现准则的责任；

(3) 实现目标所采取的措施；

(4) 资源需求；

(5) 实施计划的进度表；

(6) 促进和鼓励全体员工做好健康、安全与环境管理的方案；

(7) 为全体员工提供关于健康、安全与环境表现情况的信息反馈机制；

(8) 建立评选健康、安全与环境表现先进个人和集体的制度(如安全奖励计划)。

4．组织结构、资源和文件

1) 组织机构和职责

健康、安全与环境事务的成功处理，要求各级机构责任明确，各级监督与管理机构都积极参与，同时应当在组织机构和资源分配上反映出来。

公司应对实施健康、安全与环境所需的机构、责任、权力、义务和相互关系作出明确规定，形成文件并进行交流(适当时候，可借助组织结构图表)。文件应包括但不仅限于：提供健康、安全与环境管理体系所需的物力和人力；付诸行动并保证贯彻健康、安全与环境事务的信息；获得、解释和提供健康、安全与环境事务的信息；确认和记录纠正措施以改进健康、安全与环境的表现；推荐、创立或提供提高健康、安全与环境管理水平的机制，并验证其实施效果；实施纠正措施过程中的活动控制；应急状态控制。

公司应明确全体员工个人及集体的职责，以确保健康、安全与环境的表现，同时应确保全体员工有能力、有权力和资源以有效地履行其义务。

组织结构和责任分工应反映出各级管理人员在其管辖范围内建立、实施和保持健康、安全与环境管理体系的具体职责。

HSE 管理体系的成功实施，需要公司全体员工的参与，一个人人各司其职、各负其责的组织机构，能保证公司的各种活动按要求进行，并在发生异常情况时作出正确的反应。

2) 管理者代表

为有效实施和保持健康、安全与管理体系，同时也控制背离健康、安全与环境管理体系的行为，公司应规定管理者代表的职责和权限。管理者代表应向高层管理者报告，但不应推卸自身在健康、安全与环境管理体系管辖范围内的责任。

最高管理者应支持和保证健康、安全与环境管理体系的建立和运行，但他往往忙于公司的经营和生产管理，对健康、安全与环境管理工作不可能事必躬亲，所以必须任命管理者代表，规定管理者代表的职责和权力，使其在健康、安全与环境的范围内代表最高管理者进行管理。管理者代表主要负责体系的建立、运行和保持其正常运行，并向最高管理者报告体系的运行情况，及时处理体系运行中的有关问题。对于大型或复杂的公司，可以不只设立一个管理者代表。对于中小、型企业，可一个人承担这些职责。管理者代表可以是专职的也可是兼职的。

3) 资源

高层管理者应分配足够的资源以确保健康、安全与环境管理体系的有效运行，同时应考虑来自管理者代表各级管理者和健康安全与环境专家的意见。作为健康安全与环境管理体系评审、变更管理和风险管理的一部分，要定期检查资源分配。

公司在建立和实施健康、安全与环境管理体系的过程中，应在了解和掌握现有设施、装备条件的基础上，考虑需要在设施、设备方面进行的改进和补充。当现有设备不满足以下要求时，应考虑进行更新和补充：

(1) 不符合国家、地方法规要求的设施和设备；

(2) 不满足企业健康、安全与环境目标和表现准则的各种设施和设备；

(3) 企业健康、安全与环境管理水平持续改进所需的设施和设备。

正确的做法应该在现有财力资源允许的条件下，充分考虑法规要求、企业的义务和长远发展，分阶段地改进企业的 HSE 管理体系，不断寻求企业效益和成本的最佳结合点。

4) 能力和培训

公司应保证其从事健康、安全与环境管理的主要活动和任务的员工具有以下相应能力：个人素质；通过实践提高技能的能力；不断更新知识的能力。

在完善现有方法和选用新方法时，无论对员工还是承包方，都应有提高能力的保证体系。要对员工完成任务的能力进行定期评审和评价，包括适当考虑个人的发展及为适应方法和技术的更新而进行必要的培训。

公司应根据需要提供适当的培训以提高全体员工的能力。培训可以是正规培训和(或)现场实际操作培训。培训的范围和性质应足以保证公司方针和目标的实现，并达到或高于法定和规定的要求。

公司应建立适当的培训记录并按要求不断更新培训计划，建立一套体系来监督培训效果和引入必要的改进措施。

5) 协商和沟通

(1) 组织应建立并保持程序，确保就相关健康、安全与环境信息进行相互沟通，具体内容包括：

① 组织内各职能和层次间的内部沟通；

② 与外部相关方联络的接收、文件形成和答复；

③ 组织应考虑对涉及健康、安全与环境的重要危害因素信息的处理，并记录其决定。

(2)组织应将员工参与和协商的安排形成文件，并通报相关方，公司及其员工应做到：

① 参与风险管理方针和程序的制定、实施和评审；

② 参与商讨影响工作场所内人员健康和安全的条件和因素的任何变化；

③ 参与健康、安全与环境事务；

④ 支持员工代表和管理者代表的工作；

⑤ 公司需建立有效的信息交流机制，制定一套信息交流程序；

⑥ 员工参与。

(3) 信息交流。公司、承包方和合作者应确保其各级员工都认识到：符合健康、安全与环境方针和目标的重要性以及在实现这些方针和目标中各自的作用和责任；工作活动中健康、安全与环境的风险和危害，已建立的预防、控制和削减措施及应急反应程序；违背已认可的操作程序的潜在后果；为改进工作程序，管理者应建立建议的机制。

紧急情况时，外部联系的手段是很重要的，公司应做好特别的应急安排，并应根据其方针和适用的法规进行健康、安全与环境信息沟通。公司在保护机密信息的同时，也应当使健康、安全与环境管理经验为其员工、承包方、顾客及从事相关活动的公司所了解，以便改进工作活动的健康、安全与环境表现。

6) 文件

公司应保持的控制文件包括：健康、安全与环境方针、目标及规划；关键岗位和责任的说明；健康、安全与环境管理体系要素及其相互关系的表述；相关文件对照表及其同整个管理体系其它因素的相互联系；健康、安全与环境评价和风险管理结果；有关法规的要求；关键信息；必要时关键活动和任务的程序和工作指南；应急计划和职责，对事故和潜在紧急情况的反应措施；事故的调查和处理过程。

控制文件还应包括：公司概况、组织结构及业务部门、独立的职能和操作(如装置设计、勘探、土地征用、钻井等)、承包方和合作者。

7) 文件控制

公司应控制健康、安全与环境管理体系文件，以确保这些文件与公司、部门和职能单位的活动相适应；应对这些文件进行定期评审，必要时进行修订，发布前须经授权人批准；需要时现行版本随时可得；失效时能及时从颁发和使用处删除。

文件应字迹清楚、注明日期(包括修订日期)、易于识别、标有编号(包括版本编号)，并应保管有序且有一定的保存期限。公司应建立进行文件修改的制度，并使员工、承包方、政府机构和公众易于获得文件的最新版本。

文件工作是管理体系运行中的一个重要部分。它支持管理方案和程序的存在，记录体系的运行情况，为公司保持和传输各种内、外部信息，支持体系的正常运行。

文件工作不是一项孤立的活动，它渗透于体系运行的全部活动中，体系中任何要素的运作都离不开文件支持。围绕体系各个要素，都以文件形式对有关活动作了规定和说明。为了描述体系的全面运行情况并提供深入了解具体运行情况的途径，应编制一份说明文件，对体系中各核心要素以及它们之间的相互作用进行说明，并指明从有关文档中查询细节情况的途径。文件可以以传统的书面文件或电子媒体形式予以保存。

管理体系文件可以分成三个层次，即管理手册、程序文件和其它文件。

管理手册：管理手册应阐述承诺、方针、目标、HSE 管理体系程序文件及文件结构、管理体系有关的组织机构、职责和权限以及手册的评审、修改和控制等规定。

程序文件：程序文件是指为完成体系要求的健康、安全与环境活动所规定的方法。体系程序中，应包括与 HSE 管理体系要求和组织方针描述相一致的有关文件化程序，它是管理手册的支持性文件，是对各项活动采取方法的具体描述，应具有可操作性和可检查性，这是 HSE 管理体系实施中的内部法规性文件。

5．实施和运行

1) 设施完整性

组织应建立并保持程序，以确保对健康、安全与环境相关的关键设施的设计、建造、采购、操作、维护和检查达到规定的准则要求。对新项目建设、设施购置和建造前应进行健康、安全与环境评价，用满足本质健康、安全与环境要求的设计来削减和控制风险和影响。

对设计、建设、运行、维修过程中与准则之间的偏差，组织应当进行评审，找出偏差的原因及纠正偏差的措施并形成文件。

组织应当确保对HSE的关键设施的设计、建造、采购、操作、维护和检查达到既定目标并符合规定的准则。具体准则包括“六大环节”和“三同时制度”。“六大环节”：建立设施台账；每个环节应有的准则；对使用设施的完整性应进行检查；新设施、设备购买和使用前应进行评价；设施应定期维护保养，并有记录；设施完整性程序应强调设施结构完整、应急、救生、防护等系统的有效性。设施的管理责任应明确。“三同时制度”即健康、安全与环境保护设施应与主体设施同时设计、同时施工、同时投入运行，运行状况应达到规定要求。

2) 承包方和(或)供应方

组织应当建立并保持相应的工作程序，以保证其承包方和(或)供应方的健康、安全与环境管理同组织的健康、安全与环境管理体系要求相一致。组织与承包方和(或)供应方之间应当有特定的关系文件，以便明确各自的职责，在工作之前解决存在的差异，认可有关工作文件。

组织应当收集承包方和(或)供应方的相关信息并评审，在承包方和(或)供应方的信息评定过程中应当考虑：资质；历史业绩；能力；健康、安全与环境管理状况等。

3) 顾客和产品

组织应识别并确定顾客的需求，对产品的生产、运输、贮存、销售、使用和废弃处理以及服务过程中的健康、安全与环境的风险和影响进行评估，必要时应制定并实施清洁生产方案。产品和服务的有关健康、安全与环境的数据资料应提供给顾客和相关方。

组织应给顾客提供的产品信息有：合格证书，使用说明书，产品运输、贮存、销售、使用和废弃处理过程中的健康、安全与环境的风险，质量标准。

4) 社区和公共关系

组织应就其活动、产品或服务中的健康、安全与环境的风险和影响，与社区内关注组织健康、安全与环境绩效或受其影响的各方进行沟通。通过适当的规划和活动，展示组织的健康、安全与环境绩效，获取社区各相关方对组织改进健康、安全与环境绩效的支持。

5) 作业许可

组织应建立、实施和保持作业许可程序，规定作业许可类型和证明以及作业许可的申请、批准、实施、变更与关闭。

作业许可内容应包括区域划分、风险控制措施和应急措施以及作业人员的资格和能力、责任和授权、监督和审核、交流沟通等。通过执行作业许可程序来控制关键活动和任务的风险和影响。

6) 运行控制

组织应确定控制健康、安全与环境风险的活动和任务，并且不同职能和层次的管理者应当针对这些活动和任务进行策划，通过以下方式确保其在规定的条件下执行：

(1) 对于因缺乏程序指导可能导致偏离健康、安全与环境方针、目标和指标的运行情况，应建立并保持形成文件的程序(包括程序文件、计划书)；

(2) 在程序中对运行准则(包括指标、参数、表现)予以规定；

(3) 对于组织所购买和(或)使用的货物、设备和服务中已识别的健康、安全与环境风险和影响，应建立并保持程序，并将有关的程序和要求(包括出入口管理、产品质量标准、使用说明书、合格证)通报承包方和(或)供应方；

(4) 建立并保持程序和工作指南以及用于工作场所、过程、装置、机械、运行程序和工作组织的设计(包括指导书、计划书、质量管理计划)，还应考虑与人的能力相适应，以便从根本上消除或降低健康、安全与环境风险和影响；

(5) 建立并保持作业许可系统，用于关键活动和任务的控制。

7) 变更管理

组织应建立并保持程序，以控制组织内设施、人员、过程和程序等永久性或暂时性的变化，避免对健康、安全与环境的有害影响及风险，包括：

(1) 对提议的变更及实施应确定并形成文件；

(2) 对变更及其实施可能导致的健康、安全与环境风险和影响进行评审和做出记录；

(3) 对认可的变化及其实施程序形成文件；

(4) 提议的变更应当经过授权部门的批准。

需要注意的是，当新的运行或者更改运行会引起管理体系的变化时，变更管理就不再适宜了，这时组织应当建立专门的管理计划。

8) 应急准备和响应

组织应建立并保持计划和程序，以便系统地识别潜在的事件或紧急情况，并做作出响应，以预防和减少可能随之引发的疾病、伤害、财产损失和环境影响。

组织应评审其应急准备及响应的计划和程序，尤其是在事故或紧急情况发生后，如果可行，组织还应定期测试这些程序。

6．检查和纠正措施

1) 绩效测量和监视

组织应建立并保持程序，对HSE体系运行有无偏差及测量、监控及考评情况进行记录。程序应规定：

(1) 适用于组织的运行控制所需要的定性和定量测量；

(2) 对组织的健康、安全与环境目标和指标的满足程度的监视；

(3) 主动性的绩效测量，即监视是否符合健康、安全与环境管理方案和运行准则；

(4) 被动性的绩效测量，即监视事故、事件、疾病、污染和其他不良的健康、安全与环境管理绩效的历史证据；

(5) 记录充分的监视和测量的数据结果，以便于后面的纠正和预防措施的分析。

如果绩效测量和监视需要设备，组织应建立并保持程序，对此类设备进行校准和维护，并保存校准和维护活动及其结果的记录。

企业中常用的绩效测量方法有：利用检查表等进行系统的作业场所检查；HSE 检查；特殊机械和装置等设备的检查与检验；作业环境测定；行为抽样检查；进行有害作业的工人的健康检查。结果的保存记录在保存前应进行分析，主要包括事故、事件、职业病统计分析，各类文件和记录的分析等。

2) 合规性评价

为了履行遵守法律、法规和其他要求的承诺，组织应建立、实施和保持一个或多个程序，以定期评价企业对现行法律、法规和其他要求的遵守情况。企业实际生产经营过程中应履行的“规”，包括国家法律、法规、部门及地方规章、国家及行业标准(规范)、国际公约、企业规章等多种要求。组织应保持对上述定期评价结果的记录。

3) 不符合、纠正措施和预防措施

按 HSE 体系要求，应当建立和完善关于各种“不符合”的纠正和预防制度及程序。凡与 HSE 管理体系要求不相符合的情况都属于这里所指的“不符合”，具体包括：任何能直接或间接造成伤亡、职业病、财产损失或环境污染的事故和事件；违背国家、企业的标准、规章制度、操作规程的行为；与管理体系要求产生偏差的行为；违章指挥、违章作业、违反劳动纪律的情况等。其中的事故和事件管理按专门的管理程序处理和预防，对其他情况的不符合，也应当采用纠正和预防措施。

纠正措施指为了防止已出现的不合格、缺陷或其他不希望情况的再次发生，消除其根源所采取的措施。预防措施是为了防止潜在的不合格、缺陷或其他不希望情况的发生，消除其根源所采取的措施。

通过开展各种检查和监督、定期或不定期审核、管理评审来发现不符合的地方。根据“不符合”情况，应制定并采取纠正措施，视情况修改程序以预防“不符合”情况的再次发生，并通知有关人员实施修改后的工作程序。对于违章指挥和违章操作应及时予以纠正，对严重违章的部门和有关人员应按有关规定给予处罚。

根据事故调查所分析的事故原因和责任，制定事故预防措施，具体措施应包括：

(1) 工程技术措施：对设备、设施、工艺、操作等从 HSE 管理的角度考虑设计、检查和保养等措施，减少和消除不安全状态。

(2) 教育措施：通过不同形式和途径的安全教育，提高员工预防事故的意识和技能，规范员工的安全行为。

(3) 管理措施：进一步贯彻实施有关法律、法规、标准和规范，制定或修订、完善操作规程。

4) 事故、事件报告、调查和处理

(1) 事故调查、处理和报告。在事故处理和预防方面，企业应建立事故报告、调查和处理的制度和程序，所制定的制度和程序应保证能及时地调查、确认事故发生的根本原因。

事故的分类、事故的等级和损失计算、事故的报告、调查、责任划分、处理等程序应按国家和公司的有关规定执行。

事故处理包括事故调查、处理、报告三个方面。

① 事故调查。对所发生的任何事故，包括可能的事故苗头都应进行调查、分析，查明

事故原因，制定防范措施。在事故调查处理过程中，应尊重客观事实，提供事故环境的真实记录，听取相关方的意见，确保调查结果准确无误。

② 事故处理。事故处理应坚持“四不放过”原则，即：事故原因没有查清不放过；事故责任者没有严肃处理不放过；广大职工群众没有受到教育不放过；防范措施没有落实不放过。

③ 事故报告。事故报告的主要资料包括：所有受伤、职业病或不利环境影响的详细情况；受影响人员或受伤人员的详细情况；对发生事故当时情况的说明；事故的详细情况；结果的详细情况；可能的后果；HSE 管理体系的缺陷对事故的影响。

事故发生后，应按事故等级和分类逐级上报，环境污染事故应按国家有关规定上报。事故结案时，应将事故调查处理的过程及结论上报上级部门。

(2) 事件的处理。各种不安全事件或者险肇事件大量地发生，却往往被忽视，人们对事件的处理和预防远没有比事故的处理和预防更加重视。导致事故发生的一个重要原因是建立在大量不安全事件的基础之上的。企业应当对不安全事件进行管理、分析和预防，建立和完善相应的制度和程序，应当按照对待事故的态度和方法去对待不安全事件，将事故苗头消灭在萌芽状态。

5) 记录控制

对 HSE 管理体系中的各项活动应当进行记录，建立确保有效记录的制度和程序。对各项工作和活动应做到事事有记录，记录应字迹清楚、标识明确、保存完好，以便于查阅。对各种记录应按相应规定进行保存。

通过保存健康、安全与环境记录并进行管理，证实健康、安全与环境管理体系的有效运行和所有过程均在符合条件的情况下进行。

7. 审核和评审

公司应将健康、安全与环境管理审核作为其业务管理的常规工作内容，以便确定：HSE 体系的要素和活动是否与计划安排相一致，是否被有效实施；在履行公司健康、安全与环境方针、目标和表现准则中，健康、安全与环境管理体系的有效性；与有关法规要求的符合性；健康、安全与环境管理需要改进的方面。

1) 审核

审核应包括健康、安全与环境管理体系的运行及其与生产活动的结合程度，且应特别说明健康、安全与环境管理体系模式的以下要素：组织结构、资源和文件；评价和风险管理；规划(策划)；实施和监测。为达到上述目的，应制定一个审核计划来处理下述问题：需要审核的特定活动和区域；对特定活动(区域)的审核频率，审核应选择对健康、安全与环境有显著影响的活动(区域)和在先前审核结果的基础上进行；对特定活动(区域)进行审核的责任。

2) 管理评审

(1) 管理评审的基本思想。执行健康、安全与环境管理体系标准的公司都由最高管理者来组织评审。评审的范围很广泛，即覆盖了公司的全部活动、产品和服务的各个方面，通常包括：对目标和表现的评审，对体系审核的结果评审等。评审的主要目的是确保体系的适应性、充分性和有效性。

① 适应性评价。健康、安全与环境管理体系建立以后，有许多条件会发生变化，公司

应根据下列因素判断体系的适应性和更改的必要：法律要求的改变；相关方面愿望和要求的改变；产品和活动的变化；科技的发展；事故中得到的教训；市场潮流；通报和信息交流。

② 充分性评价。公司的管理体系是否覆盖了健康、安全与环境管理体系的所有要素。

③ 体系有效性的评价，即全体员工是否按照健康、安全与环境管理体系要求去运作以及体系运行效果如何。

(2) 评审的主要内容：

① 根据情况的变化和持续改进的承诺，公司的方针和目标及管理措施有无必要进行改进；

② 是否分配了足够的资源来实施和保持健康、安全与环境管理体系；

③ 在危害和风险评价的基础上，确定需重点控制的地点和状况，检查应急反应计划运行情况。

(3) 评审应注意的问题：

① 评审过程中应确保收集到足够的信息，以避免得出片面的结论。可以从审核结果、条件变化后方针的适宜性、目标的实现程序、相关方关注的问题等方面着眼进行评审。

② 应定期进行评审，以适应公司内外条件的变化，及时对方针、目标和其它要素进行修正。

③ 评审过程应形成文件，其结果应记录，以利于今后的变更。

④ 评审应有利于促进健康、安全与环境表现的持续改进。

⑤ 管理评审是依据 HSE 管理体系审核的结果、目标、指标的实现程序以及针对组织客观环境变化来进行定期评审，目的是保持组织的 HSE 管理体系的适用性、充分性和有效性。从而实现组织对持续改进的承诺。

5.2.3 HSE 管理体系的构建

1. 领导决策和准备

首先需要最高管理者做出承诺，即遵守有关法律、法规和其他要求的承诺和实现持续改进的承诺。在体系建立和实施期间最高管理者必须为此提供必要的资源保障。

建立和实施 HSE 管理体系是一个十分复杂的系统工程，最高管理者应任命 HSE 管理者代表来具体负责 HSE 管理体系的日常工作。最高管理者还应授权管理者代表成立一个专门的工作小组，来完成企业的初始状态评审以及建立 HSE 管理体系的各项任务。

2. 教育培训

HSE 管理体系标准的教育培训，是开始建立 HSE 管理体系时的一项十分重要的工作。培训工作要分层次、分阶段、循序渐进地进行，而且必须是全员培训。

3. 拟订工作计划

通常情况下，建立 HSE 管理体系需要一年以上的时间，因此需要拟订详细的工作计划。在拟订工作计划时要注意：目标明确、控制进程、突出重点。总计划表批准后，就可制定每项具体工作的分计划。与此同时，还要注意制订计划的另一项重要内容就是提出资源的需求，报最高管理层批准。

4. 初始状态评审

初始状态评审是建立 HSE 管理体系的基础，其主要目的是了解企业的 HSE 管理现状，为企业建立 HSE 管理体系搜集信息并提供依据。

5．危险辨识和风险评价

危险辨识是建立整个 HSE 管理体系的基础，主要分为：危害识别、风险评价和隐患治理。

6．体系的策划和设计

体系策划和设计的主要任务是依据初始评审的结论，制定 HSE 方针、目标、指标和管理方案，并补充、完善、明确或重新划分组织机构和职责。

7．编写体系文件

HSE 管理体系是一套文件化的管理制度和方法，因此编写体系文件是企业建立 HSE 管理体系不可缺少的内容，是建立并保持 HSE 管理体系的重要基础工作，也是企业达到预定的 HSE 方针、评价和改进 HSE 管理体系、实现持续改进和事故预防必不可少的依据。

8．体系的试运行和正式运行

体系文件编制完成以后，HSE 管理体系将进入试运行阶段。试运行的目的就是要在实践中检验体系的充分性、适用性和有效性。在试运行阶段，企业应加大运作力度，特别是要加强体系文件的宣传力度，使全体员工了解如何按照体系文件的要求去做，并且通过体系文件的实施，及时发现问题，找出问题的根源，采取措施予以纠正，及时对体系文件进行修改。

体系文件在试运行阶段得到进一步完善后，可以进入正式运行阶段。在正式运行阶段所发现的体系文件中的不适宜之处，需要按照规定的程序要求进行补充、完善，以实现持续改进的目的。

9．内部审核

内部审核是企业对其自身的 HSE 管理体系所进行的审核，是对体系是否正常运行以及是否达到预定的目标等所做的系统性的验证过程，是 HSE 管理体系的一种自我保证手段。内部审核一般是对体系全部要素进行的全面审核，可采用集中式和滚动式两种方式。应由与被审核对象无直接责任的人员来实施，以保证审核的客观性、公正性和独立性。

10．管理评审

管理评审是由企业的最高管理者定期对 HSE 管理体系进行的系统评价，一般每年进行一次，通常发生在内部审核之后和第三方审核之前，目的在于确保管理体系的持续适用性、充分性和有效性，并提出新的要求和方向，以实现 HSE 管理体系的持续改进。

5.3　岗位作业指导书的编制

5.3.1　HSE 管理与岗位作业指导书

在实施 HSE 管理体系的过程中，文件和实施程序内容较多，不便于岗位人员学习。因此，每一个具体的工作岗位都需要一份比较系统的指导文件。岗位作业指导书就是结合传统安全管理方法和 HSE 管理方法发展而来的此类文件，囊括了员工在一个岗位上应当掌握和了解的知识和操作规范。

编制岗位作业指导书，要从员工和岗位的角度出发，使员工对该岗位的相关知识和工作能有一个全面的了解，知道在该岗位上工作可能遇到的危害、风险和隐患以及应当采取的防范措施。岗位作业指导书可以提高班组的管理水平，也能提高企业的管理水平。

岗位作业指导书是员工工作的依据，也是企业管理的基础和依据。岗位作业指导书应下发到岗位上的每个员工手中，以便于员工随时学习和查阅。

5.3.2 岗位作业指导书的内容

针对不同岗位编制的岗位作业指导书，内容自然也会有所不同。通常，岗位作业指导书包括十二个项目，即：岗位描述；岗位工作目标和要求；安全职责；岗位职责；巡回检查路线和检查标准；工作规范(内容)；隐患分析及削减措施；设备操作规程和参数；工艺流程图；管理制度；应急预案；常用法律、法规、标准目录。有些岗位作业指导书还配一些附录。可以根据岗位的实际增加或减少相关的项目和内容，这样便于增强可操作性，对基层的岗位工作有更好的指导性。

1．岗位描述

岗位描述即是对一个岗位的基本情况进行描述，其作用是使员工全面了解该岗位工作内容。这一项包括岗位名称、工作概述、岗位关系、特殊要求、工作权限、职业资格和工作考核七项内容。

2．岗位工作目标和要求

岗位工作目标和要求一项描述岗位各方面的工作目标、要求和标准，能使岗位员工清楚认识岗位的工作要求。

3．安全职责

安全职责这一项使员工清楚该岗位在安全方面应当遵守的职责和个人应承担的责任。

4．岗位职责

岗位职责一项介绍该岗位的职责。岗位职责应当从实际出发，与时俱进，对其内容不断修订，增强可操作性和实效性，使内容尽可能量化，避免内容空洞、界定不清、难以考核。

5．巡回检查路线和检查标准

巡回检查路线和检查标准一项针对需定时巡回检查的岗位，明确规定巡回检查的路线、检查点和检查的标准，使岗位员工能够正确检查，掌握正常与异常的差别，遇到问题能够及时处理。

6．工作规范

工作规范一项应使员工明确遵守什么规范，执行什么程序。此项规定越细，越易于员工在工作中执行。

7．隐患分析及削减措施

隐患分析及削减措施一项在危害(隐患)辨识分析的基础上，列出该岗位员工参与的工作，按照标准危害(隐患)辨识分析的模式逐一编制，使员工在工作前清楚这项工作的危害和预防措施、所需的准备工作和工作步骤、达到的具体标准等。

8．设备操作规程和参数

对于与设备运行管理相关的岗位，为了使员工掌握这些设备的操作规程和基本参数，保证设备的正确操作和维护，要将该岗位所有设备的操作规程和基本参数一一列出。

9．工艺流程图

对于负责工艺流程的岗位，员工要明晰工艺流程，否则，出现异常情况就会不知所措，不会处理。因此，要把该岗位的工艺流程图附上，流程的操作标准、操作步骤和方法也应一一列出。

10．管理制度

每个岗位员工都应当遵守法律、法规和企业的管理制度。企业应当在员工上岗工作前，告知其应当遵守的管理制度。因此，管理制度一项应列出在岗位上应当遵守的制度及内容。有的企业制度比较多，在此可只列制度目录，具体内容查阅相关的制度汇编。

11．应急预案

员工在出现突发意外或紧急情况时，应能够及时、正确处置。针对岗位的实际情况，可以从企业应急预案中摘录或单独编制应对紧急情况的具体措施，并将其写入岗位作业指导书。

12．常用法律、法规、标准目录及附录

应在岗位作业指导书中列出该岗位员工应当遵守的法律、法规和标准目录，供查阅的地点或来源，以便员工学习、领会和贯彻。

5.3.3　岗位作业指导书的编制与应用步骤

岗位作业指导书一般由上级主要技术人员、班组长和部分技术骨干在调查分析的基础上编制。企业应先收集相关的资料，进行危害(隐患)辨识分析，按作业指导书的项目内容进行筛选整理，最后形成一个系统的岗位作业指导书。

编制完成后，企业应组织学习培训，使岗位人员全面掌握其中的内容，为今后在工作中顺利执行打下基础。新上岗的员工培训并考核合格后，才可上岗。

培训完成后，岗位作业指导书应发放到员工手中，还应放置一份在现场或岗位。岗位工作人员对岗位作业指导书内容都应了解，并在工作中切实贯彻落实，做到遵章守纪，减少事故的发生和对自己的伤害。

在实施过程中，对出现的问题或需要补充的地方要及时补充完善，做到持续改进，保证岗位作业指导书的实效性。

5.4　HSE 管理体系应用案例

5.4.1　中国石化集团公司的 HSE 管理体系

中国石化集团公司(以下简称“集团公司”)行业种类繁杂，面临的 HSE 问题非常突出：

油田面广，对地层和地表植被破坏很大；海滩和海上作业易受风暴袭击；长距离的管道输送极易发生油气泄漏事故；炼化企业具有高温高压、易燃易爆、有毒有害、易发生重大事故的特点；销售企业点多面广，遍布城乡，管理上存在一定难度。因此在集团公司内推广HSE管理体系不但能有效地控制重大灾害事故的发生率，降低企业成本，节约能源和资源，而且还能树立企业的健康、安全和环境形象，改善企业和所在地政府、居民的关系，吸引投资者，实现社会效益、环境效益和经济效益的协调提高。

此外，走向国际市场一直都是集团公司的发展战略，而国际石油石化市场对HSE有着严格的要求，因此只有在集团公司内推行HSE管理体系，树立起HSE国际形象，才能拿到进入国际市场竞争的通行证。

中国石化集团公司为在安全、环境和健康管理体系方面既符合中国石化的特色，又逐步实现与国际的接轨，做了大量的调研、宣传、起草试行标准及试点等工作。经过数年的努力，集团公司于2001年2月8日正式发布了集团公司HSE管理体系标准，共十个标准，包括一个体系、四个规范和五个指南。

1．一个体系

一个体系是指《中国石化集团公司安全、环境与健康(HSE)管理体系》。HSE管理体系标准明确了中国石化集团公司HSE管理的十大要素，各要素之间紧密相关，相互渗透，不能随意取舍，以确保体系的系统性、统一性和规范性，如图5-1所示。

图5-1　中国石化集团公司HSE管理体系

1) 领导承诺、方针目标和责任

在HSE管理上，企业应有明确的承诺和形成文件的方针目标，最高管理者应提供强有力的领导和自上而下的承诺，这是成功实施HSE管理体系的基础。集团公司以实际行动来表达对HSE管理的重视，努力实现不发生事故、不损害人身健康、不破坏环境的目标，这也是集团公司承诺的最终目的。

2) 组织机构、职责、资源和文件控制

企业为了保证体系的有效运行，必须合理配置人力、物力和财力资源，广泛开展培训，以提高全体员工的意识和技能，遵章守纪，规范行为，确保员工履行自己的 HSE 职责。同时为了给 HSE 管理提供切实可行的依据，必须有效地控制 HSE 管理文件，定期评审并在必要时进行修订，确保 HSE 文件与企业的活动相适应。

3) 风险评价和隐患治理

风险评价是一个不间断的过程，是建立和实施 HSE 管理体系的核心。它要求企业经常对危害、影响和隐患进行分析和评价，采取有效或适当的控制、防范措施，把风险降到最低程度。企业领导应直接负责并制定风险评价的管理程序，亲自组织隐患治理工作。

4) 承包商和供应商管理

要求企业从承包商和供应商的资格预审、选择及开工前的准备、作业过程的监督、承包商和供应商的表现评价等方面进行管理，这一工作是当前各企业的薄弱环节，应重点加强。

5) 装置(设施)设计与建设

要求新建、改建和扩建的装置(设施)，必须按照“三同时”的原则，按照有关标准规范进行设计、设备采购、安装和试车，以确保装置(设施)保持良好的运行状态。

6) 运行与维护

要求企业对生产装置、设施、设备、危险物料、特殊工艺过程和危险作业环境进行有效控制，提高设施、设备运行的安全性和可靠性，并结合现有的、行之有效的管理制度，对生产的各个环节进行管理。

7) 变更管理和应急管理

变更管理是指对人员、工作过程、工作程序、技术、设施等永久性或暂时性的变化进行有计划的控制，以避免或减轻对安全、环境与健康方面的危害和影响。应急管理是指对生产系统进行全面、系统、细致的分析和研究，确定可能发生的突发性事故，制定防范措施和应急计划。

8) 检查和监督

企业应定期对已建立的 HSE 管理体系的运行情况进行检查和监督，建立定期检查、监督制度，保证 HSE 管理方针目标的实现。

9) 事故处理和预防

企业应建立事故处理和预防管理程序，及时调查、确认事故或未遂事件发生的根本原因，制定相应的纠正和预防措施，确保事故不会再次发生。

10) 审核、评审和持续改进

企业只有定期地对 HSE 管理体系进行审核、评审，确保体系的适应性和有效性并使其不断完善，才能达到持续改进的目的。

2. 四个规范

HSE 管理规范是在管理体系十大要素的基础上，依据集团公司已颁发的各种制度、标准、规范和各专业的特点，编制的如下四个规范：

(1) 《油田企业的 HSE 管理规范》；

(2) 《炼油化工企业 HSE 管理规范》；

(3) 《销售企业 HSE 管理规范》；

(4)《施工企业 HSE 管理规范》。

四个规范更加突出了专业特点，非常具有可操作性，集团公司的各设计、科研单位按相应的专业 HSE 管理规范实施。

3．五个指南

HSE 管理体系实施的最终落脚点是作业实体(如生产装置、基层队等)，因此实施 HSE 的重点是要抓好作业实体 HSE 管理的实施。为此，集团公司分专业编制了五个 HSE 实施指南：

(1)《油田企业基层队 HSE 实施程序编制指南》；

(2)《炼油化工企业生产车间(装置)HSE 实施程序编制指南》；

(3)《销售企业油库、加油站 HSE 实施程序编制指南》；

(4)《施工企业工程项目 HSE 实施程序编制指南》；

(5)《职能部门 HSE 职责实施计划编制指南》。

5.4.2 壳牌公司的 HSE 管理方法

壳牌公司是世界四大石油跨国公司之一，1984 年前尽管也重视 HSE 管理，但效果不佳，后来该公司学习了美国杜邦公司先进的 HSE 管理经验，分析了以前 HSE 管理效果较差的原因，汲取教训，取得了非常明显的成效。目前，该公司的 HSE 管理水平堪称世界一流。他们先进的管理方法主要表现在以下几个方面：

1．全面实施 EP95-55000 勘探与生产安全手册

EP95-55000 勘探与生产安全手册是为其下属子公司及所雇请的承包商而制定的，体现了公司的 HSE 管理的政策、方针、原则和做法。

2．壳牌公司 HSE 管理的原则

壳牌公司 HSE 管理的原则有：HSE 管理的具体保证；HSE 管理的政策；HSE 是部门经理的责任；有效的 HSE 培训；能胜任的 HSE 顾问；通俗易懂的 HSE 标准；监测 HSE 实施情况的技术；HSE 标准和实践的检验；现实可行的 HSE 目标管理；人员伤害和事故的彻底调查和跟踪；有效的 HSE 激励和交流。

3．壳牌公司的 HSE 方针

壳牌公司认为 HSE 方针是 HSE 规划中必不可少的组成部分，要求其政策简明易懂，适合每个人，并强调必须有下列的方针：任何事故都是可以预防的；HSE 是业务经理的责任；HSE 目标同其他经营目标一样具有同样重要的意义；创造一个安全和健康的工作环境；保证有效的安全、健康训练；培养每个人对 HSE 的兴趣和热情；每个职工对 HSE 都要承担责任，承诺为可持续发展做出贡献。

4．壳牌公司 HSE 培训

壳牌公司认为：对于一个能正确执行 HSE 政策的人来说，不仅要懂得实际的危险情况，而且要知道如何发现和消除它，还必须具有完成 HSE 任务的能力和技巧。最重要的 HSE 培训应该是对新的雇员和承包商进行诱导式的培训，不培训就不能进入施工区，实践证明对职工进行急救培训能使工伤事故率降低，把急救与培训结合起来所产生的效果比任何一

种培训都大得多，急救培训也可以提高每个人采取措施的主动性。企业应该把具体的安全培训纳入到规划之中，培训计划要安排适当，使行为方法与完成任务所需要的技术保持平衡。公司和承包商的业务经理接受 HSE 管理技能的培训也十分必要。

5．壳牌公司 HSE 规划和目标

公司提出：HSE 规划和目标必须是合理的，可以达到的和适当的。一个好的 HSE 管理部门的目标是实现和保持事故频率、严重程度和费用是降低的趋势，尽量减少对环境的影响，尽量减少职业病对健康的危害。公司制定安全规划时应对生产事故、财产损失和停工损失有明确的目标，实现这些目标的方法应尽可能用数字表示。企业制定和落实 HSE 规划的详细方法是：每个部门都应编写一份书面的时间表，各部门的 HSE 规划应与公司的 HSE 总体规划相一致。

6．建立 HSE 规划的内部审查制度

壳牌公司认为要提高 HSE 规划的效果，就必须配备检测设备和人员，而且应制定一套审查程序，以便能够及时监督 HSE 建议的执行情况，还应指定一个行动小组来协调和贯彻执行这些建议。管理人员在检查施工作业时应注意检查员工的不安全行为和原因，检查施工人员在做什么和如何做，检查防护用品的穿戴和工具使用情况，检查设备和一般的施工现场等。

7．壳牌公司的 HSE 管理组织

壳牌公司考虑到技术、商业风险和法律责任等三个主要因素而采取 HSE 措施，提出必须要舍得花费人力和财力来预防事故的发生。为了做到行之有效的 HSE 管理，必须制定一个明确的计划和建立一个必不可少的管理机构，应把其看成是承担法律责任，是技术上不可缺少的条件。这个组织机构的管理任务包括：通过察看工作现场来发现风险；进行医疗和职业保健评价、环境评价和审查；提交事故和事故报告、HSE 检查报告、安全会议报告、地方病类型统计报告等等。企业应通过 HSE 委员会制订管理层的正确措施和政策，这个委员会应包括壳牌公司和承包商的高级管理人员，另外应指定一个协调员来执行委员会的决议和建议。通过协调员与有关部门共同执行的行动计划包括发展或更新工艺过程、供应或更换个人防护品、制订和改进培训计划等。该公司应对事故或事件进行审查，根据统计数字分析发展趋势，派安全管理小组去进行全面的现场检查。

思　考　题

1．实施 HSE 管理系统有哪些意义？
2．HSE 管理体系的七个一级要素有哪些？
3．评价和风险管理的内容有哪些？
4．HSE 管理体系审核与评审的区别是什么？
5．简述岗位作业指导书的内容。

第 6 章　油气集输站场的安全技术与管理

油气集输是将油气单井产出的原油和天然气(或伴生天然气)，经过简单分离、计量后汇集输送至油气集中处理站，进行进一步油、气、水的三相分离、原油脱水、原油稳定等一系列工艺操作，使之成为符合国家的质量标准的商品原油和天然气，并进行外输的过程。

油气集输系统具有点多、线长、面广的生产特性，又具有高温高压、易燃易爆、工艺复杂、压力容器集中、生产连续性强、火灾危险性大的安全特点。因此，在生产中任意一环出现问题或微小的操作失误，都将造成恶性的火灾爆炸事故以及人身伤亡事故。

6.1　原油集输系统的安全与管理

6.1.1　原油集输站概述

原油集输站主要担负三个方面的任务：

(1) 负责将各油井采出的气、液混合物经过油气混输管道输送至油气集中处理站(也称为联合站或油气集输站)进行气、液分离，原油脱水和原油稳定等操作工艺，使处理后的原油符合国家质量标准。

(2) 将分离出的天然气或伴生天然气输送到天然气处理厂进行再次脱水、脱酸处理或天然气凝液回收深加工，使之成为商品天然气以及气田副产品(液化石油气、轻烃燃气、硫磺等)。

(3) 合格原油外输至油田原油库。

油田原油集输联合站典型工艺流程如图 6-1 所示。

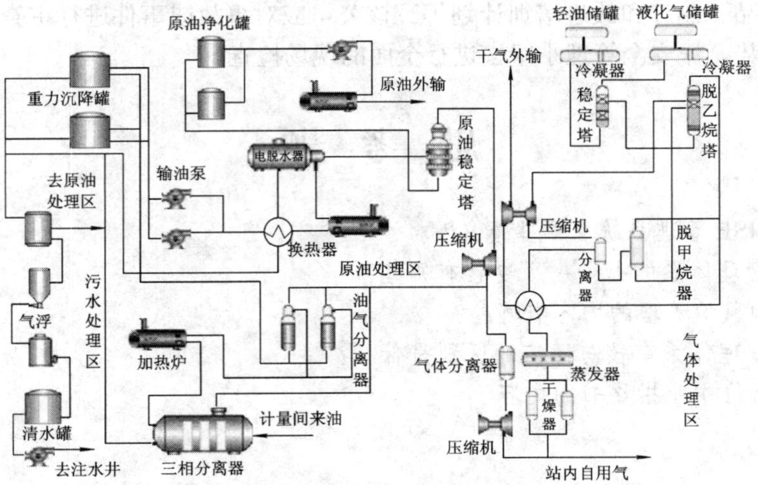

图 6-1　油田原油集输联合站典型工艺流程

6.1.2　原油集输站的工艺与安全分析

1．油气分离

油气分离是油田原油集输生产的主要生产工艺和操作过程，其目的是为了将油井生产的油、气、水混合物，利用离心力、重力等机械方法，将其分离成气、液两相，以便于更好地进行下一步处理。其工作原理为：当油、气、水混合物进入分离器后，入口分流器根据离心力的作用原理，将混合物初步分成气、液两相，脱出的轻组分气体从顶部天然气管线排出，分离出的液相引至油水界面以下进入集液区，依靠油和水的密度差，利用重力沉降进行分离。

油气分离的运行关键是控制好分离器的压力和液面。控制压力的目的，一是为了保证油气分离过程中的质量要求，二是为了分离后的原油能够克服油罐的静液柱压力和管道摩阻损失，三是为了满足设备本身的安全工作需求。控制液面主要是防止原油进入气相管线或天然气混入液相管线，造成生产安全事故。同时，三相分离器集液区必须有足够的液体沉降空间，以保证游离水能够充分沉降至容器的底部形成水层，以利于排除。

在油气分离的过程中，最容易发生的安全事故就是分离器跑油。分离器跑油是指分离器中的液相未及时排出，造成油水混合物充满整个内部空间，上部原油混入顶部气体管线的事故。事故原因主要有以下三个方面：油、水液位计失效，不能及时有效地反映分离器内部油、水的真实液位：底部沉积的砂、水垢、油泥等固体杂质堵塞了过滤器，切断了油水出路；排污阀门关闭或失效，不能及时排除污水。一旦发生跑油事故，会造成分离器内压力骤升，油水液面升高，原油混入放空管线造成严重安全事故。若未能及时泄压，则会导致安全阀起跳，致使原油喷出，污染设备与生产环境，还可能引发火灾。

2．原油加热

为了提高油温、降低原油粘度，需要对原油进行加热处理。完成对原油加热任务的主要设备是加热炉，它是承受高温、高压的密闭设备。加热炉是将燃料燃烧后产生的热能传递给被加热介质而使其温度升高的一种热动力设备，它被广泛用于加热油田油气集输生产中的原油、天然气，以达到输送、沉降、分离、脱水和初加工的目的。

原油加热有两种方式：直接加热，热量通过火管或烟管直接传递给炉内的原油；间接加热，原油通过中间介质(导热油、饱和水蒸气或饱和水)吸收热量，提高油温。

加热炉在长期运行过程中，若发生炉管破裂、原料及燃料中断、安全阀失灵、无中间介质干烧等，都会造成严重的安全事故。安全阀失灵会造成压力超高时安全阀不能及时泄压，加热炉内部压力升高，若超过极限压力，则会发生爆炸事故。若在加热过程中，加热炉内无中间介质或中间介质未能及时补充，就会烧穿原油加热盘管，引发火灾、爆炸事故。

3．原油脱水

原油脱水是将原油中的游离水、乳化水脱除，使原油的含水量降至 0.5%以下，同时使污水中的含油量控制在 0.1%以下。

由于原油乳化液的性质和含水量的不同，生产中所采用的脱水方法也不同，各油田企业一般视情况而定。常用的原油脱水方法有：注入化学破乳剂在集油管内破乳脱水、重力沉降脱水、利用离心力脱水、利用亲水的固体表面使乳化水粗粒化脱水、电脱水或电化学脱水。每种脱水方法都有各自的特点和适用条件。在生产实践中，经常是综合应用上述脱水方法以求得最好的脱水效果。当前使用较多的脱水工艺是重力沉降脱水和电脱水。

处理轻质、中质含水原油时，宜采用重力沉降脱水和化学脱水两种方法，如果处理含水率较高的原油(含水率一般在 30%左右)，可采用电化学脱水法。电化学脱水比较容易使处理后的油、水一次性达到合格指标。如果原油的含水率和乳化程度比较高，则可采用破乳沉降的方法脱水。

在以上几种方法中，以电化学脱水技术最为复杂和危险。因此，生产过程中对它的安全要求也比较严格，因为电化学脱水使用的是高压电能(脱水器内极板间电压为 20～40 kV)，这在脱水过程中潜藏着很大的触电和爆炸危险性。

4. 原油稳定

使净化原油内的溶解天然气组分汽化，与原油分离，较彻底地脱除原油内蒸气压高的溶解天然气组分，降低常温常压下原油蒸气压的过程称为原油稳定。

原油稳定的方法主要有：负压闪蒸法、正压闪蒸法和分馏稳定法。由于原油的组成不同，原油处理过程的工艺条件也不同，因而采用原油稳定的方法也就不同：当原油中的 C_1～C_4 质量含量在 2.5%以下，宜采用负压闪蒸稳定工艺；当原油中的 C_1～C_4 质量含量大于 2.5%时，可采用正压闪蒸稳定工艺或分馏稳定工艺。我国大部分原油的 C_1～C_4 烃含量为 0.8%～2.5%，因此多采用负压闪蒸分离稳定工艺。

1) *负压闪蒸法原油稳定装置*

原油稳定的闪蒸压力(绝对压力)比当地大气压低，即在负压条件下闪蒸，以脱除其中易挥发的轻烃组分，这种方法称为原油负压闪蒸稳定法。负压原油稳定装置是利用系统压力降低，使部分轻组分汽化，来达到稳定原油的目的。负压闪蒸稳定的操作压力一般比当地大气压低 0.03～0.05 MPa；操作温度一般为 50～80℃。该法适用于含轻烃较少的原油，当每吨原油的预测脱气量在 5 m^3 左右时，适合采用此法。负压原油稳定工艺流程如图 6-2 所示。

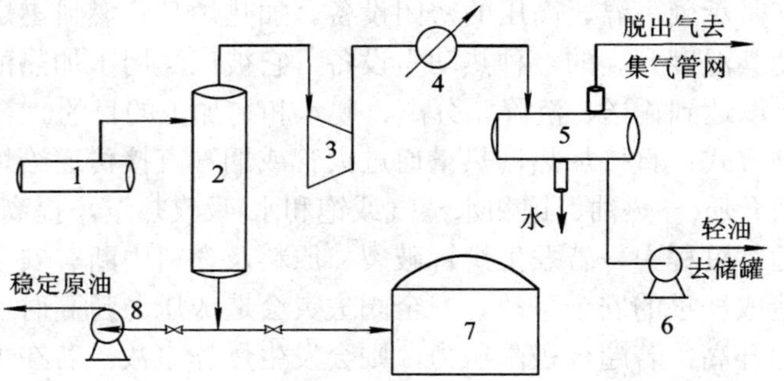

1—电脱水器；2—原油稳定塔；3—真空压缩机；4—冷凝器；
5—三相分离器；6—轻油泵；7—稳定原油罐；8—原油外输泵

图 6-2　负压原油稳定工艺流程

由于系统为负压，安全生产的首要条件就是防止空气进入系统。若系统内部混入大量空气，则会形成一定量的可燃性爆炸气体，造成安全隐患，可能引发火灾及爆炸事故；正常运行时要化验和检查压缩机出口气体的含氧量，若发现超标(≥1%)应立即停机检查整套装置的气密性，否则，当进入压缩机的氧气量太大时，会引起压缩机出口管线的爆炸。

2) 正压闪蒸法原油稳定装置

正压闪蒸稳定的操作压力一般在 0.12～0.40 MPa，操作温度则根据操作压力和未稳定原油的性质确定，一般为 80～120℃，特殊情况在 130℃以上。一般情况下，不宜提高操作压力，否则闪蒸温度会随之提高，能耗增加。但对于轻组分含量较高的原油，可适当提高操作压力，从而节省压缩机动力，甚至不需要压缩机。对于轻组分含量较低的原油，操作压力可控制在 0.12～0.20 MPa；对于轻组分含量较高的原油，操作压力可控制在 0.10～0.12 MPa。正压闪蒸稳定工艺流程如图 6-3 所示。

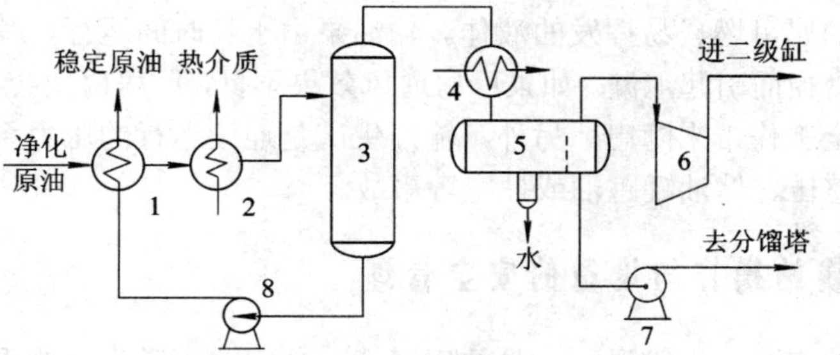

1—脱水原油换热器；2—脱水原油加热器；3—稳定塔；4—塔顶冷凝器；
5—冷凝液分离器；6—稳定气压缩机；7—液烃泵；8—塔底泵

图 6-3　正压闪蒸稳定工艺流程

3) 分馏法原油稳定装置

利用精馏原理对净化原油进行稳定处理的过程称为分馏稳定。常压分馏的操作压力为常压 50 kPa(表压)，需设塔顶气压缩机和塔底泵，适用于密度较大的原油。压力分馏的操作压力在 50～100 kPa(表压)，一般可以不设塔顶气压缩机和塔底泵，适用于密度较小的原油。与闪蒸法相比，在符合稳定原油蒸气压要求的前提下，分馏稳定所得的稳定原油密度小、数量多。这种工艺虽然复杂，能耗高，但分离效率最高，稳定后的原油质量最好。全塔分馏法适用于含轻烃较多的原油，特别是凝析油，当每吨原油预测脱气量在 10 m^3 以上时，宜采用此法。工程上常采用提馏稳定法和全塔分馏稳定法两种。分馏原油稳定工艺流程如图 6-4 所示。

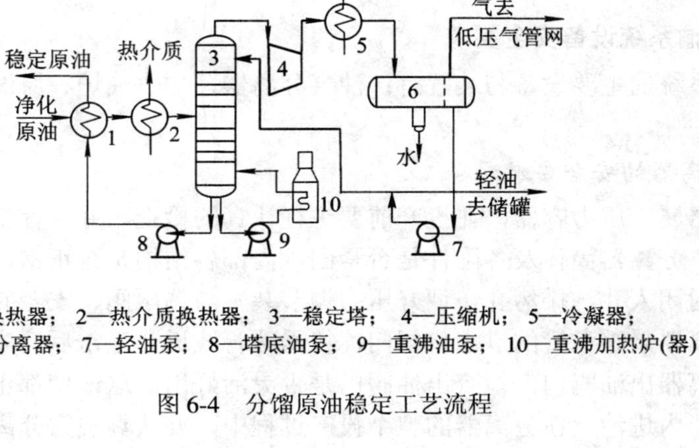

1—换热器；2—热介质换热器；3—稳定塔；4—压缩机；5—冷凝器；
6—分离器；7—轻油泵；8—塔底油泵；9—重沸油泵；10—重沸加热炉(器)

图 6-4　分馏原油稳定工艺流程

若分馏塔塔顶的压力太低，就会使分离出的气体过多，气体流速加大并夹带大量的雾沫进入压缩机，形成事故隐患；由于塔底重沸油泵输送的原油温度较高，一旦泄漏，极易引起火灾事故；若原油稳定塔的安全阀装置失效，致使稳定塔的压力超压引发塔体危险，发生爆炸事故；若进气管线漏气、投产时进气管线未置换干净，会导致空气进入压缩机，引起压缩机的爆炸。

5. 原油外输

原油外输涉及的主要设施是输油泵、容器、加热炉和工艺管线。输油泵一般设计在泵房内，输送的原油属可燃、易挥发的液体。输油泵由于长时间运行，其端面密封装置及其他部件可能会被磨损而引起泄漏。如果厂房通风效果不良，厂房内便会存在部分油品蒸气，这样会给消防安全工作带来隐患。另外，输油生产是连续运行的压力系统，如倒泵操作不当，会引起系统憋压、储油罐跑油或抽空等事故。

6.1.3 原油集输站操作与设备的安全管理

原油集输站的安全、正常运行，是油田连续、稳定、正常生产的重要保障。若集输站的工艺设计或设备操作上存在一丁点的瑕疵，将会给原油集输站的正常生产埋下巨大的安全隐患，甚至造成不可挽回的经济损失和难以避免的人身伤亡事故。

1. 原油集输系统装置开车前的准备工作

(1) 准备开车前的检查工作：工艺方面的清洗、置换和气密性试验已经完成；动设备试运合格，静设备已具备使用条件；仪表已标定校验合格，自动控制系统已调试完毕；供电系统已进入送电状态，用电设备已检查完毕并具备使用条件；安全设施齐全，安全管理已符合安全监察的要求；公用工程(包括水、电、仪表风、蒸气、燃料气)已具备使用条件；装置充满天然气后，含氧分析结果不大于1%。

(2) 安全检查后的操作：盲板的拆除；确认进站阀门的开关位置以及各个设备和装置的阀门开关；加热炉、压力容器、安全阀等安全附件检查合格并取得安全合格证。

加强设备和装置的安全管理，对于保证原油集输站生产的正常运行，提高经济效益，具有十分重要的意义。制定设备和装置的操作、检查、维护、修理等规章制度，是设备安全正常运行的保证。

2. 原油集输系统设备安全要求

原油集输系统的主要设备与装置有：油气分离器、加热油炉、原油电脱水器以及原油稳定装置。

1) 油气分离器的安全要求

油气分离器属于压力容器，在投产前要进行认真的检查，并进行试压，检查各个部分安装是否正确，分离器筒体及各附件是否紧固，内部各结构是否正常，检查后将各部件清扫干净。然后封闭人孔、排污孔，调好压力调节装置与调压阀、安全阀进行试压。试压合格后，打开分离器采暖盘管的进出口阀门，待采暖管线送热正常后，先打开天然气出口阀门，再打开分离器出油阀门，检查出油阀门是否灵活好用，这一切都正常后，缓慢打开进油阀门向分离器内进油。在分离器的整个投产过程中，要认真观察分离器进油、出油、出气等各种工作参数，发现问题及时处理。

分离器安全运行与否，不仅直接影响油气分离的效果，而且影响原油和天然气的质量以及集输过程的经济效益。在油气分离器的运行管理过程中，应注意以下几点：

(1) 经常检查分离器的液位控制与调节机构，确保其灵敏可靠，以保证分离器的液面平稳、适当。分离器的液面高度一般控制在液面计的 1/3～2/3 之间，太高了容易造成天然气管线跑油，堵塞管线；太低了容易导致原油中带气，影响输油泵的正常工作。

(2) 注意分离器的来油温度，特别是在冬季应防止温度过低造成管线凝油。一般情况下，分离器的来油温度要比原油凝点高 5℃左右，冬季还要更高一些。

(3) 保持适当的分离压力，不能太高，也不能太低，太高不但影响来油管线的回压，而且使分离后的原油带气；太低又容易使天然气管线进油，分离器液面过高。

(4) 在冬季生产过程中，要注意分离器的采暖、保温等情况。特别是安全阀、压力表、液位计及管线较细、流动性差、容易冻结的部位，更要加强其保温、防冻措施。

2) *加热油炉的安全要求*

加热油炉是原油集输站生产中的主要热动力设备，负责提高油温，降低原油粘度、给系统提供足够的热能、给生活区提供冬季采暖水等。加热油炉是一个高温、高压、密闭的压力容器，其加热介质也是易燃、易爆的油品，存在很大的危险因素。因此，在平时的生产运行中，应该及时监控加热油炉的各项工作参数是否正常、工况是否稳定、当班人员是否按照操作规程作业。

为保证油田集输系统的正常运转，必须加强加热油炉的日常检查和维护，其主要安全要求有以下几点：

(1) 炉内观察。

① 炉管全体或局部是否发生颜色变化，炉管支架配件是否发生颜色变化。

② 火焰有无直接与炉管或炉管支架配件接触。

③ 长明灯是否完好。

(2) 炉外检查。

① 检查燃料气的来料压力和燃烧器供给压力，检查燃料气调节阀的开度，并通过增减燃烧器的台数适当调节压力。

② 燃料气管路有无泄漏。

③ 燃料气管路的水蒸气加热管有无通入蒸气。

(3) 通风装置检查。

① 炉内是否为负压。

② 过剩空气系数是否适当。

(4) 油配管检查。

① 油配管有无泄漏和振动。

② 油配管的压力和流量调节阀开度是否适当。

3) *原油电脱水器的安全要求*

使用电化学脱水器脱水，脱水器压力应控制在 0.15～0.3 MPa。因为压力小于 0.1 MPa 时，原油中的气体容易析出，使容器顶部产生气体空间，通电时容易引起爆炸事故；而当容器内气体压力过大时，极易把脱水器内部的液体排掉，使液位下降，损坏极板；压力大于 0.3 MPa 时，有可能超过容器的安全工作压力，这样可能会引起容器的超压爆炸或发生跑油着火事故。

油、水的温度应控制在 40～50℃。温度过低，完不成脱水作业；温度过高，析出的气体会增多，不利于安全运行，同时能耗损失大。在脱水过程中，必须严格控制脱水器的液位，因为脱水器电极板间电压为 20～40 kV，如果液位低于电极，通电时会使电极板过热而被烧坏；液位过高，会造成脱水器超压引起物理爆炸或造成跑油事故。脱水器油水界面的控制，一要避免水淹电极造成电场破坏；二要防止界面过低造成放水跑油事故。

4) 原油稳定装置的安全要求

原油稳定装置是为了减少原油输送中轻组分的挥发损失而建立的轻烃回收装置。在原油稳定过程中，存在安全隐患的主要部位有：

(1) 稳定后塔底原油泵、重沸油泵及侧线抽油泵。三种泵所输送的原油介质温度较高，而原油在较高温度下渗透性强，易渗漏，因而危险性很大。在实际运行中，也曾出现过因原油泄漏引起可燃气体报警仪报警的现象。该部位的危险性较大，要求岗位人员严密监护检查。

(2) 回流分离罐系统。装置在运行中，回流分离罐的分离放水是连续进行的，一旦分离脱水不好或界面控制失灵，都会造成部分轻烃直接排至装置的污水系统中，形成危险源。所以应按时进行巡检，并且必须将排放出的轻烃进行回收分离。

(3) 冷油泵系统。装置在正常运行中，轻烃回流泵和轻烃外输泵都处于连续运行状态，很容易出现渗漏现象而危及整个系统的安全。

(4) 压缩机。压缩机的检查内容主要包括：温度和压力；运行声音(控制喘振)；轴振动，轴位移；化验结果(出口气体含氧量，润滑油)。

6.1.4 原油集输站的主要安全设施

1. 安全泄放系统

原油集输生产中压力容器、压力管道、输油泵等设备的安全运行是保证原油集输过程正常、安全运转的根本，要防止这些受压设备发生安全生产事故，就必须做好受压设备安全附件(安全泄压装置、紧急切断装置、安全连锁装置、压力仪表、液面计、测温仪表等)的设计工作。

原油集输站必须具有高危生产设备的安全阀、阻火器等防爆阻火设施，例如来气进站设放空阀，在分离器等设备上设安全阀等。

2. 通风系统

通风是防止燃烧爆炸物形成的重要方法之一。在含有易燃、易爆及有毒物质的生产厂房内要采取通风措施，通风气体不能循环使用。选择空气新鲜、远离放空管道和散发可燃气体的地方作为通风系统的气体吸入口。在有可燃气体的厂房内，排风设备和送风设备应有独立分开的通风机室。排出温度超过 80℃的空气或其他气体以及有燃烧爆炸危险的气体、粉尘时的通风设备应用耐火材料制成。排出具有燃烧爆炸危险粉尘时的排风系统应采用耐火的设备和能消除静电的除尘器。排出与水接触能生成爆炸混合物的粉尘时，不能采用湿式除尘器。通风管道不宜穿越防火墙等防火分隔物，以免发生火灾时火势通过通风管道蔓延。

3．含油污水排放系统

随着油田开发的不断深入，原油含水量不断上升，日产含油污水量骤增。如果这些污水不经处理直接排放到环境中，势必会造成土壤、地表水的污染。因此，原油集输生产过程中产生的污水必须经过适当的处理，达到国家要求的质量标准后，回注地层或排向污水池。

4．惰性介质保护系统

惰性介质在原油集输站的防火、防爆工作中起着重要的作用。常用的惰性介质有二氧化碳、氮气、水蒸气等。惰性介质在生产中的应用主要有以下几个方面：易燃固体物质的粉碎、筛选处理及其粉末输送多采用惰性介质覆盖保护；易燃、易爆生产系统需要检修，在拆开设备前或需动火时，用惰性介质进行吹扫和置换；发生危险物料泄漏时用惰性介质稀释；发生火灾时，用惰性介质进行灭火；易燃、易爆物料在系统投料前，为防止系统内形成爆炸性混合物，应采用惰性介质置换；采用氮气压输送易燃液体；在有易燃、易爆危险的生产场所，对有发生火花危险的电器、仪表等采用充氮正压保护。

因为惰性介质与某些物质可以发生化学反应，所以应根据不同的物料系统采用不同的惰性介质和供气装置，不能随意使用。

5．报警系统

原油集输站的报警系统的主要作用是当某些压力容器或运转设备的工作参数出现异常或站场内出现可燃性气体时，警告操作人员及时采取措施消除隐患，保证生产正常运行。

6．自动联锁系统

联锁是利用机械或电气控制依次接通各个相关的仪器及设备，使之彼此发生联系，达到安全生产的目的。在原油集输生产中，联锁装置常被用于下列情况：多个设备或部件的操作先后顺序不能随意变动时；同时或依次排放两种液体或气体时；打开设备前预先解除压力或需降温时；在反应终止需要惰性介质保护时；当工艺控制参数超出极限值必须立即处理时；危险部位或区域禁止无关人员入内时。

7．消防系统

根据《中华人民共和国消防法》和国家四部委联合下发的《企业事业单位专职消防队组织条例》关于“生产、存储易燃易爆危险物品的大型企业，火灾危险性较大、距离当地公安消防队较远的其他大型企业，应设专职消防队，承担本单位的火灾扑救工作”，同时按照《石油天然气工程设计防火规范》的相关要求，油气集输系统应根据实际情况设置三级消防站，负责中央处理站及油气田区域的消防戒备任务。

依据《石油天然气工程设计防火规范》规定，其他站场不设置消防给水设施，仅配置一定数量的小型移动式干粉灭火器。

6.2 天然气集输系统的安全与管理

6.2.1 天然气集输系统概述

天然气集输系统是指天然气从井口开始，通过管网输送至集输站场，依次经过预处理和气体净化工艺，成为合格的商品天然气，最后外输至用户的整个生产过程。

1. 天然气集输系统的构成

天然气集输系统包括集输管网、集输站场、天然气处理厂、自动控制系统以及其他辅助设施。

1) 集输管网

天然气集输管网是气井井口到集气站的采气管道以及集气站到天然气处理厂(含天然气净化厂，下同)之间的原料天然气输送管道的统称，是天然气地面生产过程中必不可少的生产设施。其结构形式因气井的分布状况、采用的集输工艺技术、气田所在地的地形地貌和交通条件的不同而千差万别，但所有的集输管网都是密闭而统一的连续流动管路系统，在使用功能上是一致的。

2) 集输站场

集输站场是为了满足天然气集输而定点设置的专用生产场所，按使用功能的不同，可分为井场、集气站(含单井站)、增压站、阀室、清管站和集气总站等。站场的种类、数量、布置以及站内的生产工艺流程和设备配置等，与天然气的气质与条件、气井的分布状况和采用集输工艺的具体需要有关。

3) 天然气处理厂

天然气处理厂的主要任务是将集输站场的来料天然气通过天然气脱酸性气体、脱水、硫黄回收和尾气处理等工艺操作，变为合格的商品天然气。

4) 自动控制系统

由于集输系统生产场所高度分散而又同步运行，工作参数紧密相关，因而任何一个部位的工作异常都会对其他部分产生影响。天然气特有的物性、苛刻的集输工作条件又使整个生产过程面临很大的安全风险，因此，必须保证集输系统的生产安全和各生产过程间的工作协调高度一致。

只有具备统一的、贯穿集输全过程的生产自动控制和信息传输系统，对各生产过程和它们之间的工作关系做全面的实时监控，才能保证集输生产在安全和各部分间协调一致的情况下运行，并提高生产管理工作水平和减少生产操作人员。

对集输过程的监视、控制是在连续采集、传递、储存和加工处理各种生产数据的基础上进行的。适用于对分散进行而又彼此相关的工业生产过程作自动控制的监视控制和数据采集(SCADA)技术，已在天然气集输系统中得到了广泛应用。

5) 其他辅助设施

天然气集输站的其他辅助设施主要包括供电、通信、消防、防雷、防静电、防腐及阴极保护、污水处理及回注设施等。

2. 天然气集输系统的安全特点及安全管理的重要性

1) 安全特点

(1) 工作条件苛刻。

① 介质中含有有腐蚀性和有毒的物质。天然气中常含有某些不利于生产安全的有害物

质，如 H_2S、CO_2、有机硫和存在于液相水中的 Cl^- 等。这些物质对金属材料的腐蚀性以及 H_2S 对人体的高度危害作用，使天然气集输生产面临生产设施和人身安全的风险。

② 天然气具有易燃、易爆性。天然气是可燃气体混合物，集输生产中的泄漏和事故时的自然泄放易引发燃烧事故。当外界的空气进入管道和设备内部或外泄的天然气在一定的空间内与空气混合达到相应比例时，还可能遇火发生火灾及爆炸事故。

③ 工作压力高。通常，天然气气井的井口压力很高，为了充分利用天然气的压力能，致使天然气集输系统的工作压力偏高，从而导致站场内的压力容器发生爆炸事故的可能性增加，造成很大的安全隐患。

④ 天然气通常处于被水饱和的湿状态。天然气在温度降低的过程中，还会在常温下与游离水形成冰雪状的水合物，阻塞气体流动通道，影响集输生产的连续进行，严重时可能导致生产中断。

(2) 分散性强、地域范围大。

① 天然气气井是分散存在的，为使天然气采集过程能以不间断的方式连续进行，必须以相对集中的方式对天然气进行必要的预处理，在管网的某些节点处分散设置集输站场。这给集输工程的建设和生产运行管理都带来一些困难，需要在大面积范围内进行野外施工，而且管道将通过某些自然和人为障碍区，容易在自然环境条件变化或意外的人力作用下受到损坏。

② 不同生产过程之间紧密相关，要求生产过程中各部分间协调一致。天然气集输都是通过相互连通的集输管网完成的。在接受最终的净化处理前，相邻生产过程之间互为条件，在工作参数、运行状态、生产安全等方面彼此关联和相互影响，前一过程能正常顺利进行和达到预期要求是实现后一生产过程的必要条件。因此，对生产设施自身在使用功能上的完善和配套程度，不同生产设施之间在生产运行中的协调一致性，整个生产过程的监视和自动控制水平，都有比较高的要求。

2) *安全管理的重要性*

(1) 事故危害性大。由于天然气是易燃、易爆物质，且爆炸极限范围宽，点火能量低，因而容易发生火灾、爆炸、中毒、窒息等人身伤亡事故。集输过程中的天然气压力高、气量大，爆破会对周围环境形成很强的冲击破坏作用，外泄的天然气还有遇火发生燃烧、爆炸等后续事故的危险。由于天然气的热值比较高，燃烧事故发生时的高温辐射作用比较强，着火爆炸时的压力也比较高，当含有 H_2S 的天然气因事故外泄进入空气中时，还可能引发人体急性中毒事故。

(2) 事故影响范围广。天然气集输系统的管道、设备发生爆破事故时，造成大量天然气以及含有有毒物质的气体随空气迅速流向周围地区，致使事故危害区域范围不断扩大。泄漏出的天然气及有毒气体也会对大气的环境质量产生一定程度的不良影响。因此，天然气集输过程中的生产安全事故除了使生产设施受到损坏，生产操作人员受到人身伤害以外，还有可能危及邻近区域居民的公共安全和对自然环境造成破坏。

(3) 经济损失大。天然气的超压爆破、燃烧、爆炸事故将对管道、设备以及周围环境有很强的破坏作用，带来巨大的经济损失。事故还会造成集输系统的停产，严重影响向下游的输气任务，造成下游居民及工业用户的用气紧张，甚至还会对社会造成严重的负面影响。

(4) 火灾扑救难度大。天然气集输系统一旦发生火灾，其周围环境温度增高，热辐射强烈，参与灭火和抢险救援的人员难以靠近，在短时间内很难完成灭火与抢险救援任务。

天然气火灾发展蔓延速度快，极易造成大面积火灾。如果天然气发生火灾，会伴随着容器的爆炸，在容器周围发生大面积火灾，如果火灾周围有其他容器，后果将更加严重。扑灭天然气火灾后，在没有切断可燃源的情况下，遇到火源或高温时还将产生复燃、复爆等次生安全事故。

6.2.2　天然气处理厂的工艺与安全分析

天然气处理也称为天然气净化，是指为使天然气符合商品质量指标或管道输送要求而采用的工艺过程，主要包括原料天然气预处理、天然气脱酸性气体、脱水、污水脱油、硫磺回收和尾气处理等工艺流程。

油气田天然气处理典型工艺流程如图 6-5 所示。

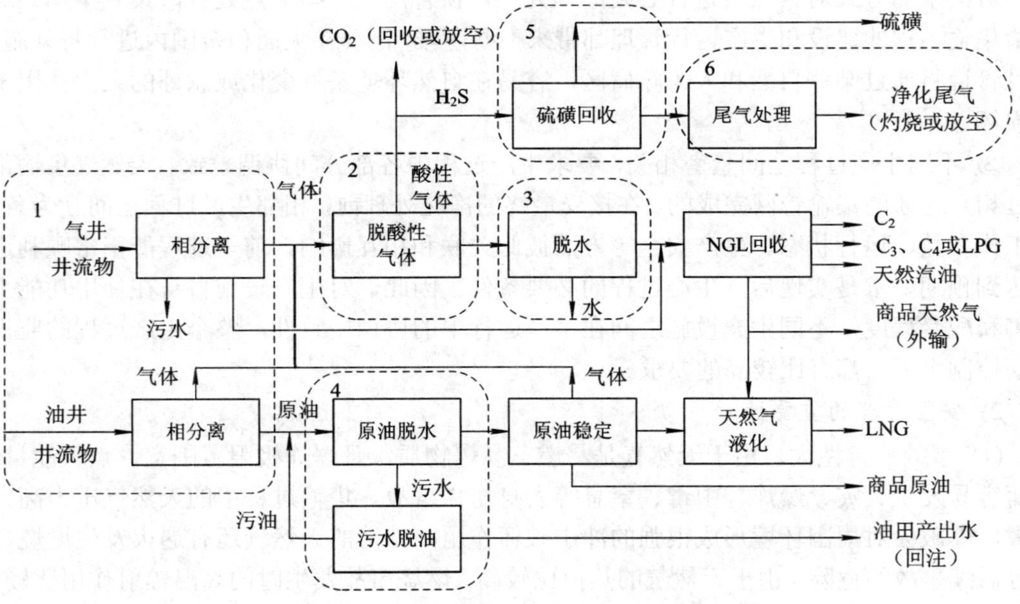

图 6-5　天然气处理典型工艺流程示意框图

1．原料天然气预处理

原料天然气预处理装置的作用是将进厂时含硫天然气中的固体杂质(泥沙和管线腐蚀产物)和液体杂质(气田水、凝析油等)去除，以保证下游装置不被污染。该装置操作压力高，原料气中含有较高浓度的硫化氢等硫化物和凝析油等，易燃、易爆、有毒且腐蚀性强，一旦发生泄漏，便会造成火灾及爆炸事故。

2．天然气脱酸性气体

脱酸性气体这一过程的主要作用是脱除原料天然气中的硫化氢、有机硫和二氧化碳等酸性气体，使天然气得到“净化”。其工作原理为：利用弱碱性水溶液吸收天然气内的酸性组分并进行化学反应，使天然气内的酸气含量大幅降低；通过改变工艺条件(压力、温度)，使吸收酸气的溶液进行逆向化学反应，放出酸气，使水溶液再生、恢复吸收酸气的活性，使脱酸过程连续进行。多数化学吸收法采用胺和碳酸盐为吸收溶剂。醇胺法脱酸性气体原理流程如图 6-6 所示。

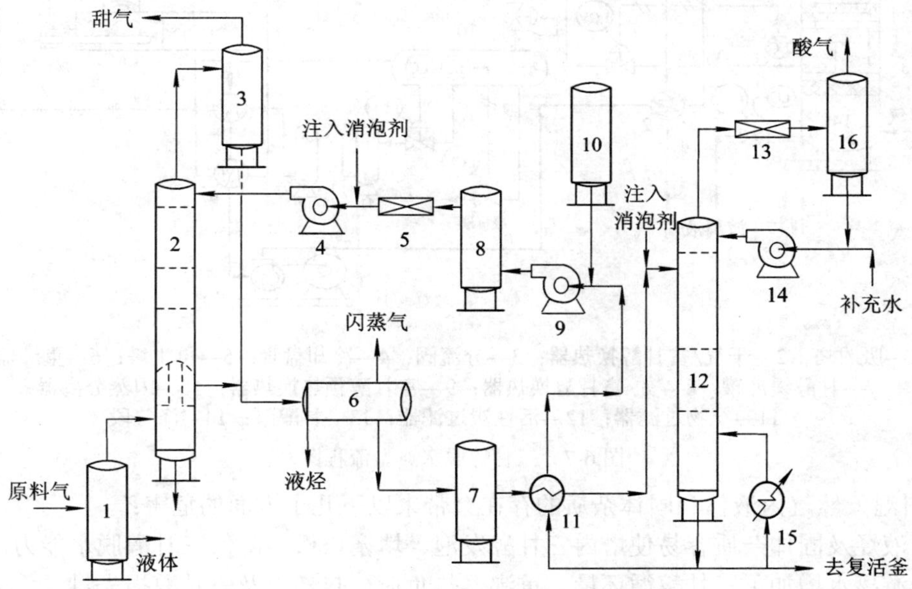

1—入口涤气器；2—吸收塔；3—“甜气”出口分离器；4—循环泵；5—贫胺冷却器；6—闪蒸罐；7—除固过滤器；8—碳粒过滤器；9—增压泵；10—缓冲罐；11—贫/富胺液换热器；12—再生塔；13—回流冷凝器；14—回流泵；15—重沸器；16—回流罐

图 6-6　醇胺法脱酸性气体原理流程图

该装置在运行中常遇到的问题主要有溶液损失、溶液发泡和腐蚀问题。溶液过度损失会造成不能有效地脱除天然气中的酸性气体，导致下游设备受到污染和腐蚀。溶液发泡会引起装置压降波动、处理量和脱酸效率大幅降低以及溶剂消耗量大幅上升。发泡严重时将迫使装置停产。酸性的高温胺液具有很强的腐蚀性，它可能导致装置非计划性停产、设备寿命缩短甚至产生设备损坏及人员伤亡事故。

3. 脱水

脱硫后的净化天然气中仍含有水分，应使之成为干燥的商品天然气，便于长距离管输。脱水剂一般均采用三甘醇，脱水装置的工作原理为：含水天然气经入口分离器分离掉气体中夹带的杂质及液滴后，再经过增压、冷却，在出口分离器中分离出冷凝液，气相进三甘醇吸收塔脱水，脱水后的天然气从塔顶流出，计量后作为装置的产品气外输。吸水后的三甘醇富液进再生塔再生，提浓三甘醇溶液，使三甘醇循环使用。脱水装置如图 6-7 所示。

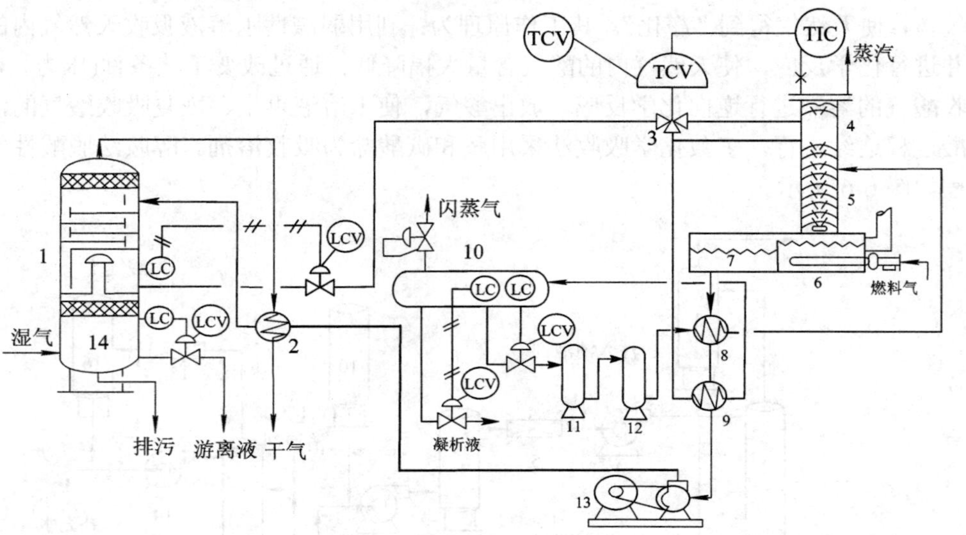

1—吸收塔；2—干气/贫甘醇换热器；3—分流阀；4—冷却盘管；5—再生塔；6—重沸器；7—甘醇缓冲罐；8—贫/富甘醇换热器；9—富甘醇预热换热器；10—闪蒸分离器；11—织物过滤器；12—活性炭过滤器；13—甘醇泵；14—涤气段

图 6-7　三甘醇脱水典型流程图

进料湿天然气内液体和固体杂质的存在会带来以下几个方面的危害：

(1) 液烃及固体杂质容易使塔内三甘醇发泡、堵塞塔板，降低三甘醇脱水能力。

(2) 游离水增加了三甘醇循环量、重沸器热负荷、热耗以及三甘醇损失量。

(3) 盐水可使钢材腐蚀，重沸器火管表面局部过热和结焦等。

三甘醇再生系统的直热式加热炉是装置内唯一有明火的部位，在充填三甘醇及首次点炉时，若三甘醇溢出、溅落或炉膛内有天然气，则存在燃烧和炉膛爆炸的危险性。因此，应及时采取措施防止上述情况发生。

4．低温脱水脱油

低温法是将天然气冷却至烃露点以下的某一低温，得到一部分富含较重烃类的液烃(即天然气凝液或凝析油)，并在此低温下使其与气体分离，故也称其为冷凝分离法。按提供冷量的制冷系统不同，低温法可分为膨胀制冷(节流制冷和透平膨胀机制冷)法、冷剂制冷法和联合制冷法三种。

为防止天然气在冷却过程中由于析出冷凝水而形成水合物，一种方法是在冷却前采用吸附法脱水，另一种方法是加入水合物抑制剂。

本节仅介绍用于天然气脱水脱油的低温法，此法多用来同时控制天然气的水、烃露点，其工作原理是利用焦耳-汤姆逊效应(即节流效应)将高压气体膨胀制冷获得低温，使气体中部分水蒸气和较重烃类冷凝析出，从而控制了其水、烃露点。这种方法也称为低温分离(LTS或 LTX)法，大多用于高压凝析气井井口有多余压力可供利用的场合。乙二醇作抑制剂的低温分离(LTS 或 LTX)法工艺流程如图 6-8 所示。

若低温生产过程中的有关设备、管线、仪表系统的隔热保温设施出现破损或效果差等安全隐患，便会在局部范围出现低温环境，引起的低温危害，将对生产效率和安全生产造成不利影响。另外，如果作业人员直接接触到低温设备、管线、仪表系统或泄漏的低温介质时，还会造成严重的低温冻伤事故。

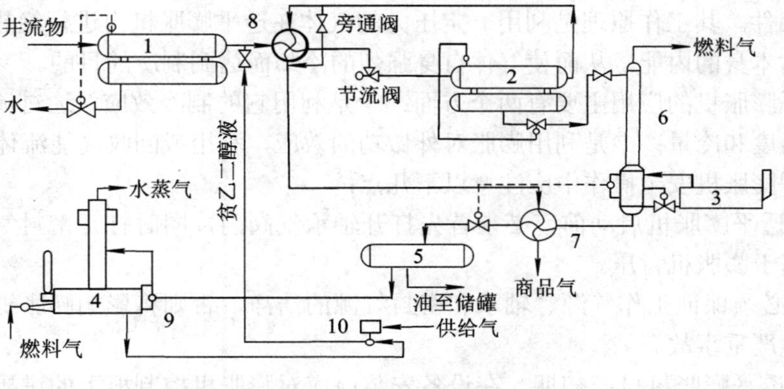

1—游离水分离器；2—低温分离器；3—重沸器；4—乙二醇再生器；5—醇油分离器；6—稳定塔；7—油冷却器；8—换热器；9—调节器；10—乙二醇泵

图 6-8　低温分离法工艺流程

5．硫磺回收

从酸性气体中回收硫磺一般采用改良克劳斯法生产液体硫磺。酸气中的硫化氢在高温下燃烧产生 SO_2(或部分分解生成单质硫)，产生的 SO_2 和剩余的 H_2S 在催化剂作用下生成单质硫。该装置中有毒气体组分多，如硫化氢、二氧化硫及硫氧化碳、二硫化碳等有毒气体浓度高、易燃、易爆、高温操作时腐蚀性强，若不注意防护，便会发生中毒、烧伤、硫磺烫伤等人身伤害事故。

6．尾气处理

当硫磺回收装置的尾气中硫化物的含量超过大气排放标准时，就必须设立尾气处理装置。处理后的尾气经灼烧后由烟囱排空。该装置具有高温、易燃、易爆、有毒和腐蚀性强的安全生产特点，一旦泄漏便会造成火灾及中毒、窒息安全事故。

6.2.3　天然气处理厂设备的安全与管理

天然气处理厂的主要生产设备有：压缩机组、透平膨胀机、加热油炉、泵。

1．压缩机组

天然气处理厂使用的大都是螺杆式压缩机又称螺杆压缩机，分为单螺杆式压缩机及双螺杆式压缩机。其工作原理为：由电动机带动主转子转动，另一转子由主转子通过喷油形成的油膜进行驱动，或由主转子端和凹转子端的同步齿轮驱动，经过一个完整转动周期后，依次完成吸气、压缩、排气三个工作循环，达到输送气体的目的。

压缩机运行的安全要求：

(1) 运行中应对机组各系统进行巡回检查，测试各运行参数，判断机组是否正常。

(2) 为保证机组安全运行，应确保机组的保护系统状况良好。应定期检查各个阀门及开关是否良好；定期检查各种仪表及传感器的标定范围，检查控制器及减压阀的压力设定值。

(3) 操作人员应熟练掌握机组的紧急措施装置，如紧急关闭阀、紧急停机装置等。

2. 透平膨胀机

透平膨胀机是空气分离设备及天然气液化分离设备和低温粉碎设备等获取冷量所必需的关键部件。其工作原理是利用一定压力的气体在透平膨胀机内进行绝热膨胀对外做功而消耗气体本身的内能，从而使气体自身强烈的冷却而达到制冷的目的。

透平膨胀机的应用主要有两个方面：一是利用它的制冷效应，通过流体膨胀，获得所需要的温度和冷量；二是利用膨胀对外做功的效应，利用或回收高能流体的能量。

透平膨胀机安全操作中应注意以下几点：

(1) 透平膨胀机启动前，必须首先打开轴承气阀门，同时打开密封气阀门，使密封气压力稍高于膨胀机背压。

(2) 必须保证工作气源、轴承和密封气源的洁净，否则将影响膨胀机的正常运转，造成卡机等严重事故。

(3) 透平膨胀机投产初期，在设备安装前应对膨胀机控制柜上的进排气阀门进行解体脱蜡。

(4) 透平膨胀机制动风机进、排气管道较长时，管径应适当增大。

3. 加热油炉

在生产过程中，天然气处理厂提供热源的主要设备为加热油炉。它是一个高温、高压、密闭的压力容器，其加热介质也是易燃、易爆的油品，存在很大的危险因素。因此，在平时的生产运行中，应该及时监控加热油炉的各项工作参数是否正常、工况是否稳定、当班人员是否按照操作规程作业。

为保证天然气处理厂生产的正常运转，必须加强加热油炉的日常检查和维护，主要工作要求参见6.1.3节中加热油炉的安全要求。

4. 泵

用于输送液体并提高液体压力，将机械能转化为液体位能的机器叫做泵。天然气处理厂的生产工艺中，液体回流及原油外输等过程都是依靠泵来完成的。

泵在运行过程中最易发生的就是汽蚀现象。泵的汽蚀会产生大量的气泡，堵塞流道，破坏泵内液体的连续流动，使泵的流量、扬程和效率明显下降；受汽蚀现象的影响，加上机械剥蚀和电化学腐蚀的作用，会使金属材料发生破坏，严重时可造成叶片或前后盖板穿孔，甚至叶轮破裂，酿成严重事故。

在生产过程中，当班操作人员应当定时检查泵的运转情况并明确以下几点：

(1) 压力指示稳定，压力波动应在规定范围内；

(2) 泵壳内和轴承瓦应无异常声音，达到润滑良好，油位在规定范围内；

(3) 电机电流应在铭牌规定范围内；

(4) 轴瓦冷却水及水封水应畅通无漏水现象；

(5) 按时记录好有关资料数据。

6.2.4 天然气处理厂的主要安全设施

1. 安全泄放系统

天然气处理厂属高危生产场所，具有高温、高压、有毒、易燃、易爆等危险特性，并且站内压力容器密布、油气管道纵横，潜在的事故危险性极大。为了防止这些受压设备发生安全生产事故，就必须做好受压设备安全附件(安全泄压装置、紧急切断装置、安全联锁装置、压力仪表、液面计、测温仪表等)的设计工作。

2．惰性介质保护系统

天然气处理厂在防火、防爆工作中常用的惰性介质有二氧化碳、氮气、水蒸气等。天然气处理厂中惰性介质在生产中的应用参见 6.1.4 节原油集输站的主要安全设施中的惰性介质保护系统的内容。

3．自动控制系统

天然气处理厂对重要参数设置自动监测、控制、保护系统。对有危险的操作参数增设自动联锁保护装置。站场内自控仪表、火炬点火系统等特别重要的负荷均采用 UPS 不间断电源，当外电源断电时，UPS 放电时间应不小于 30 min。

4．报警系统

天然气处理厂的报警系统与集输站的报警系统一致。

5．安全与消防系统

消防系统主要指站场的消防措施(包括站内工艺设备与道路安全距离、站场围墙设置、消防车道、灭火设施、消防器材配备等)应符合《石油天然气工程设计防火规范》的要求，安全措施(包括站场作业方案，操作规程，安全责任制，职工培训，安全标志的设置，防雷、防爆、防静电技术，动火安全管理等)应符合规范要求。

6.3　油气集输系统的安全技术

6.3.1　油气集输系统的防火防爆安全技术

1．油气集输系统的防火防爆应遵循的原则

油气集输系统的防火防爆应遵循“安全第一，预防为主”的原则。

遵守规范：油气集输系统必须严格按照国家颁布的《油田建设设计防火规范》、《建筑设计防火规范》、《原油长输管道工艺及输油站设计规范》的要求防火、防爆。所用的设备、管线、闸阀、电器、建筑材料等，也必须符合国家标准。

安全生产环境要求：“三清、四无、五不漏”，即：“三清”——场地清洁、工具清洁、设备清洁；“四无”——无杂物、无油污、无明火、无易燃物；“五不漏”——不漏水、不漏电、不漏风、不漏气、不漏油。

2．原油集输站的防火防爆技术

原油集输站的防火防爆安全措施有：

(1) 设置出站紧急截断阀或止回阀，当站内出现火灾等事故时，防止下游天然气倒流进站内。

(2) 设置放空阀，主要目的是停产检修时放掉管道和设备中的天然气，以预防火灾和中毒事故的发生。泄压气体的排放应就近引入同级压力的放空管道。对带有液烃的气体放空管道，在进入火炬之前应设分液罐。站场内天然气系统设置的紧急放空系统应符合GB 50183《石油天然气工程设计防火规范》的有关规定。

站场的火炬及放空管线应位于站场生产区最小频率风向的上风侧，火炬及放空管线宜布置在站外地势较高处，其与站场的距离由计算确定。放空管与站场的距离应满足：当放空量小于等于 $1.2\times10^4\ m^3/h$ 时，不应小于 10 m；当放空量达到 $1.2\times10^4\ m^3/h$～$4\times10^4\ m^3/h$ 时，不应小于 40 m。

(3) 设置安全阀，防止工艺流程中超压现象出现。

(4) 对站内主要压力容器(分离器)、增压设备后端设置防止超压的先导式安全阀及手动放空阀。安全阀的定压应小于或等于受压设备和容器的设计压力。不同压力等级的设备应分别设置安全阀；同一压力等级的几台设备，当与其相连的管段上无截断阀隔开时，可只在该管段上装设安全阀。

(5) 站内需要检修一组(套)设备时，应设置与其他组(套)设备隔开的截断阀和检修放空阀。放空阀口径一般不大于 50 mm。当站内有可能分组检修时，各组之间应设隔断阀，一般采用 8 字盲板、双阀中间加放空管等可靠有效的隔断措施。

(6) 站内采用远程终端装置 RTU，对主要工艺参数进行监视、控制、报警、数据采集和计算。

(7) 高、低压安全放空系统应分别引放空管至放空末端，直接与放空火炬(立管)连接。特别是含硫气不得与燃料气进行放空连接，防止放空管末端由于含硫气在阻火器形成析硫堵塞，造成高压放空含硫气反窜到燃料气低压系统，损坏低压设备的事故。

(8) 集输站场内如热水炉间、厨房和泵房等在事故发生时，天然气会发生泄漏，需要进行相应的通风设置，避免天然气的聚集。

3．天然气处理厂的防火防爆技术

火灾和爆炸是对天然气处理厂威胁最大的事故，爆炸事故大体上可分为两类：一类是物理性爆炸事故，由物质因状态或压力发生突变而形成的爆炸；另一类是化学性爆炸事故，是由物质发生极迅速的化学反应，产生高温、高压而引起的爆炸。天然气处理厂最常见的是可燃性气体和硫磺粉尘引起的爆炸。

天然气处理厂的防火防爆安全措施有：

(1) 消除和控制火源，避免造成燃烧或爆炸环境；

(2) 对可燃性物质监测或化验分析；

(3) 严格执行安全生产管理制度和操作规范；

(4) 明确划分防火防爆区域，避免产生电气火花、静电火花、碰击火花；

(5) 防爆区内严禁吸烟，严禁带入明火和火种；

(6) 消灭可燃性气体和液体的“跑、冒、滴、漏”；

(7) 设置氮气保护系统；

(8) 发生燃烧爆炸事故最多的是点火爆炸、熄火回火爆炸，必须认真采取预防措施。

4．自动控制系统

油气集输生产管理采用 SCADA 系统，实现对所辖油气田生产井、集输站场、天然气处理厂等的生产运行状况进行集中监视、调度与管理，在井场设置RTU、集输站场设置站控系统或数据采集系统、天然气处理厂设置DCS，完成对井场、站场和处理厂等的工艺参数的采集和处理。

为提高对生产过程安全状况的监视和自动控制水平，应设置完善的ESD系统，实行超限报警、紧急截断、超压泄放的三级控制模式。ESD系统与过程控制系统独立设置，用于ESD的变送器、执行机构及控制器具备安全认证；重要的安全联锁回路对变送器的输出采取表决机制，避免安全系统的误判、误动作；安全等级达到SIL3级。

集输站场内自控仪表、火炬点火系统等特别重要的负荷均采用UPS不间断电源。UPS机柜设在值班室，当外电源断电时，UPS放电时间应不小于30 min。

在各工艺站场、装置区及集输管道应设置可燃气体、火焰探测器，在重点区域及场所应设置工业电视监视。火气探测系统采集各可燃气体检测探测器、火焰探测器传来的信号，建立动态数据库，当有报警信号时，能准确地切换到相应画面，显示出报警部位、报警性质等，具有语音及图像提示功能。

5. 电气设施的防火防爆措施

站场爆炸危险区域内的电气设计及设备选择，应符合现行国家标准GB 50058《爆炸和火灾危险环境电气装置设计规范》的规定。例如，工艺装置区：以释放源为中心，半径为4.5 m，高度为地坪至释放源上方7.5 m的空间内为I类2区；罐区：以罐上释放源为中心，半径为3 m的空间内为I类2区。

1) 一般措施

(1) 配电室的室内地坪比室外地坪高0.6 m。

(2) 电缆沟通入配电室的墙洞处填实密封，防爆区域内的电缆沟应充沙。

(3) 配电室、值班室设置应急照明。

(4) 电气设备特别是正常运行时能发生电火花的设备，尽量布置在爆炸危险环境以外，当必须设在危险环境内时，应布置在危险性较小的地方。在爆炸危险环境内应尽量少用携带式电气设备。

(5) 防爆场所选用隔爆型电气设备，设备防爆标志为：类别II，级别不低于A，温度组别不低于T1。

(6) 所有电气设备金属外露可导电部分均应可靠接地。

2) 电气的保护措施

(1) 应根据电动机性能和实际工作需要设置可靠、有效的保护装置：为防止发生短路，可采用各种类型的熔断器作为短路保护；为防止发生过载，可采用热继电器作为过载保护；为防止电动机因漏电而引发事故，可采用良好的接地保护，且接地必须牢固可靠；其他还有负压保护、温度保护等安全保护设施。

(2) 在有火灾、爆炸危险的场所内，工作零线的绝缘等级应与相线相同，并且二者应在同一护套或管子内；绝缘导线应敷设在钢管内，严禁敷设明线；应采用无延燃性外被层的电缆或无延燃性护套的绝缘导线，导线应在钢管或硬塑料管中明敷或暗敷。

(3) 线路和电气设备的布置，应避免受机械损伤，并应防尘、防潮、防腐蚀和防日晒。

(4) 应正确选用信号、保护装置，并合理整定，以保证在线路、设备严重过负荷或发生故障时，准确、及时、可靠地将电流切除或者发出报警信号，以便迅速处理。

(5) 对于突然停电有可能引起电气火灾和爆炸的场所，应由两路及两路以上的电源供电，两路电源之间应能自动切换。

(6) 对于有爆炸和火灾危险的场所，其电器设备的金属外壳应可靠接地(或接零)，以便在发生碰壳接地短路时能迅速切断电源，防止短路电流长时间通过设备而产生高温、高热。

3) 防止短路的措施

(1) 按照环境特点安装导线，应考虑潮湿、化学腐蚀、高温场所和额定电压的要求。

(2) 导线与导线、墙壁、顶棚、金属构件之间以及固定导线的绝缘子、瓷瓶之间，应有一定的距离。

(3) 距地面 2 m 以及穿过楼板和墙壁的导线，均应有绝缘保护的措施，以防损伤。

(4) 绝缘导线切忌用铁丝捆扎和铁钉搭挂。

(5) 定期对绝缘电阻进行测定。

(6) 线路应由持证电工安装。

(7) 安装相应的保险器或自动开关。

为了防止或减少配电线路事故的发生，必须按照电气安全技术规程进行设计，安装使用时要严格遵守岗位责任制和安全操作规程，加强维护管理，及时消除隐患，保障用电安全。

6.3.2 油气集输防雷防静电保护技术

静电最为严重的危险是引起爆炸和火灾，因此静电安全防护主要是对爆炸和火灾的防护，而这些措施对于防止静电电击和防止静电影响生产也是有效的。

1) 《油气集输设计规范》的防雷防静电要求

(1) 在高压线路进出变电所 1 km～1.5 km 处架设避雷线，在柱上装设避雷器，防止雷电直击导线和柱上电气设备。

(2) 变电所、发电站均设独立避雷针，对整个站内主要建(构)筑物、电气设备进行保护，独立避雷针接地系统单独设置，接地电阻不大于 10 Ω。

(3) 集输站场工艺装置内露天布置的塔、容器及可燃气体的钢罐等设防雷接地，接地线不少于两根，并应对称布置。

(4) 集输站场工艺管道在进出装置或设施、爆炸危险场所的边界、过滤器、缓冲器等处均应接地。

(5) 应在电缆进出线的进出端将电缆的金属外皮、钢管等与接地装置相连。

(6) 站场低压配电柜进线处设电涌保护器，用以保护电气或电子系统免遭雷电或过电压及涌流的危害。

(7) 站场设备的防雷、防静电共用一处接地装置，接地电阻不大于 4 Ω。放空区单独设防雷接地装置一处，接地电阻不大于 10 Ω。

2) 防静电保护措施

(1) 环境危险程度控制。静电引起爆炸和火灾的条件之一是有爆炸性混合物存在。为了防止静电的危险，可采取更换易燃介质、降低爆炸性混合物的浓度、减少氧化剂含量等控制所在环境爆炸和火灾危险程度的措施。

(2) 工艺控制。为了有利于静电的泄漏，可采用导电性工具；为了减轻火花放电和感应带电的危险，可采用电阻值为 107～109 Ω 的导电性工具。为了防止静电放电，在液体灌装过程中不得进行取样、检测或测温操作。进行上述操作前，应使液体静置一定的时间，使静电得到足够的消散。为了避免液体在容器内喷射和溅射，应将注油管延伸至容器底部；装油前清除罐底的积水和污物，以减少附加静电。

(3) 接地。接地的作用主要是消除导体上的静电。金属导体应直接接地。为了防止火花放电，应将可能发生火花放电的间隙跨接连通起来，并予以接地。

(4) 增湿。为防止大量带电，相对湿度应在 50%以上；为了提高降低静电的效果，相对湿度应提高到 65%～70%。增湿的方法不宜用于防止高温环境里的绝缘体上的静电。

(5) 抗静电添加剂。抗静电添加剂是化学药剂。在容易产生静电的高绝缘材料中加入抗静电添加剂之后，能降低材料的体积电阻率或表面电阻率以加速静电的泄漏，消除静电的危险。

(6) 静电中和器。静电中和器又称静电消除器。静电中和器是能产生电子和离子的装置，由于产生了电子和离子，物料上的静电电荷得到异性电荷的中和，从而消除静电的危险。静电中和器主要用来消除非导体上的静电。

(7) 加强静电安全管理。静电安全管理包括制定关联静电安全操作规程、制定静电安全指标、静电安全教育、静电检测管理等内容。

6.3.3　油气集输管道线路布置安全技术

集输管道路由的选择应结合沿线城镇、乡村、工矿企业、交通、电力、水利等建设的现状与规划以及沿线地区的地形、地貌、地质、水文、气象、地震等自然条件，并考虑到施工和日后管道管理维护的方便，确定线路合理走向。管道不得通过城市水源地、飞机场、军事设施、车站、码头。因条件限制无法避开时，应采取必要的保护措施并经国家有关部门批准。管道管理单位应设专人定期对管道进行巡线检查，及时处理天然气管道沿线的异常情况。

埋地管道与地面建(构)筑物的最小间距应符合 GB 50251 和 GB 50253 的规定。

埋地管道与高压输电线平行或交叉敷设时，其安全间距应符合 GB 50061 和 GB 50253 的规定，因条件限制无法满足要求时，应对管道采取相应的防雷保护措施，且防雷保护措施不应影响管道的阴极保护效果和管道的维修。

埋地管道与通信电缆平行敷设时，其安全间距不宜小于 10 m，特殊地带达不到要求的，应采取相应的保护措施，交叉时，二者净空间距应不小于 0.5 m，且后建工程应从先建工程下方穿过。

埋地管道与其他管道平行敷设时，其安全间距不宜小于 10 m，特殊地带达不到要求的，应采取相应的保护措施，且应保持两管道间有足够的维修、抢修间距，交叉时，二者净空间距应不小于 0.5 m，且后建工程应从先建工程下方穿过。

根据现场实际情况实施管道水工保护。管道水工保护形式应因地制宜、合理选用，并应定期对管道水工保护设施进行检查，发现问题应及时采取相应措施。

6.3.4 油气集输防毒防化学伤害安全技术

1. 设置有毒气体探测系统

对有火灾爆炸危险存在的场所安装火灾报警设施，设置可燃气体泄漏报警仪。

2. 设置必要的通风系统

注醇泵房应采用机械通风机，以排出易燃、易爆有害气体，保持室内空气的流通；自然进气采用防风沙过滤风口。甲醇罐应防腐并保温，减少甲醇的挥发，注醇泵采用密封性较好的隔膜泵，装置区设有甲醇泄漏检测仪，操作人员进行操作时应做好劳动安全防护措施。

3. 设置一定防护设施

参与泄漏处理的人员应对泄漏品的化学性质和反应特性有充分的了解，要于高处和上风处进行处理，并严禁单独行动，要有监护人，必要时应用水枪掩护。要根据泄漏品的性质和毒物接触形式，选择适当的防护用品，加强应急处理和个人安全防护，防止处理过程中发生伤亡、中毒事故。

1) 呼吸系统防护

为了防止有毒、有害物质通过呼吸系统进入人体，要根据不同场所选择不同的防护器具。

对于泄漏化学品毒性大、浓度较高且缺氧的情况，可以采用氧气呼吸器，空气呼吸器，送风式长管面具等。

对于泄漏环境中氧气浓度不低于 18%，毒物浓度在一定范围内的场合，可以采用防毒面具(如毒物浓度在 2%以下采用隔离式防毒面具，浓度在 1%以下采用直接式防毒面具，浓度在 0.1%以下采用防毒口罩)。在粉尘环境中可采用防尘口罩等。

2) 眼睛防护

为了防止眼睛受到伤害，可以采用化学安全防护眼镜、安全面罩、安全护目镜、安全防护罩等。

3) 身体防护

为了避免皮肤受到损伤，可以采用穿戴面罩式胶布防毒衣、连衣式胶布防毒衣、橡胶工作服、防毒物渗透工作服、透气型防毒服等。

4) 手防护

为了保护手不受损伤，可以采用橡胶手套、乳胶手套、耐酸碱手套、防化学品手套等。如果在生产使用过程中发生泄漏，要在统一指导下，通过关闭有关阀门、切断与之相连的设备管道、停止作业或改变工艺流程等方法来控制化学品的泄漏。如果是容器发生泄漏，应根据实际情况，采取措施堵塞和修补裂口，制止进一步泄漏。

另外要防止泄漏物扩散，殃及周围的建筑物、车辆及人群，在万一控制不住泄漏口时，要及时处置泄漏物，严密监视，以防火灾爆炸。要及时将现场的泄漏物进行安全可靠的处置。

6.3.5 油气集输安全疏散技术

对于油气集输单位，应根据本单位的地理环境，事故发生的规模、形式等，制定相应的《应急安全疏散预案》，而且要定期或不定期进行演练，并要做到如果单位或相关部位调整或变动，如添加工艺设备、根据消防部门的审定变动安全疏散通道等，都要及时修改方案，做到用时忙而不乱。根据单位情况的不同，疏散时应注意以下几点：

1．疏散方法

在专业救援队伍没有到达事故现场之前，受害单位首要考虑的是受到毒害性气体或爆炸威胁的人员，一般是在下风和侧风方向，或者在泄漏或爆炸地点的上部和下部。此时应利用广播设备向人们告知现场情况，使他们切实认识到自己所处的危险境地，并按照现场广播的指示，迅速地撤离到安全地带，这是一个很有效的方法。

疏散时要注意以下几个方面：

(1) 使人们了解自己处于事故区域及可能爆炸后所波及的区域，清楚自己所处的危险境地。

(2) 在通常的情况下，要根据处于危险区域的人员确定避难场所。人数多时切记不要只制定一个场所，这样不利于人员迅速疏散，而且还会由于疏散时慌不择路，出现混乱、拥挤、践踏情况，造成人员伤亡。

(3) 为了便于人员的快速疏散，应使其清楚自己所在位置，避免由于拥挤而减缓疏散的速度和延长疏散的时间。

(4) 如果是气体泄漏事故，禁止疏散处于事故地点较近的机动车辆。因为对于处于气体泄漏地点较近的车辆，泄漏的气体可能已经扩散到停放车辆的位置，甚至已经将车辆包围，如果此时疏散车辆，就可能因发动车辆使排气管产生火花将扩散的气体引爆，酿成灾祸。因此，要绝对禁止气体泄漏地点的车辆离开，并要派出人员严格监管。

2．疏散要求

进入毒害区域，要正确选择行进路线，也就是要在毒害区的上风方向进入，并且要选择好防化服、防护的安全器具，前方与后方指挥员要保持通信联络畅通，然后再实施人员疏散行动。

根据油气集输系统生产过程的特点，在进行安全疏散时应主要做好以下几个方面的工作：

(1) 所有参加疏散的人员必须熟悉事故所能产生的危害程度、防范措施、周边环境、地理位置、安全通道、正确的疏散路线。

(2) 无论是有毒性气体，还是有燃烧爆炸的危险，参加疏散的人员必须要在有组织的情况下，带好个人防护装备、侦检仪器，统一检查合格后，方可进入事故现场。

(3) 即使是穿戴好个人防护装备，也严禁一个人进入事故现场，必须按照《应急安全疏散预案》中的编组程序执行。如果情况特殊，需要更换编组成员，要使用后备力量或日常参加过演练的人员担任，决不允许没有事故现场经验或对事故情况不了解的人员参加疏散工作。

(4) 必须保证前方疏散人员与后方指挥员通信联络畅通，如果通信中断，指挥员要立即组织其他人员进入事故现场寻找通信中断的人员。

(5) 如果事故现场有毒性气体，进入疏散区域的人员必须配有相应的气体检测仪，夜晚还要配有防爆照明灯。所有疏散人员必须全部在上风方向进入事故现场，严防次生事故的发生。

(6) 当发生事故后，参加疏散的人员要掌握大部分人员在事故发生时大致可能逃生的路线，同时根据事故现场毒性气体的种类、数量，毒性气体的物理、化学性质及毒害性程度，毒害性气体扩散的方向等进行安全疏散。

(7) 所有参加疏散的人员必须做到令行禁止，一切行动听指挥，一定要杜绝个人英雄主义。

3．人员逃生、救生设施的配置

根据集输站场事故时站内人员逃生、救生的需要，站场内需设置必要的逃生、救生设施。

6.4　油气集输系统的安全保护

油气集输系统的安全保护包括油气集输管道和集输站场的安全保护，油气集输系统设计的安全保护，油气集输系统腐蚀的安全保护和油气集输系统 H_2S 中毒的安全保护等。

6.4.1　油气集输管道的安全保护

1．集输管道的防火安全保护

集输管道的防火安全保护主要是防止管道破裂和放空不当引起火灾，主要方法是采取防火安全措施，以实现安全生产。安全措施的内容包括以下两方面：

(1) 管道选材正确并具有足够的强度。

(2) 管道同其他建筑物、构筑物、道路、桥梁、公用设施及企业等保持一定的安全距离；管道的强度设计应符合有关规程、规范的规定；管道施工必须保证焊接质量并符合现行标准规范的要求，同时采取强度试压和严密性试压来认定；在生产过程中应对管道进行定期测厚，并保持良好的维护管理以保证管道的安全运行。

2．集输管道的防爆安全保护

油气管道集输主要应防止管道泄漏，避免泄漏气体的燃烧和在封闭的空间内发生爆炸。因此集输管道的防爆安全保护应通过管道设计时材料的正确选择和强度的准确计算、施工质量的确认和生产过程中定期巡线检漏等工作来保证。

3．集输管道的限压保护和放空

集气管道的限压保护通常由出站管道上安全阀的泄压功能来实现，同时集气管道应有自身系统的截断和放空设施。

对于集气支管，可在集气站的天然气出站阀之后设置集气支管放空阀。对于长度超过 1 km 的集气支管，应在集气支管与集气干管相连接处设置支管截断阀。

对于集气干管末端，在进入外输首站或天然气净化厂的进站(厂)截断阀之前，可设置集气干管放空阀，并在该处设置高、低压报警设施，该报警设施一般设在站内，由站内操作人员管理维护。

6.4.2　油气集输站场的安全保护

1．集输站场的防火、防爆措施

集输站场的防火、防爆措施有：

(1) 集输站场的位置及与周围建筑物的距离、集输站场的总图布置等应符合防火规范的规定。

(2) 工艺装置和工艺设备所在的建筑物内，应具有良好的通风条件；凡可能有天然气散发的建筑物内应安装可燃气体报警仪。

2. 集输站场的限压保护和放空

(1) 集气站场的限压保护。通常集气站中的节流阀将全站操作压力分成两个等级。凡有压力变化的系统，在低一级的压力系统应设置超压泄放安全阀。安全阀与系统之间应安装有截节阀，以便在检修或拆换安全阀时不影响正常生产。在正常操作时，安全阀之前的截断阀应处于常开状态，并加铅封。

低温分离集气站中，高压分离器和低温分离器之前分别设有节流阀，故有压力等级的变化，因此在高压分离器和低温分离器的前或后管段上，应分别设置超压泄放安全阀。设在分离器进口管段上的安全阀，其泄放介质应考虑为气、液混相；设在分离器出口管段上的安全阀，其泄放介质则为气相。

(2) 设置放空阀。其主要目的是在停产检修时放掉管道和设备中的天然气，以预防火灾和中毒事故的发生。泄压气体的排放应就近引入同级压力的放空管线。对带有液烃的气体放空管线，在进入火炬之前应设分液罐。站场的火炬及放空管线宜置于站场生产区内最小频率风向的上风侧，火炬及放空管线宜布置在站外地势较高处，其与站场的距离由计算确定。站场内的紧急放空系统设置应符合 GB 50183《石油天然气工程设计防火规范》的有关规定。

6.4.3　油气集输系统设计的安全保护

1. 设计方法中采用的安全保护

1) 获取现场准确基础数据

对具有有毒、有害及腐蚀性气体或成分的油气集输系统，在开发前期必须取全、取准油气井的第一手资料数据，为集输系统设计、施工和投产运行打好基础。

(1) 做好原油天然气组成的分析。H_2S、CO_2 等酸性组分及 Cl^-、硫醇、硫醚以及有机硫化物的含量不同，集输工艺也不同，采用的设备和材料也不同。

(2) 做好单井的产量预测，合理确定产量、温度、压力及采出水量。在摸清油气井产物中混合介质的腐蚀性及对管道的腐蚀程度的基础上，结合产量、温度和压力资料，才能确定地面工艺技术，选择管道和设备的材质。

(3) 要取全、取准基础数据，必须保证足够的试采时间，通过试采数据为天然气集输系统设计提供全面的技术资料。

2) 设计必须选用成熟技术，充分考虑施工制造能力

随着科技的不断发展，在工程项目的建设过程中会不断出现各种新工艺、新技术、新设备、新材料，对加快工程建设步伐、降低工程投资、提高工程质量等方面能起到较大的作用。

对易燃、易爆的油气集输系统，首先应该重视安全和质量，在设计上必须选用成熟适用的技术和设备。同时，设计还必须结合施工能力和生产制造能力，凡制造工艺、施工工

艺满足不了安全和质量要求的一定不要采用；对不得不采用的技术，要开展技术攻关，进行研究、试验，在确保安全可靠的前提下，才能应用在油气集输系统中。

在设备制造上，必须吸取油气田集输系统安全事故的教训，在提高制造水平、加强监督检验、改进和提高设备的检验标准手段和检验方法上提出具体要求。在设计中必须严格遵守设计标准和规范，任何人不得以任何原因违反，特别是建设单位、施工单位不得向设计方提出违反规范和标准的要求。

3) 应用系统优化及仿真技术

在集输系统优化过程中，大量专业软件如 TGNET、TLNET、HYSYS、ProFES-Transient、PIPEPHASE、PIPESIM、OLGA 和 CASER Ⅱ等广泛应用于系统的仿真模拟，如：输送工况模拟，开工工况模拟，停工工况模拟，停工再启动工况模拟，放空、排污工况模拟，清管工况模拟，事故工况模拟，应力分析等。设计人员利用这些软件，可以对大型管网的各方案及各种工况进行快速的静态和动态仿真计算分析。对集输系统各种方案的全面仿真模拟，能为设计优化提供手段。

4) 引进系统风险评价技术，提高设计安全性评价

在工艺装置的设计安全性评价上，国外一般进行危险与可操作性的分析(HAZOP)，而国内没有这样的专业公司，建设单位和设计单位也缺乏具体的分析手段，与国外有较大的差距。

HAZOP 分析通常在工艺方案基本确定的情况下实施，该技术在国际上得到广泛的认同。对高危工程来说，开展设计阶段的 HAZOP 分析对提高设计质量、保障工程安全是十分必要的，但我国目前只有个别项目进行了 HAZOP 分析验证。HAZOP 分析由经验丰富的技术专家、运行管理人员、操作人员和 HSE 人员等全面参与，将全系统划分为多个节点，针对每一个节点内的各种偏离工况、事故工况，研究其产生原因及后果，评估现有设计是否合理，保护措施是否完善，操作是否安全。HAZOP 分析作为一种设计手段，重在分析偏离工况下的安全保护措施，使得设计更为完整，有效降低系统风险。

榆林气田长北区作为目前最大的中外合资天然气勘探与生产项目，完全按国际惯例运作，在工程设计阶段开展了一系列的系统风险评估研究，如：

噪声研究(Noise Study)：评估正常或紧急工况下站场内及站场外的噪音水平。

火灾保护分析(FIREPRAN)：认识潜在的主要火灾和爆炸场所，定性评估火灾及爆炸风险，提出火灾保护措施及改进意见。

火灾及爆炸分析(FEA)：建立火灾和爆炸模型，预测火焰长度及爆破压力波及范围，确定站内装置区、控制室的安全间距。

风险量化分析(QRA)：分析操作过程中存在的各种火灾、爆炸及中毒等风险，依据风险发生的频率，定量预测每年将发生的人身事故率。

仪表保护功能研究(IPF)：对各种重要仪表保护回路进行分析，确定安全等级水平。

人体工学研究(HFE)：对操作人员、值班人员的日常操作、人机交互、检修维护等活动进行研究，保证工作人员的安全性与舒适度。

通过上述各项研究评估，全面分析生产过程中存在的风险，对风险及危害提供量化评估数据，有利于更科学地采取应对措施，及时修改完善设计，提高设计水平，有力保证今

后的安全平稳生产。

5) 严格遵循设计程序，遵守安全规范

可行性研究主要是解决建设项目是否可行的问题，为建设项目立项提供依据。可行性研究报告提出后，须报请有关主管部门进行审批，必要时邀请专家咨询和审查，在技术上和经济上提出咨询和审查意见供主管部门参考，最后由主管部门批准或修改后批准。

初步设计的依据是批准后的可行性研究，初步设计是可行性研究的继续。批准后的初步设计应给出生产工艺流程、主要设备选型、主要管道的材质、壁厚和口径以及其他主要工程量。批准后的初步设计是决定整个工程优劣的前提，是整个工程建设的核心，是建设项目技术先进、经济合理的保证。

施工设计的主要依据是批准后的初步设计，是保证整个建设工作顺利进行的关键阶段，其设计工作量最大，要求最严格，必须准确地反映初步设计文件和主管部门的审批要求。施工设计不仅要求工艺设计本身的正确性和一致性，还要配合专业保持一致性，不能出现彼此碰撞和矛盾，为此，在出图之前要进行细致的会审，确保施工设计的质量。在图纸发到施工现场后，须由施工单位事先熟悉图纸，在施工期间设计人员要深入现场进行现场服务，及时修改在施工中发现的不符合实际的部分和不合理的部分以及由于外界原因需要修改的部分。设计人员还要参加验收、试车、试运行工作，与建设单位、施工单位共同配合，确保工程建设按计划进度和质量标准要求圆满完成。

6) 加强安全设施设计

2008 年 1 月 8 日，为进一步做好陆上石油天然气建设项目安全设施设计专篇编写工作，根据国家安全监管总局《关于印发非煤矿矿山建设项目初步设计〈安全专篇〉编写提纲和安全设施设计审查与竣工验收有关表格格式的通知》(安监总管一字(2005)29 号)的执行情况，国家安全监管总局制定了《陆上石油天然气建设项目安全设施设计专篇编写指导书》。

油气集输系统的安全设施设计必须执行该指导书的相关规定，其主要内容有：

(1) 区域布置及总平面布置的安全措施；

(2) 设备、管道、仪表等材质的选择；

(3) 防火、防爆的安全措施；

(4) 防毒、防化学伤害的安全措施；

(5) 在防机械伤害、物体打击、高处坠落、高温烫伤、噪声、振动、电气伤害、自然灾害等方面采取的安全措施；

(6) 人员逃生和救援；

(7) 安全预评价报告中建议措施的采纳情况。

最后还应该对安全设施设计后的风险状况进行分析。

7) 应用标准化设计方法

标准化设计是根据天然气集输系统中井和站场的特定功能和工艺流程，设计一套通用的、标准的、相对稳定的、适用于特定气田地面建设的指导性和操作性文件。

标准化是对工艺流程的进一步优化、简化和定型，也是确保安全的有效方法。标准化设计提高和保证了设计质量，缩短了设计周期，推进模块化建设，有利于规模化采购，降低了建设成本，促进整个地面建设的标准化、规范化，它主要适用于地面工艺较为先进、成熟和进行大规模建设的气田。

2. 设计过程中采用的安全保护

设计安全是油气集输系统达到本质安全的前提，即本质安全是通过设计者在设计阶段采取技术措施来消除安全隐患，所以设计是安全源头，只要抓好了源头的安全，就可以达到事半功倍的效果，防患于未然。

1) 总工艺流程安全

油气集输系统总工艺流程应遵循国家各种技术政策和安全法规，各种技术标准和产品标准，各种规程及环保、卫生规范和规定，并应考虑天然气气质、气井产量、压力、温度和油气田构造形态、驱动类型、井网布置、开采年限、逐年产量、产品方案及自然条件等因素，使总工艺流程合理和可靠。

总工艺的确定主要来源于两方面的资料数据：油气田开发方案和近期收集的有代表性的油气井动态资料。

上述两方面的资料中，以下各种资料和数据对于制定油气田集输流程很重要：

(1) 井流产物，井口条件下原油天然气取样分析资料，油的分析和评价资料；

(2) 构造储层特征，可采储量、开采速度、开采年限，逐年生产规模，平均产量、生产井井网布置图、生产井数等；

(3) 油气层压力和温度，生产条件下的井口压力和温度，油气田压力递减率。

不同油气区有适合各自特点的安全工艺技术。例如，对于高含硫气田，由于 H_2S 的剧毒特性，安全风险极大，介质对钢材具有特殊的 SSC 和 HIC 腐蚀性，增加了气田开发难度和风险。川渝气区的川东北罗家寨、渡口河等气田就属于此类。

高含硫气田地面集输工艺技术的特点主要表现在含硫天然气脱水技术、气液混输技术、系统防腐技术、系统防硫堵技术、防止水合物技术等方面。为保证安全和环保，高含硫气田集输工艺对脱水工艺、防止硫沉积、系统腐蚀防护以及设备、管材的选择提出了更高的要求。为降低高含硫天然气集输风险，集输工艺流程应尽可能简化，并结合传统含硫气田的开发工艺，吸收国外开发的高含硫气田的成熟技术和生产实践经验。对我国高含硫气田的集输工艺应进行如下的优化设计：

(1) 为了避免含硫生产污水的排放和简化站场污水处理工艺，采用气、液混输技术。

(2) 高温、高压、高含 H_2S、高含 CO_2 及高含 Cl^- 的地层水腐蚀性强，对系统的材料选择、防腐工艺提出了严峻考验，当采用“碳钢+缓蚀剂”方案时，可配套采用缓蚀剂清管器预膜技术。

(3) 因高含 H_2S、高含 CO_2 及原料气的水合物形成温度较高，为了防止水合物堵塞，并避免 CO_2 高温腐蚀，采用水套加热炉的优化设计技术。

(4) 由于温度和压力的骤然变化，原料气会有单质硫析出，预测系统元素硫可能形成的部位，采用溶硫剂加注工艺技术。

(5) 为了减少 H_2S 的排放，在高含硫气田开发中采用安全泄放技术，即先截断、再放空或不放空，将放空的原料气燃烧后排放。

(6) 对高含硫原料气采用安全检修置换工艺技术，确保安全生产，达到保护环境的目的，即在站场内分段设置原料气检修置换系统，该系统可以保证对检修设备和管段内的高含硫原料气的完全置换，且置换气体进入放空火炬系统。

(7) 对含硫污水采用闪蒸脱硫，密闭输送，回注地层的处理技术。

2) 集输系统的布局

集输系统(包括管网和站场)的布局应遵循以下原则：

(1) 在气田开发方案和井网布置的基础上，集输管网和站场应统一考虑、综合规划、分步实施，应做到既满足工艺技术要求又集中简化生产管理和方便生活。

(2) 产品应符合销售流向要求。

(3) 三废处理和流向应符合环保要求。

(4) 集气系统的通过能力应协调平衡。

(5) 集输系统的压力应根据气田压力和商品气外输首站的压力要求综合平衡确定。

集输站场和集输管网与周边城镇、居民点、厂矿企业、交通线的安全布局、防火间距、公共安全防护距离等内容应满足国家及行业安全标准的要求。

3) 平面布置安全

区域布置应根据油气集输站场、相邻企业和设施的特点及火灾危险性，结合地形与风向等因素合理布置。

油气集输站场总平面布置应根据其生产工艺特点、火灾危险性等级、功能要求，同时也要结合地形、风向等条件确定。平面布置时，设备、管道、建筑物、构筑物之间应按照规范要求保持足够的防火间距，这就是距离安全或隔离安全。具体要求如下：

(1) 天然气集气站场与周围居住区、相邻厂矿企业、交通线等的防火间距，应符合 GB 50183《石油天然气工程设计防火规范》中的规定。

(2) 火炬和放空管宜位于油气集输站场生产区最小频率风向的上风侧，且宜布置在站场外地势较高处。火炬和放空管与油气集输站场的间距应符合 GB 50183《石油天然气工程设计防火规范》中的规定。

(3) 进行防爆分区，防爆分区属于标志安全，把不同等级的防爆区域划为不同的界限，并设置不同的标志。

4) 设备及管道的材质选择

(1) 酸性环境材质的选择。油气集输中的酸性环境一般是 H_2S+H_2O 腐蚀环境或 $HCl + H_2S + H_2O$ 腐蚀环境。H_2S+H_2O 腐蚀环境选用抗 H_2S 腐蚀材料；对于 $HCl + H_2S + H_2O$ 腐蚀环境，由于不锈钢在接触湿的氯化物时，有应力腐蚀开裂和点蚀的可能，应避免接触湿的氯化物或者控制物料和环境中的 Cl^- 浓度不超过 25×10^{-6} mol/L。

(2) 低温环境材质的选择。我国常将低于 −20℃的工作环境称为低温环境，低温环境选材要考虑材料的冷脆性，需采用低温管材，且应做低温冲击韧性试验，GB 50316 对金属材料的使用温度下限给出了规定。

(3) 高温环境材质的选择。高温环境选材要考虑材料的石墨化、蠕变等因素，碳素钢、碳锰钢和锰钒钢在 427℃及以上温度下长期工作时，其碳化物有转化为石墨的可能性，因此限制其最高工作温度不得超过 427℃，GB 50316 对金属材料的使用温度上限给出了规定。

(4) 高压环境材质的选择。当无缝钢管用于设计压力大于或等于 10 MPa 的情况时，碳钢、合金钢的出厂检验项目不应低于现行国家标准 GB 6479《高压化肥设备用无缝钢管》的规定，不锈钢的出厂检验项目不应低于现行国家标准 GB/T 14976《流体输送用不锈钢无缝钢管》的规定。

(5) 不同介质材质的选择。Q235-A、Q235-B 及 Q235-C 材料宜用于输送 C 及 D 类流体的管道，且设计压力不宜大于 1.6 MPa。Q235-A.F 材料仅宜用于输送 D 类流体的管道及设计温度小于或等于 250℃的管道支吊架。

(6) 加工工艺材质的选择。金属材料在焊接时，其焊缝及热影响区将被加热至 Ac3 以上的温度，由于焊缝及其热影响区的冷却速度较快，冷却后容易被淬硬。钢材含碳量越高，焊缝及其热影响区的硬化与脆化倾向越大，在焊接应力作用下越容易产生裂纹。钢的各种化学成分对钢淬硬性的影响通常折算成碳的影响，称为碳当量，用 Ce 表示。

经验表明：

当 $Ce < 0.4$ 时，钢材的淬硬倾向不明显，可焊性优良，焊接时不必预热；

当 $Ce = 0.4$～0.6 时，钢材的淬硬倾向逐渐明显，需要采取适当预热、控制线能量等工艺措施；

当 $Ce > 0.6$ 时，钢材的淬硬倾向很强，属于难焊材料，需要采取较高的预热温度和严格的焊接工艺措施。

(7) 仪表设备材质的选择。现场仪表均应选用相应防爆等级的产品，仪表外壳均为铝、不锈钢、玻璃等防火材质，仪表电缆选择阻燃型。

3. 油田集输系统装置设计的安全要求

(1) 为有效地控制化学反应中的超温、超压和爆聚等不正常情况，在设计中应预先分析反应过程中各种动态特性，并采取相应的控制措施。

(2) 能有效地控制和防止火灾爆炸的发生。充分分析、研究生产中存在的可燃物、助燃物和点火源的情况和可能形成的火灾危险，采用相应的防火、灭火措施。分析、研究在防爆设计方面可能形成爆炸性混合物的条件、起爆因素及爆炸传播的条件，并采取相应的措施，以控制和消除形成爆炸的条件以及阻止爆炸波冲击。

(3) 从保障整个油气集输系统的安全出发，全面分析原料、成品、加工过程、设备装置等的各种危险因素，以确定安全的工艺路线，选用可靠的设备装置，并设置有效的安全装置及设施。

(4) 对使用物料的毒害性进行全面分析，并采取有效的隔离、密闭、遥控及通风排毒等措施，以预防工业中毒和职业病的发生。

(5) 必须采取可靠的安全防护系统，以消除与防止造成潜在危险，即可能使大量设备和装置遭受毁坏或有可能泄放出大量有毒物料而造成多人中毒的工艺流程和生产装置的特殊危险因素。

6.4.4 油气集输腐蚀的安全保护

油气集输系统中的主要腐蚀性介质有硫化氢、二氧化碳、二氧化硫、醇胺溶液、单质硫、腐蚀性大气等。对安全生产威胁性最大的是硫化物应力腐蚀开裂和醇胺溶液的碱脆腐蚀。

1. 硫化氢腐蚀防护

1) 硫化氢腐蚀原理

硫化氢是弱酸，在水溶液中按下式分步离解：

$$H_2S = H^+ + HS^- = 2H^+ + S^{2-}$$

在硫化氢溶液中，含有 H^+、HS^-、S^{2-}离子和 H_2S 分子，它们对钢质管道的腐蚀是氢去极化过程，其反应式如下：

阳极反应：$Fe - 2e \rightarrow Fe^{2+}$

阴极反应：$2H^+ + 2e \rightarrow [H] + [H] \rightarrow H_2$

Fe^{2+}和溶液中 H_2S 的反应为：

$$xFe^{2+} + yH_2S \rightarrow Fe_xS_y + 2yH^+$$

其中，Fe_xS_y 为各种结构的硫化铁的通式。随着溶液中 H_2S 含量及 pH 值的变化，硫化铁组成及结构的不相同，对腐蚀过程的影响也不相同。

2) 对 H_2S 电化学腐蚀的防护

(1) 注入缓蚀剂。缓蚀剂是一种用于腐蚀环境中抑制金属电化学腐蚀的添加剂。针对特定环境使用的缓蚀剂，只需少量加入就能有效降低金属的腐蚀速率。缓蚀剂的注入设备简单，无需对被保护金属表面进行特殊处理。由于用量少，通常不会影响工作介质的性能，因此使用缓蚀剂是一种经济而且适应性较强的金属电化学腐蚀防护措施。

缓蚀剂按其使用环境分为气相缓蚀剂和液相缓蚀剂两类，按其特性又可分为水溶性和油溶性两种。在含 H_2S 环境中使用的缓蚀剂通常为含氮的有机成膜型缓蚀剂，主要成分是胺类、咪唑啉、酰胺类和季铵盐，也包括含硫、磷的有机化合物。

(2) 使用防腐涂层和衬里。防腐涂层和衬里具有以下特点：涂层或衬里费用在经济上可接受；耐蚀能力充分、不污染工作介质；能够与基体金属可靠结合，形成连续致密的覆盖；能够适应使用环境温度、压力和液体冲刷作用的要求；施工方便，具备检测施工质量的技术手段，这是对涂层和衬里应用的基本要求。

涂层可采用人工涂刷和机械挤涂(包括喷涂)这两种方式：人工涂刷仅限于涂刷面积小和人所能触及的场合；大面积涂刷，尤其是人不可及的部位，只能依靠机械挤涂。目前已具备对天然气集输管道采用包括对接焊缝在内的整体挤涂技术。衬里除可按一般衬里施工方法施工外，还可以使用轧制的复合板或复合管。

(3) 应用耐蚀合金和非金属耐蚀材料。耐蚀合金的贵金属含量高、价格昂贵，但它的耐蚀能力强、使用寿命长、使用中的维护费用低。经技术经济比较证明，当花费在经济上可接受时，可以考虑采用耐蚀合金，尤其是腐蚀环境苛刻、用量不多的场合，应用中要特别注意它的使用条件、合适的热处理状态和对施工技术的某些特殊要求。

随着非金属耐蚀材料应用技术的发展，热塑性工程塑料型和热固性增强塑料型管材及其配件在气田的各种电化学腐蚀防护中得到越来越多的应用。尤其是玻璃纤维热固性增强塑料油管及内衬玻璃纤维热固性增强塑料的输送用管耐温、耐压性能的提高，使非金属耐蚀材料在含 H_2S 和 CO_2 环境中的应用增多。

(4) 使含酸性气体(H_2S 和 CO_2)的天然气进入时保持干燥状态。干燥的 H_2S 和 CO_2 具有很高的化学稳定性，不会对金属材料产生腐蚀作用，干燥的环境中也不会有 Cl^-的存在。

使含 H_2S 和 CO_2 的天然气进入和保持干燥状态，是防止发生腐蚀的最为有效和最彻底的方法，但这种方法的花费比较高，一般只在酸性气体含量特别高并希望通过干燥达到防腐蚀以外的其他目的(如防止水合物生成和管道在地形起伏很大的地区低点处积液)时使用。

降低天然气中气相水的含量，或者在隔绝液相水的情况下将天然气加热到一定的温度后使它保持在一定的温度以上，都可使天然气进入和保持干燥。

2. CO_2 腐蚀的防护

1) 选用耐腐蚀合金钢

在含 CO_2 气田中，含 Cr 的不锈钢有较好的耐电化学腐蚀性能。许多研究表明，腐蚀速率随着钢中 Cr 含量的增加而减小。9Cr-1Mo、13Cr 和高 Cr 的双相不锈钢等均已成功地用于含 CO_2 油气井井下管串，但当油气中还含有 H_2S 和 Cl^- 时，应注意这些含 Cr 钢对 SSC 和氯化物应力腐蚀的敏感性。

中国石油天然气集团公司设于西南分公司的重点实验室模拟克拉 2 气田的运行条件选取了多种管材进行大量对比试验，为优选管材提供了可靠数据，最终确定集输管网选用 22Cr 双相不锈钢管材，从材质上解决了腐蚀问题。

2) 选用缓蚀剂

由于在 CO_2 腐蚀环境中，若全部选用含 Cr 钢，特别是高 Cr 双相不锈钢，其成本太高，对集输管道或大型设备也不太经济合理，故缓蚀剂的应用是常用的防护措施之一。使用缓蚀剂不需复杂的设备，且用量小，因此缓蚀剂防护是一种经济效益显著的金属防护方法。

3) 非金属涂层的保护

CO_2 腐蚀环境的防护，采用非金属涂层来隔离金属管道和设备与腐蚀环境的相互作用也是常用保护方法之一。

由于在腐蚀环境中输送介质不同，气田各种设备、管道和储罐等对防腐涂料的要求也各有特点。非金属涂层可分为无机涂层和有机涂层：无机涂层包括化学转化涂层、搪瓷或玻璃覆盖层等，其中应用比较广泛的是化学转化涂层；有机涂层很多，包括石油沥青、环氧沥青、聚乙烯、聚丙烯、环氧树脂、聚氨酯、环氧粉末等，广泛用于天然气集输系统。

4) 电化学保护

一般来说，设备或管道等的金属材料在 CO_2 介质中的腐蚀是一种电化学腐蚀，腐蚀速率和该介质中金属材料的电化学特性有密切的关系。根据 CO_2 腐蚀的电化学原理，改变金属材料的某些电化学参数，如施加一定的电流密度、电位来抑制或减轻 CO_2 腐蚀的危害性，这就是电化学保护。在 CO_2 腐蚀环境中电化学保护只宜采用阴极保护法。

5) 控制环境因素

与 H_2S 防护相同，脱水、脱 CO_2 及改变气质中造成电化学腐蚀的条件，也可降低或消除 CO_2 腐蚀，另外应尽可能避免在 CO_2 腐蚀敏感区操作。

3. 抗硫化物应力腐蚀开裂

抗硫化物应力腐蚀开裂(SSC，Sulfide Stress Cracking)的措施有：

(1) 选用抗 SSC 的金属材料，控制管道、设备的制作和安装工艺；

(2) 控制环境因素；

(3) 热处理工艺、冷加工能强烈地影响碳钢和低合金钢的 SSC 敏感性。

4．对 HIC(氢致开裂)的防护措施

降低钢材从环境中吸收氢的含量和提高钢材产生 HIC 的最低极限氢含量是控制管道和容器发生 HIC 的两个有效途径，具体措施如下：

1) 提高热轧板的抗 HIC 性能

净化钢水，降低硫含量和加钙处理，可降低钢中 MnS 等非金属夹杂物的含量和控制其形态，对提高热轧板的抗 HIC 能力非常有效。降低碳含量，控制珠光体带状组织的生成。降低易偏析的锰、磷等元素的含量，避免其在中心偏析区生成低温转换的硬显微组织。控制轧制工艺、采用快速冷却方法以获得均匀的显微组织。对于 pH 值等于或大于 5 的环境，添加铜可使钢材表面形成保护膜，从而抑制氢进入钢中。

2) 降低从环境中吸收氢的含量

控制金属表面的腐蚀反应可降低环境中氢的来源。为此，处理含 H_2S 天然气的管道和容器应尽可能避免积水或沉积物，必要时应采取定时清除措施。现场调查表明，腐蚀严重部位的 HIC 也显著。添加缓蚀剂以减缓腐蚀反应，也可降低可供钢吸收的氢原子。

3) 采用内壁涂层

涂层可以起到保护钢材表面不受腐蚀或少受腐蚀的作用，从而降低氢原子的来源；涂层还可以起到阻止氢原子向钢中渗透的作用。

5．碱脆的安全防护

各种醇胺在纯溶剂状态时一般都不具有腐蚀性，但醇胺溶于水后，会离解出大量的 OH^-，使钢铁表面生成 $Fe(OH)_2$ 或 $Fe(OH)_3$ 而被腐蚀，如果钢铁同时存在着一定的应力，则可能发生应力腐蚀开裂，即所谓“碱脆”。一般说来，所用醇胺的碱性越强，溶液浓度越大，温度越高，失重腐蚀越大，而“碱脆”则和金属材料所承受的应力有关，应力越大，碱脆的可能性越大。

6．管道的外腐蚀保护

防止管道外腐蚀多采用管道外壁绝缘层和阴极保护相结合的方法。

1) 外壁绝缘层的选择

管道外壁绝缘层的基本要求是：与金属有良好的黏结性；电绝缘性能好，有足够的耐压强度和电阻率；具有良好的防水性和化学稳定性；有足够的机械强度和韧性；耐热和抗低温脆性好；耐阴极剥离性好；抗微生物腐蚀(细菌腐蚀)；破损后易修复，价廉和便于施工。

目前可供选择的防腐绝缘层的种类繁多，主要有石油沥青、煤焦油磁漆、环氧煤沥青、聚乙烯胶粘带、聚乙烯、环氧粉末等。每种防腐层都有一定的适用范围，选择的基本原则是确保管道外壁防腐绝缘性能良好，再考虑施工方便、经济合理等因素，通过技术经济综合分析选择最佳方案。

在多石地段或河流穿越地段，应选用机械强度较高的熔结环氧，挤涂聚乙烯或双层、三层聚乙烯防腐绝缘层；在氯化物盐渍土壤地段应选用熔结环氧，挤涂聚乙烯及煤焦油磁漆等耐 Cl^-腐蚀的防腐绝缘层；在沼泽地段，应选用长期耐水、耐电化学腐蚀的挤涂聚乙

烯或煤焦油磁漆防腐绝缘层；在碳酸盐含量高的土壤中，可选用耐CO_3^{2-}(碳酸根)腐蚀的石油沥青和聚乙烯粘胶带；在输送介质温度高的条件下应优先选用熔结环氧或改性聚丙烯等耐温性高的材料为防腐绝缘层。

2) 阴极保护

阴极保护的方法通常有牺牲阳极法和强制电流法两种。对于有些金属构件在排除杂散电流过程中，保留有一定的负电位，得到了阴极保护，所以排流保护也是一种限定条件下的阴极保护方法。

在电化学腐蚀方法中，阳极腐蚀而阴极不腐蚀。利用这一原理，选用电位较负的金属材料作为牺牲阳极，使其在电解液中与被保护的金属构件相连接时，牺牲阳极优先溶解，释放出的电子使金属构件阴极极化到所需的保护电位而实现保护，常用的有镁基、锌基或铝基牺牲阳极。

具体操作中，用外部的直流电源作阴极保护的极化电源，将被保护的金属构件与外加电源负极相连，而将电源的正极接至辅助阳极，在电流的作用下金属构件发生阴极极化，从而实现阴极保护。

7. 在线腐蚀监测技术

1) 腐蚀挂片试验法

腐蚀挂片试验法是一种最古老而简单的腐蚀监测方法。挂片法的主要优点是可采用许多不同的材料暴露在同一位置进行腐蚀试验，也可采用单一材料来监测腐蚀速率的变化，它在禁用电器仪表的危险地区很有用处。其局限性是不能确定工艺参数在短时间内变化时的腐蚀情况，而且挂片周期较长(一般在30天以上)。这是由于试片开始时的腐蚀速率一般较快，而后与环境慢慢达到平衡。如果周期过短，得出的腐蚀率将大于实际的腐蚀率(H_2S介质中碳钢的电化学腐蚀速率即有此现象)。此外，在试片清除腐蚀产物时，实际上难免有少许金属基材和腐蚀产物一起被清除，挂片时间短，金属腐蚀损耗少，试验的误差就大。

2) 电阻法

腐蚀监测电阻法常被称为可自动测量的挂片法。其主要特点是能在液相(不论溶液是电解质还是非电解质)环境中测定，也可在气相环境中测定。其方法简单，易于掌握和解释结果。配上自控系统后可以连续读数，通过精密的数据处理可以在几个小时内确定腐蚀速率的变化。电阻法目前在国内外已经发展成为一项应用非常普遍的成熟的在线腐蚀监测技术。

电阻探针可以在生产过程中连续测定指定部位的腐蚀率，不需要取出探针及清除探针表面的腐蚀产物，直接由仪表读出腐蚀速度，灵敏度较高，但该方法计算得到的腐蚀速率和实际情况有时不够吻合。这种方法只用于监测腐蚀造成的总结果。

3) 线性极化电阻法

在腐蚀监测中，线性极化电阻法是目前最常用的金属腐蚀快速测试方法。

线性极化电阻法只适合在电解中发生电化学腐蚀的场合，基本上还只能测定全面腐蚀(均匀腐蚀)，这就限制了它的使用范围。线性极化法的优点是测量迅速，可以测得瞬时腐蚀速率，比较灵敏，可以及时地反映设备与管道操作条件下的腐蚀速率，是一种非常适用于在线监测的方法。

6.4.5　油气集输系统 H_2S 中毒的安全保护

1. H_2S 中毒的症状与预防

H_2S 为无色，低浓度时带有臭鸡蛋气味的气体，高浓度时易使嗅觉麻痹，故难以凭嗅味强弱来判断其危险浓度。当 H_2S 浓度大于 1000 mg/m^3，人会发生“电击样”中毒，几秒内接触者会突然倒下，停止呼吸，此时心脏尚可搏动数分钟，如果立即进行人工呼吸，可望获救，但常因抢救失误、时间延误，无一生还。

1) H_2S 中毒后的主要症状

(1) 轻度中毒：患者吸入 H_2S 后，有呼吸道刺激症状，如咽痒、胸部紧迫感、咳嗽，眼灼热和刺痛、流泪等。

(2) 中度中毒：吸入 H_2S 浓度较高时，可引起头痛、眩晕、恶心、呕吐、畏光、眼睑痉挛、流泪，患者在光源周围看到有色光环、剧烈而持久地咳嗽。

(3) 重度中毒：吸入高浓度 H_2S 的患者，往往立即发生头晕、心悸、谵妄、烦躁、抽搐，并迅速进入昏迷，出现呼吸和循环衰竭、休克，最后因呼吸中枢麻痹而死亡。有些患者昏迷与抽搐可持续数小时，或者反复发作，有的患者会出生细支气管炎或肺水肿。

2) 预防 H_2S 中毒的措施

(1) 加强密闭、通风，经常测定车间的 H_2S 浓度(可用醋酸铝钠滤纸测定，滤纸变黑色即说明其存在)。

(2) H_2S 排放之前应采用净化措施通过碱液回收，含 H_2S 的废水可用氯化钙或硫酸铁和石灰的混合液中和；含硫化钠的废水应严格防止其与酸接触，以免释放出 H_2S。

(3) 加强个人防护。工人进入 H_2S 工作场所时，应先对环境毒情做检测，采取通风置换、戴防毒面具等措施；进入井、坑作业时，应带好和拴牢安全带，佩戴氧气呼吸器面具，保持联系，并应有专人监护。

(4) 对于有 H_2S 的生产活动，要按工艺严细操作，防止失控；对于回收 H_2S、检修、停车、开车和处理异常操作等，应有控制中毒发生的措施。

(5) 就业前要体检，就业后也应定期体检，对有神经、呼吸系统疾患，眼睛等器官有明显疾患者，不应从事 H_2S 的作业。

(6) 加强防中毒事故演习，避免一旦事故发生后危害扩大。

3) 发生中毒窒息事故后要科学救人

在深井、地窖、下水道及密封容器内发生中毒窒息事故时，必须马上对中毒者进行抢救，但救人时必须讲科学，必须有措施，如配备防毒面具、使用排风等。若无救人措施，中毒者不但救不出来，而且会中毒甚至死亡。近年来这样扩大伤亡的例子已经屡见不鲜，应引起高度重视。

2. H_2S 中毒事故特点

H_2S 中毒事故主要有以下特点：

(1) 夏季高温 H_2S 急性中毒事故易发。

(2) 发生 H_2S 中毒事故时伤亡人数较多。

(3) 中小企业 H_2S 中毒事故明显上升。

(4) 市政建设的中毒事故所占比例较大。

(5) 事故单位不严格遵守《职业病防治法》，无视劳动者健康权益，作业场所环境恶劣，卫生防护设施差甚至无任何卫生防护设施，职业卫生管理制度不落实。

(6) 劳动者缺乏健康权益意识和自我保护意识，违规、违章操作造成H_2S中毒事故。

因此，预防和减少H_2S中毒，需要从各个环节切实加强对H_2S危害因素的防范，同时广泛普及各种常见职业危害的预防知识，努力提高劳动者的法律意识和对职业中毒事故的防范能力，只有这样才能有效避免职业中毒事件的发生。

3．H_2S中毒安全保护技术

在含有H_2S有毒气体的油气集输系统生产作业时，所有生产作业人员都应该接受H_2S防护的培训；来访者和其他非定期派遣人员在进入H_2S危险区之前，应接受临时安全教育，并在受过培训的人员的随同下，才允许进入危险区。

H_2S作业现场应安装H_2S报警系统，该系统应能声、光报警，并能确保整个作业区域的人员都能看见和听到。第一级报警值应设置在阈限值(H_2S含量为15 mg/m^3(10×10^{-6}(wt%)))，达到此浓度时启动报警，提示现场作业人员H_2S的浓度超过阈限值，应采取相应措施；第二级报警值应设置在安全临界浓度(H_2S含量为30 mg/m^3(20×10^{-6}(wt%)))，达到此浓度时，现场作业人员应佩戴正压式空气呼吸器，并采取相应措施；第三级报警值应设置在危险临界浓度(H_2S含量为150 mg/m^3(100×10^{-6}(wt%)))，报警信号应与二级报警信号有明显区别，应立即组织现场人员撤离作业现场。

应在作业现场有可能出现H_2S气体的部位安装固定式H_2S探测仪，此外还应配备便携式H_2S探测器；在作业人员易于看到的地方应安装风向标、风速仪等标志信号。

在作业现场，应根据现场作业人员情况配备相应数量的正压式空气呼吸器和空气补充装置。正压式空气呼吸器应存放在人员能迅速取用的安全位置，并应配备备用的正压式空气呼吸器。危险区通风设备的动力应符合防爆要求。在有可能形成H_2S和SO_2聚集的地方应有良好的通风。

思考题

1．简述原油集输站的主要任务。

2．原油稳定工艺有哪几种？并简述其流程及安全因素。

3．论述油气分离、原油加热、原油脱水和原油外输的安全管理要求。

4．简述惰性气体保护系统。

5．简述天然气集输系统的构成。

6．天然气处理装置有哪几种？并简述其流程及安全要点。

7．简述天然气脱水的方法及原理。

8．简述油气集输站防火防爆的安全要求。

第 7 章　油气管道的安全与管理

7.1　油气管道的特点及安全管理的重要性

长距离输送管道具有密闭性好、自动化程度高等特点，其安全性优于铁路、公路、船舶运输等方式。随着我国经济的飞速发展及市场、战略规划等对石油天然气需求的增长，近十年来，我国油气管道建设突飞猛进，陕京管线、涩宁兰管线、兰成渝管线、西气东输管线、川气东送管线、中哈管线、西气东输二线、中缅管线、陕京三线、榆济管线等十几条重要油气管线相继建成。截至 2012 年底，我国已建成的石油、天然气管道总长度达到 90 000 km，预计未来十年，我国还将新建油气管道 50 000 km。

长输管道已成为我国能源供应的大动脉，其安全运行直接关系到国民经济健康发展和社会稳定。由于输送介质的易燃、易爆、易挥发、有毒等特点，一旦系统发生事故，泄漏的油气极易起火、爆炸，不但会酿成人员伤亡及财产损失，而且会带来严重的自然环境灾害。保证油气管道的安全运行，防止各种事故发生并减少事故损失，是油气管道安全管理的主要任务。油气管道安全管理应用安全工程的理论、方法，分析和研究管道中不安全因素的内在联系，检查各种可能发生事故的概率及其危害程度，对风险作出定性及定量评价，在一定投资、生产成本等约束条件下，把发生事故的可能性及造成的损失降低到目前可以接受的水平。

7.1.1　输油管道的特点及安全管理的重要性

1. 输油管道的特点

原油的外输主要有四种：汽车运输、火车运输、船舶运输和管道输送。这四种运输方式中，以管道输送最为安全、经济适用。输油长输管道从安全、经济、方便等方面综合考虑，有以下五个方面的特点：生产连续运行、工作压力高；外输能力大，便于管理；密闭输送，无噪音、无污染、隐蔽性好且受地理环境影响的因素少；能耗少、运费低、运行周期长；输送安全、方便等。

输油管道系统由输油站和管道两部分组成，一般长达数百公里，沿线设有首站(起点站)、若干中间站和末站。首、末站的位置依管道特点而不同，如原油管道，其首站一般位于油田，末站一般为港口、炼厂等，首站的任务是收集原油，经计量后输往下站，末站的任务是接收来油和向用油单位供油。一般首、末站均设置油罐进行储油。

根据管道的操作特点不同，可把长输管道分为：常温输油管道、加热输油管道、顺序输送管道。

(1) 常温输油管道是在管道敷设的沿线不加设任何加热装置，油品温度近似于管道的环境温度。这种输送方式适用于成品油、轻质油和低粘度、低凝固点的原油，有一定的局限性。

(2) 加热输油管道是在管道敷设的沿线安装许多加热站(加热炉)，对管道内的原油进行加热升温，使管道内油品的最低温度始终保持在规定的范围内。加热输油管道适用于输送高粘度、高凝固点的油品。

(3) 顺序输送管道是把多种不同性质的油品利用同一管道进行分批输送。顺序输送可以充分利用管道和设备的输送能力，减少管道投资和外输成本。它适用于年输送能力小，外输油品种类多的企业。在顺序输送过程中，存在混油和切换流程的问题。

长输管道的输油工艺流程主要有两种：从泵到泵输送流程(闭式流程)和旁接油罐流程。从泵到泵密闭工艺流程与旁接油罐流程的主要区别是取消了中间站的旁接油罐，全线密闭相连，形成一个统一的水力系统，克服了旁接油罐流程的许多缺点。但若采用这种流程，当管道输送能力突然变化时，如电力供应中断导致某中间站停运或机泵故障使某台泵机组停运、阀门误开关或管道某处堵塞、管道某处漏油等，产生的水击压力波会以 100 m/s 左右的速度沿管道传播，造成管内液体的压力脉动。

2. 输油管道安全管理的重要性

长距离输油管道是大口径、长距离、高压力的大型管道系统，肩负着为国民经济健康快速发展提供能源保障的重要责任，它们的安全运行有重大的社会和经济意义。在长输管道的建设、管理过程中，工作稍有不慎或其他意外原因，都有可能给管道留下事故隐患或导致泄漏、火灾、爆炸等事故，给国家和企业造成重大的经济损失。因此，分析长距离输油管道的事故原因，了解长距离输油管道的安全特点，总结经验教训，从而找出问题、加强管理、防止和消除事故的隐患，是各输油企业的一项重要任务。

当管道的泄漏、火灾和爆炸等事故发生在人口稠密地区或重要设施附近时，将会带来生命、财产的巨大损失；当事故发生在边远的荒漠、山区时，又往往因消防力量不足或水源较远等条件限制造成扑救困难。输油管道的这些事故不仅会造成人员伤亡和直接经济损失，而且会带来上游的油气田和下游的工矿企业停工减产等间接损失。同时，输油管道事故还可能污染环境，给公共卫生和环境保护带来较长时间的负面影响。在社会日益重视公众安全和环境卫生的背景下，油气管道系统的安全受到了更为广泛的关注。

7.1.2 输气管道的特点及安全管理的重要性

1. 输气管道的特点

天然气管道是油田伴生气和气田气集输管道，其中从油气分离器至净化、脱水站的伴生气集输管道和从气井井口至净化、脱水、脱轻质油前的管道均为湿气集输管道，经净化、脱水、脱轻质油以后的输送或输配气管道为干气输气管道。天然气输气管道就是把集气站收集到的油田气层气、伴生气，进行净化、脱水及经过深冷、分离等初加工处理后，利用压缩机加压以后输送给用户的管道。天然气输气管道适用于经过气相、液相和固相分离后的干气输送。这样，可减少气体中液相、固相对管道的冲蚀、腐蚀和磨损，有利于管道安全运行。

输气管道的特点是：管径大、管线长、工作压力高、连续运行、输气量大。目前我国输气管道最大管径为 1016 mm，工作压力高达 10 MPa，长达数千公里。国外大型输气管管径达 1420 mm，工作压力 7～8 MPa，年输气能力可达 $300 \times 10^8\ m^3$。与输油不同，天然气的管道输送必然是上、下游一体化的，开采、收集、处理、运输和分配是在统一的连续密闭的系统中进行的。

2．输气管道安全管理的重要性

近几年来，陕京、陕京二线、西气东输等天然气管道相继投产，我国天然气管道数量呈飞速增长趋势，其安全运行对国民生活和经济的发展都有着举足轻重的作用，但由于管输天然气具有易燃、易爆、有毒的特性，一旦天然气管道发生失效泄漏，就会发生火灾、爆炸事故，导致人员伤亡和严重的财产损失。当管道经过无人或人烟稀少地带时，由于联防力量不够，人员少，管道的巡护、联防会出现“管理盲区”，某些事故隐患不能被及时发现。若管道经过城镇居民生活区和工业用电服务区，则沿线地区多为后果严重区，一旦事故发生，造成的人员伤亡和经济损失及环境污染将不堪设想。

可见，由于输气管道穿越区域具有地质地貌环境复杂、人口稠密、社会依托条件差、事故处理响应时间长、抢险交通条件较差、事故直接损失和事故处理费用都较大、复杂的地理环境和社会环境使得出现事故时难以实施抢修等特点，因而对输气管道进行安全管理是一项非常重要的工作。为了保证输气安全，应保证管材质量及焊接质量，重视输气管道运行安全及控制管道、设备的腐蚀。为了确保输气管道安全可靠地运行，必须从设计、施工、投产试运、日常运行管理、维修等各个环节切实抓好安全工作，严格遵守有关的安全规范及安全管理规定。

7.2　油气管道事故分析

输油管道事故主要包括管道穿孔、断裂、冻堵、结蜡、凝管及跑油、火灾、泄漏等类型。天然气管道事故主要是指天然气泄漏并影响输气的管道失效事件。天然气管道失效，是指天然气管道不能按计划实现其输送功能，主要包括管道意外泄漏、管输系统失去完整性、不满足输量要求等。

7.2.1　输油管道的事故统计分析

1．输油管道泄漏事故案例分析

1984 年 8 月 13 日铁秦线大石河发生管道断裂事故。铁秦线在 448 号里程桩处穿越大石河，由于地方年年从河道下游取沙，汛期水库放水使上游沙石流失，河床逐渐降低。为了保护管道，1980 年管线运营管理单位在西岸主河道管段上部压 220 m 石笼，东岸采用水工护堤保护。1984 年 8 月 9 日至 10 日，秦皇岛管辖区普降暴雨，使石河水库蓄水猛增，超过安全极限水位，在三次放水之后，最终还是发现管道断裂，近 3000 t 原油冲入大海，造成重大环境污染。

这次事故表明，设计施工阶段要充分考虑管线穿越河道的汛期冲刷强度及下游存在的挖沙取土情况，保证管道穿越段的埋深并完善管线的水工保护设施。管道营运单位在汛期要与地方水利部门加强联系沟通，同时加强管线穿跨段的巡线工作，及时发现和处理险情。

事故发生后要立即关断上游的线路截断阀，以尽量减少油品损失及对环境的污染。

2．输油管道事故统计

表 7-1 列出了欧洲和美国 1971—1995 年输油管道事故统计数据的原因分类。

表 7-1 欧洲及美国输油管线的事故统计(1971—1995 年)

破坏原因 / 比例 / 国家	外力损伤	腐蚀	机械损伤	操作失误	自然灾害	其他
欧洲	33%	30%	25%	7%	4%	1%
美国	34%	33%	18%	2.5%	4.5%	8%

由表 7-1 的管道事故率统计可见，欧美国家输油管道事故原因主要是外力损伤，腐蚀和机械损伤。

外力损伤中，一种是指由于外部的活动，如工业、道路建设、爆破、开挖、管道施工、维修等活动引起的意外损坏；另一种是第三方恶意损坏，例如近年我国发生的打孔盗油事件属于后者。管材及管件的机械损伤往往是由材料损伤或施工损伤引发的，除了管壁变形、凹陷等引起的泄漏外，较多事故发生在阀门、法兰等管件上，站场内的泄漏较多集中在这些部位。管道内、外腐蚀引起的泄漏事故中，输油管道外腐蚀泄漏占主要地位。腐蚀事故多发生在管子的焊缝、管道穿(跨)越处、防腐层口处的管段上，因为这些部位都易于产生管材损伤、应力集中、焊接缺陷及防腐层破损。自然灾害主要是由于地震、塌方、泥石流、洪水、雷击等造成的管道损坏。

表 7-2、表 7-3 列出了 1970—1990 年我国输油管道事故统计数据。

表 7-2 我国东部输油管道的事故统计(1970—1990 年)

破坏原因	外部干扰	设备故障	腐蚀	违规操作	施工、管材	其他
比例/(%)	8.3	30.3	21.3	20.5	8.5	11.1

表 7-3 我国输油管线设备事故统计(1970—1990 年)

分类	加热炉	阀门	泵机组	油罐	电气设备	其他
比例/(%)	31.6	26.8	21.0	11.6	7.9	1.1

由表 7-2、表 7-3 可以看出，这二十多年中我国输油管道事故原因主要是设备故障、腐蚀、操作失误，其次是外部干扰和施工、管材质量问题。我国输油管道事故的主要原因与欧美不同，是因为东部管线多建设在 20 世纪 70—80 年代，受到当时经济、技术水平的限制，在设备、材料及施工质量、自动控制等方面与国外先进水平有较大差距。

20 世纪 90 年代以来，随着新建的大型油气管道在设计、材料设备、施工等方面技术水平的大幅提高，设备故障及操作失误的事故率下降。社会环境危险因素(人为外力破坏)已成为长输管道泄漏、火灾、爆炸事故的主要原因之一。

3．输油管道事故分析

输油管道事故泄漏可能引起火灾、爆炸，造成人员伤亡及财产损失。泄漏不仅使所输油品大量流失，而且由于漏出的油品往往会污染河流、地表和地下含水土层等，给生态环境和社会环境带来巨大的影响。

输油管道的事故原因总结起来可分为以下五个方面：

1) 设备故障

设备故障引起的事故在各类事故中是最多的，占总次数的三分之一。该类事故可详细分为加热炉、泵、阀、油罐、电器等设备故障。加热炉(包括燃油管道)发生的事故比例为31%，其中以炉管和燃油管的腐蚀穿孔引起的事故最多；机泵和阀门的故障多表现为密封问题、漏油事故和设备附件质量问题(如盘根箱不合格、电机质量差等)；油罐问题以罐子底板或加热盘管的腐蚀引起的事故最多；电气设备是以质量问题为主，如 60 kV 开关内拐臂折断造成停泵，电机的电缆头仅运行了 55 小时就烧坏等。

2) 管道腐蚀

从表 7-1、表 7-2 的统计结果可以看出，腐蚀引起的事故在各类事故中所占比例为第二位。管道腐蚀的主要原因有：

(1) 防腐层施工质量差，在开挖检查几条长输管道腐蚀状况时发现，有些管段的沥青防腐层没有包敷工业膜或沥青防腐层涂敷不均，最薄处仅 1 mm，多处为 2～3 mm。

(2) 管道穿过的地段土壤性质差别大，易形成氧浓差电池，使部分管段出现局部腐蚀。

(3) 防腐层补口不合格，严重影响了防腐质量。

(4) 防腐材料的耐老化性较差。我国的大部分输油管道使用石油沥青作为防腐材料。泰京线在运行六年后，防腐层老化、龟裂、脱壳，而且龟裂现象相当普遍且严重。

(5) 阴极保护率不足，石油沥青涂层剥离后进水，老化后绝缘电阻降低致使管道阴极保护效果下降；有的阴极保护没有做到与管道同步投产；沥青防腐层施工质量不高，使得管道在投产初就遭到腐蚀；阴极保护设施的人为破坏及停电等。

3) 违规操作

结合表 7-1、表 7-2 可以看出，我国违反操作规程引起的事故所占比例为第三位，同欧美等发达国家有相当大的差距。此类事故主要是由于上岗人员责任心不强、安全意识淡薄、没有认识到严格执行操作规程的重要性，还有部分事故是由于技术人员及工人的业务素质不高所致。

4) 外部干扰

输油管道的外力破坏主要指在外力的作用下使输油管道或设备受到的破坏，其主要原因包括：

(1) 自然界产生的外力使管道变形或破裂；

(2) 管道职工人为使管道或设备破损；

(3) 非管道职工人为对管道或设备的破坏。

5) 施工以及管材问题

(1) 管口焊接质量问题。近些年来管口焊接质量虽有提高，但由于质检不严、焊工技术水平较低或质量意识差，加上一部分管口在运输过程中没有保护好而导致质量问题。

(2) 挖沟、下管、回填等没有严格按照施工规程进行，使管道防腐层在运行前就遭到破坏。

7.2.2 输气管道的事故统计分析

1．输气管道事故典型案例

案例一：加拿大 Manias 输气管道起火事故

在加拿大西部不列颠哥伦比亚省圣约翰附近，西岸能源公司所属 Manias 输气管道的一条输送含硫天然气的进气支线(管径 219 mm)在 1997 年 4 月 30 日上午 7 时 55 分发生爆裂起火。在圣约翰的管道控制中心，SCADA 系统显示 Manias 管道一条进气支线的进气截断阀因低压自动关闭。7 时 55 分和 8 时 05 分控制中心两次通知供气单位停止向 Manias 管道供气，但是由于供气单位的阀门没有遥控系统，只能派人到井口操作才能停气。8 时 45 分西岸能源公司的人员乘直升机赶到现场手动关闭一个截断阀，9 时关闭了另一个截断阀。此次事故烧掉含 H_2S 天然气 $8.5\times10^4 m^3$。由于泄漏的含 H_2S 天然气全部被烧掉，没有造成人员伤亡。

爆管位置在管道穿越一条河流的岸边，事故原因是由于当地连续三年大雨，当年又下了大雪，可能触发了河岸原有滑移体的突然快速移动，因而顺管道方向发生大滑坡位移达 7 m 以上，管道和土壤相互作用致使管道轴向受压拱起并被挤扁，管道由于受力过度造成沿焊缝开裂。

案例二：四川威成输气管道两次爆炸事故

1971 年 5 月 22 日深夜，我国四川威成输气管道的越溪段在正常运行中管线突然爆管，气流将管子沿焊缝平行方向撕裂，重达 201 kg 的管子碎片飞出 151 m 远。气流冲断了 10 m 外的输电线并起火。火灾使 50 m 以外两栋宿舍着火，伤 26 人，死亡 4 人，停输两天。抢修后换上新管段，运行 7 个多月后，1972 年 1 月 13 日，同一部位第二次爆管。经查明这是由严重的内腐蚀引起的，腐蚀速度达到了 2.6～10.4 mm/a(“a”即“年”)。这是由于投产一年后，沿线接入了含 H_2S 天然气，管中的 H_2S 含量有时达到 60 mg/m^3，而爆破段为一下凹的弯管。

对第二次爆破的残骸分析后确认：

(1) 腐蚀破裂发生在管内水浸区，在水浸区外的管内壁腐蚀均微弱。腐蚀最为严重的部位是气、水交界带上。积水是导致腐蚀破裂的关键因素。

(2) 管内发现大量黑色腐蚀产物，经分析主要是各种不同结构的硫化铁，可见尽管该管线输送的天然气中 CO_2 含量为 H_2S 的 20 多倍，但腐蚀仍以 H_2S 为主。

为了防止再次发生腐蚀爆管事故，对此管线进行了全面改造，清除积水段，并定期通球清管和注入缓蚀剂。一直运行至今，再未发生过此类腐蚀破裂事故。

上述事故举例及研究表明，输气管道爆管一般均会着火，多数会发生爆炸，若扑救不及时还会引发次生灾害。例如，若管道的干线截断阀因故关闭不及时，将延长泄漏时间、增大泄漏总量，使火灾扑救困难，可能因大火、高温、强烈热辐射引发次生灾害。

2．输气管道事故统计

美国运输部(DOT)研究与特殊项目委员会(RSPA)将各种失效原因分为五大类，分别是外力、腐蚀、焊接和材料缺陷、设备和操作以及其他。

虽然干线输气管道事故的主要原因在各地区、各国中所占的比例不同，即事故主要原因的前后排序不同，但主要原因均为外力、腐蚀、材料缺陷和施工缺陷。

据资料报道，在 1981—1990 年 10 年间，前苏联由于各种原因造成干线输气管道事故的总次数为 752 次，平均事故率为 0.4 次/(10^3 km · a)。事故统计结果见表 7-4。

表 7-4　前苏联干线输气管道的事故统计(1970—1990 年)

破坏原因	外部腐蚀	内部腐蚀	外部干扰	施工、误操作	材料缺陷	其他
比例/(%)	33	6.9	16.9	21.5	15.6	5.3

从上表可以看出，在前苏联的管道事故中约有 30%～40%是由腐蚀引起的。其中外部腐蚀是所有管道事故中事故率最高的，也是造成干线天然气管道事故的最主要原因。虽然腐蚀造成的事故率较高，但每年的事故总次数在减少，这主要得益于以下原因：① 俄罗斯已对腐蚀问题引起了高度的重视，相应地提高了管道防腐材料等级和施工建设标准；② 随着天然气需求量的增长，管道敷设口径的不断增大，管壁厚也随之增加；③ 近年来俄罗斯输气部门采取了一些从根本上改进输气管道防腐现状的措施，政府投入资金建设新型的三层复合防腐层作业线，提高了防腐等级和防腐层质量。

美国能源部曾对 1970—1984 年间运营的天然气干线管道事故进行过统计分析。事故统计结果见表 7-5。

表 7-5　美国输气干线运营事故统计(1970—1984 年)

破坏原因	外力	材料损坏	腐蚀	材料结构	结构或材料	其他
比例/(%)	53.5	16.9	16.6	4.8	0.8	7.4

在 1970—1984 年间，美国天然气长输及集输管道共发生 5872 次事故，年平均事故 404 次，事故率为 0.74 次/(10^3 km · a)。在引起事故的原因中，外部干扰、材料缺陷、腐蚀是造成天然气管道事故的几个主要原因。管材失效造成的事故主要发生在新管道上，而腐蚀造成的事故多发生在旧管道上。第三方、管材失效和腐蚀原因造成的事故占绝大多数，而腐蚀的 80%是外壁腐蚀造成的。有阴极保护的管道腐蚀事故频率是无阴极保护管道的 1/6。同时，管壁随着管径增加而变厚，因而不易受外力影响，事故频率明显下降。大口径管道管材失效和施工缺陷是最常见的事故原因。

由于我国管材生产技术、施工质量等条件的制约以及输送介质具有高腐蚀性等原因，我国管道事故率比发达国家要高。近 30 年来，欧洲、前苏联、美国等输气管道事故率分别为 0.42、0.46、0.60 次/(10^3 km · a)，总平均值大致为 0.50 次/(10^3 km · a)。我国四川地区 12 条输气管道每 10^3 km 的年平均事故率为 4.3 次，我国东北和华北地区输油管道每 10^3 km 的年事故率超过 2.0 次。表 7-6 为 1969—2003 年四川地区输气干线运营事故统计数据。

表 7-6　四川输气干线运营事故统计(1969—2003 年)

破坏原因	腐蚀	施工缺陷	外部影响	材料缺陷	地表移动	其他
比例/(%)	39.5	22.7	15.8	10.9	5.6	5.5

由于四川地区大部分输气管道已接近或超出服役期，加之早年施工技术水平及材料问题使得管道的腐蚀问题日益凸现，因此，腐蚀造成的事故占第一位，其次为施工缺陷和外

部影响，管道的第三方破坏事件日益严重也是值得关注的问题。

3. 天然气管道事故分析

一般来说，天然气管道在试压投产运行后，其事故率都会经历“浴盆曲线”的三个阶段，即管道投产初期的事故多发阶段，管道进入稳定工作期的事故率稳定阶段，因管子结构和管道设备老化导致事故率上升的阶段。“浴盆型”管道事故曲线见图 7-1。

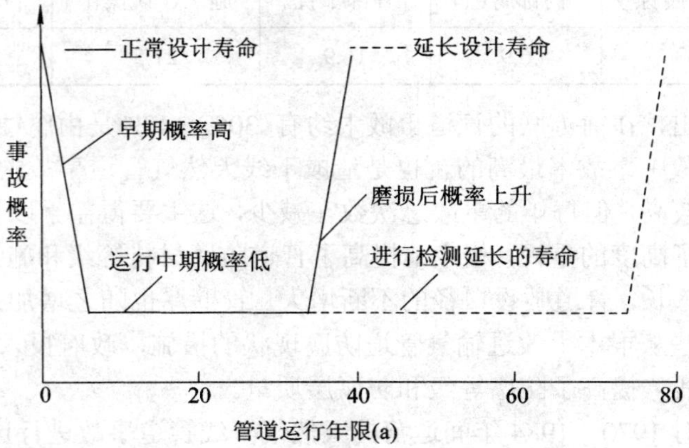

图 7-1 “浴盆型”事故曲线图

管道投产初期的事故多发阶段一般是在半年至两年时间内，这期间管道首先暴露的是其内在质量隐患，包括管材质量、设计缺陷、焊接质量和施工质量问题。在管道寿命期的事故统计中，第一阶段的事故占据主要份额；第二阶段为中间稳定工作期，可持续 15 年～20 年，这一时期的运行环境对管道造成危害的事故较明显，如腐蚀、外力影响的损坏等，这与施工质量、输送介质及防腐层的选择有关；第三阶段管道老化，达到设计寿命后期，因腐蚀及磨损，此阶段的事故曲线明显上升。管道操作者和管理者采用此曲线，其目的在于通过先进的检测和维护手段，借助管道系统的可靠性分析研究来尽量延长图 7-1 中的低概率部分，使管道的设计寿命延长到 80 至 100 年。

造成天然气管道事故的原因主要有以下几类：外界干扰、腐蚀、施工缺陷和材料失效、焊接、地面运动。

1) 外部干扰

外部干扰主要指因外在原因或由第三方的责任以及不可抗拒的外力而诱发的管道事故，它是造成天然气管道泄漏事故的主要原因之一。外部干扰是引起欧洲和美国天然气管道事故的第一大原因。由外部干扰引起事故的发生频率与管道直径、壁厚和管道埋设深度有着密切的关系，因为管径越小，管道的埋设深度越小；管壁厚度越小，管道越容易在第三方施工作业过程中被破坏。随着大直径、高强度钢的使用，管道事故率逐年下降。

2) 腐蚀

腐蚀是造成天然气管道事故的主要因素之一。腐蚀可能使管道壁厚大面积减薄，从而导致管道过度变形或破裂，也有可能直接造成管道穿孔或应力腐蚀开裂，引发漏气事故。1981—1990 年，前苏联因腐蚀造成的管道事故次数累计为 300 次，其中内部腐蚀和磨蚀引起的事故 52 次，占事故总数的 6.9%；外部腐蚀引起的事故 248 起，占 10 年中全部事故总数的 33%，是所有天然气管道事故中事故率最高的，也是造成干线天然气管道事故的最主要原因。腐蚀也是欧洲输气管道泄漏的主要原因之一，且常发生在中、小管径的薄壁管上，但从 20 世纪 80 年代开始，管道腐蚀事故率明显降低，且仅表现为针孔裂纹，因而不会导致气体大量泄漏。随着防腐保护材料的不断发展，通过采用防腐性能优良的防腐层，加强日常管道维护和监测，改进阴极保护措施等手段，使管道的腐蚀状况得到了一定的改善。

3) 材料失效和施工缺陷

材料失效和施工缺陷也是造成天然气管道事故的主要原因之一。管材本身质量差所引起的事故一般由金属缺陷所致，主要由管材卷边、分层、制管焊缝缺陷、管段热处理工艺有误等造成。管道施工缺陷主要是指管道施工过程中，因某些原因造成管道刮伤及擦伤或违反和不严格遵守操作规程造成的损伤缺陷等。

7.3 输油管道生产运行的安全技术

7.3.1 输油管道投产的安全技术

长输管道施工完成后，要经过设备、流程试运转，全线投产启动过程，才能投入正常生产运行。

1) 准备工作

准备工作包括技术准备、物质准备、抢修准备等。

2) 泵站和加热站的试运投产

泵站和加热站的试运投产包括以下几个方面：

(1) 站内管道试压。站内高、低压管道系统均要进行强度和严密性试压，并应将管道试压和站内整体试压分开，避免因阀门不严影响管道试压稳定要求。站内高、低压管道系统整体试压前，应使用水或压缩空气将管内杂物清扫干净。不具备清扫条件时，对于直径在 529 mm 以上的管道，应在安全条件下再进行清扫、检查。

(2) 各类设备的单体试运。各类设备的单体试运包括输油泵机组试运、加热炉和锅炉的烘炉与试烧、油罐试水、消防系统试运、变配电系统试运以及管道自动控制系统的调试运行等。

(3) 站内联合试运。在管道试压和各类单机试运完成后，还需进行站内联合试运。联合试运前，先进行各系统的试运，如原油工艺系统、冷却水系统、供电系统、通信系统、压缩空气系统以及自动控制和自动保护系统等的试运。各系统试运完成后，进行全站联合试运，按正常的输油要求进行站内循环，倒换各种流程，观察站内各种工艺流程和设备运行是否正常，是否符合生产要求，同时对泵站操作人员进行生产演练和预想事故演练，从而为全线联合试运创造条件。

3) 全线联合试运

全线联合试运包括以下几个方面：

(1) 输油管道清扫。输油管道在站间试压和预热前，必须将管内杂物清扫干净，以免损坏站内设备和影响油品的输送。输油管道多采用输水通球扫线和排出管内空气。

输水通球过程中要注意观察发球泵站的压力变化，记录管道的输水量，用以判断球在管内的运行情况和运行位置。

清扫管道时，清管球在管内卡球是投产过程中较易发生的问题。卡球往往发生在施工过程中管道受外力破坏变形较大的位置，或者是管内有遗留的长木杆、钢筋等半径较小的弯头处。在气候寒冷的东北地区也曾发生管内存水冰封将球堵住的事故。

(2) 站间管道试压。

站间管道试压应用常温水作介质，不能用热水，以避免因热水降温收缩引起管道压力下降。管道试压采用在一个或两个站间管段静止憋压的方法。试压分强度性试压和严密性试压两个阶段。严密性试压取管道允许的最大工作压力；强度性试压取管道工作压力的 1.25 倍。试压压力以泵站出站压力为准，但要求管道最低点的压力不得超过管道出厂的试验压力。对于地形起伏大的管道，站间试压前必须进行分段试压且达到合格，确保处于高点位置管段的承压能力符合设计要求。对于热油管道，还应结合热水预热，按各站最大工作压力进行 24 h 的热水憋压输送。

4) 管道预热

对于加热输送高粘度、高凝点原油的管道，投油前需采用热水预热方式来提高管道周围的环境温度，使其满足管道输油的温度条件。

热水预热方式有两种：短距离管道可采用单向预热，长距离管道可采用正、反输交替热水预热。目前使用沥青防腐的管道，其热水出站温度最高不超过 70℃，热水排量根据供水和加热炉的允许热负荷确定，在可能的情况下应尽量增大管道的供热负荷，缩短预热时间。

管道预热过程中应注意如下几个问题：

(1) 防止加热炉炉管偏流和汽化。

当管道输量较小，加热炉炉管进、出口阀门开度不一样，炉进、出口管道或炉管内流动不畅时，很容易出现加热炉炉管偏流，进而导致液体汽化的事故。管内空气进入炉管也易造成气阻、偏流和汽化。为此要严密注意加热炉的运行情况，如果发现加热炉出口温度迅速上升，应立即适当加大通过该炉的流量，降低炉膛温度。对于中间站，在水头进入加热炉之前，应先倒通热力越站流程，待水头越过本站后再进行加热，严防管内空气进入加热炉。

(2) 防止热油管道产生过大的热变形。

热水预热时，管道受热膨胀会产生热变形，有时会拱出地面，有时甚至会造成管道、设备的强度破坏。为了防止管道的热变形过大，除了保证管顶覆土厚度和覆土密实度，增大管顶土壤正压力和摩擦力外，还应严格控制加热站出站温度，特别是要防止加热炉偏流和汽化造成的加热炉出炉温度过高。另外，对于小曲率半径的弯头，应采用固定墩和局部增加壁厚，防止管道弯头处变形过大造成强度破坏。

(3) 避免管内存有冷水段。

采用正、反输交替热水预热时，每次正输或反输，其总输水量应不少于最长站间管道存水的 1.5 倍左右，避免管内存有冷水段。

(4) 热油管道投油。随着热水输送量的增加，热水携带的热量会使土壤建立起一定的温度场。根据投产实践经验，在预热过程中，当前面两三个站间管段的总传热系数降至 3.6 W/(m^2·K)，正输水头到达下游加热站的最低温度高于原油凝点时，管道已具备了投油条件。

投油时，一般要求投油排量大于预热时输水排量的一倍左右。排量越大，在出站温度相同的情况下管内油温越高，越有利于安全投油，而且排量越大，管道产生的混油量也越少。油品到达各站后，要严密观察“油头”温度的变化，一旦发现油温接近或低于原油凝点，应通知上游泵站迅速采取升温、升压措施。除因极特殊情况外，投油过程中，在土壤温度达到稳定之前，管道不允许停输。

7.3.2　输油管道运行的安全技术

长输管道进入油品运营阶段后，在管道运行过程中，应加强管道线路保护、管道系统设备的保护和输油管清管等方面的安全管理；在运行管理上，应反复强调生产调度管理制度，运行安全管理等制度；在员工培训上，多借助于当前最先进的仿真培训系统，让员工更为熟练地掌握输油管路的工艺流程以及管理技术。

1．输油管线维护

在输油管线的日常维护中，要加强巡查检查工作，做到及时检查，及时加固薄弱环节。对防腐层质量和管道热应力变形情况，也可用挖坑的方法进行检查。巡线检查时发现薄弱环节及隐患，应及时进行维护。在巡线作业时，应对线路标志、标识进行检查。积极配合当地政府向管道沿线群众进行有关管道安全保护的宣传教育。配合公安机关做好管道及其附属设施的安全保卫工作。对管道线路的保护工作主要有：

1) 自然地貌的保护

自然地貌保护主要是对管道地面设施及地面一定范围内的水土状况进行检查、维护，使处于一定的埋地深度的管道能保持一定的均压状态和稳定的温度场，从而达到保护管道的目的。

为便于发现和寻找埋地管道的准确位置，满足维护管理、阴极保护性能测试的需要及防止其他施工对管道的破坏，在管道沿线设置永久性的地面标志，标志的内容至少应写明位置、用途、注意事项及危险警示等。

2) 一般地段的保护

为了确保管道安全和事故抢修的需要，管道两侧应留有一定宽度的防护带。在管道中心线两侧各 5 m 的范围内，严禁取土、挖塘、修渠、修建养殖水场、排放腐蚀性物质、堆放大宗物资以及采石、盖房、建温室、垒家畜棚圈、修筑其他建筑物、构筑物或者种植深根植物。

对于管道干线的防护带，规定其在管道中心线两侧的宽度不少于 10 m，河流穿越上、下游防护带各为 100 m。在管道中心线两侧或者管道设施场区外各 50 m 范围内，严禁爆破、开山和修筑大型建(构)筑物。

3) 穿、跨越管段的保护

对于热油管道的河流跨越管段，管外壁一般都设有防腐保温层，为了防止保温层和防腐层受到破坏，应禁止行人沿管道行走。河流穿越部分的管道需采用加强级绝缘，增加管道的防腐能力。对于河流穿越部分，特别要注意管道的埋设和河床冲刷情况。

管道穿、跨越河流时，应采用在水底敷设或顺桥平铺或单独架设栈桥等方式，并在岸两边设置阀室，以便控制。如果河水流速高，河床冲刷严重，应在管道外侧使用套管内灌混凝土的方法或用石笼加重，增加管道的稳定性，防止管道在水流作用下悬空。

4) 特殊地区线路保护

在水文、地质情况恶劣地区铺设的管道更需加强维护。管道经过冲刷时容易被洪水冲出甚至裸露、破裂。这给管道带来三种危害：① 裸露管道的防腐层易老化，缩短了防腐层的使用寿命；② 破坏了管道埋深处的压力约束，易使管道在热力的作用下拱起或弯曲；③ 长距离悬空容易使管道失稳而断裂，造成严重安全事故。除了在设计、施工中采用有效的防护方案外，运行中要加强检查和维护，特别是在汛期更要加大巡线力度。

5) 水工保护和植被恢复

对于沙丘地及平沙地，在管道施工中进行管沟回填后，通常采用以管线为中心，在该地区主导风向上风向 80 m 及下风向 20 m 内，全部采用种植草方格的方法进行固沙，防止管沟回填土被风蚀造成管线裸露而危及管线安全。对于斜坡地带的管线，在管沟回填后根据具体情况，砌筑适用于沙丘地区的挡土墙、护坡等，防止管沟回填土垮塌、管沟汇水造成回填土流失而危及管线安全。对于地势较高的沙丘顶部，通常在管道主导风向上方 60 m 左右设置阻沙栅栏，以防止管线被风移沙丘埋没。待管道投产后，采用植树种草的永久防风固沙方法。

2. 输油管道运行的安全管理

应按照《石油天然气管道安全监督与管理规定》做好管道运行的安全管理工作。在长距离输油管道的安全生产管理过程中，须注意以下几点：

(1) 严格执行管道设备的各种操作规程及安全规定。

(2) 根据管道实际条件，判定与修改管道设备运行参数的临界值，以保证运行安全。

(3) 定期分析管道运行参数，对存在的问题提出整改措施。

(4) 根据所输油品性质、输量等，确定经济合理的运行参数、工艺流程、运行方案，以保证管道安全并使输油成本最低。

(5) 对设备、工艺的改造需经过科学试验、论证并报有关部门批准后实施。未经论证和批准，任何人不得对现有流程和设备进行改造。

在长距离输油管道的安全生产管理过程中，为了防止火灾爆炸事故，在严格执行各项安全生产的规章制度时，在提高员工安全生产意识方面须注意以下几点：

(1) 各岗位、各生产调度系统的工作人员必须经过专门培训，获得该岗位作业合格证书方可上岗。

(2) 外来人员必须经过安全培训后方可进入生产区。

(3) 各项安全制度、安全规程必须有落实、有检查。

(4) 注意动火安全。

(5) 各输油生产单位都要建立、健全群众性义务消防组织。

3. 输油管道清管的安全

管线清管工艺应用很广泛，油气管线在施工过程中，不可避免地要进入砂石、泥土、焊渣、污水、施工工具或其他杂物，在管子焊接连成线之后、投产之前要用清管器来清除管内的脏物。特别是当管线所经过地区的地形比较复杂时，为了达到管线内无沉积物、污物及其他异物的工艺要求，必须对此管线进行通球清扫。在采用长距离输油管线输送原油，尤其是含蜡较高的原油的过程中，由于温度和原油物性等因素的影响，管道的内壁会发生结蜡现象(石油在管内流动中，逐渐在管道内壁沉积一定厚度的石蜡、胶质、凝油、砂和其他杂质的混合物，统称为结蜡)，造成输油管道内径逐渐变小、输送原油能力下降、电耗上升、输油成本加大，而清管可以使电耗明显下降，因此对原油管道进行清管作业是非常必要的。

清管是保证输油管道能够长期在高输量下安全运行的基本措施之一。如果清管未施行周期化、清管的时间不合适、选择的清管球不合适、管线本身存在质量问题、管线泄漏事故等，都会造成清管作业中较严重的蜡堵事故，往往伴随有初凝、凝管恶性事故的发生。

为了保证输油管道清管的安全，必须做到以下几点：首次清管时清管器应携带跟踪系统；清管前截断阀门应保持在全开状态；清管中要保持运行参数稳定，及时分析清管器的运行情况；若清管器卡在中途，应及时判定卡阻的位置；首次采用机械清管器时，应确认管道的变形程度、管件情况等，才能保证清管器顺利通过；若管道有支线，应在预计清管器通过分支接点前后的一段时间内安排支线暂时停输，当确认清管器已经通过支线接点后，再恢复支线的输油。

从以往的经验看，可采取以下措施进行清管过程解堵：

(1) 管道只是发生轻微的蜡堵时，可采用反向加压的方法活动管线，再继续清管，或将清管器反向顶回到原发球站，更换小直径的清管球继续清管。

(2) 采用先进的解堵技术作为清管技术的配套应用技术，是保证管线畅通的积极方法。

(3) 如果由于蜡堵而初凝时，往往采取升温加压的方法顶挤和置换凝结的冷油。如果在最高允许压力下管道输油量仍继续下降，用其他解堵技术均无效时，可采用在管道下游位置开孔放油或分段顶挤的方法，但这实属下策，一是放出了大量原油，造成经济损失，二是污染环境。

(4) 对于一些即将停用的原油管线的扫线清管，由于蜡堵而严重凝管时，如果气候环境恶劣或存在其他不利于清管的条件时，也可不必马上处理管线，而将之放置到当地地温较高的季节里再进行清管处理。

4．管道中的水击防护

水击是指液体流速改变引起的压力瞬变过程。它实际上是一种能量转换。任何原因引起的流速变化，都将产生水击，或是增压、或是减压。流速的突然下降所产生的水击对输油管道特别危险。

控制水击过程的目的，一是避免管道超压(包括超高压或超低压)；二是减轻管道运行参数的波动，维持管道的平稳运行。用于控制水击过程的装置和措施很多，根据其作用原理可分为两类：一类是从改变流速变化过程的角度考虑，如采用气体缓冲罐、水击罐，设计合理的阀门开、关程序和停泵控制过程，减缓流体瞬变过程等；另一类是使用各种压力保护设备，防止管道超过允许的工作压力，如各种泄压装置、回流保护系统和逻辑控制顺序停泵技术等。

5. 管道的泄漏监测技术

对油气管道危险因素的各种检测技术和监控技术可以使我们预先发现事故苗头及隐患，可以据此发出警告并采取防范措施，这也是安全技术的重要方面，包括管道在线检测技术和泄漏检测技术。

管道在线检测是在不中断油气管道运行的条件下，用装有内检测器的智能清管器(Smart Pig)对管道的几何形状异常、金属损失，各种裂纹等损伤或缺陷进行检测。

管道泄漏监测主要有两个目的：一是防止泄漏对人及环境造成危害和污染，二是防止管道输送油品的泄漏损失。泄漏检测技术具有以下功能：能够准确可靠地发现并判定泄漏事故；具有较高的检漏精度和准确检测的定位功能；反应速度快，误报率低；对不同的泄漏形式适用性强。

目前比较实用的管道泄漏监测技术大致可分为直接检测法和间接检测法两类。直接检测法是测出泄漏的输送液体在地表的痕迹或挥发气体，如利用检漏电缆、检漏光纤等测量泄漏后检测元件的阻抗、电阻率等特性变化来检测泄漏，或者采用人工巡线或机载仪器飞行巡线检查泄漏。近年美国 OILTON 公司开发出一种机载红外检测技术，由直升机带一部高精度红外摄像机沿管道飞行，通过分析输送物质与周围土壤的细微温差来确定管道是否泄漏。间接检测法是通过测量泄漏时管道系统的流量、压力、压力渡等物理参数的变化来检测泄漏的方法。管道泄漏检测的主要方法有：观察巡视法、检漏电缆法、光纤检漏法、实时模型法、负压波法、压力点分析法(PPA)、压力梯度法、流量平衡法、管内检测法。

各种泄漏检测方法的特点如表 7-7 所示，根据此表可以进行泄漏检测方法的选择。

表 7-7　泄漏检测方法的特点

检测方法	敏感度	定位精度	评估能力	响应时间	适应能力	能否连续检测	误报警率	使用维护要求	费用
人和狗巡逻	好	好	强	不确定	能	不能	低	中等	高
检测电缆法	最好	最好	强	不确定	能	不能	低	中等	高
压力梯度法	差	差	弱	较快	不能	能	高	低	低
流量平衡法	差	差	弱	较快	不能	能	高	低	低
实时模型法	较好	较好	较强	较快	能	能	高	高	高
压力点分析法	较好	差	弱	较快	不能	能	高	中等	中等
光学检测法	较好	较好	弱	不确定	能	不能	中等	高	高
声学传感检测法	较好	较好	弱	较快	不能	能	高	中等	中等
负压检测法	较好	较好	弱	快	不能	能	高	中等	中等
管内检测法	好	较好	弱	不确定	能	不能	低	中等	高

由上表可见，单一泄漏监测方法都有一定局限性，很难完全满足实际需要，所以在应用中，要考虑各种检漏方法的特点，采用多种检测方法配合使用，组成可靠性和经济性综

合效果最佳的泄漏监测系统。

7.3.3　输油管道维修的安全技术

输油管道事故，主要有管道穿孔、破裂、蜡堵、凝管和可能伴随上述事故出现的跑油泄漏及火灾等。由于长输管道具有高压、易燃、易爆、站多线长、连续运行的特点，因此一旦出现事故，必须立即进行抢修处理。

1. 管道穿孔

管道穿孔事故，一般有腐蚀性穿孔、焊接缺陷造成的穿孔、管道轻微裂纹造成的穿孔等。这类事故的特点是介质泄漏量小，不易被发现，对安全生产也不会造成大的影响。

常用的处理措施有：

(1) 管道降压后，先用木楔把孔堵死，然后带油外焊加强板，或者在漏点处贴压内衬耐油胶垫的钢板，用卡具在管道上卡紧，然后进行补焊。

(2) 当漏油量较大，漏油处有一定压力显示时，一般需采用专用的抢修器材，如胶囊式封堵器。

2. 管道破裂

管道破裂主要是因管道强度、韧性、焊接不良等因素的影响或管道受到严重破坏而引起的。管道破裂的特点是泄漏量较大，封堵比较困难，现场不易施焊。

常用的处理措施有：对小裂缝，可用带引流口的引流封堵器；对管道不规则的裂缝，可用由内衬耐油橡胶垫和薄钢板构成的“多项丝”封堵器进行封堵；对需要更换管段、更换阀门、裂缝比较大的管道事故，可使用 DN 型管道封堵器进行封堵，截断油流后再进行作业。

3. 管道凝管

高凝固点原油在管道输送过程中，有时因输油流速大幅度低于正常运行参数、油品性质突然变化(如改变热处理或化学处理输送工艺的交替过程)、正、反输交替进行、停输时间过长等原因，都可能造成凝管事故。该事故是管道最严重的恶性事故。

易凝含蜡原油管线有时因输量过低、出站油温大幅度下降、管道散热量增大、停输时间过长等原因，都可能造成初凝管和凝管事故。管道初凝和凝管事故可以根据运行参数的变化进行判断。在热油管道的运行管理中，准确、及时地判断管道是否已进入初凝过程是防止停流凝管事故发生的前提。在管道运行过程中，如果发现某站的出站压力持续上升，而输量持续下降，下一站的进站油温也持续下降，就表明该站已出现了初凝的苗头。管道初疑和凝管时应采取如下措施：

(1) 管道出现凝管苗头，处于初凝阶段，可采取升温加压的方法顶挤。具体方法是启动所有泵站的加压设备和加热设备，在管道技术条件允许的最高压力和温度下，用升温加压后的热油顶挤和置换凝结的冷油。当在最高允许压力顶挤下，管道流量仍继续下降，则在继续提高管道内油温的前提下，在管道的下游若干位置开孔泄流，以利于凝管事故的排除。

(2) 当管道开孔泄流后，管内输量仍继续下降，管道将进入凝结阶段。可采用在沿线管道上开孔、分段强制挤压的方法排除管道内凝油。分段挤压时，应在开孔处选择安装加压泵、压风机或压井用的泥浆车。强制挤压的流体介质可采用低凝固点的油品或其他介质，如轻柴油、水或空气等。

处理凝管事故费时、费力，同时给国家和企业造成严重的经济损失，还会造成严重的环境污染。因此，在管道运行过程中，尤其在雨季或气温剧降时，要严密注意和经常分析运行参数的变化情况，确保管道的输量和进站温度不低于规定的最低输量和最低进站温度。当运行参数出现初凝的苗头时，应立即调整运行参数，采取适当的处理措施，防止凝管事故发生。管道停输检修时，停输时间不得超过规定的安全停输时间，以免发生再启动困难而导致凝管。

4. 管道泄漏

1) 法兰或螺栓处轻微泄漏

输油站内设备在长时间运行中，螺栓松动、垫片失效均会导致法兰或螺栓处油品轻微泄漏。站场运行人员在定期的站内巡检中，一旦发现站内法兰或螺栓处存在油品轻微泄漏应立即报告站长，站长可以根据现场情况，采取如下措施：

(1) 在工艺允许的情况下，上报调控中心同意，切换至备用管路，隔离漏油的设备或管线。

(2) 对于有把握处理的轻微泄漏，利用防爆工具对螺栓进行紧固处理。

(3) 对于没有把握处理的泄漏应上报输油处，由输油处安排专业维修人员到现场处理，根据泄漏情况进行紧固或更换垫片。

(4) 在处理过程中，要加强安全监护，紧固力量要均匀，对于没有把握的操作不能蛮干，以免造成更大的破坏。

(5) 如果紧固处理无效，且现场不允许停输更换垫片或阀门，则建议由持证专业人员(可联系外协人员)采用专业夹具堵漏处理。

(6) 紧急情况下对站场泄漏阀门、管段，泄漏的设备连接部位可采用高压堵漏器进行紧急堵漏。

2) 站内油品大量泄漏

当站场出现输油设备、设施故障而引起站内油品大量泄漏或发生爆炸着火等事故时，泄漏事故主要依靠站场和维修队人员进行紧急处理，当发生火灾爆炸事件时，应通知当地消防部门进行协助灭火，整个抢修程序按照输油管道事故抢修方案的规定进行。

7.4 输气管道生产运行的安全技术

7.4.1 输气管道试运投产的安全技术

1. 试运投产安全措施

试运投产安全措施包括如下内容：

(1) 所有投产人员均应服从试运投产领导小组的领导，按指令行动，不违章指挥、不违章操作。

(2) 试运投产前，对所有参加人员进行有针对性的安全教育和技术交底。

(3) 试运投产期间，严禁无关人员进入工艺场站；现场操作人员应穿防静电工作服并佩戴标志。

(4) 严禁在场站及警戒区内吸烟，不得将火种带入现场。

(5) 除工程车外，其余车辆不准进入场站和警戒区内；工程车辆必须加带防火帽。

(6) 临时排放口应远离交通线和居民点，距离不小于 300 m。

(7) 中压和高压放空立管处应设立直径为 300 m 的警戒区。

(8) 试运投产前，配齐消防器材、防爆器具及各类安全警示牌，投入使用各可燃气体报警器。

(9) 试运投产前应进行一次全面检查，检查项目为：① 试运投产组织和人员配备；② 试运投产用各类物资及装备；③ 试运投产的临时工程及补充措施；④ 场站、线路的各类设备、阀门、仪表状态等是否符合试运投产方案要求；⑤ 电气、仪表、自动化、通信系统调试情况。

(10) 进入阀室前应有防窒息、防爆炸措施并至少有两人同时在场。

(11) 投产前的全线清管、干燥作业，应对管道的变形及通过能力做出总体评价。

(12) 应编制试运投产事故预案。

2. 试运投产安全方案

试运投产安全方案应包括以下内容：

(1) 管道工程概况简介；

(2) 投产准备及应具备的条件；

(3) 投产组织机构、职责；

(4) 调度指挥工作流程；

(5) 试运投产程序(设备单体及分系统试运、系统联调和置换等)的安全措施；试运投产事故预案。

其中试运投产事故预案包括：① 一般故障；② 防止天然气大量泄漏、中毒、火灾、爆炸；③ 输气站场防雷、防静电；④ 防氮气中毒。

3. 天然气置换

与输油管道不同，天然气管道在投运前还必须经过全线置换合格才能转入正常运行。天然气置换的要求如下：

(1) 置换包括输气管道和站场；

(2) 置换过程应使用隔离介质，隔离介质宜使用氮气；

(3) 向管道内注氮气的温度不应低于 5℃；

(4) 置换过程应保持连续平稳，天然气流速不应超过 5 m/s；

(5) 置换过程中应在下游或管道末端放空；

(6) 置换过程中的混合气体应排至放空系统；

(7) 置换过程中的混合气体排放到火炬时，应保证火炬处于熄火和环境温度状态；

(8) 置换过程中检测管道内混合气体中的含氧量比大气中含氧量低时，应关闭中间放空阀；

(9) 在管道末端取样分析达到气质要求为置换合格，也可以点燃火炬标志置换过程结束。

7.4.2 输气管道运行的安全管理

1. 输气管道运行管理

(1) 管道输送的天然气气质必须符合《石油天然气行业标准》，否则不得进入管道输送，管道运行压力不应高于其允许的最高操作压力，管输天然气年相对输差应在 ±3%范围内。

(2) 管道内天然气温度应小于防腐层允许的最高温度，保证管道的热应力符合设计的要求；管道输气量应结合管道现状、安全、经济运行要求而确定；管道运行时应定期核定其实际输送能力，管道运行温度应小于管线、站场防腐材料的最高允许温度，并保证管道热应力符合设计要求。

2. 天然气气质监控

管输天然气中有害成分及含量的多少对管道的工作状况、经济效果和使用寿命有重大影响。气质问题是关系管道安全的根本问题，输气企业应该根据管道的实际情况，对所输气体提出明确的质量标准。

1) 天然气中有害杂质的危害

(1) 机械杂质。输气管道中天然气的流速很高，如果夹带机械杂质如砂、石、铁锈等，可能给管道或设备造成磨蚀，也有可能打坏仪表。

(2) 有害气体组分。在天然气中的有害气体组分如 $H_2S + CO_2$(酸性气体)等，可能引起管道腐蚀，降低天然气的使用性能或产生毒害等。天然气中的 H_2O(水蒸气)不仅会减少商品天然气管道的输送能力和气体热值，而且在油、气田集气和气体加工过程中由于气体工艺条件的变化会引起水蒸气凝析，形成液态水、冰或者固态气体水合物，从而增加集气管路压降，严重时将造成水合物堵塞管道，生产被迫中断。

(3) 液态烃。液态烃在管道低凹处积聚会降低管道输气能力。清管时排出的轻烃处理不慎容易引起火灾事故。烃液能稀释压缩机润滑油使管道内排污的残液中含有较重组分，还能导致燃气轮机出现燃气喷嘴结焦进而出现停机的现象，危及管道的安全运行。

因此，必须严格控制管道输送的天然气质量，进入长输管道的天然气应该经过净化处理，达到管道输送天然气质量标准。管输气体的净化，一般由矿场完成，必要时输气企业也可以在管道首站或中间进气站设净化装置。

2) 管输天然气的气质要求

我国管输气质采用以下标准：管道输送天然气必须清除机械杂质；天然气的水露点在最高输气压力下应比周围环境最低温度低 5℃，烃露点在最高输气压力下应低于周围环境最低温度；硫化氢含量应低于 20 mg/m^3，有机硫含量应小于 250 mg/m^3。

3) 天然气的气质监测

天然气气质应在输气管道的输入、输出点进行监测和控制，气质监测主要包括：天然气的水露点监测；烃露点和排污量监测；气体的温度监测；含硫量监测；天然气热值监测。

在《天然气管道运行规范》中，对气质分析与监测的要求为：加强天然气气质分析和气质监测，按《石油天然气行业标准》执行；天然气气质分析至少一季度一次；气质监测是指主要进气点应使用微水分析仪和硫化氢分析仪进行监测，对无监测手段的进气点，应实行定期与不定期的取样分析制度；气质分析和气质监测资料必须及时整理、汇集、存档。

3. 天然气管道线路维护

1) 管道的防洪和越冬准备

(1) 防洪工作：检查和维修管线的管沟、护坡和排水沟，检修大小河流、水库和沟壑的穿、跨越段；检修线路工程的运输和施工机具，维修管线巡逻便道和桥梁，检修通讯线路，备足维修管线的各种材料(包括条石、石块等建筑材料)。

雨季来到后，应加强管道的巡逻，及时发现和排除险情。

(2) 越冬工作：在越冬准备工作中，除修好机具和备足材料外，要特别注意回填裸露管道，加固管沟，检查地面和地上管段的温度补偿措施，检查和消除管道漏气的地方，清除管内积液。防止水合物也是管道线路部分的一项重要作业。

2) 输气管道线路截断阀的维护

(1) 对输气管道截断阀的要求。对输气管道截断阀的质量和工作可靠性有以下严格要求：严密性好；易损零部件有较长寿命；强度可靠；耐腐蚀性强；具有可靠的大扭矩驱动装置；截断阀全开时，阀孔通道的直径应当与管道的内径相同且吻合；可以采用远距离遥控或就地控制。

(2) 输气管道截断阀的紧急关闭系统。截断阀的紧急关闭系统的类型有：由线路上的事故感测系统把信号传送到中央控制室，再由中央控制室遥控阀门关闭；由附带在阀门上的事故感测系统就地控制阀门关闭。

截断阀的紧急关闭系统的组成：有驱动阀门的能量储备；有准确的事故感测装置，这种感测装置有地震感测和管道断裂感测两种。

截断阀前后应设连通管和平衡阀。

(3) 线路截断阀的维护。截断阀的动作性能应当定期检查，仪表要定期校验，保持良好的状况。

3) 天然气管线的检查

管线应当进行定期的测量和检查，用各种仪器发现日常巡逻中不易发现或不能发现的隐患，具体内容有：外部测厚和绝缘层检查；管道检漏；管线位移和土壤沉降测量；管道取样检查。

在《天然气管道运行规范》中，对管道保护的要求为：管道保护必须贯彻执行国务院1989年3月20日颁发的《石油、天然气管道保护条例》。管道保护应由专业人员管理，并至少半月巡线一次。管道保护的基本要求如下：

(1) 埋地管道无露管，绝缘层无损坏；

(2) 管道阴极保护率为100%，保护参数符合规定；

(3) 管道跨越的结构稳定，构配件无缺损，明管无锈蚀；

(4) 标志桩、测试桩、里程桩无缺损，护堤、护坡、护岸、堡坎无垮塌；

(5) 管道两侧各 5 m 线路带内禁止种植深根植物，禁止取土、挖塘、采石、盖房、建温室、垒家畜棚圈和修筑其他建筑物；管道两侧各 50 m 线路带内禁止开山、爆破、修筑大型工程；

(6) 管道保护技术资料应齐全、完整、存档；

4. 输气管道站场的安全管理

输气管道越站流程应用于工艺特殊需要，即气体流经站场装置压力损失过大和发生管网故障的情况。反输流程应用于管道事故处理和输气方向变化。污物排放应符合环保及安全的有关规定。

站内设备维护保养应及时，保证开关灵活，无向外泄漏现象。

输气管线、站场设置的关键设备，如在用线路截断阀、快开盲板，应坚持定期活动操作，宜每月全开全关活动一次，并做好记录，填写资料档案。对衔接高、低压系统的重要阀门，必须密切监视阀前阀后压力显示值，严防该阀内漏串通，损坏低压系统的仪器仪表及其他意外事故的发生。站场受压容器的检测必须按劳动部颁发的《压力容器安全技术监察规程》和《在用压力容器检验规程》的规定进行。

5. 输气管道清管的安全

1) 输气管道清管的目的

定期清管是提高输气管路输送效率的有效措施，在管路竣工阶段，可清除管内的杂质，为管路内壁涂敷树脂类防腐层。对湿天然气管路，投产前需用清管器和干燥剂对管路进行干燥，防止残留水与天然气生成水合物。因此，输气管道清管的主要目的是：保护管道，使它免遭输送介质中有害成分的腐蚀，延长使用寿命；为管道内壁涂敷内涂层，改善管道内部的光洁度，减少摩阻，提高管道的输送效率；使输送的天然气气质不受污染。

目前，脱硫脱水等气体净化技术能够使气体达到相当纯净的程度，满足输气管道严格的气质要求。清管技术已经基本解决管道积液问题，又进入了进行管道内壁涂层和内部探测的新领域。在输气管道上，清管除了原来清除管内积液和杂物的基本作用外，又增加了许多新的用途：① 定径；② 测径、测厚和检漏；③ 灌注和输送试压水；④ 分隔管内介质；⑤ 给管道内壁涂敷缓蚀剂和环氧树脂涂层。

2) 通球操作的安全注意事项

(1) 打开收、发球筒的快速盲板之前，必须关闭与之相连的阀门，之后才准打开放空阀卸压。待球筒内气压降至零，确信不带压后，才能打开盲板。

(2) 将清管球装入球筒时，要用不产生火花的有色金属工具将球推至球筒连接的大小头处，以防止无压差发球失误。关上快速盲板后要及时装好放松楔块。球筒加压前要检查防松楔块及防松螺丝是否已上紧。

(3) 加压及打开盲板时，操作人员不准站在盲板前面及盲板的悬臂架周围，防止高压气流冲出或盲板飞出伤人。

(4) 进行通球操作时，开启阀门要缓慢平稳，进气量要稳定，待发球筒充压建立起压差后再开发球阀。球速不要太快，特别是通球与置换管内空气同时进行时，球速不应超过 5 m/s。

(5) 从收球筒取出清管球时，应先关闭进筒阀，再打开放空阀、排污阀卸压，确信收球筒不带压时再打开快速盲板。快速盲板打开后用可燃气体检测仪进行检测，确认空气中天然气含量在爆炸低限以下时才能取出清管球，取球时应慢慢拉出，防止摩擦产生火花。

7.4.3 防止输气管道水合物的形成

1．天然气水合物

天然气水合物是在一定温度和压力条件下，天然气的某些组分与液态水生成的一种笼形化合物。其外观类似松散的冰或致密的雪，轻于水、重于液烃，密度为 0.88～0.90 g/cm^3，具有半稳定性，在大气环境下很快分解。

生成水合物的两个必要条件为：

(1) 气体处于水蒸气的过饱和状态或者有液态水，即气体和液态水共存；一定的压力温度条件——高压、低温(极高的压力，极低的温度)。

(2) 气体处于紊流脉动状态，如压力波动或流向突变产生搅动或有晶种(固体腐蚀产物、水垢等)存在等，都会促进水合物的产生。因此，在孔板、弯头、阀门、管线上计量气体温度的温度计井等处极易产生水合物。

防止水合物生成的方法：破坏生成水合物的必要条件即可防止水合物的生成。

对于长距离输气管线要防止水合物的生成可以采用如下方法：

(1) 采用天然气脱水降低气体内水含量和露点，是防止水合物生成的最有效和彻底的方法。常用的天然气脱水方法有三种：低温分离、固体干燥剂吸附和甘醇液体吸收脱水。

(2) 提高输送温度，使气体温度高于水露点而不产生液态水。

(3) 注入水合物抑制剂(防冻剂)，使生成水合物和冰的温度降低至气体工艺温度之下等。

2．输气管道投产前的干燥

天然气长输管道中的液态水的危害性极大，在管道投入运行之前，必须进行除水、干燥处理，使管道内空气露点达到规定要求。

天然气管道的干燥一般有两个过程，即：除水——排除管道中的积水；干燥——降低管道中气体的含水量，使之在任何情况下都不出现水蒸气饱和状态。

1) 输气管道干燥的主要方法

(1) 干燥剂法。此种方法是用高浓度干燥剂置换管道中的试压水。用多个清管器形成清管器组，在清管器之间充入高浓度的干燥剂，这些干燥剂也是良好的水合物抑制剂。靠后继介质的压力推动清管列车前进，排除管道中的水，并且用干燥剂置换清管剂窜漏的水达到干燥的目的，将除水和干燥两个环节一次完成。

(2) 真空干燥法。此方法有除水和干燥两个阶段。在除水阶段用空气吹扫或发送清管器置换管道中的存水；在干燥阶段采用真空泵从管道的一端抽气，在管道内形成负压，使水分蒸发并随着气体排出管道。

(3) 超干空气法。此方法的除水阶段和真空干燥法相同，在管道的干燥阶段将深度脱水的超干空气(水露点在 −50℃～−70℃)注入管道，吸收管道中的残水使管道干燥。

2) 输气管道干燥方法的选择

干燥剂法对几百公里或更长的作业段施工比较合适。真空干燥法作业简单，但不能连续工作，干燥的速度慢，效率低。超干空气法能连续作业，干燥的速度比真空法快。

3．运行监控防止水合物堵塞

1) 输气管道运行中的气质监控

输气管道的进气口应配备气质监控仪表，包括微水分析、硫化氢和二氧化碳分析仪等。应每天测定一次天然气的水露点，对烃露点、硫化氢和二氧化碳含量的测定一般每月一次。当供气的气源组成、性质有变化时，应及时取样测试、分析。气质分析和监测资料应整理、汇集、存档。

2) 输气管道水合物堵塞的处理

(1) 加强监控、预防水合物堵塞运行中若发现天然气的水露点超标或由水力、热力参数分析得出管内可能有积水时，一方面应要求供气方提供天然气脱水质量；另一方面应加大输气管道清管力度。

(2) 输气管道水合物解堵方法：堵塞段放喷压降；加入抑制剂，如甲醇、乙二醇、二甘醇、三甘醇等；提高天然气的温度。

7.4.4　输气管道维修及动火的安全管理

在进行有计划地检修及事故抢修时，常需要更换管段或对漏气、破裂的管线补焊，还有时需要在不停输的情况下进行，即使停输后维修也不可能完全排空长距离管线内的天然气。因此，操作中必须绝对注意防火、防爆和人身安全。

1．维修安全管理

在《天然气管道运行规范》中，对管道维护修理有如下要求：

(1) 根据管道技术状况，每年安排10～20天的计划检修，并认真组织实施。

(2) 对于滑坡地段的埋地管道，检查其稳定性，发现问题应及时整治。

(3) 对于埋地管道出现的浮管段，宜作割管重新埋入地下或作修护堤处理。作割管重新埋入地下时，应执行《输油输气管道线路工程施工及验收规范》。

(4) 对大中型河流管道穿越，每年洪水后应检查一次，每2～4年宜进行一次水下作业检查。检查内容为管道稳管状态、裸露、悬空、位移及受流水冲刷、剥蚀损坏情况等。发现问题应及时整治。施工宜在枯水季节进行。

(5) 对跨越管道，每2～5年应进行一次全面检查、维护和保养。

(6) 管道泄漏抢修：管道穿孔、砂眼、微裂缝泄漏，宜用管卡外堵法抢修处理；管道爆管，必须切断气源，作换管抢修处理。

(7) 管道堵塞抢修：因杂质太多引起管道堵塞，宜采用清管器方法解堵；因水合物引起管道堵塞，宜采用升温、降压、注化学反应剂等方法解堵，并结合清管器，排出水合物；因清管器堵塞管道，可采取增大压差、反推、发第二个清管器等方法解堵；如不奏效，应找准堵塞位置，切断气源，割管取出堵塞物。

(8) 通信系统故障的处理：当站间通信中断或与控制中心的联络中断时，可以继续供气，此时现场工作人员需提高警惕、谨慎操作，密切注意运行参数的变化，判断输气系统的工作是否正常。输气正常时，可按通信中断前的参数继续运行。通信维修人员应立即对通信系统进行检查维修。

(9) 压气站故障或气源故障使输气量下降的处理：压气站内一台压缩机组故障，可启用备用机组运行。将有故障的机组与输气系统隔离，将机组及相应管道内的天然气放空、清扫，然后进行修理。若整个压气站事故停运，应将该站与输气系统隔离，越站运行。根据该站可能停运时间、对输气量的影响大小等情况，通知有关用户，做好减少用气或停气的准备。组织维修队伍进行抢修。

(10) 管道维护抢修工程完毕后，必须按规定组织现场验收，并建全抢修、验收资料，存档。

(11) 管道专职抢修队伍应训练有素，保持相对稳定，并配备相应器材、车辆、机具。对天然气管线的维修动火，要依据《石油业动火作业安全规程》。

2. 严格动火管理

(1) “三不动火”：没有批准动火票不动火；防火措施不落实不动火；防火监护人不到现场不动火。动火过程中应随时注意环境变化，发现异常情况时要立即停止动火。

(2) 动火现场安全要求：动火现场不许有可燃气体泄漏。

(3) 更换大直径输气管段的安全要求：更换直径大于 250 mm 的管段时，应首先关闭该管段上、下游的截断阀，断绝气源；放空管段内的余气，为了避免吸入空气，管内应留有 80～120 mm 水柱的余压；在更换管段两端 3～5 m 处开孔放置隔离球，隔离余气或用 DN 型开孔封堵器开孔，保证操作安全。

(4) 输气站内管线维修的安全要求：输气站内设备集中、管线复杂、人员较多，除了遵守上述维修安全要求外，维护人员应熟悉站内流程及地下管线分布情况，熟悉所维修设备的结构、维修方法。

对动火管段必须截断气源，放空管内余气，用氮气置换或用蒸汽吹扫管线，该段与气源相连通的阀门应设置“禁止开阀”的标志并派专人看守。对边生产边检修的站场，应严格检查相连部位有无串漏气现象或加隔板隔断有气部分，经验测确认无漏气时才能动火。

7.5 油气管道的完整性管理

7.5.1 油气管道完整性管理概述

油气输送管线在长时间服役后，会因腐蚀、疲劳、应力腐蚀、机械损伤、地质灾害等原因而造成各种各样的损伤，这些损伤的存在会威胁管道的安全性和可靠性。严重的损伤能引起管线泄漏和开裂，甚至导致火灾、爆炸、中毒等事故发生。特别是在人口稠密地区，此类事故往往会造成人员伤亡、重大经济损失和环境污染，同时会带来恶劣的社会及政治影响。石油天然气管道的安全运行直接关系到我国国民经济发展和社会稳定。2001 年美国 API 和 ASME 提出的管道完整性管理的理念，受到了国际上管道运营商和管道科技工作者的高度重视，管道完整性管理体系、技术、标准正在逐步完善和配套。管道完整性管理经过近十年的研究和实践，在国际上被普遍认为是管道安全管理的有效模式，也是管道安全管理的发展方向。

1. 管道完整性

管道完整性(Pipeline Integrity)是指：① 管道始终处于安全可靠的工作状态；② 管道在物理上和功能上是完整的，管道处于受控状态；③ 管道运行商已经采取了措施，并将不断采取行动防止事故的发生；④ 管道完整性是与管道的设计、施工、运行、维护、检修和管理的各个过程密切相关的。

管道完整性管理(Pipeline Integrity Management)是指管道公司根据不断变化的管道相关因素，对管道运营中面临的风险进行识别和评价，制定相应的风险控制对策，不断改善识别到的不利影响因素，从而将管道运营的风险水平控制在合理的、可接受的范围内。管道公司通过建立监测和检验等技术手段，获取与专业管理相结合的管道完整性信息，对可能造成管道失效的主要威胁因素进行分析，据此对管道的适用性进行评估，最终达到持续改进、减少和预防管道事故发生、经济合理地保证管道安全运行的目的。

2. 管道完整性管理的内容

管道完整性管理是指对所有影响管道完整性的因素进行综合的、一体化的管理。大体上包括以下内容：

(1) 建立完整性管理机构，拟定工作计划、工作流程和工作程序文件。

(2) 进行管道风险分析，了解事故发生的可能性和将导致的后果，制定预防和应急措施。

(3) 定期进行管道完整性检测和完整性评价，了解管道可能发生事故的原因和部位。

(4) 采取修复或减轻失效威胁的措施。

(5) 检查、衡量完整性管理的效果，确定再评价的周期，持续不断地进行完整性管理。

(6) 开展培训教育工作，不断提高管理和操作人员的素质。

通过完整性管理，可以提高管道的管理水平，确保管道的安全运行。

3. 管道完整性管理的特点

管道完整性管理体系体现了安全管理的时间完整性、数据完整性和管理过程完整性及灵活性的特点。

(1) 时间完整性：需要从管道规划、建设到运行维护、检修的全过程实施完整性管理，它将要贯穿管道整个寿命，体现了时间完整性。

(2) 数据完整性：要求从数据收集、整合、数据库设计、数据的管理、升级等环节，保证数据完整、准确，为风险评价、完整性评价结果的准确、可靠提供基础。特别是对在役管道的检测，可以给管道完整性评价提供最直接的依据。

(3) 管理过程完整性：风险评价和完整性评价是管道完整性管理的关键组成部分。要根据管道的剩余寿命预测及完整性管理效果评估的结果，确定再次检测、评价的周期，每隔一定时间后再次循环上述步骤。还要根据危险因素的变化及完整性管理效果测试情况，对管理程序进行必要修改，以适应管道实际情况。持续进行、定期循环、不断改善的方法体现了安全管理过程的完整性。

(4) 灵活性：完整性管理要适应于每条管道及其管理者的特定条件。管道的条件不同是指管道的设计、运行条件不同，环境在变化，管道的数据、资料在更新，评价技术在发展。管理者的条件是指该管理者要求的完整性目标和支持完整性管理的资源、技术水平等。

因此，完整性管理的计划、方案需要根据管道实际条件来制定，不存在适于各种各样管道的“唯一”的或“最优”的方案。

7.5.2　国外管道完整性管理进展

近年来，北美和欧洲的发达国家对油气管道的完整性管理非常重视，在有关的基础研究、技术开发、评价方法改进及标准和规范制定等方面做了大量的工作，并在此基础上，广泛开展了油气管道的完整性管理，在改进管道安全水平上取得了良好的效果。主要表现在：

1．制定了相关的法律、法规，保证依法实施油气管道完整性管理

2001 年 5 月美国颁布生效的联邦法规 49 CFR192-195 中，对管道完整性管理提出了新的要求和详细的规定。2002 年 12 月由美国参议院通过、总统签字批准的法律——49USC 修正案，即“2002 年管道安全改进法”，其中明确规定了管道运行商要在后果严重地区(HCA)实施管道完整性管理计划。这是美国法律对开展管道完整性管理的强制性要求。该法律的出台完善了管道安全的国家法律行政部门规范体系。这一切表明，美国油气管道的完整性管理已进入依法实施的阶段。

2．多种标准、规范详细地规定了油气管道完整性管理的方法和步骤

美国国家标准 ASME B31 压力管道管件标准的系列中，B31.4《液态烃和其他液体管道输送系统》对输油管道在设计、管子和管件材料制造、管道系统施工、设备安装管道验收、操作与维修腐蚀控制等过程中，为防止管道损伤、确保公众安全，提出了明确的技术要求。标准中引用了一百多个相关标准，它们是管道建设的技术指南，又是国家有关部门进行建设方案评审和建设过程中进行建设监理和安全监督的法律依据。执行这些标准将保证新建管道的本质安全。

除此以外，美国已制定了多项管道完整性管理的标准和规范，如：API RP 1129《保障危险液体输送管道完整性》、NACE RP 0102-2002《管道内检测的推荐方法》等等。2001 年 11 月美国颁布了 API St.1160-2001《危险液体管道完整性管理体系》，2002 年 7 月发布了 ASME B 31.8 S-2001《天然气管道完整性管理体系》两项标准，它全面系统地提供了管道完整性管理的方法和程序。西欧、加拿大、澳大利亚等国也都制定了管道完整性管理的标准及规范。

3．长期的风险评价和风险管理的实践为管道完整性管理打下了基础

在役管道完整性管理在风险评价、风险管理的基础上，增加了管道检测、完整性评价、确定检测周期及效果评审等新内容。发达国家已有多年管道风险评价和风险管理的实践。在基础数据、资料信息管理、风险评价技术和评价软件研制等方面都有先进的技术支持，为发展和实施管道完整性管理打下了良好的基础。

4．不断改进的管道缺陷检测及评价技术

管道缺陷检测为管道完整性评价提供了最直接的依据，是完整性评价的重要步骤。国外有多家有名的专业检测公司可以提供全面的检测及评价服务。检测器的研制正在朝着更好的通过能力、更宽的适应范围、更准确的测量结果(缺陷特点、几何尺寸、位置精度)等方向发展，并努力使测量系统小型化，提高检测器的可靠性，降低成本。许多研究人员对存在缺陷的管道的适用性评价进行了广泛深入的研究，各国在此基础上制定了多种推荐性的评价标准，它们各有特点，评价结果的准确性不断提高，可以用于不同条件下的完整性评价。

5. 开展油气管道完整性管理已取得巨大的社会经济效益

许多国家实施管道完整性管理已提高了管道安全水平，节约了维护费用，取得了很大的社会经济效益。

在 2000 年，CONCAWE 统计的西欧十七国现役长距离输油管道总长约 3.08 万公里，42%的管道运行已超过 35 年，处于事故多发阶段。由于重视安全并采取各种措施加强安全管理，泄漏事故率(单位：次/10^3 km·a)已从 30 年前的 1.2 下降至 2000 年的 0.25，虽然管道自身长度比 20 世纪 70 年代初期增加了近两倍，但每年的泄漏次数下降了 30%。

7.5.3 国内管道完整性管理进展

1. 陆续开展管道在线检测及外检测

1987 年，由美国一家检测公司在任京线上首次进行了管道在线检测。1989 年从德国引进第一台 Φ720 超声波检测器，之后又陆续从美国引进了 Φ273、Φ529、Φ720 漏磁检测器，我国自行研制了 Φ377 漏磁检测器，基本上满足了国内原油管道的各种管径规格，先后对鲁宁线、阿塞线、花格线、秦京线等原油管道进行了全线或局部站间管段的内检测。以花格线的检测为例，2001 年 5 月至 6 月用漏磁检测器对全线进行了内检测，发现的腐蚀损伤有：

(1) 壁厚减薄 3 mm 以上的严重缺陷 604 处。

(2) 壁厚减薄 1.5～3 mm 的中等缺陷 1077 处。

(3) 壁厚减薄 1.5 mm 以下轻度缺陷 2088 处(多数是大面积腐蚀)。

全线开挖 15 处，开挖验证结果与检测结果相符，其中几处已出现渗漏，漏点周边大面积腐蚀，有的深度已超过 5.8 mm，面临爆管的危险。通过检测结果分析，一方面对腐蚀原因更加明确，又通过对缺陷的评估及管道剩余强度评价，提出了管道维护方案。由于及时发现了重大缺陷并进行了维修，避免了爆管等重大事故。综合应用标准管/地电位、密间隔电位测试、多频管中电流测试及直流管电位测试等方法判断防腐层可能的缺陷、位置，克服了单一技术有一定局限性的缺点。例如，西南油气公司对四川境内的龙苍线、工自线、泸威线、相合线等多条输气管道实施了综合的外检测，由于检测准确性及定位精度高，使管道大修费用大大降低。

通过管道检测和评价，在事故发生之前就有计划地维修或更换管段能节约大量维修费用。在 1993～1996 年间，内蒙古地区的阿赛输油管道维修人员依靠经验对管道的低洼处、盐碱段等平时腐蚀穿孔较多的地段开挖、检修，这样也能发现腐蚀点，但无十分把握，且开挖段很长，平均找一个腐蚀点要开挖 26 m，耗资 1.94 万元。1997 年根据内检测结果修复，由于定位准确，每处理一个腐蚀点平均只需开挖 2.02 m，耗资仅 0.19 万元，仅为前者的十分之一。克拉玛依至乌市线长 294 km，管径 529 mm，是 1981 年投产的一条原油管道。1998 年，新疆石油管理局拟将这条输油管道改输天然气，但对于能否用这条已运行了 17

年的输油管道输气，难以决策。通过用漏磁法进行了内检测并进行了剩余强度评价，得到的结论是经过局部修复后，管道剩余强度满足最大输气压力 3.0 MPa 的要求。目前，该管道已安全输气三年多。由于没有新建一条输气管道，仅花了 4000 万元进行老管道的改造及修复，节约了近 90%的新建项目投资。

2. 腐蚀管线剩余强度和剩余寿命的研究

中国石油天然气股份有限公司在 1994 年正式立项开展了腐蚀管线剩余强度和剩余寿命的研究，是国内最早开展这方面研究的公司。该研究以鲁宁线腐蚀检测数据做主要依据，参照 B31G 方法，并根据管体检测数据、腐蚀旧管试验分析结果，对 B31G 方法做了修正，得到了较好的评价结果。中石油管材研究所、西安石油大学等都开展了管道剩余强度评价的研究工作，应用断裂力学理论并参照国内、国外标准，研制了对管道各种类型缺陷的安全性评价及管道剩余强度评价的软件，先后对克乌复线、濮临线、佛两线、苍龙线等油气管道进行了评价，为在役管道的安全运行和管理提供了科学指导。

3. 陕京输气管道试行管道完整性管理

2001 年陕京输气管道开始试行管道完整性管理，北京华油股份有限责任公司根据陕京输气管道的特点，制定了"陕京输气管道的完整性管理程序文件"和若干完整性管理方法、规程等支持性文件，自 2003 年以来逐渐加以完善。

4. 我国油气管道完整性管理的差距

目前我国油气管道的完整性管理尚处于起步、探索的阶段，各方面工作还不够系统、完整，与国际先进水平相比还存在差距。主要表现在：

(1) 近十多年来，我国在油气管道安全的观念、立法及管理等方面有很大进步，国家和石油天然气总公司颁布的许多安全法规、管理规范都逐步或已经与国际接轨，但我国的管道安全相关的法律、法规体系和技术标准、规范在系统性、完整性、先进性上还有较大差距，还没有对油气管道完整性管理的明确要求。

(2) 我国目前多应用风险评价法来评估管道风险，难以应用定量的概率评价方法的主要原因在于：缺乏大量基础研究及管道实测数据、历史数据的支持，没有建立完整性管理数据库，也没有制定适合我国实际情况的风险评价指标。目前，西气东输管道、陕京输气管道应用了英国 Advantik 公司的定量评价软件 PIPESAFE 进行风险评价，有的安全评价单位也引进了国外的定量评价软件，如挪威船级社 DNV 公司定量风险评价软件等，但风险指标、事故频率等大多是借用国外数据。

(3) 我们已经应用漏磁式检测仪检测了多条管道的金属腐蚀损伤，目前在解释检测数据上还不够完善，还缺乏对输气管道裂纹缺陷检测的有效手段。管道沿线地震、泥石流等地质灾害的实时监控、管道微量泄漏的监控等还是空白。多数管道由于各种条件所限，还没有进行全面的完整性检测及评价。

7.5.4　完整性评价标准与评价流程

1. 管道完整性评价标准体系

管道完整性管理标准的特点决定了管道完整性管理除两个主要标准(即下文中的完整性

管理标准)外，还应包括与完整性管理相关的支持性的标准和规范，如腐蚀评价、强度评价、检测、监测等标准和规范等，它们与两个主要标准共同构成管道完整性管理的文件体系。

1) 完整性管理标准

(1) ASME B31.8 S—2001 输气管道系统完整性管理。

(2) API 1160—2001 有害液体管道完整性管理。

2) 管道完整性评估技术标准

(1) ASME B31.G 确定腐蚀管线剩余强度手册。

(2) NACE RP-0502—2002 管道外腐蚀检测与直接评价标准(ECDA)。

(3) NACE-T 0340 内腐蚀直接评估技术(IC-DA)。

(4) DNV-RP-F101 腐蚀管道缺陷评价标准。

(5) API 579 管道安全评价、几何机械损伤评价标准。

3) 管道完整性检测技术标准

(1) NACE RP0102—2002 管道内检测的推荐实践标准。

(2) API 1163 管道内检测系统标准。

(3) NACE pub 35100—2000 管道内检测(报告)。

(4) ASNT ILI-PQ—2003 管道内检测员工资格。

(5) API RP 580 基于风险的检测。

(6) API RP 581 基于风险的检测——基本源文件。

4) 管道完整性管理修复与维护技术标准

(1) API 570—1998 管道检验规范——在用管道系统检验，修理，改造和再定级。

(2) API RP 2200—1994 石油管道、液化石油管道、成品油管道的修理。

5) 其他完整性管理标准、法规或规定

(1) 风险管理程序标准(草案)1996。

(2) 美国联邦法典第 49 部——运输，其中与完整性管理相关的内容有：

① 第 191 部分——天然气和其他气体的管道运输年度报告、事故报告以及相关安全条件报告；

② 第 192 部分——天然气和其他气体管道运输的联邦最低标准；

③ 第 194 部分——陆上石油管道应急方案；

④ 第 195 部分——危险液体的管道运输。

(3) 关于增进管道安全性的法案(美国 HR.3609)。

(4) ASNI/ ASNT 无损检测人员资格评定导则。

(5) API RP 1120—1995 液体管道维修人员的培训与认证。

(6) API 1129—1996 危险性液体管道系统完整性的保证措施。

(7) API RP 1162—2003 管道操作者的公共注意事项。

2．完整性评价流程

完整性管理流程是一个不断循环更新的过程，且每一步骤在实施中通常也需多次循环和重复，输油管道和输气管道完整性管理 API 1160 和 ASME B31.8S 评价标准流程如图 7-2

与图 7-3 所示。尽管图 7-2、图 7-3 中列出了各步骤的图解顺序，但各步骤之间存在着大量的信息流动和相互作用，如风险评估方法的选择部分取决于可获得的与完整性有关的数据和信息，进行风险评估时，为了更准确地评价可能存在的危险，可能需要更多的数据。因此，数据收集和风险评估阶段密切相关，且可多次交叉进行，直至运营公司认为评估达到满意时为止。

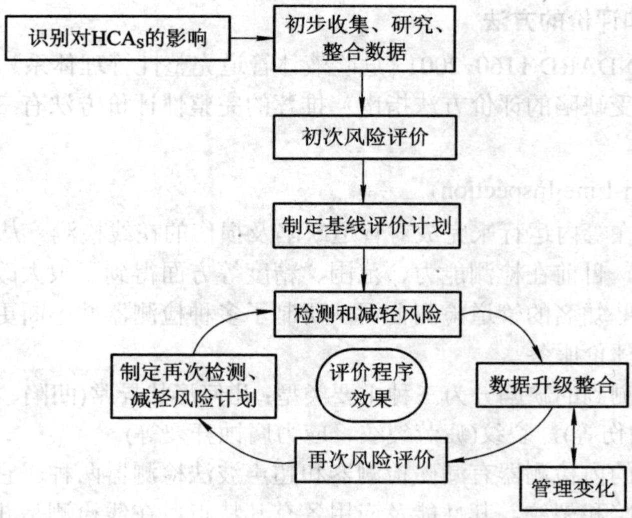

图 7-2　API 1160 输油管道完整性管理程序框图

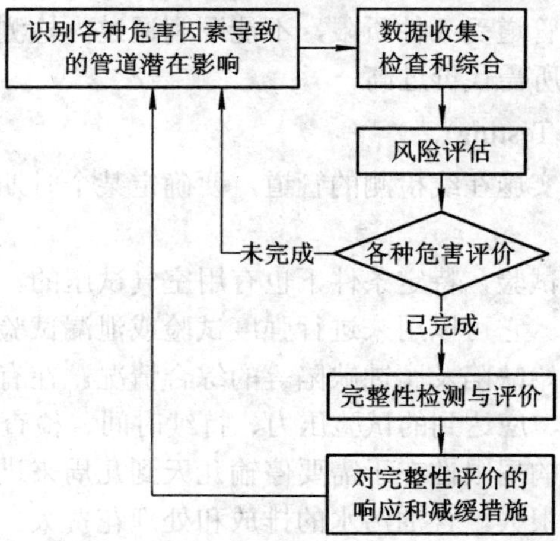

图 7-3　ASME B31.8S 输气管道完整性管理流程图

7.5.5　油气管道完整性评价方法

管道完整性评价是在役管道完整性管理的重要环节，主要用于风险排序的结果中表明需要优先和重点评价的管段。完整性评价的内容包括：

(1) 对管道及设备的检测，评价检测结果；用不同技术检查使用的管子，评价检测的结果。

(2) 评价故障类型及严重程度，分析确定管道完整性。对于在役管道，不仅要评价它是否符合设计标准的要求，还要对运行后暴露出的问题、发生的变化和产生的缺陷进行评价。

(3) 根据存在的问题和缺陷的性质、严重程度，判断管道能否继续使用或需要修复、降级使用或停止使用直至报废。对目前使用不会造成危害但其缺陷会进一步发展的管道要在监控下使用并进行寿命预测。有严重缺陷、对管道安全构成威胁的管段，要立即采取相应的措施。

1．管道检测和评价的方法

美国 API STANDARD 1160-2001《危险液体管道完整性管理体系》和英国 BS7910-999《金属结构内可接受缺陷的评价方法指南》推荐的完整性评价方法有三种：在线检测、压力试验、直接评价。

1) *在线检测*(In-Line Inspection)

应用内检测器在管内运行来完成对管道缺陷及损伤的在线检测。从 20 世纪 60 年代开始应用的内检测器，目前在检测能力、范围、精度等方面得到了很大改善，美、英、德及加拿大等国都有一些知名的管道检测公司，研制了多种检测器并不断更新换代，专门提供管道完整性检测、评价服务。

管道中可以检测到的缺陷分为三种主要类型：几何形状异常(凹陷、椭圆变形、位移等)，金属损失(腐蚀、划伤等)，裂纹(疲劳裂纹、应力腐蚀开裂等)。

目前主要应用的内检测器有漏磁检测器和超声波法检测器两种。它们现在都可以用于检测管道的腐蚀缺陷和裂纹，其性能及应用各有其特点。在线检测是获取管道完整性信息的最直接的手段，但内检测器价格昂贵，不同缺陷类型及不同口径的管道需要不同型号、规格的检测器。有的在役管道受条件所限，不能顺利通过内检测器，若进行内检测，管道的改造工作量可能很大，所需代价过高。

2) *压力试验*(Pressure Testing)

对不能应用内检测器实施在线检测的管道，要确定某个时期内其安全运行的操作压力水平，可以采用压力试验。

压力试验一般指水压试验，特定条件下也有用空气试压的。这是长期以来被工业界接受的管道完整性验证方法。它可以用来进行强度试验或泄漏试验，可以检查建设及使用过程中管段材料及焊缝的原始缺陷及腐蚀缺陷等的综合情况。在有关的规范中对试压过程中试压介质选择、升压过程、应达到的试验压力、持续时间、检查方法等均有详细规定。

在役管道的水压试验的局限性在于需要停输几天到几周来进行试压，而且可能有破坏性；大型管道试压用水量很大，含油污水的排放和处理花费大。水压试验与最贵的内检测相比，对于陆上管道其费用较后者高 2.6 倍，而海底管道的试压费用更高。在役管道的试压对正在持续发展的腐蚀缺陷，特别是局部腐蚀的检测不是很有效，因为它只能证明试压时管道是完好的，不能保证管道今后长期完好。因此，运用压力试验来评估管道完整性时一定要注意管道腐蚀控制的情况，要研究阴极保护状况、防腐涂层状况的检测资料、管道泄漏情况，综合研究管道风险评估结果及预计的缺陷类型、程度等来确定何时进行及如何进行压力试验。

若第一次压力试验后，与时间有关的、很小的缺陷已扩展到临界状态，就需要再次进行压力试验。试验的间隔时间取决于多种因素：试验压力与实际操作压力之比值；特殊缺陷长大的速率，如腐蚀造成的金属损失、应力腐蚀裂纹、疲劳裂纹等长大的速率。可以应用完整性评价数据及风险评价模型帮助确定再试压的间隔时间。

3) 直接评价(Direct Asessment)

直接评价方法包括了四个步骤：预先评价、管段检测、直接调查、后评价。它主要针对内、外腐蚀缺陷，在它们发展到破坏管道完整性之前，应进行缺陷检测和预防。对于输油管道，外腐蚀占主要地位。以下内容主要介绍管道外腐蚀的直接评价：

(1) 预先评价：收集并综合分析管道历史及现状的资料、数据，估计腐蚀程度和可能性，以确定需要进行直接评价的管段，并选择在该条件下使用的检测方法和工具。

(2) 管段检测：采用地上或间接检测的方法检测管段阴极保护情况、防腐层缺陷或其他异常。例如，对于埋地管道的外腐蚀，常用变频、选频法、多频管中电流法、防腐层检漏等方法来检测防腐层性能；用密间隔电位法、直流电位梯度法等检测阴极保护有效性；用土壤电阻率、自然电位等测试土壤腐蚀性等。由于这些间接检测方法各有特点，没有一种是绝对准确的，其准确性除了受检测方法本身的局限性影响以外，还与检测人员的素质直接相关。因此，每个管段上至少需要使用两种方法来检查管道及涂层的缺陷，在基本调查方法出现困难或有疑问时，应采用第二种方法做补充调查。若两种方法的结果出现矛盾时，应考虑采用第三种方法以保证探测结果的可靠性。通过对检测数据的分析得出管段缺陷的状况、性质及严重程度。

(3) 直接调查：对上一步发现的最严重危险部分进行开挖和自测检查，以证实检测评价的结论。一般每个直接评价的管段开挖点控制在 1～2 个，至少开挖一处。在防腐层破损处及管壁腐蚀处详细测量、记录缺陷情况及环境参数，用于评估管道最大缺陷的情况及平均腐蚀速率。

(4) 后评价：综合分析上述各步骤的数据及结论，确定直接评价的有效性和再评价的间隔。再评价的时间是以保证上次评价中经过修复的缺陷不至发展成为危及管道安全的危险缺陷来确定。若修复缺陷的数量多，占发现缺陷的比例大，修复的标准越高，再评价周期就越长。

由于许多在役管道现有的条件无法运行内检测器，采用水压试验费用很高且需要停输，还将面临大量含油污水处理等各种困难，采用直接评价方法是一种可行的选择。例如，美国联邦法规 49 CFR 195 要求管道的经营者在 2002 年 2 月及 2003 年 2 月以前为油、气管道提交书面的管道完整性管理计划。截至 2000 年 11 月，美国只有总长 37%的油气管道进行了内检测，能进行内检测的管道中 80%是液体管道，70%的输气管道不能进行内检测。因此，为了达到法规的时限要求，美国大多数管道的业主愿意对 50%以上管段采用直接评价方法来进行完整性评价。

2．管道剩余强度及剩余寿命预测

通过对管道完整性检测结果的分析，评估各种缺陷的性质及严重程度，目的是在不降低管道安全可靠性的前提下，如何在容许某些缺陷存在的条件下，使管道操作维持在安全运行的最佳水平。要确定的内容有管道最大允许操作压力和它在一定压力下运行能否延长其使用寿命，也就是说需要进行管道剩余强度及剩余寿命评估，又称其为适用性评价。

1) 管道剩余强度评价

管道剩余强度评价建立在对管道缺陷的定量评价基础上。目前工程上应用且已形成技术规范的剩余强度评价方法有多种：半经验的力学关系式、有限元数值分析、基于断裂力学的概率失效分析等。经过对管道的各种类型缺陷：体积型缺陷(腐蚀形成的点、槽、片状缺陷)、平面型缺陷(应力腐蚀、氢致裂纹、疲劳裂纹、焊缝裂纹)、弥散损伤型缺陷(氢鼓泡和氢致微裂纹)及机械损伤缺陷(凹坑、沟槽等变形)的严格分析评定，确定缺陷是否危及管道安全，哪些是需要修复的缺陷，管道的允许操作压力是多少等。

目前国际上用于剩余强度评价的技术规范有多种，影响较大的有美国 ASME B31G《腐蚀缺陷管道剩余强度评价指南》、英国 CEGB/R/H/R6《含缺陷结构完整性评价标准》、英国 BSI BS7910-1999《金属结构内可接受缺陷评价方法指南》、欧洲的标准《欧洲工业结构完整性评价方法》、挪威船级社 DNV RP-101《腐蚀管道评价的推荐方法》、美国《适用性评价推荐方法》等。加拿大、澳大利亚等国也都有相应的技术标准。ASME B31G 规范中基于美国 Battle 研究所给出的，建立在大量实验数据基础上的半理论半经验公式，可以求得存在腐蚀缺陷时管道的应力及强度。试验及实际应用表明，ASME B31G 准则适用于评估有轴向裂纹或腐蚀缺陷的管道，由于该评估结果较为保守，不大适用于环向尺寸很大的缺陷、螺旋腐蚀和焊缝腐蚀缺陷。准则中没有考虑多个缺陷的组合及互相影响，所得结论不太理想，近期的研究结果认为对体积型缺陷的评估显得过于保守。如何提出一种既不保守又安全可靠的方法，许多国家的研究机构都进行了大量理论、试验研究，并提出了几种新的方法，如：改进的准则、基于失效评估图的概率失效分析、简化极限载荷分析与弹塑性三维有限元分析相结合的方法等，并开发了相应的评估软件。

2) 管道剩余寿命预测

当存在对管道安全目前不造成威胁，但可能造成进一步扩展的缺陷时，需要进行管道剩余寿命预测，管道允许在监控条件下使用。根据剩余寿命评估结果来确定适当的检测、评估的间隔时间，在下一次检测之前提供监控或维修措施，以保障运行安全。

目前对剩余寿命预测，最粗略的方法是根据腐蚀发展速率与运行条件下管壁要求的最小厚度的关系来确定，即

$$R_t = \frac{T_i - T_p}{V_c}$$

式中：R_t为管道剩余寿命(a)；T_i为实际最小厚度(mm)；T_p为该管段的最小要求壁厚(mm)；V_c为该段腐蚀速率(mm/a)。其中实际最小厚度 T_i 由管道检测结果确定，T_p是针对特定位置或区域的最小要求壁厚。

由于各种类型缺陷的损伤机理、扩散速率的影响因素各不相同，腐蚀速率 V_c 最难以确定，目前常采用两次检测间隔时期内的平均腐蚀速率。剩余寿命预测也有多种预测模型，但总体上还没有一套很成熟的方法，预测准确性也不是很高。对于目前还不能确定损伤程度发展速率的缺陷，如氢鼓泡损伤、防腐涂层老化损伤等，主张采用修理及监测等措施来补救。

思　考　题

1．简述输油、输气管道的特点和分类。
2．简述输油管道的事故诱因。
3．简述输气管道的主要事故原因。
4．论述输油管道投产前采取的安全措施。
5．输油管道清管过程的解堵措施有哪些？
6．目前输油管道泄漏的检测方法有哪些？
7．论述输气管道清管的安全要求。
8．简述输气管道投产前的干燥手段。
9．什么是油气管道的完整性？
10．简述管道完整性评价的内容。

第8章　油库的安全管理与技术

8.1　油库安全管理概论

油库是用来接收、储存和发放原油或石油产品的企业和单位。油库是协调原油生产、原油加工、成品油供应及运输的纽带，是国家石油储备和供应的基地，它对于保障国防和促进国民经济高速发展具有相当重要的意义。

油库安全管理的重要性主要表现：① 油库需要储存大量的油品，容量通常达数十万吨，一旦发生火灾或爆炸等事故，往往会产生难以估计的损失；② 油品输送量大，装油作业频繁，在储罐区及其附近区域经常有大量油气漂浮，形成危险的着火源，极易引起火灾；③ 油田和长输管道首、末站的油库，均为连续性进出油，雷雨时不能停止输送，存在雷击危险。

为了保证油库安全生产，必须从设计和管理两个方面系统地加以考虑，制定出一系列安全管理措施，预防火灾和雷击、爆炸等事故的发生，并制定出在紧急情况下的抢救措施。其目的是尽可能地避免发生火灾、爆炸、跑漏油等事故，倘若一旦发生事故，要努力做到减少人员伤亡、财产损失和生产中断时间。

8.1.1　油库分类及其储存介质的危险性

1．油库分类

油库根据其管理体制和业务性质分为独立油库和附属油库；按照其储油方式可以分为地面油库、隐蔽油库、山洞油库、水封石洞油库；按运输方式分为水运油库、陆运油库、水陆联合油库；按储存的油品分为原油库和成品油库。

一般来说，石油库容量大，作业量大，出现事故的机会就比较多，事故造成的损失及其影响也比较严重，在设计标准和安全方面的要求就定得严格一些。根据新中国成立以来石油库经营管理和操作经验，将石油库按其总容量划分为四级，如表 8-1 所示。

表 8-1　石油库的等级划分

等级	石油库总容量*(TV)/m^3
一级	50 000≤TV
二级	10 000≤TV＜50 000
三级	2500≤TV＜10 000
四级	500≤TV＜2500

*：表中总容量指石油库公称容量和桶装油品设计存放量之总和，不包括零位罐、高架罐、放空罐以及石油库自用油品储罐的容量。

2. 原油储存的危险性

石油储存的危险性包括石油对人体的危害和石油燃烧爆炸的危险性。油料具有较强的挥发性和扩散性，具有易燃、易爆特性，具有易积累静电和热膨胀性。由于这些特性的存在，使它具有较大的火灾危险性。

1) 火灾特性

石油产品主要由烷烃和环烷烃组成，大致是碳原子数在 4 个以下为气体，5～12 个为汽油，9～16 个为煤油，15～25 个为柴油，20～27 个为润滑油。碳原子数在 16 个以下为轻质馏分，很容易挥发成气体。不同的油料，其挥发性不同，一般轻质成分越多，挥发性越大，如汽油大于煤油，煤油大于柴油，润滑油挥发最慢。同种油料在不同温度压力下，挥发性也不同，温度越高，挥发越快；压力越低，挥发越快。从油料中挥发出来的油蒸气迅速与空气混合，形成可燃混合气，一旦遇到足够大的点火能量，就会引起燃烧或爆炸。挥发性越大的油料，其火灾危险性越大。

2) 扩散性

油料的扩散性及其对火灾危害的影响主要表现在以下三个方面：

(1) 油料(特别是轻质油料)作为液体具有很强的流动性。油料的流动性取决于油料的粘度。粘度越低，流动性越好。常温下，轻质油料粘度都较小，都具有较强的流动性。重质油料常温下黏度较高，但温度升高，粘度降低，其流动扩散性也增强。油料的流动性使其在储存和输转过程中易发生溢油和漏油事故，同时也易沿着地面或设备流淌扩散，增加了火灾危险性，易使火灾范围扩大，增加了灭火难度和火灾损失。

(2) 油料比水轻，且不溶于水，这一特性决定了油料会沿水面漂浮扩散。油料泄漏到有水的环境，会造成严重的污染，甚至造成火灾。这一特性还使得不能用水直接覆盖扑救油料火灾，因为这样反而可能扩大火势和范围。

(3) 油蒸气的扩散性。油蒸气的扩散性是由于油蒸气的密度比空气略大，且很接近，有风时受风影响会随风飘散，即使无风时也能沿着地面扩散到 50 m 以外，并易积聚在坑洼地带。

3) 易燃性

由于油料的主要组分是碳氢化合物及其衍生物，是可燃性有机物质，这就决定了油料的燃烧特性。油料的易燃性是以闪点来划分的，闪点越低，越易燃烧，火灾危险性越大。常见的油料的闪点及其火灾危险性分类见表 8-2 和表 8-3。另外，油料的易燃性还在于油料的燃烧速度很快，尤其是轻质油料。

表 8-2　常见油品的闪点

油　品	闪点/℃	油　品	闪点/℃
原油	27～45	柴油	50～90
汽油	−58～10	润滑油	120～200
煤油	28～60	航空润滑油	270 左右

表 8-3　油品火灾危险性分类

类别		闪点/℃	举例
甲		28 以下	原油、汽油
乙		28 至 60	喷气燃料、灯用煤油、35 号轻柴油
丙	A	60 至 120	轻柴油、重柴油、20 号重油
丙	B	120 以上	润滑油、100 号重油

4) 易爆性

爆炸是一种极为迅速的物理或化学的能量释放过程。油库中发生的爆炸按其原理主要有两类：一类是油气混合气因遇火源而爆炸，这是一种化学性爆炸；另一类是密闭容器内的介质在外界因素作用下，由于物理作用发生剧烈膨胀超压而爆炸。在油库中最易发生的且破坏性较大的是第一类爆炸。常见的几种轻质油料的爆炸浓度极限和爆炸温度极限见表 8-4。

表 8-4　几种液体的爆炸极限

名称	爆炸极限/(%)(体)		爆炸温度极限/℃	
	下限	上限	下限	上限
车用汽油	1.7	7.2	−38	−8
航空煤油	1.0	6.0	−34	−4
灯用煤油	1.4	7.5	40	86
苯	1.5	9.5	−11	15
乙炔	2.6	80	—	—
酒精	—	—	12	42

油料的易爆性还在于油料的燃烧能转变为爆炸。当空气中的油气浓度在爆炸极限范围以内时，一旦与火源接触，随时会发生爆炸。容器内油蒸气浓度高出爆炸极限的上限时，遇有火源，则先燃烧，但当油蒸气浓度随着燃烧减少到爆炸极限范围内时，便可能转化为爆炸。

5) 易积聚静电荷性

油品导电性较差，在流动、过滤、混合、喷雾、喷射、冲洗、加注、晃动等过程中会产生静电荷。若静电荷的产生速度高于静电荷的泄漏速度，则会造成静电荷的积聚。当积聚的静电荷的放电能量大于可燃混合物的最小引燃能，并且在放电间隙中油品蒸气和空气混合物处于爆炸极限范围时，将引发油气燃烧爆炸事故。

在油品装卸、输送作业过程中，都存在静电积聚的危险。液体自身摩擦或与管道、容器、油泵、过滤介质以及与水、杂质、空气等发生碰撞、摩擦，特别是输送速度过快时，都可能造成静电积累，若防静电措施没做好，就可能引起爆炸火灾事故。

例如，某石化公司使用 Φ200 的大鹤管往火车槽车装汽油。一条来油管线装两台车，流速约为 4.1 m/s，速度快，流量大。大鹤管的铝筒套子产生较大振动，汽油与管壁冲击摩擦，产生大量静电荷，而大鹤管没有单独的接地装置，装车时产生的大量静电荷积聚在鹤管上，当摇晃的大鹤管接触接地的槽车槽口时，产生静电放电，引起了爆炸火灾。事故后调查中发现大鹤管铝套筒的最下一节和槽车槽口处都有电火花摩擦放电痕迹。

6) 热膨胀性

油料在温度升高时，体积膨胀；温度降低时，体积减小。容器罐装满时，由于外界温度的上升或下降速度过大，会造成容器内部介质压力过高，超过容器承受能力，导致容器胀破、负压变形等事故。因此，不同季节应规定不同的安全容量。对于没有泄压装置的地上管道，输油后如不及时放空，当温度升高时也可能发生胀破和破坏设备的事故。在火灾现场的容器受到火焰辐射的高热作用，如不作及时冷却，也可能因膨胀破裂，进而增加火势，扩大火灾面积。

7) 沸溢性

油料的沸溢主要发生于原油和重油，原因主要是热辐射、热波作用和水蒸气的影响。另外，如果油料中含有水或油层中包裹游离状态水分，当热波到达水垫层高度或与油中悬浮水滴相遇时，水被气化成气泡，体积膨胀达 1700 倍，以极大的压力急剧冲击液面，形成火柱，也能造成沸溢。

8.1.2　油库事故分析

1. 油库事故的典型案例分析

案例一：新建内浮顶油罐爆炸事故

1982 年 12 月 1 日 10 时 55 分，某油库 7 号新建内浮顶油罐发生爆炸事故。7 号油罐在 1982 年 1 月改建为内浮顶油罐，定于 12 月 14 日验收，1983 年 3 月投产运行。为迎接油罐验收，12 月 1 日 10 时 30 分左右，油库基建科长和组长从位于北侧的罐壁上人孔口进入罐内浮盘上，科长探测到人孔左侧 1.5 m 处，密封带和油罐板间有 3～4 cm 的缝隙，因油罐内光线暗淡，组长提出划火柴照明，被科长制止。后两人来到浮盘上的通气阀盖，向阀座上安装。第一次安装时，阀杆与阀座相撞，发出“咚咚”声，把阀门盖又放在浮盘上后，科长弯腰察看，结果在第二次安装时发生了爆炸。

事故调查分析表明，罐内有 559 mm 高的水未排出，浮盘下面有高 368 mm 的空间(据说爆炸前已知罐内进入了汽油)，空间容积为 41.6 m^3，其油气浓度在爆炸极限范围之内。与空间相通的阀座孔内也存在爆炸气体，这就形成了爆炸的条件。引起事故的直接原因中，摩擦撞击的可能性较大，但也不排除明火引燃。所谓摩擦和撞击是指阀门盖与阀杆、阀座之间的摩擦和撞击(材质均为钢质)。

这起事故的经验教训是：施工用水和油罐试水不能使用输油管输水，也不能使用与输油管道相连的管道输水；油库管理制度要严，管理人员责任心要强；油罐未完工而进行验收时，罐内就不应有油品。油罐浮盘上的阀门盖、阀杆、阀座都是钢质的，容易发生摩擦或撞击火花而引发事故。应重视油罐壁板与底板的焊接质量，确保油罐爆炸时底部不会破裂。

案例二：阀门断裂导致重大泄漏事故

1981 年 12 月 9 日至 10 日，某石油公司油库负责输油的仓股长从油泵房抽了两名青年员工巡视管线，布置两名电话员看电话，计量班长布置了计量工作，9 时至 19 时分两班作业，进油速度从 15 时以后开始下降，油库领导收到输油不正常的情况反映后，指示仓储股长检查，股长后因为私事离开岗位，直到 23 时才回来。12 月 10 日 15 时股长和一名计量员到炼油厂测量，发现了问题，这时才安排两名青年员工巡查管线，当巡查到距油库 500 m 处时，发现阀门井内的阀门断裂了 3 cm，油从这里泄漏，损失汽油 1560 多吨。

这起事故的主要教训是，油库输油管线上使用的阀门质量差，同时在设计和施工中存在的问题较多，如库外管线未按设计要求作细软土垫层和覆盖，埋设深度未达到设计要求，管沟出现六处斜坡，最大处为 45 cm，致使管线产生弯曲应力。整个油库管理无章可循，管理混乱，人员素质低，工作责任心不强，另外官僚主义、瞎指挥是造成这次事故的根本原因。

案例三：油库选址不当导致坍塌事故

1981 年 8 月 21 日至 22 日，某油库所在地连降暴雨，冲毁库区所有涵洞和桥梁三座，库内公路多数被冲毁、冲断，输油管沟坍塌，管线外露，部分管线掉入嘉陵江中；泥石流掩埋了宿舍和食堂，12 座 500 m^3 的油罐旁边形成了 30 多米高的陡壁；高位油罐因山体滑移而位移，直接经济损失近千万元。

这次灾害的教训是：油库选址必须考虑水文、地质条件对油库的影响；洞库施工中的排查应合理安排；构筑挡墙护坡时，其基础要构筑在坚实的地基上；建造排洪沟渠、桥梁应考虑泄洪能力；油库应有应急处理自然灾害的方案。

2. 油库事故统计

根据收集的 1050 例油库事故统计，油库事故分为着火爆炸、油品流失、油品变质、设备损坏和其他等五类事故。着火爆炸和油品流失两类事故共计 739 例，占事故总数的 70.4%，其中着火爆炸事故 445 例，占 42.4%；油品流失 294 例，占 28.0%，见表 8-5、表 8-6 和表 8-7。

表 8-5　油库事故类型统计表

类　型	着火爆炸	油品流失	油品变质	设备损坏	其他	合计
案例数	445	294	195	62	54	1050
案例比例/%	42.4	28.0	18.6	5.9	5.1	100

表 8-6　事故发生区域统计表

项　目	存储区		作业区		辅助区		其他		合计	
	数量/个	比例/(%)	数量/个	比例/(%)	数量/个	比例/(%)	数量/个	比例/(%)	数量/个	比例/(%)
着火爆炸	106	23.8	225	50.6	39	8.8	75	16.8	445	42.4
油品流失	171	58.2	109	37.1	—	—	14	4.7	294	28.0
油品变质	116	59.5	65	33.3	—	—	14	7.2	195	18.6
设备损坏	54	87.1	7	11.3	—	—	1	1.6	62	5.9
其他	20	37.0	20	37.0	1	1.9	13	24.1	54	5.1
合计	467	44.5	426	40.6	40	3.8	117	11.1	1050	100

表 8-7　事故发生部位统计表

项　目	油罐		油车		油泵		管线		油桶		其他		合计	
	数量/个	比例/(%)	数量/个	比例/(%)	数量/个	比例/(%)	数量/个	比例/(%)	数量/个	比例/(%)	数量/个	比例/(%)	数量/个	比例/(%)
着火爆炸	114	25.6	88	19.8	54	12.1	41	9.2	26	5.9	122	27.4	445	42.4
油品流失	165	56.1	8	2.7	15	5.1	104	35.4	2	0.7	—	—	294	28.0
油品变质	129	66.2	38	19.5	12	6.2	7	3.6	6	3.0	3	1.5	195	18.6
设备损坏	50	80.7	9	14.5	—	—	1	1.6	—	—	2	3.2	62	5.9
其他	22	40.7	2	3.7	5	9.3	6	11.1	1	1.9	18	33.3	54	5.1
合计	480	45.7	145	13.8	86	8.1	159	15.2	35	3.4	145	13.8	1050	100

3. 油库事故影响因素分析

大量统计资料表明，在各类事故中由于人的行为失误导致的事故占主导地位，而物的不安全条件只占次要地位。

1) 人的因素

有机会与油库接触的人员分为三类：一是油库内部管理人员，二是油库收发油时的非本单位人员，三是油库检修、施工时的施工队伍。对于前者，我们可以通过培训考核等方法来提高其安全素质，但对于后两者，其安全素质很难保证，这是油库安全管控难点。

2) 设备设施因素

油库设备损坏原因很多，常见的主要有工艺设计不科学、设备或材料质量缺陷、超过使用寿命或超期服役、强度降低或老化、外力破坏、腐蚀、自然灾害等。其中，除了常规的设备损坏外，油罐吸瘪、胀裂、撕裂事故等则是油库的特殊设备损坏事故。这是由于油罐是薄壳结构，承压能力很低。立式金属油罐的工作压力中，正压为 1.961～3.923 kPa(多数为 1.961 kPa，相当于 200 mm 水柱)，负压为 245～490 Pa。立式金属油罐的局部失稳、吸瘪多发生在油罐顶部或上部圈板，且修复困难。在储油过程中，罐内的正、负压由呼吸阀进行调节。油罐吸瘪是由于罐内真空度过大所致，在向外发油速度过快时可能会酿成事故。

3) 其他因素

油库可能是某一个单位的油料仓库，也可能是国家战略储备、军队战备或保障。因此，人为的蓄意破坏与战争也是油库事故的重要原因。其次，在发生地震、洪水等自然灾害时，也可能会造成油库的泄漏、爆炸和环境污染。

8.2　油库投产运行的安全技术

8.2.1　油库投产的安全技术

油库是储存和中转大量油品的单位，存在着易燃、易爆的危险，在筹建、选址、设计、操作时，都应将安全放在首要位置，除考虑技术的问题之外，投产前的准备、操作岗位人员的配备和训练，对防火、防爆和安全运行也非常重要。

1．投产的准备工作

油库在建设完成后，投产运营之前，应做好以下准备工作：

1) 制定工程验收项目清单

工程验收项目清单包括：① 储油区；② 罐车装卸区；③ 辅助作业区；④ 供水与排水系统；⑤ 消防系统；⑥ 电气系统；⑦ 防雷、防静电系统；⑧ 保安系统。

2) 资料准备

需准备的资料包括设计及安装图纸，设备随机资料及设备操作手册，工艺管道仪表流程图，主要设备、电气、自控系统、通讯、消防报警系统图纸资料。

3) 工器具及材料准备

需准备的工器具及材料包括：消防器材应按要求配备齐全，并掌握使用方法；电工工具、通讯器材应按要求基本配备；生活设施、交通工具、办公设施配备应满足投产需要；进口设备的专用工具及备品备件；管控一体化操作手册。

4) 制定安全管理规定

安全管理规定包括：组织领导，岗位安全责任，工业用火管理，安全措施计划，工艺流程操作原则，油罐、机泵、加热炉、装卸车的安全操作规定以及电气焊等辅助岗位等。

5) 人员选择与员工培训

应使油库试运投产运行人员做到：熟悉工程的具体情况，熟悉工艺流程和操作；掌握自动化发油系统、PLC 系统、配套设施和通讯设备等的基本原理、操作和维护方法；熟知相关的安全生产知识和有关标准、规程及应急预案。培训以专业讲座和现场实习相结合，力求使每一名参与油库试运投产运行的人员对每一个设备做到心中有数，抓好投产方案及实施细则的现场演练及安全和事故预案演练。

2．油库设备投产试运行

原油库的投产在工程施工验收全部合格后进行，投产运行前应制定投产方案，方案的内容包括：① 制定投产方案的依据；② 各项投产工作的具体计划和要求；③ 投产程序及各阶段的要求；④ 有关运行参数的确定；⑤ 投产中的安全措施；⑥ 投产中需要录取的数据。

1) 各设备的检查试运

(1) 阀门功能性调试和投运：① 对现场操作阀门进行全开、关操作，检查阀门在动作过程中是否有异常声响，是否有卡滞现象；② 球阀操作是否灵活，能否全开或全关，限位是否准确；③ 在阀门投运之前，保证阀门各类配件(排污咀、注脂咀等)均处于密封、锁紧状态；④ 阀门在系统试压期间内部密封性能良好，阀杆、各外部连接配件部位无外漏；⑤ 已完成阀门投产前的维护保养工作；⑥ 安全阀已经过有资质的单位标定，已具有合格的标定报告。

(2) 机泵检查投运：① 输油泵进、出口压力、流量平稳，泵处于高效区运行；② 运转平稳，无杂音，无异常震动；③ 润滑、冷却系统畅通，选用的润滑油(脂)符合规定；④ 滑动轴承、滚动轴承温度不超过规定温度；⑤ 密封良好，工作状态下机械密封泄漏量不超过规定量，停止工作时不渗不漏。

(3) 输油管线检查投运：① 安装正确，运行良好；② 管件齐全，维护完好；③ 技术资料齐全，管线检修记录、试压记录以及焊缝探伤检测记录技术资料齐全、准确；④ 管网的平面布置、工艺系统和纵断面图齐全；⑤ 所有管线均有编号。

(4) 储油罐检查投运：① 地上油罐至库内各建、构筑物的防火距离，油罐与油罐的防火距离及防火堤的设置、有关基础等符合 GBJ 50074—2002《石油库设计规范》规定；② 油罐进出油罐、排污管、量油孔、人孔、油面指示器(含自动测量装置)、胀油管(含安全阀)、升降管、旋梯、消防设备等附件齐全，技术性能符合要求；③ 呼吸系统配置齐全完好，呼吸管道畅通，呼吸阀控制压力符合技术要求，垂直安装，启闭灵活，密封性能好；④ 阻火器有效，阻火芯片清洁畅通，无积尘、堵塞、呼吸管口径(等于或大于油罐进出油管直径)符合流量要求；⑤ 防雷、防静电接地设置符合技术要求，连接牢固，接地电阻符合规定值，不能利用输油管线代替静电接地线。

(5) 仪器、仪表的检查：① 查看仪表指示、记录是否正常，现场一次仪表(变送器)指示值和控制室显示仪表、调节仪表指示值是否一致；② 检查仪表连接处、附件有无泄漏、损坏；③ 检查运行中的仪表是否指示正常；④ 检查仪表是否超过有效期；⑤ 擦拭仪表上的灰尘和污垢，保持仪表盘面干净、可视。

(6) 消防系统的检查 ：① 管线连接部位有无裂缝、渗漏；② 管线、管件的密封件有无渗漏；③ 检查止动件是否松动；④ 是否有因延伸引起的极端变形。

2) 系统加水试运

油库的试运运行程序的阶段依次为电动机的试运，带泵的试运行，其次为管线和油罐的吹扫，然后是管线打水试运和油罐充水试运行，最后是整个储油输油管路放水。其具体流程图如图 8-1 所示。

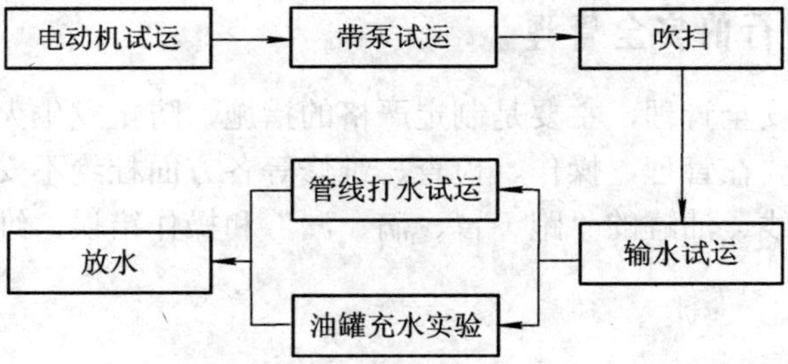

图 8-1　油库加水试运流程

对图 8-1 中所做到的试验，应当一一记录备案。冬季进油前一般先运行蒸汽伴热系统，这一步可能发生的危险是过热及机械的震动，冷凝水冻结等。为了避免这些危险，在系统运行试运前应关闭管线上的所有截止阀，打开所有排气和防空阀，随后再慢慢打开主蒸汽阀，让系统慢慢加热，并且使冷凝水一旦形成即被排出。当温度达到伴热要求时，排凝阀及防空阀应关闭，同时输水器应投入使用。

3) 系统进油试运行

油库首次进油时，为做到组织落实、职责明确、分工合理，顺利完成进油工作，应成立首次进油领导小组，负责油库首次进油重大决策指挥的领导工作。下设首次进油现场指挥部，负责现场具体指挥，生产运行组负责试运行期间的设备调试工作、试运行操作、巡检和运行记录填写等；自控组负责检查自控系统的试运和保驾、组织设备的故障排查与及时处理；监理组负责检查投产试运行的各项准备工作及各环节工作；厂家调试组负责试运行期间所有设备的调试；HSE管理组负责试运行过程中的应急救护与保障应急物资；通信联络组负责保证临时通讯设备的完好以及与上、下游单位的通信畅通；物资供应组负责联系供货商按要求到现场服务；数质量管理组负责油库试运行过程中数质量监控、管理及记录工作。

首次进油的必备条件：

(1) 获地方安监局及环保部门试生产许可批复；

(2) 消防、环境、质检等部门的验收证明；

(3) 防雷防静电检测、油罐检定交接流量计检定、化验仪器、仪表等合格报告；

(4) 取得《危化品经营许可证》《成品油批发(仓储)经营资质》，管理人员、操作人员、特种作业人员等上岗证照齐全。

(5) 试生产工器具、应急保障物资配备到位，消防器材及消防车辆到位，应急油罐车到位，铁路槽车联系到位，救护车辆到位。

(6) 投运安全及设备检查记录、“三查四定”整改完成记录、各环节的工程交接记录、安防设备测试记录、连锁测试记录、人员培训记录、应急演练记录齐全，单机试运行合格，各项制度规程审批记录齐全。

(7) 生产运行人员全部到位，维保人员全部到位，试运行各小组分工及职责明确。

(8) 管线试压、吹扫、气密性检测、设备单机试运、仪表调校、水联运、系统调试完成。

(9) 防雷、防静电接地点检测完成，静电接地及跨接完成。

8.2.2 油库生产运行的安全管理

油库生产运行的安全管理，主要是制定严格的措施，防止发生火灾及消除导致火灾的潜在危险。为此，需要在管理、操作、检查、维修等各方面杜绝不安全因素，预防油库火灾以及工艺设备、管线、油罐的“跑、冒、滴、漏”和操作错误，维修不当引起的火灾和其他事故。

1. 安全管理

油库安全管理包括制定安全生产管理规定，明确组织领导、岗位安全职责、安全检查和安全教育，生产运行中的安全重点应放在预防火灾发生上。油库的安全管理上要求做到分工明确；油库内必须保持清洁，特别是可能有油气设备的地方，不应有油污和其他易燃物，生产过程中所用的可燃废物、油棉纱等必须清除干净；油罐区的防火堤应保持坚实、完整、无洞穴，如因生产需要把防火堤挖开，应及时修复。油库道路包括消防道路，不得堆积任何阻碍车辆通行的物料，所挖土坑或管沟应及时填平；严格库内工业用火管理。

2. 安全操作

为了防止油库生产运行中在操作上导致事故灾害，应落实以下安全操作措施：防止发生误操作的措施；防止发生管线憋压的措施；防止发生胀罐、瘪罐、冒顶的措施；防止发生浮顶沉没的措施；防止发生静电和雷击事故的措施；防止发生机电设备损坏事故的措施。

3. 安全检查

要定期进行安全检查，确保安全生产，检查的重点应放在生产设备和防火安全两个方面。防火安全检查的重点，除用火管理、预防静电火花外，主要是防雷设施和消防设施。油罐的防雷装置使用的是目前常见的避雷装置，有避雷针、避雷网、避雷带、避雷线等。油库的消防设施，一般包括消防给水和空气泡沫灭火系统。消防给水包括消防给水管道、消火栓、消防泵站、消防水池等设施。空气泡沫灭火系统包括消防泡沫泵房、泡沫液罐、泡沫供给管线、泡沫产生器等设施。消防设施的设计和安装应符合有关规范的要求。

油罐主要附件检修周期及内容如表 8-8 所示。

表 8-8　油罐主要附件检修周期及内容

附件名称	检查内容	维修养护内容	检查周期
人孔及光孔	是否渗油、漏气	—	每月一次(不必打开)
量油孔	盖与座间密封垫是否严密、老化，导尺槽磨损情况，螺帽是否松动	密封垫换新每三年一次，板式螺帽及压紧螺栓各活动关节处加油润滑	每月不少于一次
机构呼吸阀	阀盘和阀座接触面是否良好，阀杆上下灵活情况，阀壳网罩是否完好，有无冰冻，压盖衬垫是否严密	清除阀盘上灰尘，水珠，螺栓加油，必要时更换阀壳衬垫	每月两次，气温低于零度时每次作业前均应检查
防火器	防火网或波形散热片是否清洁畅通，垫片是否严密，有无腐蚀现象	清洁防火网散热片、螺栓加油保护(防火网应定期拆卸清洗)	每季度一次，冰冻季节每月一次
通风管通气孔	防护网是否破损，有无雀窝	清洁防护网	每季度一次
放水管	检查内部放水管段是否完好	冬季要放净管内积水	结合清洗油罐进行
放水阀	填料函处有无渗漏	修理填料函	每季度一次和清洗油罐时
进出油阀门	检查填料函有无渗漏，检查阀体内部有无积污	螺杆加油润滑，清除底部积污，发现关闭不严，即应换新	每年不少于一次和清洗油罐时
消防泡沫室	玻璃是否破裂，有无油气泄出，护罩是否完好	换装已损玻璃，调整密封垫，螺栓加油防锈，修理护罩	每月一次
加热器	阀门有无漏气，油水分离器性能是否良好，排水有无带油现象	清理分离器积污，不使用时应打开排水阀，每年冰冻期前按实验压力，作水压实验一次	每年冰冻期前检查一次，冬季每月一次

4. 维修管理

油库的输油泵，管道、储油设施和仪表等，使用一定时期后，由于腐蚀损坏必须进行检修以确保安全运行。因此，要按维修制度坚持定期维修，以免造成事故发生。

油库储存着大量易燃油品，空气中常飘散着可燃油气。维修时要特别警惕，注意安全，防止油品滴漏，杜绝一切火源。能停产处理的，一律停产泄压处理；不能停产，泄不了压的，要有切实的安全措施，并经领导批准。须使用电气焊和其他明火作业时，应按工业动火规定的审批权限进行严格审批。

5. 油气监测

油库内飘散的油气是油库的一个潜在的危险源，它主要来自储油罐的大小呼吸以及流程设备的“跑、冒、滴、漏”。

实际探测表明，油蒸气在一个特定位置上的浓度以及蒸气漂移的距离，与下述条件有关：单位时间内排出的蒸气量；蒸气排出的速度；蒸气的密度；风速和风向等。在监测油气可燃浓度时，应根据油气扩散的特点设置检漏点。

8.3　油库设备的安全管理与技术

油库设备是保证油库能安全、及时、准确地储存和收发油料的重要技术装备，是保证油料供应的重要物质技术基础。油库设备技术性能的好坏，不仅直接关系到油库管理的效益，而且影响油库的安全。对油库设备的管理应贯彻“安全第一，预防为主，综合治理”的方针，及时发现和消除油库设备存在的不安全因素，使油库设备经常处于良好的技术状态。

8.3.1　油库设备安全技术的内容

油库设备的安全技术应包括从设备的设计、制造(选型)、安装、验收、使用、维修、技术改造、检验直至报废的全过程。加强对设备的安全技术管理，就应加强对设备全过程的管理，每一环节都应从安全角度进行审核，使设备不但满足使用要求，而且还满足维修使用方便和安全的要求。加强设计、制造、安装和使用维修部门的联系，认真汲取油库设备安全技术管理的经验，搞好油库设备的安全技术管理。

油库设备的安全技术管理的内容概括起来就是应抓好以下九个环节：设计制造(安装)、竣工验收、立卡建档、培训教育、精心操作、加强维护、科学检修、事故调查和判废处理。对于已投用的油库设备而言，主要应抓好竣工验收以后的七个环节。

8.3.2　油库储油设备的安全

1. 储油罐的类型

储油罐按建筑材料可分为金属油罐和非金属油罐两大类；按安装位置可分为地上、半地下(地下)和洞库油罐三大类；按结构形状可分为立式油罐、卧式油罐和特殊形状油罐三类。储油罐的分类如图 8-2 所示。

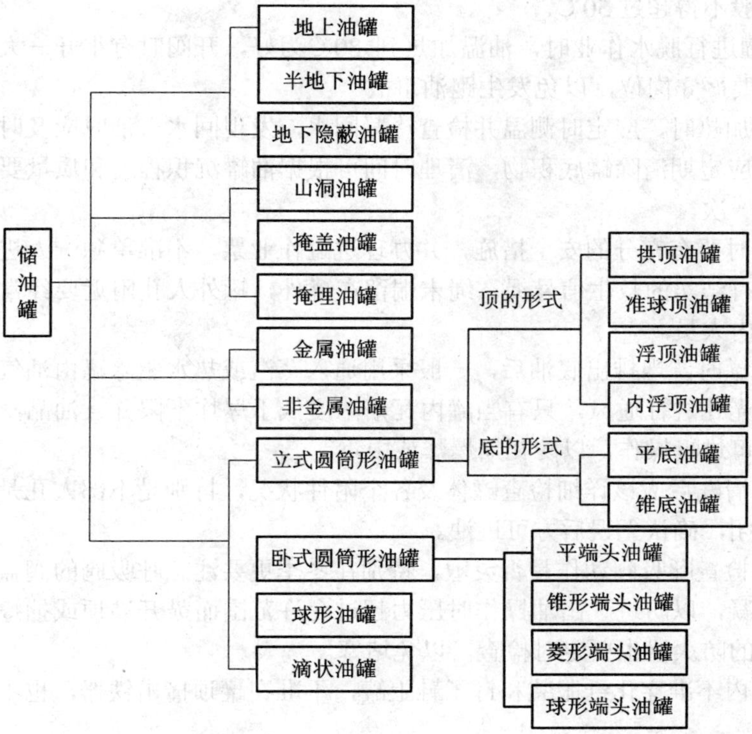

图 8-2　储油罐分类图

2. 油罐操作中的安全注意事项

油罐操作中应注意如下安全事项：

(1) 新建或大修的油罐，在使用前应进行油罐检定，并编制出油罐的容积表。

(2) 决定进油后应再一次检查油罐所有附件是否完备，连接是否紧固，阀门的开闭位置是否正确。

(3) 检查完毕后开始进油，进油速率应在呼吸阀的允许范围之内。

(4) 油罐进油时应加强巡逻检查，注意焊缝或罐底有无渗漏现象，并定时检尺，当油面接近安全油高时，要严加监视，防止冒顶跑油事故。

(5) 根据油罐的规定结构和工艺条件，应明确规定各油罐的最大装油高度(安全高度)和最低存油高度。进油时，应严格控制油面在最大装油高度之内；抽油时，不得低于最低存油高度，浮顶罐须使浮盘保持漂浮状态。

(6) 打开量油孔时，操作人员应站在上风，保证吸到新鲜空气。量油时，尺要沿着量油孔内的铝制(或铜)导向槽下尺，以免钢卷尺和孔壁摩擦发生火花。检尺后，应将量油孔的盖板盖严，并注意盖内的垫圈是否完好。

(7) 油罐加热时，应先打开冷凝水阀门，然后逐渐打开进气阀，以防止水力冲击损坏加热管的焊口，垫片或管子附件。

(8) 油罐加热必须在液面高出加热器 50 cm 以上才可进行，加热温度应比油品的闪点低 15℃，正常储油时的加热温度以油品不冻凝为原则，以减少油品的蒸发损失。非金属油罐的加热温度一般不得超过 50℃。

(9) 重油罐进行脱水作业时，油温加热到 80℃为好，开阀时有小开－大开－小开的原则，操作人员要严守岗位，以免发生跑油事故。

(10) 油罐加热时，应定时测温并检查冷凝回水，发现回水有油时应及时查找原因。

(11) 油罐应定期清除罐底积物，清理时间可根据油罐沉积程度和质量要求而定，一般两年左右清洗一次。

(12) 清罐时要有充分的安全措施，并办理进罐作业票，不准单独一人进入罐内，进罐人员身上应栓有结实的救生信号绳，绳末端留在罐外，罐外人孔附近要经常有监护人，以备随时救护罐内人员。

(13) 清洗罐时，当排出底油后，一般采用通入蒸汽或热水驱除罐内油气的方式，同时打开人孔及透光孔进行通风，只有当罐内瓦斯浓度低于爆炸下限并且油品蒸汽低于最大允许浓度时，方可进罐操作，以防瓦斯爆炸或中毒。

(14) 油罐清洗后应该详细检查罐体及各个附件状况，特别是下部人孔是否封闭紧固，脱水阀是否关闭，确认无误后方可进油。

(15) 定期检查呼吸阀动作是否灵敏，特别在冬季更要注意呼吸阀的阀盘及安全阀底部的积水不要冻凝，以防进、出油操作时压力超过允许范围而鼓开灌顶或抽瘪罐，对呼吸阀和安全阀下面的防火器也要定时检查，以免堵塞。

(16) 罐区内不准穿化纤服装和钉子鞋上罐，不准在罐顶撞击铁器，也不准在罐顶开关手电筒。

(17) 浮顶油罐在使用前应注意检查如下事项：浮梯是否在轨道上，导向炮架有无卡阻，密封装置是否好用，顶部人孔是否密封，透气阀有无堵塞等。

(18) 内浮顶油罐首次进油(或清罐后首次进油)，检尺及采样要在空罐进油 12 小时后进行。

(19) 检尺或采样时，操作人员应站在上风侧，不准在罐顶撞击铁器和开、关手电筒。

(20) 发现油罐的管子或阀门冻结时，禁止用明火烘烤，可用蒸汽或热水解冻。

3．油罐及其附属设施的危险因素与安全处理

1) 储油罐的危险因素与安全处理

(1) 储罐破裂。储罐破裂是油库最严重的安全事故之一。储罐储油后，下部罐壁受到较大压力，大型储罐在第一道环焊缝附近环向应力最大，因此储罐破裂事故多发生在罐壁下部。若高液位下罐体发生突发性开裂，可能会造成全部油品外泄，将防火堤冲毁，若失控的漫流油品遇火源被点燃后，将形成大面积的油库流火。引起储罐破裂的原因主要有：

① 储罐基础选址或处理不当。若基础设计失误或基础处理不好，储罐储油后会发生不均匀下沉或地基局部塌陷，造成罐壁撕裂或罐底板断裂。例如，1974 年，日本三菱石油水岛炼油厂曾发生过 $5\times10^4\ m^3$ 的油罐由于基础不均匀沉陷造成罐底、罐壁同时拉裂，瞬时泄出油品，将防火堤冲毁的事故。再例如，我国厦门市某油库的一座 5000 m^3 航煤储罐(拱顶罐，直径 23.8 m，高 12.5 m)，1994 年 2 月该储油罐正式投入使用，1995 年 4 月的一天早上罐底板突然破裂，造成航煤严重泄漏事故，其原因是基础设计失误导致罐基础不均匀下沉。

② 储罐板材质量差或焊缝质量差，使用前和完工后未做全面质量检查，储油后在外界

条件(如寒冷和高温等)影响下，罐体破裂。例如，20 世纪 50 年代，英国曾发生过 $2\times10^4 m^3$ 的油罐在试水时发生脆性破裂，罐内水瞬时泄出，致使防火堤被冲毁的事故。

③ 地震、滑坡或飓风可能对储罐造成毁坏，使储罐破裂。例如，1993 年 9 月日本北海道地震造成储罐浮顶密封破坏及储罐漏油，导致多起火灾事故发生。

防止油罐破裂要从设计、操作、维修三个方面着手。首先，在设计上，应规定油罐的工作压力，确定油罐的通气孔和呼吸阀的工作能力是很重要的。其次，在操作上，应按照操作规程操作，要对操作人员培训，使其了解储罐能承受多大的压力。最后，应精心维护，保持通气孔、呼吸阀及其他检测仪表完好。

(2) 储罐腐蚀与渗漏。储罐渗漏主要是由储罐内外腐蚀，特别是罐底板的腐蚀造成的。

腐蚀、渗漏是储罐多年运行后最常发生的问题。例如某石化公司油库，始建于 20 世纪 80 年代末，有储油罐 167 座，罐容积多在 2000～10 000 m^3 之间，自 1996 年以来该公司的储油罐陆续出现罐底泄漏事故，仅 2001 年 12 月—2002 年 2 月间就连续发生 4 座储油罐的腐蚀穿孔及泄漏事件。

储罐渗漏多发生在储罐底部，渗漏初期由于渗漏量小，往往不易发现，渗漏的油品进入地下后污染环境，也可能发生聚集导致火灾事故。储罐腐蚀主要是由电化学腐蚀和氧化腐蚀造成的。油罐渗漏时的常见现象有：没有收发油作业时，坑道、走道、罐室和操作间油气味道很浓；罐内油面高度有不正常下降；罐身底部漏气时，油罐压力计读数较同种油罐低，严重时有漏气声；罐身上部渗漏处往往粘结较多的尘土，罐体储油高度以下渗漏会出现黑色斑点或有油附着罐壁向下方扩散的痕迹，甚至冒出油珠；罐身下部沥青砂有稀释的痕迹，地面排水沟有不正常的油迹，埋地罐的这种现象在雨天更明显。

当储罐中的油品含水率高、含盐高、温度高或含氧量、含硫量高时，有利于电化学腐蚀的发生。在罐内壁上涂刷防腐涂料既可阻止罐壁微电池的形成，也可降低罐壁与油品中的盐分、水和氧的接触，起到对罐壁的保护作用。利用牺牲阳极保护技术或外加电流阴极保护技术可有效弥补涂层缺陷引起的腐蚀，并能更为有效地防止储罐的电化学腐蚀，使储罐的使用寿命大大延长。在罐外壁上涂刷防锈涂层可起到将罐壁与空气隔离的作用，从而防止罐壁氧化。

(3) 储罐边缘板缝隙渗漏。储罐罐底边缘板与罐基础间通常存在缝隙，很大一部分储罐底部腐蚀穿孔就是由于水汽或雨水从边缘板缝隙中进入罐底而引起的。通过对边缘板和圈梁之间的缝隙进行防水密封可有效防止此类渗漏。

经常出现在罐体下圈板平焊缝的焊接接头和罐底弓形边缘板上的裂纹，以及通常发生在油罐上部圈体和罐底的砂眼，绝大多数是由于钢板和焊缝受腐蚀形成的。新建油罐的砂眼可能由于钢板未经严格检查、焊接时用潮湿焊条或焊接技术不高，以致焊缝里产生气泡而形成，这些都是油罐渗漏的主要原因；另外，腐蚀对油罐的破坏作用较大，尤其是处于洞库或埋地的油罐，由于其环境潮湿，更容易由于腐蚀造成油罐的穿孔漏油。

因此，应正确选择油罐钢材型号，保证油罐焊接质量，减少油罐内应力，防止油罐变形，防止油罐基础不均匀下沉。还应加强对钢板质量的检查，加强焊接施工质量管理，在油罐使用中做好防腐工作，如：在油罐内外壁表面涂刷防腐涂料，采用牺牲阳极保护法，在油罐中投入少量的缓蚀剂可以防止或减轻油罐内壁的腐蚀，做好洞库防潮工作。

(4) 油罐吸瘪事故。油罐内部的正负压力的调节是由呼吸阀进行的，若由于设计或使用方面的问题，造成油罐的呼吸不畅，则在油罐验收、发油或气温骤降时就会发生油罐吸瘪。吸瘪的部位多发生在油罐的顶部，轻则引起油罐变形，重则引起油罐严重凹瘪，不能继续使用，影响油库的正常工作，而且修复油罐也是比较麻烦的。因此，在油罐的日常管理上，应严格遵守操作规程，防止事故的发生。

为防止油罐吸瘪事故发生，常采用以下预防措施：设计上，油罐呼吸阀的呼吸量应与油罐进出油流量相匹配；油罐每年至少清洗一次，每月至少校查一次，在气温较低时每周至少校查一次，遇到气温骤降、台风等特殊情况应随时检查、清理和吹扫呼吸阀、阻火器或呼吸管路，以防其堵塞；如果已经发生油罐吸瘪的情况，要冷静正确的处理，要做到慢慢打开检尺口，关闭出(入)口阀门，停止收发油作业；对于洞库油罐，应立即停止收发油作业，查找原因，如果是呼吸阀失灵或堵塞，可以慢慢打开放水阀，放入空气，平衡罐内压力；如果是呼吸管道积油或积水造成了堵塞，应慢慢排除呼吸管内的油料或水，逐渐使罐内外压力达到平衡。

(5) 油罐泄漏事故。油罐发生泄漏应尽快采取措施，停止和减缓泄漏，同时作好防火、防爆事故预防，不让泄漏加剧、扩大和发生火灾及污染，造成更大灾害。其措施一般为：发现泄漏的人员应立即向值班调度员报告，值班人员和站库领导应立即到现场对油气区采取警戒和切断一切可能引火的火源；消防队应迅速赶到漏油现场的安全地点，随时作好扑救可能引起的火灾；立即组织人员启动输油泵将漏油罐内的原油全部转到其他油罐中去；采取防毒保护措施，清查漏油部位，制定抢修安全措施；临时安装收油设备，将防火堤内和流窜的原油回收干净；彻底铲除地面油泥，并覆土平整，消除可能存在的隐患。

(6) 内浮顶油罐浮盘沉没事故。内浮顶油罐由于浮盘变形、浮盘立柱松落失去支撑作用、液泛、浮盘密封圈损坏并撕裂翻转、中央排水管升降不灵活、浮盘和船舱腐蚀、操作管理不当、责任心不够、维护不及时等都会造成浮盘沉没。

针对内浮顶油罐浮盘沉没事故，在设计方面应做到：改进浮舱与单盘的连接形式，增加其连接强度，提高其抗疲劳破坏的能力；采取有效措施，增加单盘的刚度，防止或减轻单盘的变形；增加浮顶导向管，避免浮顶运行时产生偏移、卡阻现象，确保浮顶上下自由运行；对炼油厂油库，降低进油温度，增设油料稳定和脱气设施，保证进油蒸气在 80 kPa 以下。

在日常管理方面，应做到：制定浮顶油罐的操作、维护、保养和修理规程，严格按规程管理运行；浮顶油罐实际储存油品高度严禁超过油罐的安全储油高度；油罐浮顶不得有积水、积油等，发现积油(水)应及时排除；空罐进油时，管内的流速应不大于 1.5 m/s，当油液位超过油罐进油口后可加大流速，但流速不得大于 4 m/s。

(7) 油罐溢油事故。产生油罐溢油事故的主要原因是计量失误或油泵工作(输转)时间过长，油罐内油品超过安全储量，油品从泡沫发生器、呼吸阀等处溢出，内浮顶油罐可从罐壁通气孔溢出。当浮顶进入上止点后，油泵继续输转将导致沉顶事故。

防止溢油事故的发生，重要的是加强操作人员的工作责任心教育。一旦发现溢油事故，应立即停止油泵输转作业，检查油罐区水封井、阀门是否可靠关闭，事故现场不得进行任何产生火花的操作。

2) 储罐附件的危险因素与安全处理

(1) 加热盘管穿孔渗漏。在储存高凝油品的储罐中，通常配有一组或多组加热盘管，以压力为 0.2～0.6 MPa 的蒸汽为热源对油品加热，以防止油品在冬季凝罐。加热盘管由钢管焊接而成，多以与罐底呈一定倾角的方式安装在罐底部，但加热盘管常因穿孔而发生泄漏，影响储罐的正常使用。国内油库因加热器(即加热盘管)穿孔而导致的事故屡见不鲜，有的加热器使用 1 年后便出现穿孔泄漏，3～4 年后便达到穿孔失效高峰期，使加热器的维修周期远远短于油罐的大修期。

加热盘管失效主要是由盘管坑状腐蚀和管内汽、水的冲刷磨损造成的，具体可分为管壁的电化学腐蚀穿孔、弯头处的磨损腐蚀穿孔、疲劳裂纹等。

防止加热器失效的主要措施有：增加管壁厚度，确保焊接时的质量，采取减少水击和磨损腐蚀的措施(如增大弯头半径、增加防冲挡板等)，减小盘管支架间距，增加吹扫管线(停用时将盘管内的残液和残渣吹出)等。

(2) 搅拌器密封件渗漏。搅拌器起着使储罐内的液体均匀混合或在盘管加热过程中使热量均匀分散的作用。

侧壁叶轮搅拌器是目前广泛使用的一类搅拌器，它通过罐壁下部的开孔插入储罐内，传动轴通过入口接管固定在罐壁上，并采用补偿式机械密封连接，既能保证密封，又能在不拆卸整机的情况下更换机械密封及轴承等易损件。这类搅拌器可能出现的问题主要有：轴在机械密封处偏摆量大致使机械密封使用寿命短，密封件或轴承损坏引起漏油，传动机构底座与储罐基础的不一致下沉和搅拌器旋转时引起的振动等对罐壁强度的影响。

旋转喷射循环搅拌系统主要由轴流涡轮、喷嘴及变速装置等组成，由泵加压输出的油品供给到系统的轴流涡轮驱使其旋转，这种旋转力随同压力送出的原油传送到喷嘴，喷嘴靠喷射的反作用力自动水平旋转，喷出的油同时推动罐内油品的旋转对流，起到搅拌作用。由于旋转喷射循环搅拌系统永久性地装在储罐内，自身无动力装置，因此具有耐用和不需要经常维护的特点，但造价较高。

(3) 切水/污水排放装置跑油。储油罐通常设有切水排放口或污水排放口，用于排放油品静止存放过程中脱出的污水。油罐切水的排放有两种控制方式，一是利用通过安装在排放口上的阀门手动排放；二是通过安装在排放口上的自动排放装置实现自动排放。

由于手工切水操作的间断性和切水中轻油组分的易挥发性，工艺上很难控制其切水完全，还会由于操作不当造成跑油事故。切水自动排放装置有浮球机械控制方式和电磁控制方式两类，有些适用于轻质油品，有些既适用于轻质油品，也适用于原油。如果自动排放装置出现误动作，同样会造成跑油事故。

(4) 浮顶倾覆。浮顶在罐内介质浮力作用下浮在液面上，浮顶下端的浸没深度主要取决于浮仓的浮力，浮顶及附件的质量，刮蜡板及密封机构对罐壁摩擦力的大小和方向，导向筒对导向管、量油管摩擦力的大小及方向等。当浮舱破坏进油、浮顶积水过度、受狂风吹动漂移或浮顶受导向管(或量油管)等卡阻时，其浸没深度就会发生变化，造成浮顶倾斜，以致沉底。近十年来，国内已发生浮顶沉底事故十几起。浮顶倾覆沉底除造成巨大经济损失外，还可因罐内油品失去密封而导致油气挥发和火灾。

3) 输油泵、管道、法兰和阀门泄漏或破损

(1) 油泵泄漏。油泵在收发油过程中，可由于泵体裂纹或轴封、法兰密封不好发生油气泄漏，也可由于水击效应导致泵体和法兰泄漏。

(2) 管线泄漏。管线裂缝或破裂可造成油气泄漏，产生管线泄漏的主要原因有：

① 多数是因焊缝和管道母材中的缺陷在油品带压输送中引起管道破裂，造成漏油事故，据统计约30%的管道漏油事故是由焊缝和母材缺陷引起的；

② 管道腐蚀穿孔是由于防腐质量差，施工时防腐层受到机械损伤，土壤中含水、盐、碱及地下杂散电流腐蚀等原因导致的，严重的可造成管道穿孔，引发漏油事故；

③ 管道施工温度与正常输油温度之间存在一定的温差，造成管道沿其轴向产生热应力，这一热应力易造成管道变形、弯头内弧里凹形成折皱、外弧率变大，管壁因拉伸变薄也会形成破裂，引发漏油事故；

④ 地基沉降、地层滑动及地面支架失稳，造成管线扭曲断裂；

⑤ 快速开泵和停泵或突然断电，会造成管内压力剧烈变化，产生水击对管线造成冲击，使管线剧烈振动，有可能使输油管破裂；

⑥ 气温高引起油料膨胀，使输油管内压力增大，例如地面管线受阳光强烈照射情况下可胀破(特别是管道与法兰的连接处)；

⑦ 第三方破坏，包括外力碰撞，可导致管道破裂；

⑧ 自然灾害，如地震、洪水、海潮、滑坡、塌陷、雷雨等都可能对管道造成破坏，在雨季或遇台风，雨水冲刷引起地面管道不均匀变形也可能引发管道泄漏事故。

(3) 阀门和法兰破损。阀门和法兰破损有可能导致油气渗漏，其原因主要有：法兰、法兰紧固件及阀门用料缺陷或制造工艺不符合要求；垫片、填料老化；操作不当。

(4) 误操作及检测仪表失灵。误操作引发的事故包括浮盘沉没、加温沸溢、管道压力突增等，都可引起跑油或油气泄漏，导致严重经济损失，并可能造成火灾。此外油品流速过快会引发静电火灾，收油过量会造成跑油，收发油速度过快会引起管道或固定顶罐体变形，开泵速度过快会引起管道水击等。另外，铁路或公路运输油品装卸过程中发生的油气泄漏和产生的静电也可能引发火灾、爆炸。

高油位检测仪表失灵、油料溢出自动报警设备失灵时，若人员未及时巡检发现和采取措施，同样会引起跑油。

4. 油库安全设施失效

为避免油品储运设备故障和操作危险因素导致油品泄漏的发生以及发生泄漏后能及时停止或减少泄漏，从根源上为火灾爆炸设置屏障，油库工程都必须配置安全设施(包括安全附件)，制定安全措施，但这些设施一旦失效，则会导致原油泄漏事故和火灾爆炸事故的发生，危害后果的加重。这些设施包括如下几类：

1) 防爆、泄压、阻火等设施

防爆、泄压设施有安装在管道上的泄压阀、爆破板、泵房轻质屋顶、轻质外墙、泄压门窗等；阻火设施有水道阻火设施、隔油池阻火设施等。

2) 通风设施

通风设施有油泵房配电间等的通风设备及排风设备等。

3) 储罐安全附件

储罐安全附件包括盘梯、油气管线、浮顶密封件、罐前关闭阀、放水阀、液位信号器、阴极保护装置、静电导出装置、静电接地装置、避雷装置、消防泡沫装置、自动检测报警装置、加热器、人孔、光孔、防腐层、保温层、防风圈等。

这些附件对于保证油罐使用安全、作业人员安全有重要作用。其安全要求是：梯子和栏杆要结实、牢固；静电接地及避雷针应符合安全要求；呼吸阀、液压安全阀应安装于轻质油罐罐顶，以便降低蒸发损耗并防止罐内出现负压；使用阻火器防止火焰进入罐内引起火灾；通气阀应安装于重质油罐罐顶，以便调节罐内气压；检尺或采样孔一般为铸铝制品，对铁制检尺或采样孔须镶有铅或铜质垫圈，以防碰撞时产生火花；灭火设施一般采用泡沫箱或氟蛋白泡沫消防设施。

对罐内存在气体空间的油罐，在进、出油料及储存油料的过程中其气体空间的压力会发生变化，需要进行呼气和吸气，从而保证油罐不被吸瘪或胀裂。油罐呼吸系统一般由呼吸短管、阻火器和机械呼吸阀组成。在寒冷地区通常采用全天候防冻机械呼吸阀或采用普通机械呼吸阀与液压呼吸阀并联。凡是储存轻质油品的地上、半地下立式油罐，都必须独立安装阻火器和机械呼吸阀，且必须安装在露天，并应有防止油气进入罐室的措施。呼吸阀是用来自动控制油罐气体通道的启闭，在一定范围内降低油品的蒸发损耗，并保护油罐本体或局部密闭区域免受超压或真空破坏的安全设施。阻火器又叫防火器，也是油罐呼吸系统的重要部件，它通过阻止罐外火焰经呼吸系统向罐内传播来保证油罐安全。

4) 管线安全附件

管线安全附件主要包括管道热力补偿器、支架、静电接地及跨接装置、阴极保护设备、自动检测报警系统、防腐涂层等。

5) 防火堤

防火堤、隔堤的建筑材料如选择不当，强度不够，有坍塌或穿孔发生，则会在遇到重大油品泄漏和火灾事故时起不到应有的隔离作用，可导致油品泄漏和油火的流淌及事故的扩大。穿越防火堤的(雨水、污水)排放管的水封井若起不到排水截留油品的安全作用和防止油品外泄的作用，可造成油品外泄。

5．其他辅助设施的危险因素

1) 供热锅炉

供热锅炉既是压力设备，又是明火设备，具有火灾、爆炸危险性。炉筒在干锅和超压时可能发生爆破，造成人员和财产损失；炉膛点火时也可能由于操作失误发生爆炸。直接接触锅炉产生的过热蒸汽可造成烫伤。

2) 电气设备

石油库的电气设备主要有高(低)压开关柜、变压器、电动机、动力及照明配电箱、现场控制设备等。这些电气设备应按爆炸和火灾危险分区进行选型，否则会引发电器火灾或油气火灾。电缆选型不正确、电路缺少过载保护器，也可引发电气火灾或油气火灾。

电气设备如不能正确接地、无防触电保护装置，可能发生人身电击事故。

6．自然环境及地质条件的危险因素

自然因素包括飓风、台风、洪水、地震、滑坡、泥石流等具有破坏性的突发事件，还有气温、湿度、雾等具有安全危害的因素。地质条件指地质状况，包括地震烈度和地质状况等。按照《石油库设计规范》的规定，储油库不得选择在有断层、滑坡、沼泽、流沙及泥石流的地区和地下矿藏开采后有可能塌陷的地区；不得选择在抗震设防烈度为 8 度的三、四类场地和 9 度及以上的地区。故必须防范的危险因素主要有：

(1) 飓风、台风可能造成地面建筑的破坏，带来的暴雨可能冲毁堤防，破坏油库设施，甚至可能使外浮顶罐的浮盘沉没。

(2) 洪水可冲毁设施，暴雨可造成滑坡、破坏地基，导致储罐的倾斜和管线的断裂、建筑物和防火墙的破坏。

(3) 寒冷的气温可使阀门冻裂，使一些无防冻措施的附件操作失灵。

(4) 湿度大可能加速钢铁的腐蚀。沿海地区受当地海洋性气候的影响，空气湿润且含有一定盐分，盐粒或盐雾会聚集在金属表面上，由于海盐很容易吸水潮解，故会在金属表面形成一层导电性良好的薄液膜，从而导致金属表面产生电化学腐蚀。

(5) 油罐如遭遇雷击，可能引起着火爆炸。

(6) 大地震可给原油储运设施带来灾难性后果，储运设施的设计必须符合抗震要求。

(7) 地质条件不好，影响罐基的均匀沉降及管线支撑的稳定性。雨季可能发生滑坡，对储油库造成破坏性影响。

8.3.3　油库输油管路的安全技术

1．油库输油管路的常见故障及预防

1) 由温差引起的输油管内压力变化及预防措施

由于气温、日照等因素的变化，输油管内油温也将随之发生变化。由于在相同温差下，管路内油料的膨胀大于管体金属的膨胀，这样当温度升高时，会使管内压力升高，发生热胀；当温度下降时，则会使管内出现液柱分离(或称空穴)现象。

对于每条输油管路，应在最高位量的油罐阀门前设置胀油管。管路上设置的隔断阀应在作业后保持常开或加设旁路安全阀，以不使其形成没有泄压保护的死管段。收发油作业后，打开管路上的透气支管，放空部分管线，使油料能自由膨胀，不致在管路内形成超压。对于较长的管路，在温度有较大降低的情况下启动油泵。当压力表指示正常时，应注意缓慢打开出口阀门，使分离液注逐渐弥合，以免产生剧烈的冲击和增压。地下管路尽管温差较小，但由于进油温度接近气温，在冬季和夏季进油温度与地下管路的温差较大时，也容易出现热胀或空穴，管路也应在罐前设置胀油管或采取其他泄压保护措施。

2) 油库输油管路的腐蚀及预防措施

油库的输油管路无论是安装在洞(室)内、(室)外，还是安装在地上、地下或管沟内，由于都会与外界介质(如大气、水分、土壤、油料等)接触，加上杂散电流的影响，不可避免地都会产生化学或电化学腐蚀。目前，油库输油管路防护方法主要采用涂料防腐和阴极保护两种方法。

2．油库输油管路冻裂事故及预防措施

油库输油管路冻裂事故主要是由内部积水，气温变化结冰引发的。

(1) 输油管道冻裂。输油管冻裂大都是由于试压后未及时放水或者排水不降，冬季结冰后胀裂、胀断，另一种情况是油品含水沉积于罐底进入排污管，结冰将有缝排污管的焊缝胀开。

(2) 阀门冻裂。阀门冻裂都是由于阀内积水造成。寒区、严寒区热力系统阀门冻裂较

多，储、输油系统的阀门也有冻裂的。冻裂的阀门基本都是铸铁阀。油库设备酥裂都是由于设备内积水引起的，解决办法就是入冬之前排水。油库设备完成水压试验后应及时排水；油罐底部及铸铁阀门入冬前应检查排水；热力管道(指油品加热部分)入冬前应检查排水，冬季使用后应及时排水。总之，凡是易积存水的设备或部位，入冬前都应检查排水，必要时还应采取保暖措施。

3．油库输油管线应急抢修的安全措施

油库输油管线应急抢修时应做好如下安全措施：

(1) 严格执行防火、防爆、防毒等安全技术规程和规范。

(2) 建立现场应急抢修指挥机构，统一指挥现场应急抢修工作。现场指挥机构应由油库领导、工程技术人员和有实践经验的维修人员组成，负责制定应急抢修方案，指挥现场抢修作业。

(3) 应急抢修人员应少而精，统一领导，分工明确，相互协调。可根据情况分抢修人员、监护人员、消防(救护)人员、后勤人员等，操作人员应配合搞好这项工作。现场操作时，除抢修人员和监护人员外，其他人员应站在警戒线外待命。抢修人员应严格按操作规程和既定方案进行，出现新的情况应及时向现场指挥人员汇报，以便及时采取措施解决。

(4) 应按规定穿戴好劳动保护用品，备齐所需的安全工具和设备。消防、救护人员应到位。

(5) 清理堵漏周围现场，做好通风、疏散、引流、蔽盖等防护措施。

(6) 对油库输油管线的抢修堵漏，应尽量采用不动火堵漏法。不得已动火的部位，应做到“三不动火”，即：不见批准有效的动火申请单不动火；未经认真检查逐条落实防火措施的不动火；没有用火负责人或防火人不动火。

(7) 在室内、沟渠、井下、容器内操作时，注意防毒、防窒息。进容器前，应取样化验，合格后方能进入。

(8) 抢修堵漏人员工作时，应站在有利的地势，如考虑站上风处、撤退方便处等，可根据具体情况采用挡板、隔绝垫等措施。

8.3.4　油库泵房设备设施的安全技术

泵房被喻为油库的心脏，设备集中，作业频繁，是事故的多发场所之一。油库泵房设备一旦发生故障，则整个油库的收发油作业将无法进行。因此，对泵房设备进行安全管理是十分重要的。

1．泵房设备设施安全技术

泵房设备设施安全管理的内容主要包括设备的安全操作、设备设施的安全检查和设备的维护保养。不断完善操作规程，对泵房设备实行责任制，明确分工，使操作人员熟悉设备性能，熟练掌握操作技能。泵房内要悬挂工艺流程图，阀门的开关要采用编号挂牌制。

对设备要按规定进行安全检查，检查时要认真仔细，通过看、听、摸，及时发现问题，及时予以处理，防患于未然。对设备要进行定期的维护保养，消除可能发生的事故隐患，使设备经常处于完好状态，保证收发油作业的正常进行。对消防器材要经常检查、保养、并组织有关人员训练，保证在发生事故时，器材都好用，人人都会用。

2. 油库中常用泵的种类及用途

泵的类型复杂，品种规格繁多，按其工作原理可分为以下三大类：

(1) 叶片泵。它利用叶片和液体相互作用来输送液体，如离心泵等。

(2) 容积泵。它利用工作室容积周期性变化来输送液体，如齿轮泵、螺杆泵等。

(3) 其他类型的泵：只改变液体位能的泵，如水车等；利用液体能量来输送液体的泵，如射流泵、水环式真空泵等。

在油库中通常装备的泵有离心泵、水环式真空泵、齿轮泵和螺杆泵等，离心泵用于输送轻质燃料油；水环式真空泵用于为离心泵及其吸入系统抽真空引油和抽吸油罐车底油；齿轮泵用于输送润滑油；螺杆泵用于输送润滑油、专用燃料油或柴油。

3. 泵房设备设施的安全检查

泵房设施安全检查的主要内容：各种设备设施清洁、整齐、无尘土和油污；空气中油气含量不大于 300 mg/m^3；电气设备和关联设备物应符合防爆要求；噪声等级不大于 90 dB；通向室内的管沟，必须在室外 5 m 以外阻断并填塞密实；安全操作规程、岗位责任制、巡回检查制、交接班制、工艺流程图等应齐全、正确并张挂在墙上；设有可靠的报警和联络设施；手提式灭火器材和灭火工具应放在拿取方便的地方并按标准配置；室内不得存放无关物品，操作人员应穿戴防静电服装、鞋帽及棉线手套，不准用化纤织物擦拭设备和地面；泵房的全部建筑结构应由耐火材料建造，地面应为混凝土抹灰地坪，室内通风良好；泵房内不得有闷顶夹层，房基不能与泵基连在一起。

4. 泵房设备的检修与维护

设备的检修与维护保养必须贯彻“养修并重，预防为主”的方针，严格遵守设备的保养规程和检修制度，做到定期维护保养、计划检修，使设备经常处于良好的技术状态，以延长设备的使用寿命。

1) 泵房设备检修的安全要求

(1) 按离心泵、齿轮泵、螺杆泵、水环式真空泵的技术要求和有关规定进行检修。

(2) 泵房停泵检修或移出泵房检修时，要检修的泵必须断开与其相连的各种管道和电源，管道加盲板堵严。

(3) 加强泵房通风，使油气浓度不大于 300 mg/m^3。

(4) 清除泵内和管组内的残油，用棉纱擦净油污。

(5) 在使用支撑三脚架、悬挂升降葫芦时，必须将支撑点固定、绑扎牢固。

(6) 拆卸零部件时，只许用木槌敲打，不得硬撬硬砸。洗涤用溶剂油或工业汽油，不许用含铅汽油代替。

(7) 泵房内不准吸烟和有其他明火。电焊机、氧气瓶和乙炔发生器应分别安放在室外安全的地方。

(8) 下班前要整理现场，易燃的手套、工作服、棉纱、洗油等严禁放在泵房内。

(9) 检修完毕后，应先检查泵的转向，然后按检修质量要求进行试运转检查。

(10) 检修期间应有消防人员值班，防止发生意外。

2) 泵房设备维护保养的要求

(1) 严格贯彻执行“专机专责，职责分明”，设备维护保养要有专人负责，按规定进行检查和验收。

(2) 设备操作人员对所操作的设备必须做到“四懂三会”。“四懂”即懂设备结构、懂设备工作原理、懂设备性能、懂设备可能发生的故障及预防处理措施，“三会”即会操作、会维护、会小修。

(3) 操作人员必须正确使用设备，不准让设备超温、超压、超速、超负荷运转。为此在操作过程中应注意：按规定顺序启动，做好运转中的调整工作，做好故障预防及正确处理。

(4) 操作人员应经常保持设备本身的清洁，做到设备见本色。

(5) 设备操作人员应经常检查设备的震动及轴承温度变化情况，保证润滑系统、冷却系统良好。

(6) 做好停用或备用设备的防冻、防锈、防火等安全维护工作。杜绝“三漏一跑”，即漏油、漏水、漏气和跑油。

8.3.5 油库装卸油设施的安全技术

油库装卸油设施是使用较为频繁的设施之一。对于收发铁路油罐车油料的油库，其装卸油设施为铁路装卸油设施，它包括铁路专用线和装卸油栈桥。对于收发油船油料的油库，其装卸油设施为码头装卸油设施，它包括平台和引桥、趸船、绝缘连接和静电接地、装卸油设备及码头的安全设施。此外，油库还有向汽车油罐车发放油料的公路发放油设施。油库装卸油设施的安全措施有：

(1) 栈台或码头要严格落实禁火制度，严禁吸烟、随便用火，防止撞击、摩擦起火等。

(2) 加强栈台或码头的管理与维护，提高设备良好率，严防“跑、冒、滴、漏”事故发生。一经发现，要及时清除，不留后患。

(3) 作业中，严格遵守操作规程和安全规定，提倡文明装卸，反对野蛮作业，加强责任心，防止设备破坏。

(4) 铁路、油罐车防雷和防静电及防杂散电流的设施要完好，并定期进行检查和检测。

(5) 码头输油管应有良好的接地，金属软管质量要好，连接要牢固，弯曲度要合适，跨接静电连线要接好。

(6) 维修用火的安全措施要落实，动火人、看火人要经过培训，审批人要深入现场，严格把关。

8.3.6 油库加热设备的安全技术

1. 油库常用锅炉

油库所选用的蒸汽锅炉现多为 LSG 型立式水管锅炉、KZG 型卧式内燃回火管锅炉、WNL 型三回程机械化锅炉和 WNY 型燃油火管锅炉等。

锅炉附件，主要是指锅炉上使用的压力表、水位计、安全阀、汽水阀、排污阀。这些附件是锅炉正常运行中不可缺少的组成部分，特别是压力表、水位计和安全阀，它们是锅炉操作人员进行正常操作的耳目，是保证锅炉安全运行的基本附件，对锅炉的安全运行极为重要，因此，通常被人们称之为锅炉三大安全附件。

2．油库锅炉的安全运行及科学管理

对新装、迁装或检修后的锅炉，在点火前应组织领导干部、操作人员、技术人员三结合小组对锅炉进行全面仔细的检查，肯定锅炉各部分均符合点火运行的要求，并要做好点火前的各项准备工作。

锅炉点火是在做好点火前的一切检查和准备工作之后才开始的。锅炉点火所需时间应根据锅炉结构形式、燃烧方式和水循环等情况而定。水循环好的锅炉从冷炉开始泡 2～3h 即可达到运行状态；水循环较差的锅炉，点火时间要长一些。由于锅炉燃用燃料和燃烧方式不同，点火时应注意的安全问题也各不相同。

要使锅炉能安全、经济地运行，必须做好锅炉运行时的管理与维护工作。锅炉正常运行时，主要应对锅炉的水位、气压和燃烧情况进行监视与控制。

3．停炉及停炉后的保养

1) *停炉*

锅炉的停炉有事故停炉和正常停炉两种情况。

(1) 紧急停炉(即事故停炉)时，炉温变化快，应防止急剧降温。因此，必须根据事故的情况及时采取有效的技术措施，防止出现并发事故或事故继续扩大。

(2) 正常停炉即有计划的停炉。经常遇到的是锅炉定期检修，节假日期间或供暖季节已过，需要停炉。正常停炉应遵照锅炉安全规程所规定的停炉操作步骤，按顺序进行。

2) *停炉后的保养*

锅炉停用后，应放出锅水。锅内温度很大，通风又不良，若长期处于潮湿状态，在空气中氧气及二氧化碳的作用下，锅的内表面会产生一层淡黄色的铁锈，即三氧化二铁。被腐蚀后的锅炉，在一定条件下仍继续与铁化合生成四氧化三铁，因而会加剧对锅炉金属的腐蚀。锅炉金属表面被严重腐蚀后，金属壁减薄，机械强度降低，必然威胁锅炉的安全运行并缩短锅炉的使用年限。因此当锅炉长时间不用时，必须对锅炉进行干法或湿法保养。

4．锅炉常见事故及预防措施

锅炉常见事故有锅内缺水、锅炉超压、锅内满水、汽水共腾、炉管爆破、炉膛爆炸、二次燃烧、锅炉灭火等，其中以锅炉缺水事故所占的比率为最高。

无论哪种加温设备，在使用中常见的故障是由于温度变化引起金属胀缩，使管路接头和其通过罐壁的焊缝处出现裂纹。因次，对从粘油罐流出的冷凝水及加热管与罐壁的焊缝处要特别注意，如发现油迹要及时采取措施，并清洗油罐，焊补加热管上的裂纹。

8.3.7 油库电气设备的安全技术

油库区输配电线路的作用是向各电气设备输送动力。输配电线路的正常运行，是电气设备正常运行的保证。应对危险场所进行区域等级划分，然后根据场所区域等级选择不同类型的电气设备，以达到安全、经济的目的。

根据防爆理论，采用铝电极时，其最大不传爆间隙很小，而且铝导线与铜接线柱接触时，由于两种金属电位不同，当连接在一起时就会有电位差而产生电腐蚀，造成接触不良、接触电阻增大，还会使运行中温度升高，长期下去可能会产生电火花或电弧，使防爆电气设备的整体防爆性能减弱。

在爆炸危险场所安装普通的导线或电缆是相当危险的。在 1 级场所不允许采用普通电缆或导线，而必须用铠装电缆或钢管布线。

油库 1 级场所使用铜芯电线或绝缘铜导线，在 2 级以下场所大量使用铝电缆和铝绝缘导线，这样就存在铜导线与铝导线的连接问题，或者铝导线与电气设备接线端子的连接问题。不同接头也有严格的要求，表 8-9 给出了不同材质的导线连接要求。

表 8-9 不同材质的导线连接要求

导线材质	选用方法	封端工艺
铜	锡焊法	① 除去线头表面、接线端子孔内的污物和氧化物 ② 分别在焊接面上涂上无酸焊剂，在线头处搪上锡 ③ 将适量焊锡放入接线端子孔内，并用喷灯将其加热至熔化 ④ 将搪锡线头插入接线端子孔内，至熔化的焊锡灌满线头与接线端子孔内壁的所有间隙 ⑤ 停止加热，使焊锡冷却、线头与接线端子连接牢固
	压接法	① 除去线头表面、压接管内的污物和氧化物 ② 将两根线头相对插入，并穿出压接管(伸出 26～30 mm) ③ 用压接钳进行压接
铝	压接法	① 除去线头表面、压接管内的污物和氧化物 ② 分别在线头、接线孔的两个接触面涂上中性凡士林 ③ 将线头插入接线孔，用压接钳进行压接

8.3.8 洞库通风设备的安全管理与技术

洞库通风设备包括通风机和通风管道，通风机又有离心式和轴流式两种类型。

洞库通风设备安全管理的主要内容有：

(1) 制定通风设备的操作规程和管理制度；

(2) 操作人员要严格按操作规程操作，管理上做到专人管理；

(3) 对通风设备要定期进行检查，保持通风设备清洁、完好；

(4) 对通风设备要定期进行检修，消除可能的事故隐患。

洞库通风设备的安全检查与维护包括防爆轴流式局部扇风机和防爆离心式通风机的安全检查与维护。

1) *防爆轴流式局部扇风机的安全检查与维护*

(1) 要有专人操作与管理扇风机，遵守所制定的操作规程与管理制度，在扇风机运转前要检查设备的技术状况，只有在扇风机设备完全正常时方可运转。

(2) 使用过程中应经常检查并保持清洁，进风端不准放置和悬挂异物，扇风机进风筒保护栅损坏时不准使用。扇风机运行时如发现有不正常响声，应立即停车检查处理。

(3) 轴承温度不应超过 95℃，其声音应均匀，如过热或声音不正常时应检查，如发现轴承有损伤时应立即更换。

(4) 在一般情况下，每三个月更换一次润滑脂，其加注量为轴承室净容量的 2/3 为宜，过多或不足均会引起轴承过热。

(5) 为保证扇风机的正常运行，须定期检修，通常每六个月应鉴定维修一次。

(6) 扇风机上的接线板(或间隔板)、橡皮垫为易损件，在拆装时应加以注意。

(7) 在使用扇风机时应注意检查电气设备的技术性能，防止扇风机等设备发生损坏、锈蚀。

(8) 扇风机防爆结合面在检修、使用、保管过程中，要妥善保护，不得损伤和锈蚀，否则将失去防爆性能，不能安全运行，如有损伤、锈蚀现象，需严格按防爆修补规程进行修补。

2) 防爆离心式通风机的安全检查与维护

(1) 要有专人操作与管理通风机，并应遵守操作规程与管理制度。

(2) 在通风机运转前应检查设备的技术状况，只有在通风机完全正常的情况下方可运转。

(3) 开机前将通风机进出口管路上的阀门关闭，待运转后再将阀门慢慢开启，并注意电动机的电流是否超过规定值，运转中注意检查通风机等设备的各部件是否正常。

(4) 在通风机的开车、停车或运转过程中发现不正常现象时，应立即进行检查。

(5) 对通风机设备的修理不许在运转中进行。

(6) 对于检查发现的小故障，应及时查明原因，设法消除或处理。

(7) 除每次拆修后应更换润滑油外，平时也应定期更换润滑油。

8.4　油库的防雷防静电技术

8.4.1　油库的防雷技术

1. 油库建(构)筑的防雷设计

油库建(构)筑物可分为三类：第一类建筑物是指因电火花引起爆炸，会造成巨大破坏和人身伤亡的建(构)筑物，如 0 区和 1 区爆炸危险环境的建(构)筑物；第二类建(构)筑物是指电火花不引起爆炸或不致造成巨大破坏和人身伤亡的建(构)筑物，如 1 区和 2 区爆炸危险环境中的建(构)筑物；第三类建(构)筑物是指确定需要防雷的 21 区、22 区、23 区火灾危险环境中的建(构)筑物。对于第一、二类建(构)筑物应有防直击雷、防雷电感应和防雷电波侵入的措施。第三类建(构)筑物应有防直击雷和雷电波侵入的措施。

1) 防止直击雷的措施

为了防止直击雷害，常采用避雷针、避雷线和避雷网等装置。这些装置必须满足以下要求：

(1) 装设独立避雷针或架空避雷线时，所有被保物均应在保护范围以内。对排放有爆炸危险物质的管道，其保护范围应高出管顶 2 m 以上。

(2) 独立避雷针至被保护建(构)筑物及与其有联系的金属物(如管道、电缆)的距离，应符合下式要求，并保证不得小于 3 m：

地上部分：

$$S \geqslant 0.3R_{ch} + 0.1h_x \tag{8-1}$$

地下部分：

$$S \geqslant 0.3R_{ch} \tag{8-2}$$

式中：R_{ch} 为冲击接地电阻(Ω)；h_x 为被保护建(构)筑物或计算点的高度(m)。

(3) 架空避雷线的支柱和接地装置至被保护建(构)筑物及与其有联系的金属物的距离与上一项相同，至屋面和突出屋面的物体的距离应符合下式要求，但不得小于 3 m：

$$S \geqslant 0.15R_{ch} + (h + L/2) \tag{8-3}$$

式中：S 为避雷线的支柱高度(m)；L 为避雷线的水平长度(m)。

(4) 独立避雷针或架空避雷线应有独立的接地装置，其冲击接地电阻不应大于 10 Ω。

2) 防感应雷的措施

感应雷也能产生很高的冲击电压，为防止它的危害，应采取以下措施：

(1) 建筑物内的所有较大的金属物和构件以及突出屋面的金属物均应接地。金属屋面周边每隔 18～24 m 应使用引下线接地一次。现场浇制的或由预制构件组成的钢筋混凝土屋面，其钢筋宜绑扎或焊接成电气闭合回路，同样应每隔 18～24 m 用引下线接地一次。

(2) 平行敷设的长金属物，如管道、电缆外皮等，其净距小于 100 mm 时，应每隔 20～30 m 用金属线跨接。交叉净距小于 100 mm 时，交叉处也应用金属线跨接。此外，当管道连接处不能保持良好的金属接触时，也应在连接处用金属跨接。

(3) 防感应雷的接地装置的接地电阻不应大于 10 Ω，一般应与电气设备共用接地装置，室内接地干线与防感应雷的接地装置的连接不应少于两处。

3) 防雷电波侵入的措施

防雷电波侵入的保护装置一般分阀型避雷器、管形避雷器和保护间隙，具体防护措施有以下几项：

(1) 低压线路最好采用电缆直埋敷设，并在进户端将电缆外皮与接地装置相接。当采用架空线时，在进入建筑物处应采用一段长度不小于 50 m 的金属铠装电缆直埋引入，在架空线与电缆连接处应装设阀型避雷器，电缆外皮与绝缘子铁脚应连在一起接地，冲击接地电阻不应大于 10 Ω。

(2) 架空金属管道进入建(构)筑物外，应与防感应雷的接地装置相连，距离建(构)筑物 100 m 以内的一段管道应每隔 25 m 左右接地一次，其冲击接地电阻不应大于 20 Ω。埋地或在地沟内敷设的金属管道，在进入建(构)筑物处也应与防感应雷的接地装置相连。所有上述接地应尽可能利用建(构)筑物的钢筋混凝土或金属基础作为接地装置，并和其他接地共用这一接地装置。

2．油罐的防雷设计

1) 地面油罐的防雷设计

(1) 固定顶金属油罐。固定顶金属油罐是目前我们使用较多的油罐类型，对于这类油罐，国家标准《石油库设计规范》中规定“对于装有阻火器的固定顶钢油罐，当顶板厚度大于或等于 4 mm 时可不装设避雷针(线)”，但它要有良好的接地装置，因为油罐都是焊接的，罐体本身处于电气连接，雷电直击在油罐上时，雷电流能沿罐体通过接地装置导入大地。即使是在遭受感应雷时，罐体产生的感应电流也不会因其不连续而产生火花。

对于钢板厚度小于 4 mm 的油罐，为了防止直击雷击穿油罐钢板引起事故，应装设避雷针(线)。避雷针(线)的保护范围应包括整个油罐。值得注意的是，油罐的呼吸阀和阻火器是油罐防雷设备中的关键设备。从调查来看，很多油库的雷击着火事故都是由于没有安装呼吸阀和阻火器而造成的。因此，平时要注意阻火器的维护与保养，使其能正常发挥阻火作用。过去在油罐防雷设计上，总认为油罐有避雷针就可以不遭受雷击，实际上避雷针的保护范围是一定的，对球形雷和雷电绕击不起作用，所以只有维护好油罐附件，使其经常处于完好状态，才不致遭受雷电损害。

(2) 浮顶油罐。浮顶油罐在正常情况下很少有油气逸出，因此浮顶上面的油气很少，一般都达不到爆炸极限。即使雷击着火，也只发生在密封装置损坏之处，故着火范围有限，易于扑灭，不致造成重大事故，因此可以不装设避雷针，但为了防止感应雷和导走油品传到金属罐顶上的静电荷，应采用两根截面积不小于 25 mm^2 的软铜绞线将金属罐顶与罐体进行良好的电气连接。

(3) 非金属油罐。非金属油罐罐体内部的钢筋很难做到电气的可靠闭合，当遭受雷击时，由于雷电机械力的作用，油罐会遭到破坏，故应装设独立避雷针(线)来防止直击雷。同时，当发生感应雷时，由于钢筋很难全部做到电气上的连接，这样在钢筋上产生强大的感应电动势和感应电流，在不连续的钢筋间会产生放电火花，点燃油蒸气，引起爆炸着火事故。因此，这种油罐可用 Φ8 圆钢做成不大于 6 m × 6 m 的网格铺盖在罐顶上并接地。对于油罐的金属附件和罐体外裸露的金属件，应作好电气连接并接地。

2) 地下油罐和洞库油罐的防雷设计

(1) 地下油罐的防雷设计。地下覆土油罐是将油罐置于覆土的保护体内，由于受到土壤的屏蔽作用，当雷电击中罐顶土层时，土壤可将雷电流疏散导入大地。因此，国内外有关规范都规定“凡覆土厚度在 0.5 m 以上的油罐，都可不考虑防雷措施”。由于地下覆土油罐的呼吸阀、阻火器、量油孔、采光孔等附件一般都没有覆土层保护，所以对这些附件应作好电气连接并接地。

(2) 洞库油罐的防雷设计。洞库油罐被设置在人工开挖的罐室内，要求罐室顶部自然防护层厚度应有 30 m，所以其自然防护能力强，对罐体不存在防雷要求。但是，洞库油罐的金属呼吸管与金属通风管通过坑道引出，暴露在洞外，当直击雷或感应雷的高电位通过这些管线引到洞内时，有可能就在某一间隙处放电引燃油气而造成火灾、爆炸事故。因此，露在洞外的金属呼吸管与金属通风管应装设独立避雷针，其保护范围应高出管口 2 m 以上，避雷针的尖端应设在爆炸危险空间以外(尖端高出油气管顶 4 m)，避雷针的位置应距管道 3 m 以上。

除了采用上述避雷针防雷外，还应采取下列防高电位引入洞内的措施：

(1) 进入洞内的金属管线，从洞口算起，当其洞外埋地长度超过 50 m 时，可不设接地装置；当其洞外部分不埋或埋地长度小于 50 m 时，应在洞外作两次接地，接地点间距小于 100 m，接地电阻小于 20 Ω。这样可使地面和管沟管线受到雷击或雷电感应产生的高电位在引入洞内之前大大降低，避免在洞内引起雷害事故。

(2) 雷击时，雷电还可能沿低压架空线路将高电位引入洞库造成事故，因此要求电力和通信线路采用铠装电缆埋地引入洞内。由架空线路转换为电缆埋地引入洞内时，由洞口至转换处的距离不应小于 50 m，电缆与架空线的连接处应装设阀型避雷器。避雷器、电缆外皮和瓷铁脚应作电气连接并接地，接地电阻不宜大于 10 Ω。

8.4.2　油库的防静电技术

1．静电产生原理

所有物质的带电都可以用双电层理论进行解释。油库中，油料因流动、喷射、沉降、过滤、冲击等产生的静电也不例外。所谓双电层理论，是指当两种不同属性的物体相接触时，由于不同物质的原子得失电子的能力不同，不同原子、原子团或分子的外层电子的能级不同，在接触面处各自的电荷将发生新的排列，并发生电子转移，使界面两侧出现大小相等，极性相反的两层电子，同时在接触面形成电位差。

1) 静电积聚

油料在管道内流动时便产生流动电流，随着油料经管线送入油罐或注入油罐车，油料中的电荷也注入了油罐或油罐车。进入油罐或油罐车的带电油料越多，其所带静电量越大。

2) 静电泄漏

油料中的静电荷随着油料的注入而增加，当油罐停止注油后，若不考虑由于油料中杂质的沉降所引起的带电，则罐内的静电荷量由于存在泄漏而逐渐减少。

3) 油料带电

在装卸油过程中，油料因流动、喷射、冲击和沉降而带电，这四种带电形式均可用双电层理论进行解释。这些带电油料不断地流入罐内而使罐内油料的电荷积聚，产生一定的电场强度和电位。

(1) 流动带电。流动带电是油料储运中常见的带电形式，如油料在管道内流动时，连续发生接触与分离的现象而使被输送的油料带电。当油料处于静止状态时，在油料与金属管壁的分界面上存在着一个双电层。在管壁表面的电荷层叫固定层，该层厚度只有一个分子直径大小且不随液体流动，另一层电荷与界面上金属管壁一侧的电荷符号相反，分布在靠油料的一边，这部分电荷的密度随着与金属管壁的距离加大而减少，处于一种扩散状态。当管道内的油料流动时，靠管壁的负电荷被束缚着，不易流动，而呈扩散状态的正电荷则随油料一起流动，形成电流。这种因流体流动冲走电荷而形成的电流叫流动电流。在工程上经常用这个物理量来衡量油料中带有静电的程度。由于油料的流动使原来的双电层发生了变化，油料中的正电荷被冲走时，原在管壁内侧被束缚的负电荷由于相反电荷的离去而有条件跑到管壁外侧成为自由电荷。同时，带电油料离去后，又有中性油料分子进行补充，即刻又出现新的双电层。若金属管线接地，则除去管线内侧双电层所束缚的负电荷外，管壁外侧多余的负电荷被导入大地，同时，正电荷随着油料的流动移向前方。

(2) 喷射带电。当带有压力的油料从喷嘴或管口以束状喷出后，这种束状的油料便与空气连续发生接触与分离现象，使油料带电。由于喷出的油料与空气接触时，部分油料被分裂成许许多多的小油滴，其中比较大的油滴很快沉降，其他微小的油滴停滞在空气中形成雾状小油滴，这些小油滴云带有大量电荷，形成电荷云。

(3) 冲击带电。油料从管道上喷出后遇到壁或板时，油料与壁或板不断地发生接触与分离现象，与壁、板分离后的油料向上飞溅，形成许多带电的油滴，并在其间形成电荷云。

这种带电类型在油料的储运过程中经常遇到，如轻质油料经过顶部注入口给储油罐或油罐车装油，当油柱下落时与罐壁或油面发生冲突，引起飞沫、气泡和雾滴而带电。

(4) 沉降带电。油料由于不同程度地含有杂质，如固体颗粒杂质和水分等，这些颗粒杂质聚集成的大水滴向下沉降也会发生静电带电现象。

当油料的静电与罐壁的感应电荷所产生的电场不足以引起放电时，油料的部分电荷仅通过罐壁泄漏；当其产生的场强超过罐内气体所能承受的场强时，气体则被击穿而放电。不同气体的击穿强度不同，如空气的击穿场强为 35.5 kV/cm，罐内油蒸气的击穿场强为 4～5 kV/cm。

2. 静电放电

静电放电通常是一种电位较高、能量较小、处于常温常压下的气体击穿。按放电形式的不同，主要分为电晕放电、扇形放电和火花放电三种形式。

1) 电晕放电

电晕放电一般发生在电极相距较远，带电体表面有突出部分或棱角的地方，如罐壁的突出物、鹤管等。因突出物或棱角处的曲率半径较小，其尖端积累了很大的电荷量，因此这些地方电场强度较大，能将混合气体局部电离，并出现微弱的辉光和“嘶嘶”声。此种形式的放电能量小而分散，一般放电能量为 0.012～0.03 mJ，不能点燃轻油混合气体(可燃气体点燃的最小放电能量为 0.25 mJ)。因此其危险性小，引起灾害的几率较小。

2) 扇形放电

扇形放电一般发生在油面与平板或球形电极之间，其特点是两极间因气体击穿而形成放电通路，其击穿通路在金属端较集中，其后分出很多分叉，散落在油面上。因此，此种放电不集中在某一点上，而是分布在一定的空气范围内。该放电在单位空间内释放的能量较小，但具有一定的危险性，比电晕放电引起灾害的几率高。

3) 火花放电

火花放电是两电极间的气体被击穿而形成放电通路，但该通路没有分叉，其放电在电极上有明显的集中点，放电时伴有短爆裂声，在瞬间内能量集中释放，因而危险性最大。当两极均为导体且相距又较近时，往往发生火花放电，如油罐内供测量用的金属浮子在接地线断掉时，落入罐内而又漂浮在油面上的金属浮子、系在绝缘绳上的金属测量取样器等均可能引起火花放电。

3. 油库设备静电分布的特点

1) 储油罐的静电分布

油库中储油罐的形式多种多样，静电荷在其中的分布也各不相同。对于立式圆柱形拱顶油罐和锥顶桁架油罐，其电位分布相同，最高电位均在油罐中心处。对于无力矩悬链曲线顶油罐，由于罐顶有中心支柱支撑，因此油罐中的最高电位不在油罐中心，而在罐中心与罐壁处的圆线上。对于浮顶罐，基本上不存在静电火灾危险。

油罐在装油过程中，油面电位的最大值有时发生在停止装油后。从注油结束的时刻到最大电位值出现的时刻，称为延迟时间。油罐进油到罐容的 90%时停止作业后实测的电位变化曲线中，延迟时间是 23.6 s，一般 78 s 之后电位才有显著下降。因此，为了安全起见，当需要直接测量液位或油温时，应该躲过罐内静电荷的泄漏时间(也称静置时间)。这个时间由各国安全标准规定，而各国标准也不尽一样，如有的国家规定按油深度确定安全测量时间为每米 1 h，若装油 10 m 深则需在注油停止后 10 h 才能进行直接测量，而有的国家规定不管罐的容积大小，在注油停止两小时后可进行直接测量。日本的《静电安全指南》中是按油罐的容积和油料的电导率来确定静置时间，如表 8-10 所示。我国石化工总公司制定试行的《石油化工企业易燃、可燃液体静电安全规定》中规定的静电静置时间与日本相同，中国人民解放军总后勤部物资油料部根据军用轻质油料品种少和电导率差异不大的实际情况，为使用方便，对轻质油料静置时间作出了规定，如表 8-11 所示。

表 8-10　油料静置时间表

储油设备容积/m^3 / 静置时间/min / 带电液体电导率/$S\cdot m^{-1}$	< 10	10～50	50～5000	>5000
$> 10^{-6}$	1	1	1	2
10^{-12}～10^{-6}	2	3	10	30
10^{-14}～10^{-12}	4	5	60	120
$< 10^{-14}$	10	15	120	200

表 8-11　轻质油料静置时间

油罐容积/m^3	< 10	11～50	50～5000	> 5000
静置时间/min	3	5	15	30

2) 管路系统的静电分布

油库的收发油管路系统主要包括管线、泵和过滤器。卸油时，一般为泵式卸油管路系统。装油时，一般为自流式装油管路系统。管路系统主要包括管线和过滤器。从图 8-3 中可以看出，泵式卸油管路系统产生的静电荷，从过滤器开始大量产生，并达到高峰，经泵后也产生大量的静电荷，最后经管线进入油罐。

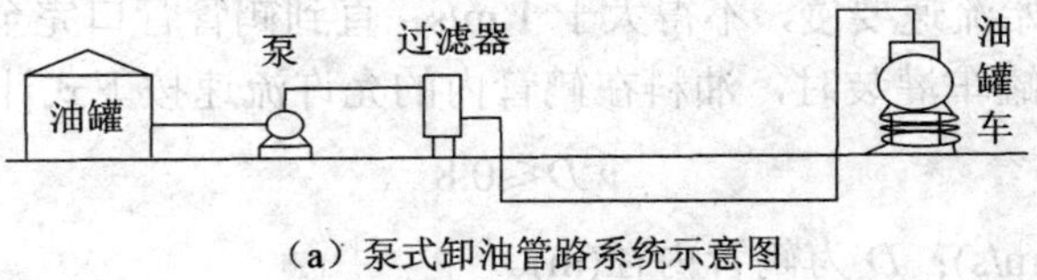

（a）泵式卸油管路系统示意图

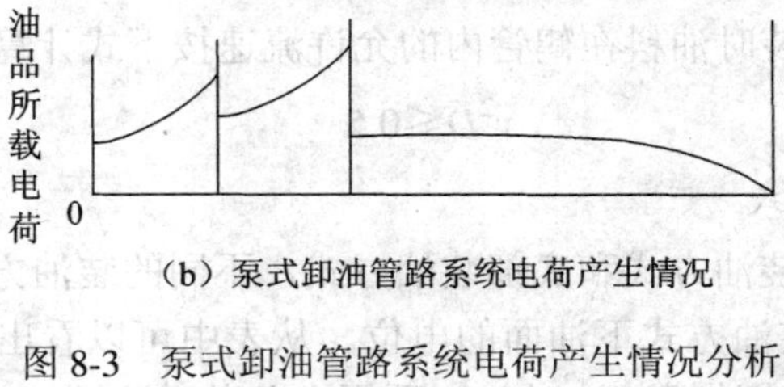

（b）泵式卸油管路系统电荷产生情况

图 8-3　泵式卸油管路系统电荷产生情况分析图

3) 铁路油罐车的静电分布

目前，给铁路油罐车装油一般都为自流式装油，其静电的产生受管路系统、装油方式和鹤管分流头形状的影响。铁路油罐车在装卸油及运输的过程中会产生静电，静电分布情况如图 8-4 所示。自流式装油管路系统与泵式卸油管路系统的不同之处是没有泵的作用而使静电荷急剧增加的环节。

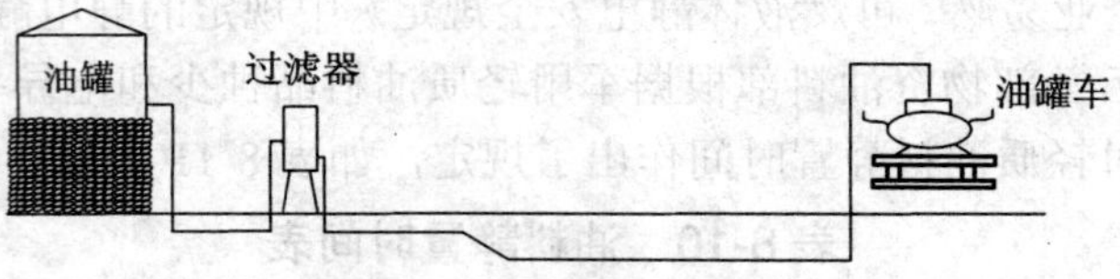

（a）自流式装油管路系统示意图

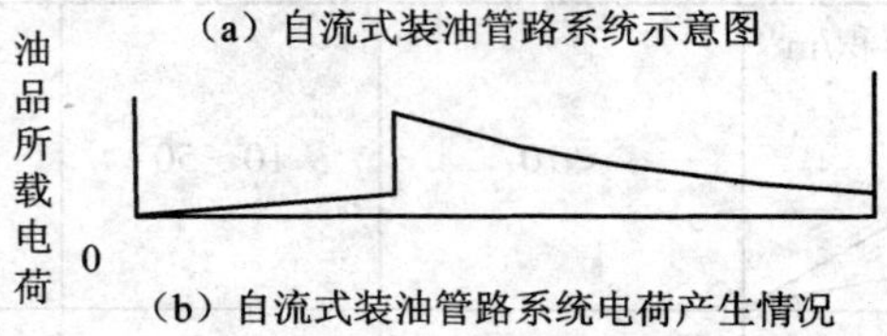

（b）自流式装油管路系统电荷产生情况

图 8-4　自流式装油管路系统电荷产生情况分析图

对于自流式装油管路系统，由于没有泵的作用而使静电荷急剧增加的环节，进入过滤器的初值较小，但为了避免进入油罐车的电荷过大，一般要求过滤器离装卸油栈台在 100 m 以外，以便有足够的时间使静电荷逸散。

油罐车内油面电位的分布，主要取决于电荷所在位置和电容数值的大小。一般来说，在鹤管油柱下落处的电荷密度较大，在车内中部位置电容较小(有爬梯时稍有增加)，所以油罐车中心部位的电位较高。油面电位的大小随油面的上升而变化，最高电位出现在 1/3～1/2 容积处。

4．油库防静电的技术措施

工艺控制法就是在工艺流程、设备结构、材料选择和操作管理等方面采取措施，以限制静电的产生或控制静电的积累，从而达到不危险的程度。

1) 限制输送速度

降低物料移动中的摩擦速度或液体物料在管道中的流速等工作参数，可限制静电的产生。装轻质油料时初始流速要慢，不得大于 1 m/s，直到鹤管管口完全浸入油料中才可逐渐提高流速。给铁路油罐车灌装时，油料在鹤管内的允许流速按下式计算：

$$v^2D \leqslant 0.8 \tag{8-4}$$

式中：v 为油料流速(m/s)；D 为鹤管内径(m)。

对于汽车油罐车，灌装时油料在鹤管内的允许流速按下式计算：

$$v^2D \leqslant 0.5 \tag{8-5}$$

2) 采用合理的装油方式

装油方式可分为上部装油方式和底部装油方式，不同的装油方式对油面电位的影响相差很大，表 8-12 为不同装油方式下油面的电位。从表中可以看出，上部装油方式的油面电位较低。因此，对罐车或油罐装油时，应采用上部装油方式。

表 8-12　不同装油方式下油面的电位

油品	鹤管尺寸/mm	流速/m·s^{-1}	装油方式	油面最高电位/V
柴油	100	7.8	上部	2400
			下部	9300
航煤	200	3.9	上部	8500
			下部	14 000

对轻质油料而言，铁路油罐车的装油方式为上装式。当鹤管伸至油罐底部时，实现了暗流装油，避免了因喷射、冲击而引起的静电。但在实际操作中，由于鹤管头部伸入油品中，会造成鹤管内阻力增加，油料从套管间溢出，所以往往鹤管头部与油罐底部留有一定的距离。因此，在装油的初始阶段，油料必然要冲击罐底，搅动罐内油料，产生大量的冲击电荷，使罐内油料的静电量急剧增加，尤其是在鹤管口附近的油面上会集聚更多的电荷，使电位梯度增大，容易引起放电。

使用不同的鹤管分流头能降低油品喷溅带电。目前主要使用的分流头有圆筒形、T 形、锥形和 45º 斜口等数种。除圆筒形外，其他各种分流头都能使油料分散下落，避免局部电荷过多，其中 T 形分流头降低油面电位的效果最为显著。

3) 采取合理的操作方式

为了防止静电危害，在操作上应遵守如下原则：

(1) 避免由顶部喷溅装油，应使鹤管接近罐底，并采用 T 形或 45º 分流头，以减少底部的水和沉淀物的搅动；

(2) 检尺、测温和取样要等罐内油料静置到规定时间以后方可进行，严禁在装油过程中进行检尺、测温和取样。检测用的吊绳必须采用导电性质良好的绳索，并与罐体进行可靠接地；

(3) 过滤器与容器之间要有足够的管段，以便通过过滤器的油料有 30 s 以上的电荷泄漏时间；

(4) 不允许用压缩气体搅拌；

(5) 应打捞出浮在油面上的金属；

(6) 油罐进油时，顶盖不允许有人；

(7) 浮顶罐的浮顶浮起前，进油速度应限制在 1 m/s 以下；

(8) 罐车、油船换装油品前，必须洗罐(舱)。

4) 加快静电电荷的逸散

在产生静电的任何工艺过程中，总是包含着产生和逸散两个区域。逸散就是指电荷从带电体上泄漏消散。可采取如下措施加快静电电荷逸散：

(1) 在输送液体物料时，利用流速减慢时消散显著的特点，使带电的液体在通过管道进入储罐之前，先进入缓冲器内“缓冲”一段时间，这样就可使大部分电荷在这段时间里逸散，从而大大减少了进入储罐的电荷。

(2) 经输油管注入储罐的液体会带入一定的静电荷，由于同性相斥，液体内的电荷将向器壁、液面集中并泄入大地，此过程需一定时间，所以石油产品送入储罐后应静置一段时间，才能进行检尺、采样等工作。

(3) 降低爆炸性混合物浓度可消除或减轻爆炸性混合物的危险，可以在危险场所充填惰性气体，如二氧化碳和氮气等，用以隔绝空气或稀释爆炸性混合物，以达到防火、防爆的目的。

(4) 油罐或管道内混有杂质时，有类似粉体起电的作用，静电产生量将增大。油品采用空气调和也是很不安全的。石油产品在生产输送中要避免水、空气及其他杂质与油品之间以及不同油品之间相互混合。

5) 消除产生静电的附加源

产生静电的附加源包括液流的喷溅、容器底部积水受到注入液流的搅拌、在液体或粉体内夹入空气或气泡、粉尘在料斗或料仓内冲击、液体或粉体的混合搅动等。只要采取相应的措施，就可以减少静电的产生，这些措施如下：

(1) 从底部注油或将油管延伸至容器底部液面下，从而避免液体在容器内喷溅。

(2) 改变注油管出口处的几何形状，主要是为了减轻从油罐车顶部注油时的冲击，从而减少注油时产生的静电。这样做对降低油罐内油面的电位有一定的效果。

6) 接地与跨接

接地与跨接是人们最熟悉的消除静电的方法。静电接地是指将设备、容器及管线通过金属导线和接地体与大地相连而形成等电位。跨接是指将金属设备以及各管线之间用金属导线相连接，形成电体。接地与跨接的目的：一是人为地使设备与大地形成等电体，避免因静电电位差造成火花而引起灾害；二是当有杂散电流时，形成一个良好的通路，以防止在断路处发生火花而造成事故。

在油库中，应做静电接地的设备可分为两大类：一类是固定设备，包括储油罐、输油管线、铁路装卸油场、码头装卸油设施设备和自动化计量设备等；另一类为移动设备，包括铁路油罐车、汽车油罐车、油船和油桶等。下面仅介绍储油罐和输油管线的接地与跨接。

(1) 储油罐的接地与跨接。油库中，油罐的种类繁多。对于一般金属油罐，通过外壁进行良好的接地即可。洞库内的油罐、油管、油气呼吸管、金属通风管和管件都应用导静电引线连接。在主引道内设导静电干线(一般用 40×4 扁钢)，引线和干线连接形成导静电系统，干线引至洞外，在适当的位置设静电接地体。对于非金属油罐，应在罐内设置防静电导体引至罐外接地，并与油罐的金属管线连接。除外壁良好的接地外，浮顶油罐还需要将浮顶与罐体、挡雨板与罐顶、活动走梯与罐顶进行跨接，跨接线用截面积不小于 25 mm^2 的钢绞线。为了保证接地可靠，油罐接地应不少于两点，若油罐已有防雷接地装置，可不必再设防静电装置。

(2) 输油管线的接地与跨接。地下、地上或管沟敷设的输油管和集油管等管线，其始端、末端、分支处以及直线段每隔 200～300 m 处，应设防静电接地和防感应雷接地装置，接地电阻不宜大于 30 Ω，接地点宜设在固定墩(架)处。对于不长于 200 m 的管线，应在始、末端各设一个接地装置。

管线用法兰连接的阀门、流量计、过滤器、泵、储油罐等设备，每一个连接处都应设导静电跨接，其接触电阻不应大于 0.03 Ω，用金属螺栓一般都能满足要求，若不满足要求，两法兰间应采用连接极或钢线跨接，每处至少装两根。

在平行敷设的管线之间的管道支架(固定座)处应做跨接，输油管线已装阴极保护的区段不应再做静电接地。平行敷设的地上管线之间间距小于 1 m 时，每隔 50 m 左右应用 40×4 扁钢相互跨接。

8.5　油库检修的安全技术

8.5.1　油库检修的组织实施

油库检修任务重、作业面小、时间紧、危险性大。油库检修的准备工作一般包括以下几点：组织领导；制定安全检修规定；明确检修要求；宣传教育。

油库检修的组织实施包括：检修开始前的检查；操作人员和检修人员的交接和配合；检修作业中的安全检查；加强安全宣传教育；作业现场的安全管理；严格安全制度；检修结束前的安全检查。

8.5.2　油库检修作业的安全技术

1. 动火作业

在油库加油站的检修、改造、扩建、系统调整中，经常需要对管路和储油容器进行切割、焊接作业，或者其他明火和易产生火种的作业，这些作业都可能引发着火、爆炸事故。油品发生火灾、爆炸要有一定浓度的油气、空气和点火源同时存在，因此要严防库区的火源。库区内可能出现的火源主要有以下几类：① 明火，如电焊、气焊火花、机动车辆排气筒排出的火花、烟火等；② 金属撞击火花，如敲击金属、金属与地面碰撞等产生的火花；③ 电气设备火花，如电开关、电机、电刷等产生的火花；④ 杂散电流火花，如电气化铁路、电化学腐蚀、阴极保护等引起的杂散电流火花；⑤ 静电放电火花，如油料静电，特别是输油速度过快产生的油料静电以及人体静电等产生的火花；⑥ 其他火源，如雷电、高温物体等。

1) 动火作业

在油库加油站中，凡是动用明火或可能产生高温、火花等的作业都应属于动火作业的范围。作业若在禁火区进行，都应办理动火作业审批手续，落实安全防火措施。

2) 动火作业的安全要求

(1) 动火作业应办理《动火安全作业证》(以下简称《作业证》)，进入受限空间、高处等进行动火作业时，还须执行《化学品生产单位受限空间作业安全规范》和《化学品生产单位高处作业安全规范》的规定。

(2) 动火作业应有专人监火，动火作业前应清除动火现场及周围的易燃物品或采取其他有效的安全防火措施，配备足够适用的消防器材。

(3) 凡在盛有或盛过危险化学品的容器、设备、管道等生产、储存装置及处于 GB 50016 规定的甲、乙类区域的生产设备上动火作业，应将其与生产系统彻底隔离，并进行清洗、置换，取样分析合格后方可动火作业，因条件限制无法进行清洗、置换而确需动火作业时按(2)的规定执行。

(4) 凡处于 GB 50016 规定的甲、乙类区域的动火作业，地面如有可燃物、空洞、窨井、地沟、水封等，应检查分析；距用火点 15 m 以内的应采取清理或封盖等措施；对于用火点周围有可能泄漏易燃、可燃物料的设备，应采取有效的空间隔离措施。

(5) 对于拆除管线的动火作业，应先查明其内部介质及其走向，并制定相应的安全防火措施。

(6) 在生产、使用、储存氧气的设备上进行动火作业时，氧含量不得超过 21%。

(7) 五级风以上(含五级风)天气，原则上禁止露天动火作业。因生产需要，确需动火作业时，动火作业应升级管理。

(8) 在铁路沿线(25 m 以内)进行动火作业时，遇装有危险化学品的火车通过或停留时，应立即停止作业。

(9) 凡在有可燃物构件的凉水塔、脱气塔、水洗塔等内部进行动火作业时，应采取防火隔绝措施。

(10) 动火期间距动火点 30 m 内不得排放各类可燃气体；距动火点 15 m 内不得排放各类可燃液体；不得在动火点 10 m 范围内及用火点下方同时进行可燃溶剂清洗或喷漆等作业。

(11) 动火作业前，应检查电焊、气焊、手持电动工具等动火工器具的本质安全程度，保证安全可靠。

(12) 使用气焊、气割动火作业时，乙炔瓶应直立放置；氧气瓶与乙炔瓶间距不应小于 5 m，二者与动火作业地点间距不应小于 10 m，并不得在烈日下曝晒。

(13) 动火作业完毕，动火人和监火人以及参与动火作业的人员应清理现场，监火人确认无残留火种后方可离开。

2．动土作业

油库加油站地下各种管路、电缆等设施较多。在动土作业中，往往由于没有完善的技术资料和安全管理制度，不明地下设施情况，而有将电缆挖断、电缆受损击穿、土石塌方损伤管路、渗水跑水威胁地下设施、人员坠落受伤等事故发生。因此，动土作业应是油库加油站安全检修的一个不可忽视的内容。

动土作业的安全要点有：审核批准；防止破坏地下设施；防止塌方和水害；防止机械工具伤害；防止坠落；防止中毒。

3．罐内作业

凡是进入罐内进行检查、测试、清洗、除锈、涂装、检修、施焊等工作都属罐内作业的范围。另外，在油罐室、地坑、管沟、检查井或其他易于集聚油气的场所作业，也宜根据具体情况视为罐内作业来考虑其安全问题。

(1) 罐内作业程序：① 腾空准备；② 清除底油；③ 通风换气；④ 气体检测；⑤ 进入罐作业等。

(2) 罐内作业的安全要点：① 可靠隔离；② 通风换气；③ 气体监测；④ 罐外监护；⑤ 用电安全；⑥ 个人防护；⑦ 空中作业；⑧ 急救措施等。

4．高空作业

在油罐加油站常有从高处坠落的事故发生。因此，做好预防高空坠落工作对落实油库加油站安全检修具有很大的作用。高空作业的一般安全要求包括：作业人员素质；作业条件；现场管理；防工具材料坠落；防触电和中毒；气象条件；注意空中结构性能。

思 考 题

1. 简述油料的性质及其对火灾的影响。
2. 简述油库事故的类型及其发生的原因和经验教训。
3. 简述油库投产前的准备工作。
4. 油库生产运行的安全要求是什么？
5. 简述油库设备安全管理的意义及内容。
6. 储油罐操作中的安全注意事项有哪些？
7. 论述油罐发生事故的类型及可能原因。
8. 简述油库用泵的种类以及每种泵的适用范围。
9. 电气设备的安全技术管理主要包括哪些内容？
10. 简述不同的雷击危害及其预防措施。
11. 论述动火作业的安全要求。

第 9 章 液化石油气的储运安全与管理

9.1 LPG 的主要性质和安全特点

9.1.1 LPG 简述

液化石油气(LPG，Liquefied Petroleum Gas)是从石油的开采、裂解、炼制等生产过程中得到的副产品。液化石油气是碳氢化合物的混合物，其主要成分包括丙烷(C_3H_8)、丙烯(C_3H_6)、丁烷(C_4H_{10})、丁烯(C_4H_8)和丁二烯(C_4H_6)，同时还含有少量的甲烷(CH_4)、乙烷(C_2H_6)、戊烷(C_5H_{12})及硫化氢(H_2S)等成分。从不同生产过程中得到的液化石油气，其组成有所差异。

在常压条件下，液化石油气中的 C_3、C_4 成分的沸点都低于常温，容易汽化为气体，由于 C_5 以上成分的沸点较高，在 C_3、C_4 等汽化之后仍以液态形式残留在容器之中，因此称之为残液。我国民用液化石油气中残液含量较高。

9.1.2 LPG 的火灾危险性

1. 易爆炸

液化石油气与空气混合达到一定比例(或浓度)时，遇火源即能引起着火、爆炸。这个遇火源能够发生爆炸(着火)的浓度范围，叫做爆炸(着火)浓度极限(简称爆炸极限)，通常用体积百分比(%)来表示。液化石油气的爆炸极限约为 1.5%～9.5%。这就是说，当液化石油气在空气中的浓度达到 1.5%～9.5% 时，混合气体遇火源就能着火、爆炸；当液化石油在空气中的浓度低于 1.5% 时，因可燃气体不足，混合气体不燃烧、不爆炸，1.5%叫做液化石油气的爆炸下限；当液化石油气在空气中的浓度高于 9.5% 时，因氧气不足，混合气体也不燃烧、不爆炸，9.5 %叫做液化石油气的爆炸上限。

液化石油气在空气中的浓度处于爆炸下限或爆炸上限时，混合气体遇火源一般只是发生爆燃。爆燃所产生的压力一般不会超过 405 kPa(4 个大气压)，但当液化石油气在空气中的浓度超过爆炸下限，特别是达到反应当量浓度(约为 4.0%)时，则将发生威力最大的爆炸。发生这类爆炸时所产生的压力可达 709 kPa(7 个大气压)，爆炸后压力还会不断激增，并伴有震耳的声响。

因为液化石油气的爆炸下限低，只要泄漏出少量的气体，很快就会在一定的范围内与空气形成爆炸性混合气体，所以说液化石油气极易爆炸。

2. 易燃烧

液化石油气属于一级可燃气体，比煤气、汽油等物质更易燃。

液化石油气不但易燃，而且燃烧时发出的热量(热值)和火焰温度也很高。其热值大于

15 605.5 kJ/kg(91 272 kJ/m^3)，火焰温度高达 2120℃。着火时热辐射很强，极易引燃、引爆周围的易燃、易爆物质，使火势扩大。

3. 易膨胀

储存在容器内的液化石油气，在一定的温度和饱和蒸汽压下是处于气液共存的平衡状态。随着温度的升高，液态体积会不断膨胀，气态压力也会不断增大。温度大约每升高 1℃，体积膨胀 0.3%～0.4%，气压增大约 19.6～29.4 kPa。温度越高则体积膨胀得越厉害，气压也增得越大。

根据液化石油气的这一物理特性，国家规定按照纯丙烷在 48℃时的饱和蒸汽压确定钢瓶的设计压力为 1568 kPa，按照液态纯丙烷在 60℃时刚好充满整个钢瓶来设计钢瓶的内容积，并规定钢瓶的灌装量每升不大于 0.42 kg。若按规定的灌装量灌装，在常温下，液态体积大约只占据钢瓶内容积的 85%，还留有 15%的气态空间供液态受热膨胀。在正常情况下，环境温度不会超过 48℃，钢瓶是不可能爆炸的，但是如果让钢瓶接触热源，那就很危险了。

4. 易汽化

液化石油气在常温常压下为气态，通常它是在低温或高压的条件下被压缩液化成液态，储存在耐压容器中。液化石油气在常压(1 个大气压)下的沸点为−42.1～0.5℃，此即为液体开始沸腾汽化时的温度。因此，液态液化石油气在常温常压下极易汽化。1 L 液体可汽化为 250～300 L 气体。气态液化石油气的密度为空气的 1.5～2.5 倍。由于它比空气重，因而不易扩散，能长时间飘浮在地面或流向低洼处积聚。因此，在储存、灌装、运输、使用液化石油气的过程中，一旦发生液体泄漏，就极易酿成大面积的火灾或爆炸事故。

5. 易产生静电

液化石油气从管口、喷嘴或破损处高速喷出时能产生静电。据试验，液化石油气喷出时产生的静电电压可高达数千乃至数万伏。其主要原因是因为液化石油气是一种多成分的混合气体，气体中含有液体或固体杂质，在高速喷出时与管口、喷嘴或破损处产生了强烈的摩擦。液化石油气中所含的液体或固体杂质越多，产生的静电荷就越多；气体的流速越快，产生的静电荷也越多。据测定，当静电电压在 350～450 V 时，所产生的放电火花就能引起可燃气体燃烧或爆炸。由于液化石油气气体从管口、喷嘴或破损处高速喷出时极易产生高电位静电，因而其放电火花足以引起火灾或爆炸事故。

6. 有腐蚀性

液化石油气中大都含有不同数量的硫化氢。硫化氢对容器内壁有腐蚀作用，硫化氢的含量越高，对容器的内壁腐蚀越快。据测定，硫化氢对钢瓶的内壁腐蚀速度高达 0.1 mm/a。由于液化石油气的盛装容器是一种受压容器，内腐蚀会不断地使容器壁变薄，降低容器的耐压强度，缩短容器的使用年限，导致容器穿孔漏气或爆裂，引起火灾、爆炸事故。同时，容器内壁因受到硫化氢的腐蚀作用，还会生成黑褐色的硫化亚铁(FeS)粉末，附着在器壁上或沉积于容器底部。这种硫化亚铁粉末如随残液倒出或使空气大量进入排空液体的容器内，还会与空气中的氧发生氧化反应，放热而自燃，生成氧化铁(Fe_3O_4)和二氧化硫(SO_2)，这种自燃现象也易造成火灾、爆炸事故。

此外，液化石油气对人体的中枢神经有麻醉性，当空气中液化石油气的浓度高于 10%时，就会使人头昏，甚至窒息死亡，而且液化石油气中的硫化氢是有毒害性的，当空气中硫化氢的含量高于 10～15 mg/m^{3}时，会使人中毒。另外，液化石油气在不完全燃烧时会产生一氧化碳。因此，在储存、灌装、使用液化石油气时要有良好的通风，在灭火时也要加以注意。

9.1.3 LPG 的燃烧条件

液化石油气具有易燃、易爆的特性，但燃烧和爆炸是有一定条件的。液化石油气发生燃烧或爆炸，必须同时具备以下三个条件：

第一，要有一定数量的可燃气体。只有当液化石油气在空气中的浓度达到爆炸极限范围内时，才能燃烧或爆炸。液化石油气在空气中的浓度高于 9.5% 时，如果重新遇到空气，仍有燃烧或爆炸的危险。

第二，要有充足的空气。要使液化石油气发生燃烧或爆炸，需要有足够的空气与之混合。如果空气量不足，燃烧就会逐渐减弱，直至熄灭。在空气中氧气约占 21%，氮气约占 79%。当空气中的含氧量低于 11.5% 时，液化石油气就不会燃烧或爆炸。一般来说，1 m^{3}的液化石油气完全燃烧大约需要 30 m^3 的空气。

第三，要有着火源。凡能引起液化石油气燃烧或爆炸的热源都叫着火源，如明火焰、赤热的金属、火星和电火花等。要使液化石油气发生燃烧或爆炸，着火源必须具有一定的温度和热量。一般认为，由各组分混合组成的液化石油气，其着火温度约为 430～460℃，最小点火能量约为 0.31～0.38 mJ，引爆的最小电流强度为 0.36～0.48 A。极微小的火种都足以引起液化石油气的燃烧或爆炸。

综上所述，只有以上三个条件同时具备，并且相互作用，才能使液化石油气发生燃烧或爆炸。

需要说明的是，燃烧与爆炸虽然都是液化石油气与空气中的氧气在热源的作用下进行剧烈的化学反应所表现出来的现象，但二者之间是有区别的。从消防的观点来说，如果液化石油气与空气的混合是在燃烧过程中进行的，如燃气做饭、焊割等，则只发生稳定式的扩散燃烧；如果液化石油气从容器管口、喷嘴或破损处高压喷出，受磨擦或其他着火源作用，则将发生喷流式的扩散燃烧；如果液化石油气与空气的混合是在燃烧之前进行的，如气体泄漏到空间与空气混合达到着火(爆炸)浓度极限后，遇火源则发生瞬间燃烧，同时产成大量的热和气体，并以很大的压力向四周扩散，这种瞬间燃烧现象就是爆炸。

9.1.4 LPG 的防火防爆要求

根据液化石油气燃烧或爆炸的三个条件，可以有针对性的采取相应的预防措施，防止这三个条件同时存在并相互作用。液化石油气防火、防爆的基本措施是：

1．管好气源，杜绝泄漏

在储存、灌装、运输、使用液化石油气的过程中，要禁止使用不合格的容器设备；禁止超量灌装，防止设备泄漏或爆裂；要注意通风，防止气体泄漏后沉积；要禁止乱倒残液，禁止在地下建筑内储存、使用液化石油气等。

液化气的主要成分是丙烷和丁烷，常温下通过加压液化储存于密闭容器中，一旦泄漏，将迅速变为蒸汽与空气混合，形成可爆气体。它们被气流推动、扩散，可达 1524 m 的范围，而汽油蒸汽露天扩散，其漂移距离一般不超过 45.7 m。

扑灭液化气引发的火灾时，应首先切断气源，而后采用干粉灭火，否则灭火后气体继续逸出，扩散到很大范围，将造成更大的危险。在灭火过程中，应自始至终用水来冷却着火罐和邻近设备。

美国液化石油气协会对控制液化气泄漏及火灾提出如下建议：

1) 基本预防措施

工作人员应从上风方向接近火灾或气体泄漏处；所有人员不得进入油气云雾区，需要从所有有云雾通过的地区撤出人员时，则应立即执行并同时消灭所有的引燃源。

2) 未着火泄漏

如果液化气漏出但尚未着火，则应将所有能切断气流的阀门关闭。小的管线，例如小口径铜管，可用钳子夹扁以阻止液化气流出。水喷淋对消散液化气是有效的，如有可能，应尽快实施并将水喷淋方向对着油气的正常通路。如果气体的流出不可制止，必须用其他方法驱散液化气云。火灾条件的控制方法包括采用足够的水使容器外壳及暴露的管线冷却，使液化石油气烧尽而不出现容器或配管的破裂。容器正常泄漏但未酿成火灾时，最好将容器搬至远处。

3) 着火泄漏

发生着火泄漏，除非泄漏能被制止，否则不要灭火；如果逸出的气体已着火，应立即用大量的水射向所有受热的表面，集中射向管线及容器的金属表面，但允许其放空管线继续燃烧。切断燃烧气体的供应，如果唯一可以切断燃料的阀门处于火中，则考虑在水雾和防护服的保护下，由消防人员关闭此阀门；对漏出的液化气进行有控制的燃烧，是消防业务中通常采取的方法；采用足量的水冷却容器壁和配管，以允许火焰将罐内的液化石油气烧掉而不造成破裂的危险；采用干粉移动式灭火器对小的液化气火灾的扑灭是有效的，灭火器应直接对着气体排出点，也可以采用二氧化碳灭火。

如果没有足够的水使油罐冷却，或者出现火焰体积增加或噪音增大，可发出压力升高的警告，这是告知所有人员撤退至安全地区的信号。通常，只有在容器的油气空间内的部分金属表面过热，使得金属强度降低而不能承受油品压力时，才会造成油罐破裂。在着火的液化气罐上设几个孔，不能起任何有效的灭火作用，因而是不被允许的。通常也不考虑将包围在火中的容器搬出，但如果在特殊的条件下需要这样做，则容器必须以竖立的位置，而不能以任何其他位置进行搬动。

2. 隔绝空气

对液化石油气来说，要防止空气进入容器内。若空气进入到容器内部，会在容器内形成爆炸性混合气体，这是十分危险的，所以，新制造的液化石油气储罐、槽车、钢瓶在灌装时要先抽成真空；储罐、槽车、钢瓶里的液化石油气不能完全排放或使用完时，应留有余压，并应将阀门关紧，不让余气跑掉，等等。

3. 消除着火源

液化石油气钢瓶不准靠近高热源，不准与煤火炉同室使用；设备发生泄漏时，要立即禁绝周围的一切火种，液化石油气储配、供应站要划定禁火区域，禁绝一切火源；严禁拖拉机、电瓶车和马车进入禁火区域，汽车、槽车必须在排气管上装有防火罩才允许进入；进入站内的工作人员必须穿防静电鞋和防静电服，严禁携带打火机、火柴，不准使用能发火的工具；站内的电气设备必须防爆，储罐、管道要有良好的排除静电设施；储罐区要安装可靠的避雷设施；严禁随意在站库内进行动火焊割作业，等等。

4．实行防火分隔和设置阻火设施

在液化石油气建筑和其他建筑之间应修筑防火墙，留出防火间距并设消防通道；在储罐区应修筑防护墙；在能形成爆炸混合气体的厂(库)房应设泄压门窗、轻质屋顶和通风设施；应在容器管道上安装安全阀、紧急切断阀；在排水管道上应设安全水封，等等。

9.2 LPG运输的安全技术与管理

液化石油气的运输特指将液化石油气由生产单位通过运输工具或管道输送到储配(供应)站的过程。运输液化石油气包括装、运、卸三个环节。因此，根据输送方式的不同，液化石油气的运输通常分为汽车槽车运输、铁路槽车运输、管道输送及汽车装载钢瓶运输四种形式。

9.2.1 LPG运输过程的危险因素分析

由于液化石油气具有易燃、易爆、易产生静电等特性，因此运输液化石油气的过程具有很大的危险性。

1．汽车槽车运输

1) 汽车槽车的基本结构

液化石油气汽车槽车的基本结构是保证其进行正常的充装、运输作业和安全可靠的基础，它包括承载行驶部分(底盘)、储运容器(罐体)、装卸系统与安全附件等。

2) 汽车槽车的基本要求

液化石油气汽车槽车首先必须符合压力容器的基本安全要求，同时又要符合公路交通运输的有关规定和要求。汽车槽车的基本要求有：① 安全可靠；② 经济合理；③ 经久耐用；④ 外形美观；⑤ 方便检修；⑥ 行驶稳定。

3) 汽车槽车运输过程中的安全隐患

汽车槽车运输过程中的安全隐患有：由于液化石油气所具有的独特性质，因此在运输过程中由于槽车长期使用，缺乏维修造成性能损失、失灵等，往往会泄漏气体；泄漏的液化石油气在扩散中遇到各种明火、电气火花、静电火花、机动车辆排气筒喷出的火星等着火源，就会造成严重的火灾甚至爆炸事故；我国地域辽阔，各地气温有一定差别，在液化石油气的长途运输过程中，因受热或受到强力震动和撞击，可能引发爆炸；驾驶员或司押员在运输过程或装卸油品的过程中违章操作，易造成液化石油气泄漏，形成火灾、爆炸危险；运输液化石油气的车辆由于体积庞大、惯性较大，容易发生公路交通事故，一旦发生事故便会造成液化石油气的大面积泄漏，也具有火灾、爆炸危险；装运液化石油气的槽车储罐，若超量充装，再受到太阳长时间曝晒，有时也会泄漏气体并着火，若不及时冷却也会发生爆炸事故。

2．铁路槽车运输

1) 铁路槽车的基本结构

铁路槽车由圆筒形卧式储罐和火车底盘组成，罐车上设有操作平台和罐内外直梯以备操作和检修之用。为了便于罐车装卸，使装卸软管易于连接，罐车上通常分别设置两个液相管和气相管。为了满足火车的停靠和罐车的装卸需要，应有专用的铁路装卸线、装卸栈桥、装卸鹤管和工艺管路等固定设施。

2) 铁路槽车的技术要求

(1) 站内铁路装卸线的长度应根据储配站的规模、铁路槽车的配置数目和一次装卸槽车节数等因素确定。

(2) 铁路槽车装卸栈桥是铁路槽车的装卸操作平台。栈桥长度取决于一次装卸槽车的节数，宽度一般不小于1.2 m。铁路槽车装卸栈桥应同铁路线平行布置。

(3) 铁路槽车的卸料方式有上卸式和下卸式两种。目前国内的液化石油气铁路槽车大多是上卸式，故通常采用压缩机装卸。各种介质的总管道和对应各车位的支管道上均应设置阀门。

3) 铁路槽车运输过程中的安全隐患

铁路槽车运输过程中的安全隐患有：铁路管理人员和作业人员安全意识不强，有章不循，不执行标准化作业，仅凭经验操作易造成运输事故的极大隐患；由于铁路槽车长时间运行，容易造成垫片老化、螺栓松动、隔膜破裂、弹簧失效等安全隐患；另外，未按有关操作规程及时检修车辆，易造成车辆带病运行；在油品装卸过程中未使用防爆工具，产生的静电易引燃油蒸气；装卸中，未安装导除静电装置或静电导除装置失灵等都是可能引发事故的安全隐患。

3．管道输送

1) 管道输送系统的基本构成

远距离输送液化石油气的管道系统，由起点储罐、起点泵站、计量站、中间泵站、管道及终点储罐组成，其安装应符合有关安全规定。管道宜选用无缝钢管。为了检修的方便，管道连接应以焊接为主，辅以法兰连接。管道通常采用埋地敷设。

2) 管道输送的工作压力

输送液化石油气管道的工作压力 p(MPa)分为三级：Ⅰ级管道，$p > 4.0$；Ⅱ级管道，$1.6 < p \leqslant 4.0$；Ⅲ级管道，$p \leqslant 1.6$。

3) 管道输送过程中的安全隐患

管道输送过程中的安全隐患有：由于液化石油气的膨胀系数高，如果管线两端封闭，则易出现管线内“满液”的情况，气温上升会引起压力上升，从而发生管线爆裂；腐蚀可能使管道壁厚大面积减薄，从而导致管道过度变形或破裂，也有可能直接造成管道穿孔或应力腐蚀开裂，引发漏气事故；因外在原因或由第三方的责任以及不可抗拒的外力而诱发的管道事故，也易造成气体泄漏；管材本身材料失效或因管道施工缺陷引起的事故。

4．汽车装载钢瓶运输

钢瓶运输主要是在液化石油气充装站与各销售点之间进行运输，一般是将用户气瓶直接装在普通运货的载重汽车和专用的运瓶汽车上进行运输作业的。

1) 汽车装载钢瓶运输的技术要求

(1) 用汽车运输钢瓶时，汽车驾驶员的车辆技术状态要良好，并应挂有危险物品标志，至少应备有两个 3 kg 以上的干粉灭火器。

(2) 运瓶车厢高度不得低于瓶高的 2/3，以保证钢瓶重心处于车厢高度以内。

(3) 钢瓶装卸时使用的机械工具应装有防止产生火花的保护装置，不得使用电磁起重机搬运。

2) 汽车装载钢瓶运输过程中的安全隐患

汽车装裁钢瓶运输过程中的安全隐患有：液化石油气钢瓶是受压容器，充装后压力较高，若受到外力冲击容易发生爆炸事故；钢瓶未按要求进行定期检查，若超过使用期限或钢瓶材质不良，充装气体后容易发生物理性爆炸；钢瓶充装过量，遇到阳光曝晒或其他热源作用后，易导致气体膨胀发生爆炸；搬运时违反操作规程，致使瓶帽、阀门撞开或损坏，气体逸出，可燃气体高速喷出时产生的静电火花引起燃烧、爆炸。

9.2.2 LPG 运输过程中的安全措施

1．汽车槽车的安全管理措施

汽车槽车的安全管理措施包括以下内容：

(1) 液化石油气汽车槽车的设计、制造必须符合国家和劳动部门的有关规定，运输液化石油气的汽车槽车的压力安全阀、紧急切断阀、防静电接地链等安全附件必须齐全且符合安全技术要求，并应在运输途中经常检查，保持其灵敏可靠。同时，为防止发生火灾，运输液化石油气的汽车槽车应按规定采用防爆电气装置，槽罐上应涂有醒目的“严禁烟火”红色标志，发动机排气筒应加带性能可靠的火星熄灭器。此外，为了能及时地扑救运输途中发生的初期火灾，槽车还应装配两具 5 kg 以上的干粉灭火器。

(2) 采用汽车槽车运输液化石油气时必须遵守国家和地方政府关于管理、运输化学易燃、易爆物品和交通安全管理的有关规定。运输前应认真检查车况，在车前悬挂醒目的“危险品”标志牌，不得拖带挂车，不得携带其他易燃、易爆物品。途中通过立交桥、涵洞、隧道等重要的公路交通设施时，应注意标高，限速行驶，不得停留；进入城市郊区应按当地公安机关规定的行车时间、行车路线限速行驶，不得通过重要的公共场所和闹市。押运员必须跟随车辆，中途不得离开。车上禁止吸烟，不得搭乘其他人员。夏季长途运输应采取遮阳措施，经常观察槽罐液相温度和气相压力，当液相温度达 40℃时，应进行罐外喷水或泼水降温。冬季道路冰冻时，不宜长途运输，否则，应在轮胎上加戴防滑铁链，限速行驶。

(3) 运输途中，临时停车位置应通风良好，远离机关、学校、桥梁、厂矿、仓库和人员密集的场所。与重要的公共建筑、设施须保持 25 m 以上的安全间距，与有明火或分散火花的地点应保持 40 m 以上的安全间距。中途停车时，司机或押运员必须留车监护，不得使用明火或能发火的工具进行检修。夜间休息时，不得将槽车停放在公共停车场以及易燃、易爆物品库房和普通车辆附近。夏季停车时，应避免日光曝晒。

(4) 液化石油气站采用汽车槽车运输液化石油气时，须在站内设置汽车槽车装卸台，否则，应在灌瓶间或压缩机房引出汽车槽车装卸嘴。汽车槽车装卸台与其他建筑物的防火间距不应小于 15 m，与液化石油气储罐的防火间距不应小于 30 m。装卸台或装卸嘴附近应设置接地电阻不小于 $10\ \Omega \cdot cm$ 的接地桩，以供装卸作业前静电接地。为确保发生火灾后能及时地疏散槽车、灭火救灾，槽车装卸台或装卸嘴前应设置不小于 15 m×15 m 的回车场，装配两具 8 kg 以上的干粉灭火器。

(5) 汽车槽车在进行装卸作业前应停车熄火，接好地线，牢固连接管道接口，排尽管内空气。进行装卸作业时，不得发动车辆、排液放气，不得使用能发火工具。遇雷雨天或出现槽罐液压异常、装卸场所附近着火以及其他威胁装卸安全的因素时，应停止装卸作业。汽车槽车在充装液化石油气时，应认真计量，不得超装。装运液化石油气的汽车槽车到站后，应先静置 30 min，然后及时卸液，不得把槽车当做临时储罐使用，不得用槽车直接给钢瓶充气。槽车卸液后，槽罐内应留有 49 kPa 以上的余压，以免空气进入罐内形成爆炸危险。

(6) 汽车槽车卸液后，应停放在专用的汽车槽车库房内，不得在其他场所随意停放，汽车槽车车库应为一、二级耐火等级建筑，与民用建筑的防火间距不应小于 30 m，与厂房、库房的防火间距不应小于 12 m。库内应通风良好，照明等电气设备应符合防爆要求，并应配两具以上 8 kg 的干粉灭火器。库内禁止设置地下室、地沟，禁止修理车辆，禁止存放其他易燃、易爆物品。

2．铁路槽车的安全管理措施

铁路槽车的安全管理措施包括以下内容：

(1) 液化石油气铁路槽车的设计、制造、使用、检修及运行应遵守国家及劳动、铁路、化工等部门的有关规定。槽罐上应涂有醒目的“严禁烟火”的红色标志并在适当位置装配必要的消防器材。

(2) 液化石油气铁路槽车充装液化石油气前，应认真检查压力、液位、紧急切断装置等安全附件的状况，核对槽车充装介质的名称。安全附件不全或性能不佳的禁止充装，装运液氯等液化气体的铁路槽车不得装运液化石油气。槽车装卸液化石油气时应严格执行安全操作规程，严防跑液漏气，以免装卸场所积聚液化石油气，形成火灾危险。遇雷雨天气或出现槽罐液压异常、泄漏气体、装卸场所附近着火等威胁装卸安全的因素时，应停止装卸作业。液化石油气站采用铁路槽车运输液化石油气时，应在站内生产区设置铁路槽车装卸栈桥，装卸停车专用线的中心线距液化石油气储罐的防火间距不应小于 20 m。在距储罐 30 m 处专用线上，应在征得有关铁路局同意后设置“机车停车位置”标志。装卸场所 30 m 范围内严禁烟火，为了能及时扑灭装卸作业过程可能发生的初期火灾，装卸栈桥应每 10～15 m 设置一具 8 kg 的干粉灭火器，整个装卸栈桥设置的灭火器不应少于两具。

(3) 液化石油气铁路槽车押运员不但要熟悉液化石油气的性质，了解槽车结构、性能以及铁路运输危险货物的安全规定，还须掌握必要的防火灭火知识，以便运输途中发生泄漏着火等事故时能正确处理。对于未按规定进行充装前检查、超量充装以及封车情况不明的铁路槽车，押运员可拒绝押运。

(4) 液化石油气铁路槽车在运输编组时，用于牵引的蒸汽机车、乘坐旅客的车辆和装运起爆器材车辆之间应有四辆以上的车辆相隔离，用于牵引的内燃机车、电力机车、使用火炉的车辆、装载除起爆器材以外爆炸物品的车辆以及装载易燃易爆物品的车辆之间应有一辆以上的车辆相隔。

(5) 装运液化石油气的铁路槽车，不得在沿途各站久停，到达铁路终点站后应用机车及时将其推进液化石油气站。槽车在运输途中发生重大泄漏时，押运人员应及时向列车主管人员反映，发出危险信号，停车紧急堵漏，并迅速向当地政府及公安、消防部门报告，设立警戒区，组织安全疏散。铁路槽车运输途中泄漏气体并着火时，应采取紧急措施，并及时向当地消防部门报警，组织抢险救灾。

3．管道输送的安全管理措施

管道输送的安全措施包括以下内容：

(1) 用管道输送液化石油气时，必须考虑液化石油气易于汽化这一特点。在运输过程中，要求管道中任何一点的压力都必须高于管内液化石油气所处温度下的饱和蒸汽压，否则液化石油气在管道中汽化后形成“气塞”，将会大大降低管道的通过能力。

(2) 输送液化石油气的管道系统，不得穿越有液化石油气设施的建、构筑物，也不得穿越具有易燃、易爆物品、腐蚀性液体的场所，与其他管道、建筑物及构筑物的间距应符合有关规定。

(3) 液化石油气输送管道的埋地深度不应小于 0.6 m。管道与铁路或公路相交叉时，应从铁路下面穿越，并且穿越管段应设保护套管。保护套管应具有足够的强度，内壁与管道外壁应留一定间隙，两端应用软质材料填封。管道穿越铁路时，从铁轨底至管道顶的深度不应小于 1.4 m。穿越套管两端应分别伸出铁路 3 m。管道穿越公路时，从道路内路面至管道顶的深度不应小于 1 m，穿越套管两端应分别伸出公路 1 m。管道跨越铁路、公路及人行通道时，应具有一定的安全高度。管道与河、湖泊相交时，可采用架空跨越或河底穿越的方式。

(4) 为了满足液化石油气输送管道的安装工艺、检修及防火安全的需要，一般应设置场站的进出分支管起点互为备用管线的分切点，在重要的铁路、公路干线以及重要河流两侧应设置阀门。为便于事故控制及维修，应在管线上每 10～20 km 设一个分段阀。阀门的耐压力不应低于管道的设计压力，并不得低于 2450 kPa。埋地管道的阀门一般设在阀室内，阀室应设在地形开阔、地势较高、交通方便和便于检查的地方，在重要河流的两侧应将其设在阀室内。带有放散管的阀室应设在便于安全放散的地点。放散时，周围 30 m 范围内不得有明火或分散火花。

(5) 为导出液化石油气在管道内流动与管壁摩擦产生的静电荷，管道应完全接地，并每隔 80 m 设一处接地极。连接管道的法兰应用铜片或铝片跨接。进行输气操作时，应控制管道内液化石油气的液相流速。一般液相允许流速为 0.8～2.5 m/s，最大不得超过 3 m/s。

(6) 要巡回检查、定期维修液化石油气输送管线，及时发现和消除管道、阀门等处漏气点。在检查和消除漏气点时，禁止使用明火。动火检修应落实防火安全措施。

4．汽车装载钢瓶运输的安全管理措施

汽车装载钢瓶的安全管理措施包括以下内容：

(1) 不宜使用汽车装载钢瓶长途运输液化石油气。装运液化石油气钢瓶的汽车应悬挂“危险品”标志牌，还应装配两具以上 8 kg 的干粉灭火器。发动机排气筒应加带性能可靠的火星熄灭器。

(2) 装卸液化石油气钢瓶的场所应严禁烟火。装卸钢瓶应轻拿轻放，不得滚动、碰撞。钢瓶在车厢内应竖直码放一层为宜。重 15 kg 以下的钢瓶，不得超过两层码放，并应采取措施码放稳固，严防途中车辆颠簸碰坏钢瓶及其角阀，泄漏气体。运输液化石油气钢瓶的汽车不得载人装物。超重、漏气以及没有橡胶护圈的钢瓶不得装车运输。

(3) 装运液化石油气钢瓶的汽车应配备押运员。司机和押运员应经过安全培训，学习防火、灭火等安全知识。运输途中及中途停车等方面的防火安全措施可参照汽车槽车运输液化石油气的做法。

(4) 运输途中泄漏液化石油气时，应认真查找漏气钢瓶和漏气原因，关闭角阀，进行堵漏；钢瓶角阀损坏或堵漏无效时，应搬运漏气钢瓶到安全地带，进行安全监护，让泄漏的气体自然扩散，熄灭周围火源。堵漏、疏散漏气钢瓶时不得使用能发火的工具；钢瓶漏气并着火时，司押人员应采取紧急措施并应立即向当地消防部门报警。

9.3　LPG 储配站的安全技术与管理

液化石油气储配站是燃气储存基地，主要功能是储存燃气，并将燃气转输给灌瓶站、气化站和混气站，有时也进行少量灌瓶作业。

9.3.1　LPG 储配站的工艺流程

液化石油气储配站一般由生产区和辅助区两部分组成，其主要设备包括：液化石油气槽车(管道输送设备)、储罐、装卸设备以及灌装、倒残、计量、检验设备和消防安全设施等。液化石油气储配站一般采用烃泵-压缩机联合系统。常见的中小型液化石油气储配站工艺流程如图 9-1 所示。

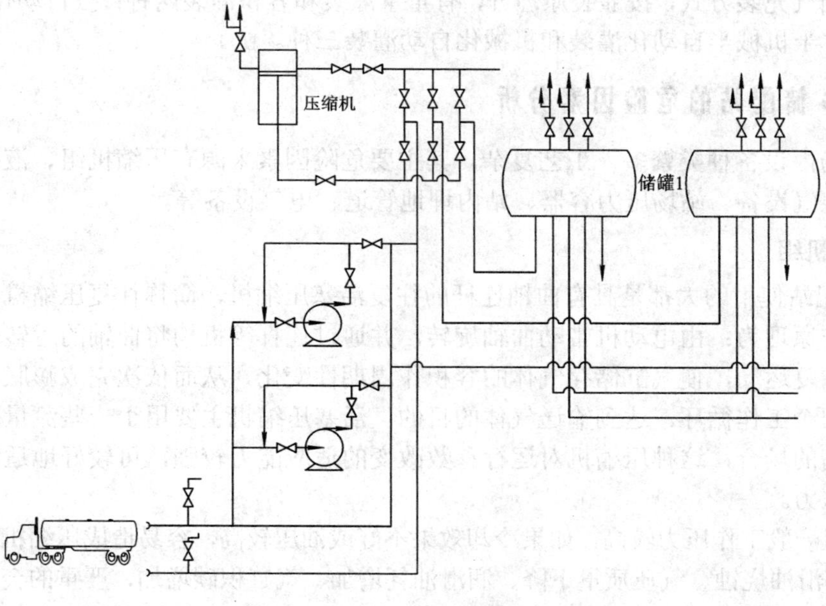

图 9-1　液化石油气储配站工艺流程

(1) 储存线路。来自管路输送的液化石油气在压力作用下，可直接进入储罐储存。

(2) 灌装线路。由烃泵-压缩机联合工作将储罐中的液化石油气向汽车槽车内灌装。

(3) 生产使用线路。将中间储罐或储罐内的气态液化石油气经气相管路直接送往生产窑炉使用。

(4) 残液回收利用。由残液泵将回收储罐或罐车中的残液抽往残液罐，之后将液体输往汽化蒸发器加热汽化后输往下游用户。

9.3.2 LPG 储配站的工艺设计要求

1．设计温度

液化石油气储配工艺的设计温度，以其所在区域的气象资料为确定依据。系统的最高设计温度取该区域极端最高温度或储罐的最高设计温度，一般为 48℃；最低设计温度按该区域极端最低气温确定。

2．设计压力

液化石油气储配工艺的设计压力按液化石油气在最高设计温度下的饱和蒸汽压和设备的设计压力确定，通常取 1.77 MPa。残液系统的设计压力取 0.98 MPa。

3．储存数量及方式

为了保证连续供气，液化石油气站应确定合理的储存方式和数量。

液化石油气的储存数量，应根据每天的输出量和输入周转时间确定，并考虑留有 20%～30%的储存余地。目前国内外广泛采用固定储罐储存法。根据初定储罐储存的温度和压力的不同，可分为常温压力储存、低温压力储存和低温常压储存。

4．液化石油气充装方式

液化石油气充装方式，按灌装原理分，有重量灌装和容积灌装两种；按自动化程度分，有手工灌装、半机械半自动化灌装和机械化自动灌装三种。

9.3.3 LPG 储配站的危险因素分析

储配站场内设备种类繁多，工艺复杂。其主要危险因素来源有压缩机组、液化石油气泵、汽化与混气设备、站场压力容器、站内埋地管道、电气设备等。

1．压缩机组

LPG 储配站使用的大都是具有曲轴连杆的往复活塞压缩机，简称往复压缩机或活塞压缩机。其工作原理为：由电动机带动曲轴旋转，并通过连杆等机构将曲轴的运转变为活塞在气缸内的往复运动，使气缸储存气体的容积作周期性变化，从而依次完成膨胀、吸气、压缩、排气四个工作循环，达到输送气体的目的。活塞压缩机主要用于一些流量不太大但压力相对较高的场合，这种压缩机对运行参数改变的适应能力较强，可较好地适应储配站规定的工作压力。

压缩机组一般工作压力较高，如果冷却效果不好或油压较高，容易造成压缩机排气温度偏高，导致润滑油烧蚀、气质质量下降、润滑油耗增加、气缸积碳增加，严重的会导致气缸拉伤甚至发生粘连，使曲轴连杆受力急剧上升，造成压缩机整体爆炸式解体的严重安全事故。

2．液化石油气泵

液化石油气的加压输送，需要专用的液化石油气泵来完成。由于液化石油气是一种烃类混合物，故通常将用于输送液化石油气的泵叫做烃泵。

液化石油气泵最易发生的就是汽蚀现象。汽蚀产生了大量的气泡，堵塞了流道，破坏了泵内液体的连续流动，使泵的流量、扬程和效率明显下降；汽蚀严重时可听见泵内有“劈啪”的爆炸声，同时引起机组振动。由于受汽蚀现象的破坏，加上机械剥蚀和电化学腐蚀的作用，使金属材料发生破坏，严重时可造成叶片或前后盖板穿孔，甚至叶轮破裂，酿成严重事故。

3．汽化与混气设备

液化石油气在运输、储存、灌装时呈液态，而燃烧的是气态液化石油气，因此在使用前必须将其汽化。汽化器又称蒸发升压器，主要是利用外加热源对液化石油气进行加热，增加液化石油气的汽化量，使气体压力升高，以便向下游用户输送。

汽化与混气设备易出现的危险因素有：由于管路堵塞或换热管表面结垢造成汽化效率低，进出口压差小；热介质温度低或汽化器出口管路有冷凝现象造成阀门故障无法正常使用；未按要求对汽化器进行定期检查造成管线漏气存在火灾隐患；工作人员未按标准化作业章程进行操作造成事故。

4．站场压力容器

站场压力容器主要包括液化石油气储罐、回收罐、残液罐、分离器、蒸发器。站场压力容器外部由于受大气中的氧、水及酸性物质的作用会引起大气腐蚀；由于输送介质本身的特性造成容器的内腐蚀引发气体泄漏；压力容器本身设计制造不合理也会造成超压、超温等安全隐患。为此应进行定期的检修及维护保养。

5．站内埋地管道

站内埋地管道的主要危害因素为金属腐蚀。管道在土壤和潮湿的大气中的管外腐蚀都属于电化学腐蚀。影响电化学腐蚀的因素主要包括土壤腐蚀性、大气腐蚀性、外防腐涂层类型与损伤、阴极保护以及干扰电流等。输送介质中混有 CO_2、H_2S 等杂质会造成管道内壁的电化学腐蚀或应力腐蚀开裂。管材及壁厚的选用不恰当或施工质量的不合格会造成管线破裂，以致气体泄漏。

6．电气设备

LPG 储配站内的电气设备主要包括防爆电动机、电控阀门、仪器仪表、照明装置以及供电线路和控制线路等。若电气设备的防爆性能达不到标准要求或电气设备发生短路、漏电、过负荷等故障，将产生电弧、电火花或高热，从而引发安全事故。

7．站场安全与消防系统

站场安全与消防系统的危害因素主要指站场的消防措施(包括站内工艺设备与道路安全距离、站场围墙设置、消防车道、灭火设施、消防器材配备等)是否符合《石油天然气工程设计防火规范》的要求，安全措施(包括站场作业方案、操作规程、安全责任制、职工培训、安全标志的设置、防雷防爆防静电技术、动火安全管理等)是否符合规范要求。

另外，液化石油气储配站生产区内发生火灾、设备误操作等事故，容易造成站内储罐、容器等设备发生爆炸，大量泄漏液化石油气体，还有发生更大火灾、爆炸事故的危险。

9.3.4　LPG 储配站的防火安全措施

1．合理选址和布局

LPG 储配站的选址和布局应注意以下几点：

(1) 液化石油气储配站的站址应设在城市的边缘，位于居民区、明火或分散火花地点的下风向或侧风向，远离村庄、工矿企业和影剧院、体育馆等重要的公共建筑。储配站不得设在低洼地带，站区地下不得有人防工程、通道及其他容易积聚液化石油气体的设施。

(2) 储配站的周围应设置用耐火材料建造的实体墙，其高度不应低于 2 m，站内生产区、辅助区应用不低于 2 m 的实体墙隔开。储罐区、灌瓶间、压缩机室、烃泵房、附属气瓶库、槽车装卸台及栈桥等设施应布置在生产区；修理室、配电室、办公室、值班室等建筑物应布置在辅助区。辅助区应布置在站内上风向或侧风向，站内构筑物、建筑物和工艺设备、设施的布置应符合《建筑设计防火规范》及其他有关安全技术规范的要求。

(3) 液化石油气储罐区与建筑物、堆场、铁路、道路等设施的防火间距应符合国家消防技术规范的要求。

(4) 储配站内灌瓶间、压缩机室烃泵房、附属气瓶库等均为甲类生产厂房或库房，应分别单独布置，它们之间的防火间距不应小于 13 m，与民用建筑之间的防火间距均应大于 25 m，与明火或分散火发火地点的防火间距应大于 30 m，与重要的公共建筑之间的防火间距均应大于 50 m，与站外铁路线(中心线)的防火间距均应大于 30 m，与站内铁路线(中心线)的防火间距应大于 20 m，与站内主要道路(路边)的防火间距均应大于 10 m，与站内次要道路(路边)的防火间距均应大于 5 m。

2．严防气体泄漏

防止储配站的液化石油气泄漏应做到以下几点：

(1) 液化石油气储罐的设计、制造、安装、使用和检修须符合有关压力容器安全管理和技术规定的要求，储罐的压力表、液位计、安全阀、紧急切断阀等安全附件和设备必须质量可靠，符合技术要求，并应经常检查维修，定期校验，保证齐全、灵敏可靠。

(2) 储罐区四周应设置用耐火材料建造的防火堤，防火堤高度不宜超过 1 m，内侧基角线至最近储罐外壁的距离不宜小于 3 m，防火堤上不得开设孔、洞，管线穿越时应用耐火材料填封，并应在不同方向设两个以上的安全出入台阶或坡道。储罐分组布置并设防火堤时，相邻防火堤的间距不应小于 7 m。

(3) 液化石油气储罐应设排污阀，冬季应对排污阀采取保暖措施，防止冻崩阀门和管道，以免泄漏液化石油气。液化石油气储罐、残液罐的含油污水应排入回收容器之中并进行妥善处置，不得排入储罐区下水管道或地沟。储罐区的冷却水、雨水应通过管道或地沟排向站外或循环水池。排水管道或地沟应在储罐区防火堤内设置地漏，并在防火堤外适当位置设置安全水封井、闸门和检查井，以防储罐区积聚的液化石油气泄入下水管道或地沟。

(4) 大、中型液化石油气站应设置安全火炬、储罐安全阀、紧急切断的放散管，其他排放气体的管道应接入火炬，使泄放的液化石油气体通过火炬燃放，以免泄放的液化石油气体在储配站内及其周围发生火灾、爆炸，安全火炬应设有防止下“火雨”的安全措施和可靠的点火装置。低压气相管线进入火炬前应设阻火设备、气液分离器和空气吸入装置。通往火炬的低压管线的凝结液应密闭回收，不得随意排放，火炬还应设置灭火装置。

(5) 储配站内液化石油气管道应选用无缝钢管，采取焊接连接。管道应在地上敷设，在能形成封闭液体的管段上设置管道安全阀，并能保证各储罐间相互倒罐。

(6) 储配站应选适用于液化石油气气质的压缩机，并应在压缩机的进气端管道上安装过滤器、气液分离器等安全设备和仪表，以防液化石油气液相、水分及其他杂质被带入压缩机气缸，致使气缸发生爆炸。压缩机的压出端管道应安装安全油气分离器、单向阀等安全设备和附件，以防油污堵塞管道、气流回收或泄漏气体。油气分离器中的油污应定期排放，并用容器回收，妥善处置，不得排到地面。

(7) 泵应选型准确，质量可靠，吸入端应设置放入大气的支管；压出端应设回流管线与储罐相连，并设回流阀调节灌装压力和速度。另外，泵的吸入管上应安装压力表、闸阀，压出管上应安装单向阀和闸阀，以便控制和检测。

(8) 储配站内各类阀门及法兰均应认真选型，其中填料、垫圈应具有良好的耐油性、弹性和密封性。安装时应保证质量，使用灵活，严密不漏，否则，容易泄漏液化石油气，酿成事故。

(9) 储配站压缩机室、烃泵房、灌装间应设置排风设备，保持通风良好。各岗位必须遵守安全操作规程，禁止违章操作，严防发生误操作事故，泄漏液化石油气；特别是灌瓶操作，必须集中精力，认真操作，严禁超量充装，对超量充装的钢瓶要妥善处置，不得出站，不得排液放气。禁止给瓶体或角阀漏气的钢瓶、没有抽真空的或未经检验重新使用的钢瓶以及其他不符合安全要求的钢瓶充气。

(10) 储配站应设置残液回收系统，定期回收液化石油气钢瓶及其他容器内存在的残液，回收的液化石油气残液应作燃料或用于其他方面，不得在站内和其他场所排放。

(11) 储配站应备用一定数量的阀门和其他容易损坏的关键附件，确保抢修需要。要经常检查液化石油气设备、管道、阀门和安全附件，及时发现和消除泄漏点，对于损坏的阀门、法兰、附件要及时更换，严防泄漏液化石油气。储配站要定期进行全面检修，消除事故隐患，确保整个系统密闭不漏气，安全运行。

3．控制和消除着火源

在储配站，控制和消除着火源的措施有：

(1) 在储配站内门口及站内火灾、爆炸危险部位须设置醒目的“严禁烟火”标志。进站人员不得携带火柴、打火机等火种，不得穿带有铁掌、铁钉的鞋。进站的汽车、柴油车的排气筒须加带性能可靠的火星熄灭器，禁止电瓶车、摩托车进入站内。进站门口应设门卫，严格检查。

(2) 储配站内的储罐区、灌瓶间、压缩机室、烃泵房等火灾、爆炸危险场所的地面应用耐火材料建造，禁止使用摩擦、碰撞能产生火花的工具。进站的液化石油气钢瓶必须加带防护圈，装卸、搬运时应轻拿轻放，不得滚动、摩擦和碰撞。

(3) 储配站内火灾、爆炸危险场所的动力、照明、排风等电气设备、开关、线路和进行可燃气体浓度、静电等安全监测、检测的电气仪表，必须防火、防爆，符合《爆炸和火灾危险场所电力装置设计规范》要求。

(4) 在对液化石油气储罐、残液罐、钢瓶进行开罐检修以及检修设备、阀门、管道时，应先排除内部液化石油气液体、残液和残渣，进行碱洗和蒸气冲洗，以防容器、设备、管道内壁附着的硫化亚铁遇空气自燃，产生着火源。从容器、设备、管道中清除出来的残渣，不得在站内存放，应选择安全场所深埋或烧掉。

(5) 储配站生产区内储罐区和灌装间等建筑物应按防雷等级“第二类”设计防雷设施，

并定期进行检查，确保安全可靠。

(6) 储配站应选择具有一定生产经验和防火安全知识的人员在夜间值班，重大节日和附近举行重大庆祝活动期间须加强值班，严防烟火爆竹等“飞火”进入站内，引起火灾。

(7) 储配站须设置高音报警器，发生重大泄漏、跑气事故应紧急堵漏，同时应向当地公安、消防部门报告并向周围发出警报，并采取设立警戒、断绝交通、安全疏散、熄灭泄漏区火源等措施。

(8) 实施各项防静电措施，防止产生静电火花。

4．防静电

液化石油气电阻率较高并且含有水分及其他杂质，在进行灌装、倒装、灌瓶等储配操作及检修过程中，由于摩擦、高速喷射、溅泼、沉降、电场感应等原因，容易使本身和容器、设备、管道产生并积带电荷。据有关方面测试，在灌装液化石油气时，胶管表面的静电位可达 800～1000 V。人体是活动的导体，人体与衣服摩擦、衣服与衣服摩擦或静电感应，能使人体产生并积聚静电荷。储配站内带有静电荷的液化石油气液体和气体、设备、管道及人体，一旦具备了静电放电的条件就会发生静电放电，产生火花。液化石油气储配站的防静电措施是其防火措施的重要部分，这些措施主要包括：

(1) 储配站内液化石油气容器、设备、管道等均应进行静电接地，接地电阻应小于 10 Ω，当液化石油气储罐和管道系统的对地电阻大于 100 Ω 时，应进行两处以上的接地。液化石油气橡胶管及其他非金属管道应在其表面缠绕间隔不大于 5 cm 的金属导电丝，并进行可靠接地。

(2) 储配站内用于连接液化石油气容器、设备、管道的法兰，应用铝片或铜片进行跨接，平行铺设、相邻间距不小于 10 cm 的液化石油气管道应用铜线分段跨接，相互交叉敷设或接近金属物件安装且相邻间距小于 10 cm 的液化石油气管道应用铜线跨接。

(3) 液化石油气压缩机应使用能导除静电的传动皮带，不准使用绝缘皮带及平皮带。储罐区、灌装间等扩散液化石油气的场所应保持一定的湿度，不得铺设绝缘的橡胶皮垫，建造地面所用耐火材料的电阻率应在 10^6～10^8 Ω·cm 范围内，灌装间的灌装枪及称钢瓶的秤应单独接地，并且秤面上不得放置绝缘橡胶垫板。

(4) 进行储罐进液、倒罐、灌瓶等操作时，应限制液化石油气液相流速，烃泵入口管段的液相流速一般应小于或等于 1 m/s，出口管段液相流速一般应为 1～2 m/s，气相液化石油气管道的流速应为 8～12 m/s。严防容器、设备管道、阀门等高速喷射、泄漏液化石油气液相和气相。

(5) 进入储配站生产区的工作人员应穿配套的防静电工作服和防静电鞋，工作时间不得脱衣服、跑、跳和打闹。

(6) 新建储配站或经过全面检修的储配站，采用抽真空置换进气的工艺进气时，进气前系统内含氧量应小于 40%，进气时应先缓慢地充入气相，使储罐压力缓慢地升为正压并大于 49 kPa，然后充入液相，严禁高速充气、充液。检修液化石油气储罐、残液罐及其他设备时，不得使用高压水或高压蒸汽冲洗，防止液化石油气、水、水蒸气与储罐、设备的内壁剧烈摩擦产生静电。

(7) 储配站应定期进行防静电检查，及时发现和消除静电危险。

5．消防给水、电源、器材

1) 消防给水

(1) 储配站的消防用水可由城市给水网、天然水源或消防水池供给。利用天然水源时，应确保枯水期最低水位时消防用水的可靠性，且应设置可靠的取水设施。利用城市给水网供水时，应保证有足够的水量和水压，消防用水管道宜与生产、生活用水管道合并，如在经济或技术上不可能，应采用独立的消防给水管道。

(2) 无论液化石油气储罐是否设置遮阳设施，均应设置固定的消防冷却洒水设施，并与夏季冷却水洒水设施综合考虑，洒水管线的控制阀应安装在距离储罐 10 m 以外便于操作的地点，控制阀后的部分应用防锈材质。当储罐内液相温度及气相压力过高或储罐区发生火灾时，须通过人工或自动控制启动消防冷却洒水设施喷水降温，洒水强度不应小于 3 $L/(min\cdot m^2)$。

(3) 储罐区的消防用水量应为固定冷却设备用水量和水枪用水量之和，固定冷却设备用水量应不小于一次灭火最大用水量，供水强度不应小于 0.15 $L/(s\cdot m^2)$。着火储罐的保护面积按储罐全部表面积计算，邻近着火储罐按其表面积的一半计算。邻近着火储罐是指从着火储罐外壁算起，着火储罐直径 1.5 倍(卧罐按罐的直径和长度之和的一半)范围内的储罐。设计储罐区的固定消防冷却洒水装置时，应设置移动式水枪冷却设施，并且水枪数量不少于四支，每支水枪供水能力不得小于 7.5 L/s，水枪出口压力不得小于 343 kPa (3.5 kg/cm^2)。储罐区总容积小于 50 m^3 时，水枪用水量不应小于 30 L/s；单罐容积大于或等于 400 m^3 时，水枪用水量不应小于 45 L/s。液化石油气储罐的火灾延续时间应按 6 h 计算，消防用水与生产、生活用水合并的给水系统，在生产、生活用水达到最大用水量时，仍应保证消防用水量。

(4) 储罐区消防给水管道的直径不应小于 100 mm，并应绕储罐区在防火堤之外布置成环状，环状管网的输水管道不应小于两条，当其中一条发生故障时，其余的干管或输水管仍能保证消防供水。储罐区的消火栓应设置在防火堤外，距消防道路的边缘不应超过 2 m，距储罐壁 15 m 的范围内的消火栓不应计算在该罐可使用的数量之内，消火栓的保护半径不应大于 150 m，每个消火栓用水量应按 10～15 L/s 计算，储罐区外的消火栓距建筑物外墙不应小于 5 m。

(5) 城市给水网或天然水源不能完全保证消防用水时，储配站应设置消防水池蓄水备用，消防水池容量应不小于储罐区火灾延续 6 h 的用水量。在火灾情况下能保证连续补水时，消防水池的容量可减去 6 h 内补充的水量。消防水池容量超过 1000 m^3 时应分两个设置，消防水池的补水时间不宜超过 48 h，但缺水时可延长到 96 h，消防水池应设置在不受火灾威胁的地方，并应设置消防车取水口，消防车取水口与建筑物的距离不宜小于 15 m，与液化石油气储罐距离不宜小于 60 m，消防车取水口应保证消防车吸水高度不超过 6 m。

(6) 消防泵是消防给水系统的重要设备，储配站应设置固定的消防水泵和备用水泵，一组消防泵的吸水管不应少于两条，当其中一条损坏时其余的吸水管仍能通过全部用水量。消防水泵应保证在火警后 5 min 内开始工作，并在火场断电时仍能运转。消防水泵房应采用一、二级耐火等级的建筑，附设在建筑物内时，应用防火墙分隔，并设直通室外的出口。消防水泵房应有不少于两条的出水管道直接与环状管网连接，当其中一条出水管检修时，其余的出水管仍能供给全部用水量。

2) 消防电源

储配站应采用双电源或单电源双回路供电，以确保发生火灾时消防水泵和照明用电。若采用双电源或单电源双回路供电有困难时，应设置与消防水泵及事故照明功率相匹配的备用发电机，并应确保备用发电机随时发电和供电。

3) 消防通道

储配站应有畅通的消防道路，储罐区应设消防车道或可供消防车通行且宽度不小于 6 m 的平坦空地，还应设有两个独立的可通过消防车的安全出入口。消防车道的宽度不应小于 3.5 m，道路上设有管架等障碍物时，其净高不应低于 4 m。当储罐区总容量超过 500 m3 时，应在防火堤外设环形消防车道或在四周设宽度不小于 6 m 且能供消防车通行的平坦空地。环形消防车道至少要有两处与其他道路相通，供消防车取水的天然水源及消防水池应设消防车道。

4) 消防器材

储配站生产区内灌装间、压缩机室、烃泵房、气瓶库等建筑及钢瓶装卸台应按建筑面积每 50 m^2 设一具 8 kg 手提式干粉式灭火器，储罐区内每个储气罐应设两具 50 kg 以上手推式干粉灭火器和两具 8 kg 手提式干粉灭火器。储罐区消防器材应布置在防火堤外，并且每组储罐应分两处布置，每处应有 8 kg 手提式和 50 kg 手推式干粉灭火器，消防器材应放置在容易发现和便于取用的地点。露天放置消防器材的地点应修建消防器材亭，使消防器材得到保护，以免风吹、雨淋、日晒使消防器材性能损坏，影响灭火工作。仪表间、配电室应按建筑面积每 50 m^2 设置一具 5～7 kg 二氧化碳灭火器。储配站应对站内消防器材定期检查维修，保证灭火使用。

5) 专职消防队

远离城市和公安消防中队的大、中型液化石油气储配站，应坚持“自防自救”的原则，设置专职消防队，并根据需要配置消防车辆和其他消防技术装备。

6. 通信、检测设备和报警装置

LPG 储配站的通信、检测设备和报警装置应满足以下要求：

(1) 为了操作和安全监护方便，大、中型液化石油气储配站的储罐应设置自动检测二次仪表及压力液位安全报警装置，通过变送装置将信号传递到仪表间进行安全监控，当储罐压力、液位达到安全极限值时自动报警，提示操作人员进行安全处置。

(2) 储罐区、灌瓶间、压缩机室、烃泵房等散发液化石油气气体的甲类火灾危险场所应设置液化石油气气体自动检漏报警装置，当场所内泄漏液化石油气气体达到安全极限浓度时自动报警，提示操作人员采取安全措施。液化石油气气体比空气重，容易沿地面扩散或积聚，因此，自动检漏报警装置不宜安装过高。

(3) 为了确保防火安全检测的科学性，储配站应配备一定数量便于携带、符合防爆要求的液化石油气浓度、静电等安全检测仪表和设备。

(4) 大、中型液化石油气储配站应设置两部以上直通外线电话，并在站内设置总机。灌装间、压缩机室、烃泵房、仪表间等场所应设置分机，火灾、爆炸危险场所应采用防爆型分机，以便站内工作联络和发生事故及时报警。

(5) 储配站内至少应设置一台高音报警器，在发生重大泄漏、着火、爆炸事故以后能及时地向周围的群众报警，以便根据需要及早采取熄火、疏散等安全措施。

7. 严格管理

液化石油气储配站应牢固树立“安全第一”的思想，对生产安全工作实行严格管理，把防火安全工作当做头等大事抓紧、抓好，其防火安全工作主要应做到以下几点：

(1) 建立健全防火安全组织。要培养防火安全工作骨干队伍，在站内班组建立、健全防火安全组织，形成防火安全网络，使防火安全工作处处有人管。

(2) 建立、健全各项规章制度和安全操作规程，储配站要建立和健全门卫、值班、消防、安全检查等各项防火安全制度和各岗位安全操作规程，使防火安全工作有章可循。

(3) 落实安全责任制。储配站应贯彻“谁主管，谁负责”的原则，站长对防火安全工作全面负责，并设专人具体负责。同时，还须建立从站长到各班组长以及各生产岗位的防火安全责任制，落实各级、各岗位防火安全责任，使防火安全工作逐级有人负责，处处有人负责。

(4) 落实防火安全教育，站内各岗位工作人员上岗前应进行生产和防火安全技术培训，学习安全操作规程和各项规章制度，学习消防安全知识。储配站应坚持定期对管理、操作人员进行安全技术培训和防火安全教育，不断提高职工防火安全意识和按章操作、遵守各项规章制度的自觉性，做到警钟长鸣，长治久安。

(5) 加强安全监督检查。储配站应设置安全技术部门和专职防火安全监督员，加强防火安全监督检查工作，坚持严格管理、重奖重罚，及时发现和消除事故隐患，坚决纠正玩忽职守、违章操作等行为。对于违反安全操作规程和防火安全制度的从重处罚，对于造成严重后果并构成犯罪的由司法机关追究其刑事责任。同时，对于在安全生产和防火工作中做出显著成绩的班组和个人给予奖励。

(6) 制定灭火方案，定期进行演练，确保及时、有效地扑灭各个部位发生的初期火灾，协助消防人员扑救重大火灾。

9.4 LPG供应站的安全技术与管理

在用户比较集中的地区所设置的储存、销售液化石油气的场所称为液化石油气供应站，一般由钢瓶库区和管理区两部分组成，主要包括钢瓶库、办公室、修理间室和站内生活及其他辅助用房设施。液化石油气供应站的工作原则是“安全第一，方便用户，保障供气”。

9.4.1 LPG供应站的工艺流程

供应站的主要任务是给居民用户调换钢瓶和修理灶具，它是直接面向用户的液化石油气营业部门。液化石油气从储气库经卸载、储存和周转后被运输到储配站(站内可以灌瓶)或储存站进行储存，储存的液化石油气在储配站的灌瓶间进行灌瓶后，根据用户的需要，通过汽车配送到液化石油气供应站，将液化石油气实瓶出售给用户。

9.4.2 LPG供应站的工艺设计要求

1. 供应站的分类

瓶装供应站应按其气瓶总容积V分为三级，并应符合表9-1的规定。

表 9-1　LPG 供应站的分级

名　　称	气瓶总容积/m^3
Ⅰ级站	6＜V≤20
Ⅱ级站	1＜V≤6
Ⅲ级站	V≤1

2. 容器设备的工作参数

储罐及其他压力容器应符合 GB150《压力容器安全技术监察规程》的规定，即：

(1) 储罐的设计温度为 50℃。

(2) 储罐的设计压力应满足：

① 丙烷储罐设计压力为 1.77 MPa。

② 对 50℃时饱和蒸汽压力低于或等于 1.62 MPa 的混合液化石油气储罐，设计压力为 1.77 MPa。

③ 对 50℃时饱和蒸汽压力高于 1.62 MPa 的混合液化石油气储罐及丙烯储罐，设计压力为 2.16 MPa。

④ 残液储罐(戊烷及以上为主要成分)设计压力为 0.98 MPa。

3. 存瓶数量

实际存瓶数量取计算月平均日销售量的 1.5 倍。

4. 钢瓶的充装量

钢瓶的充装量应符合表 9-2 的规定。

表 9-2　钢瓶的充装量

钢瓶型号	重量充装允许偏差/kg	钢瓶型号	重量充装允许偏差/kg
YSP-2	1.9 ± 0.1	YSP-15	14.5 ± 0.5
YSP-5	4.8 ± 0.2	YSP-50	19.0 ± 1.0
YSP-10	9.5 ± 0.3		

5. 防雷、防静电设施

(1) LPG 供应站瓶库的防雷等级应符合现行《建筑防雷设计规范》的“第二类”设计规定。防雷接地装置的冲击接地电阻应小于 10 Ω。

(2) LPG 供应站的静电接地设计应按现行的《化工企业静电接地设计技术规定》执行。定点接地体的接地电阻应小于 100 Ω。

9.4.3 LPG 供应站的危险因素分析

1. 钢瓶库

液化石油气钢瓶库属甲类火灾危险物品库房和 1 区爆炸性危险场所，是供应站的主要火灾危险部位。此外，钢瓶、角阀年久失修，泄漏气体和违章排放钢瓶内残液是液化石油气供应站泄漏气体的主要原因，容易造成火灾、爆炸事故。

2．真空泵

真空泵是一种用于抽吸密封容器的气体，使密封容器获得真空的设备。因新购置的钢瓶或经过检修的钢瓶存在空气，若直接充装液化石油气，则会形成混合型爆炸气体，易引发爆炸事故，故必须要用真空泵对其进行抽空置换。

若在真空泵运行时，听见有异常声响或泵内油位变化剧烈，则说明有空气混进钢瓶，易产生安全隐患；工作人员如未按要求及时检修真空泵，存在密封不严或胶管老化等现象，也容易吸进空气，酿成安全事故。

3．运输工具

钢瓶主要依靠汽车来往于储配站和供应站之间进行运输，保证供应站的正常运行。

若运载钢瓶的汽车存在安全隐患，则会造成安全事故；运输车辆未按要求进站或进站后随意停放，造成站场内交通阻塞，容易发生磕碰、冲撞情况，导致钢瓶的爆炸，从而引发火灾、爆炸事故。

4．站场内电气设备

若站场内的电线电缆、变配电设备、电气仪表以及照明装置等电气设施出现过负荷、绝缘破坏、接触不良、漏电等故障，在工作过程中将产生电弧、电火花或高热，从而引发安全事故。

5．人的安全因素

现场工作人员违反规定在站内吸烟、设置火炉是液化石油气供应站火灾、爆炸事故的主要火源，思想上缺乏安全意识，工作中麻痹大意，不遵守操作规程，容易造成事故发生。

9.4.4　LPG 供应站的防火安全措施

LPG 供应站的防火安全措施包括以下几点：

(1) 液化石油气供应站一般设在居民区内，其四周应设置非燃烧体的实体围墙，供应的户数不得超过 1000 户，气瓶库应布置在站内下风向或侧风向。

(2) 供应站的气瓶库应采用一、二级耐火级的单层建筑，其地基应高于周围，便于液化石油气体扩散，库顶应使用重量轻、耐火和隔热的材料建制，符合防火、防爆要求。库内地面应采用电阻率为 10^6～$10^8\ \Omega\cdot\text{cm}$ 的耐火材料建造，使其能导除静电、摩擦不发火，库内照明、排风等电气设备应符合 1 区爆炸危险场所的防爆要求。

(3) 供应站气瓶库可与办公室、值班室等布置在同一建筑内，也可分开布置。当布置在同一建筑内时，相邻之间的隔墙应为防火墙，防火墙不得开设孔洞、门窗；气瓶库与办公室、值班室等分开布置时，应用实体围墙把气瓶库与管理区隔开，气瓶库与明火或分散发火地点的防火间距不得小于 30 m。气瓶库储气总量不超过 10 m^3 时，与建筑物的防火间距(管理室除外)不应小于 10 m，气瓶库与主要道路的间距不应小于 10 m，与次要道路的间距不应小于 5 m，距重要公共建筑的距离不应小于 25 m。

(4) 供应站气瓶库液化石油气总储量不宜超过 10 m^3，实际储量一般不应大于最大日销售量。库内实瓶、空瓶应分开码放，并留通道和间距，容重为 15 kg 或 15 kg 以上的实瓶和 15 kg 以上的空瓶应在库内单层码放；容重为 15 kg 的空瓶和 15 kg 以下的空瓶，不应超过两层码放，充装超重、泄漏气体的钢瓶要妥善处置，不得入库存放。气瓶库内禁止存放其他可燃、易燃物品。

(5) 站内严禁排放钢瓶内液化石油气残液和气体，发生漏气应时应认真查找漏气钢瓶和漏气原因，及时堵漏，妥善处置。

(6) 供应站门口及库房等部位应设置醒目的"严禁烟火"标志。站内禁止设置蜂窝煤炉、液化石油气炉等明火炉具烧水、烧饭和取暖。进入气瓶库工作的人员应穿防静电服和防静电鞋，不得将火柴、打火机等火种带入库内，换气用户不得进入库内，装卸、搬运钢瓶应轻拿轻放，严防摩擦、碰撞产生火花。大、中型气瓶库应根据需要设置避雷设施。

(7) 液化石油气供应站应设置直通外线电话，确保发生火灾事故时能及时报警，气瓶库应按建筑面积每 50 m^3 设置一具 8 kg 的干粉灭火器，并配置适当数量的 50 kg 干粉推车，但整个库房设置 8 kg 干粉灭火器的数量不得少于两具。气瓶库距消火栓 150 m 以上时，应设置消火栓，并须保证消火栓具有足够的水量和水柱。

(8) 供应站应设置门卫和进行夜间值班，节假日应加强值班工作，建立、健全门卫安全、防火安全管理和气瓶库防火安全制度，落实防火安全责任和各项消防安全措施，并应加强监督检查，及时消除火灾隐患。

(9) 供应站应定期组织管理人员、操作人员学习液化石油气安全知识和消防安全知识，做好防火安全教育工作，不断强化防火安全意识。

(10) 供应站应做好用户防火安全管理工作，经常向用户宣传安全用气和防火知识，定期检查用户的安全用气情况，做好用气设备及钢瓶的维修、检验工作，确保用户安全用气。

9.5 LPG 用户的安全技术与管理

随着我国石油资源的大量开发和石油化学工业的迅速发展，液化石油气的产量不断增长，城市液化石油气事业也得到很大的发展，越来越多的家庭和单位用上了液化石油气。液化石油气是生产、生活的优质燃料，每公斤液化石油气可顶 7～8 kg 煤炭使用，且燃烧后不产生烟尘和灰渣。这对节约能源、改善环境、方便生活、促进生产、建设现代化城市起着重要的作用，但由于液化石油气是一种易燃、易爆物质，若管理使用不当，则极易造成火灾和爆炸事故，使国家和人民生命财产遭受严重损失。因此，各用户必须掌握液化石油气的防火安全知识，认真做好防火安全工作。

9.5.1 用户 LPG 的火灾和爆炸事故原因

常见的用户液化石油气发生火灾和爆炸事故的原因，归纳起来，主要有以下几个方面。

1. 乱倒残液

钢瓶里的液化石油气用到最后，瓶底会剩一些残液，这种残液的成分主要是戊烷，其闪点小于 −40℃，沸点约为 27.9～36.1℃，气体比重为空气的 2.7 倍，着火(爆炸)浓度极限为 1.4%～8.0%，自燃点为 309℃，最小点火能量为 0.51 mJ，是一种易燃、易爆物质。当残液从钢瓶中倒出，失去压力后，在空气中挥发扩散，一遇火星就会造成火灾和爆炸事故。

2. 钢瓶爆裂

引起钢瓶爆裂的原因主要有三种：一是钢瓶超量灌装；二是钢瓶受高温作用，如用火烤、开水烫、太阳曝晒等；三是钢瓶质量不合格，如焊接质量不好或使用过久钢瓶受腐蚀等。其中因超量灌装造成钢瓶爆裂的事故最多。

3．设备漏气

液化石油气钢瓶的角阀失灵、减压阀出现故障、输气胶管老化、灶具的转芯门密封不严以及各部件之间连接不紧密，都极易出现漏气现象，造成火灾和爆炸事故。

4．违反操作规程

因为用户不懂得正确的操作方法，或者在使用的过程中疏忽大意，也引起了不少火灾和爆炸事故。此外，不懂事的小孩随便玩弄钢瓶角阀和灶具开关，也是造成漏气、引起火灾和爆炸事故的一个重要原因。

9.5.2 家庭用户的 LPG 使用要求

家庭用户瓶装液化石油气的安全使用主要应注意以下几方面。

1．钢瓶不允许充装过量

为确保安全用气，各储配站都应严格按照液化石油气钢瓶限定的充装量充装，严禁超装。液化石油气由一定压力灌入钢瓶内储存，在一定温度下其饱和蒸汽压是一定的，但随着温度的升高，液化石油气的饱和蒸汽压也相应上升，这就要求钢瓶要有一定的耐压能力。

若钢瓶的实际充装量超过了限定的充装量，则环境温度一旦升高，瓶内气相空间就会减少，并随温度的增加而发生“满液”现象；若环境温度继续升高，将导致满液钢瓶内的压力骤然升高，在温度升到某一值时，瓶内压力就会超过瓶体的承压能力而使钢瓶发生爆破。

2．正确使用钢瓶与灶具

钢瓶的安放位置应便于进行开关操作和检查漏气。钢瓶必须直立放置，绝不允许卧放或倒放。不得用明火、蒸汽、开水或其他热源直接加热钢瓶。为防止钢瓶过热引起瓶内压力升高，钢瓶应远离热源，并与灶具保持 1 m 以上的距离，不要与其他明火灶同室使用，以免泄漏时遇到明火发生燃烧爆炸。室内要保持干燥，且通风良好。

3．避免空烧，防止熄火

在使用液化石油气前，要先做好一切准备工作，然后再点火使用。尽量做到用时再开，用完就关。

使用液化石油气过程中不能离人，要做到人走火灭，以防汤水外溢浇灭火焰或被风吹灭，造成液化石油气空跑。当发现熄火时，应及时关闭开关，打开门窗通风，查明熄火原因并进行妥善处理，待室内无气味时，再重新点火使用。

4．定期检查，防止液化石油气泄漏

炉具的各连接处和密封材料的松弛和老化会造成液化石油气外漏。用户应在每次换钢瓶使用之前，对炉具做一次全面泄漏检查。容易发生漏气的部位及原因有以下几个：

(1) 减压阀和瓶阀连接部位没有拧紧，密封圈脱落或损坏；

(2) 钢瓶阀座密封不严产生的内漏和阀杆密封圈损坏产生的外漏；

(3) 橡胶软管老化、烧损、开裂或连接太松；

(4) 灶具转芯密封不严。

尤其需要注意的是，检漏时应用肥皂水，严禁使用明火检测。

5．严禁乱倒残液

当液化石油气气瓶使用完后，由于气体中含有一定量的戊烷和比戊烷更重的烃类物质，这些物质成分在常温下饱和蒸汽压很低，不能克服减压阀的阻力，因此汽化不了而留在瓶底，成为残液。在空气中卸压后，残液迅速挥发、扩散，一遇火星就会形成熊熊大火，造成重大安全事故。因此决不允许乱倒残液。

6．维护好液化石油气设备

应定期对家用气瓶进行维护。钢瓶及减压阀上的油垢，要用软布擦拭，千万不可使用利器刮污。经常搬动钢瓶会使固定护罩的螺栓松动，应该随时用扳手将它们拧紧，防止螺栓脱落丢失。

9.5.3 LPG 家庭用户的防火措施

根据用户发生液化石油气火灾和爆炸事故的原因以及家用液化石油气设备的构造性能，用户在安装使用液化石油气设备时，应注意下列防火安全事项。

(1) 应有专用的厨房。使用液化石油气应有专用的厨房，厨房面积要能合理安放液化石油气设备，高度不应低于 2.2 m，地面应略高于室外地面，并要有通向室外的窗户。液化石油气设备不能与煤火炉同室使用，也不能放在公共走廊和楼梯口处使用，更不允许放在地下室使用。

(2) 要安全放置液化石油气设备。钢瓶应放置在干燥并便于操作的地点，上面不要放置杂物，与灶具应保持 1 m 以上的安全距离。钢瓶必须直立放置，绝不允许卧放或倒放。钢瓶应远离热源，环境温度不应高于 45℃，禁止用火烤、开水烫或让太阳曝晒钢瓶。灶具应摆放平稳，并应避开风口。连接钢瓶与灶具的输气胶管应沿墙并处于自然下垂状态，不要横穿地面，也不要使之绞拧、挤压或绕来绕去。

(3) 要正确连接液化石油气设备。减压阀与钢瓶角阀是以反扣(逆时针方向)方式连接的，上减压阀时应先检查进气口上的密封胶圈是否完好，然后将装有合格密封胶圈的进气口对准角阀喷嘴，用手按逆时针方向旋紧手轮即可。上手轮时不能用力过大，更不能用扳手等工具上手轮，那样做易使密封胶圈变形损坏，下次再使用时就可能出现漏气。胶管与减压阀出气口之间都要连接紧密，接头丝纹部分应完全插入胶管内，然后用铁丝拧紧或用管夹夹紧，但不要用钳子使劲绞拧，防止勒裂胶管而漏气。

(4) 要会检查、处理漏气。安装连接好液化石油气设备后，不要急于点火使用，要先检查各个连接部位和钢瓶、角阀、灶具转芯门等处是否漏气。检查漏气应用肥皂水涂抹，禁止用明火试漏。先在角阀关闭的情况下检查角阀，然后按逆时针方向拧开角阀开关，逐个检查其他部位，如有漏气就要及时进行处理。钢瓶、角阀或减压阀漏气，应送供应站更换，用户不可自行拆修。减压阀密封圈变形或胶管老化漏气，应买新的换上，不允许用其他东西替代或凑合使用。灶具转芯门漏气，可自行拆下涂抹黄油或送供应站修理，待漏气现象完全排除后，方可点火使用。

此外，平时如果在厨房里闻到浓重的液化石油气气味，应立即打开门窗通风，用笤帚、扇子将泄漏气体向室外驱散，然后按照上述方法检查处理。在泄漏气体未驱散掉和漏气现象未排除前，千万不要动用明火或开、关电器设备。

(5) 掌握正确的操作使用方法。正确的点火方法是“火等气”。使用过程中要勤加照看，防止汤水沸溢或吹风使火焰熄灭，造成气体大量流出。用完火后，应先关角阀后关灶具开关，关角阀要按顺时针方向拧紧，但不可使劲拧，以防将角阀拧坏，造成高压气体喷出。

(6) 气体用完后要先关闭角阀。钢瓶里的气体用完后要先关闭角阀，然后卸下减压阀，防止瓶内余气跑出和空气进入，严禁用户私自倾倒钢瓶里的残液，它应由灌装站回收。

(7) 禁用超量灌装的钢瓶。严禁使用超量灌装的钢瓶，严禁在家里储存备用实瓶。

(8) 应自备灭火剂。用户应自备一些干粉灭火剂或配备家用小型干粉灭火器，以防万一。

(9) 掌握液化石油气安全使用知识。用户必须掌握液化石油气安全使用知识和消防安全措施，未掌握的不能使用，更不能让小孩或行动不便的人使用。

(10) 防火安全工作要有专人负责。供气单位对所属用户的防火安全工作应指定专人负责，经常向用户宣传安全使用知识和消防安全知识，落实各项防火安全措施，及时消除事故隐患，确保用户用气安全。

9.5.4 LPG 单位用户的防火措施

除居民家庭普遍使用瓶装液化石油气设备外，目前已有不少工矿企业和公共事业单位，如旅馆、饭店等，也用上了液化石油气设备。单位使用液化石油气，有的是采用管道供应的方式(有些居民楼区也采用这种方式)，有的是采用瓶装供应的方式。使用管道供气的一般方法是：把储罐里的液化石油气输送到汽化器强制汽化成气态，然后通过调压器和管道送到用气地点，有的是把液化石油气汽化后与空气混合成混合气体，再通过管道输送到用气地点。单位使用液化石油气除遵守上述家庭用户的有关防火安全规定外，还应遵守下列防火安全规定：

(1) 位于居民区内的气体站或混气站，其周围应设置高度不低于 2 m 的非燃烧实体围墙。带有明火的汽化装置应设置在室内，并应用防火墙与相邻的房间隔开。储罐与明火或分散发火地点的防火间距不应小于 30 m；储罐与所属泵房的距离不应小于 15 m；储罐与一般民用建筑、重要的公共建筑或道路之间的防火间距，应符合国家消防技术规范要求。

(2) 工业企业生产用气储罐的总容积不大于 10 m^3 时，可设在专用的单独建筑物内，其储罐之间以及储罐与墙之间的间距，均不应小于储罐的半径，并不得小于 1 m，其外墙与相邻厂房的室外设备外壁之间的防火间距，不宜小于 10 m，其外墙与相邻厂房外墙之间的防火间距，应遵守以下规定：若相邻厂房的耐火等级为一、二级，则防火间距为 12 m；若相邻厂房的耐火等级为三级，其防火间距为 14 m；若相邻厂房的耐火等级为四级，则其防火间距为 16 m。

(3) 气瓶库四周宜设置非燃烧体的实体围墙，气瓶库的总储量不超过 10 m^3 时，与建筑物的防火间距不应小于 10 m；超过 10 m^3 时，不应小于 15 m；气瓶库与主要道路的间距不应小于 25 m。当气瓶库与管理室布置在同一建筑物内时，两者之间的隔墙应为防火墙，防火墙上不得开设门窗洞口。

(4) 管道应采用无缝钢管，当局部采用耐油橡胶管时，其允许压力不应小于管道设计压力的四倍。管道上应设紧急切断阀，所有管道不应采取管沟方式敷设，应采取地上敷设方式。管道不应与高温蒸气管道并设，引入管道不得敷设在卧室、浴室、地下室、易燃易爆物品的库房、有腐蚀性介质的房间、配电间、变电室、电缆沟、烟道和进风道等地方，室内管道应为明设。引入管的阀门一般设置在室内，对重要用户应在室外另设置阀门，用户计量装置宜在单独房间内，严禁安装在卧室、浴室、危险品和易燃物品堆存处以及与上述情况类似的地方。

(5) 蒸发器内液化石油气侧的设计压力，应按储罐设计压力和 45℃时的液化石油气饱和蒸汽压力两者中较大值确定。液化石油气的蒸发温度不应高于 45℃，蒸发器的液化石油气侧必须设置安全阀，还必须设置温度、压力等检测仪表。蒸发器的液化石油气出口应设置气液分离器，配制低压的液化石油气空气混合气时，宜选用引射式混气设备，并应设置参与混合的任一气体突然中断时的混气系统自动切断阀；混气设备的出口应设置止回阀。

(6) 液化石油气储罐上的安全阀、液位计、流量计、温度计、压力表等附件和冷却水喷淋设施必须齐全。储罐与管道等设备要有良好的导出静电设施，储罐区要安装可靠的避雷装置，其接地电阻不得大于 10 Ω。汽化站或混气站、储罐专用建筑、气瓶库的电气设备要符合防爆要求；汽化站或混气站内要设置消火栓；储罐专用建筑和气瓶库要设置室外消火栓，还要在汽化站或混气站、储罐专用建筑、气瓶库以及用气操作间等处设置足够数量的干粉，并根据需要安装自动报警和自动灭火设备；在汽化站或混气站、储罐和气瓶库区要划定禁火区域，设置禁火标志，禁绝一切火源。

(7) 必须对液化石油气容器定期进行全面检验，钢瓶的全面检验每四年进行一次，使用超过 12 年的每三年检验一次；使用超过 20 年的每年检验一次。储罐六年全面检验一次，汽车槽车每五年全面检验一次，但新槽车在投入使用后的第二年必须进行首次全面检验，全面检验时，其气密性检验压力为容器的设计压力，水压检验压力为容器设计压力的 1.5 倍。此外，平时如果发现容器有严重腐蚀、损坏应提前进行检验。经检验不能保证安全使用的容器，应予报废。报废的容器由检验部门统一销毁。

(8) 各用户单位必须建立、健全消防安全组织和各项防火安全制度，配备专职防火、安技人员，落实防火安全责任。要加强对管理和操作使用人员的安全教育和技术培训，要经常进行安全检查，及时消除火灾隐患，以确保安全。

思　考　题

1. 液化石油气的火灾危险性体现在哪些方面？
2. 液化石油气运输过程中有哪些危险？如何预防？
3. 液化石油气储配站如何防止火灾爆炸危险？
4. 液化石油气供应站的安全防火措施有哪些？
5. 液化石油气用户家用设备火灾如何扑救？

第 10 章　石油天然气火灾与灭火技术

10.1　石油天然气常用的灭火剂与器材

10.1.1　石油天然气常用的灭火剂

灭火剂是指能够有效地破坏燃烧条件，使燃烧中止的物质。

1. 灭火剂的灭火原理

灭火剂的灭火原理是把灭火剂喷射到燃烧物和燃烧区域后，通过一系列的物理、化学作用，就能使燃烧物冷却、燃烧物与氧气隔绝、燃烧区域内的氧气浓度降低、燃烧的连锁反应中断，最终导致维持燃烧的必要条件受到破坏而停止燃烧反应，从而起到灭火作用。灭火剂在灭火时有四方面的作用，如图 10-1 所示。

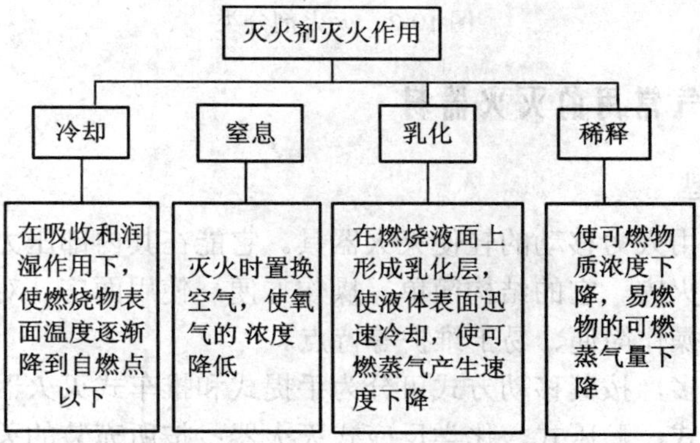

图 10-1　灭火剂灭火作用图

2. 灭火剂的分类

1) 按灭火原理分类

物理灭火剂：水、泡沫、二氧化碳；

化学灭火剂：干粉、卤代烷。

2) 按物质形态分类

气体灭火剂：二氧化碳、卤代烷；

液态灭火剂：水、泡沫、7150；

固态灭火剂：干粉、G-1 粉。

目前主要的灭火剂有：水、砂、二氧化碳、四氯化碳、化学泡沫、空气泡沫、干粉和卤化物(卤代烷)。

油库中常用的灭火剂有：水蒸气、化学泡沫、干粉、卤化物和空气泡沫。

灭火剂的种类如图 10-2 所示。

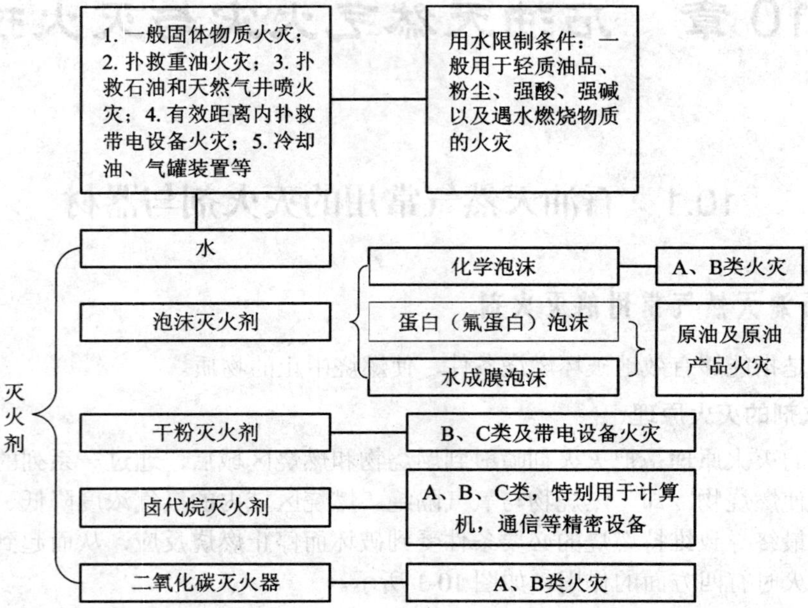

图 10-2　灭火剂分类

10.1.2　石油天然气常用的灭火器材

1. 灭火器材类型

灭火器是一种可由人力移动的轻便灭火器具。它能在其内部压力作用下将所充装的灭火剂喷出，用来扑灭火灾。它的结构简单，操作方便，使用面广，对扑灭初期火灾有一定效果，有机动性大、操作简便、易于维护等特点。

灭火器的种类很多，按其移动方式可分为手提式和推车式灭火器；按驱动灭火剂的动力来源可分为贮气瓶式、贮压式、化学反应式灭火器；按所充装的灭火剂种类则又可分为泡沫、干粉、二氧化碳、酸碱、清水灭火器等。工业常用的灭火器分类如图 10-3 所示。

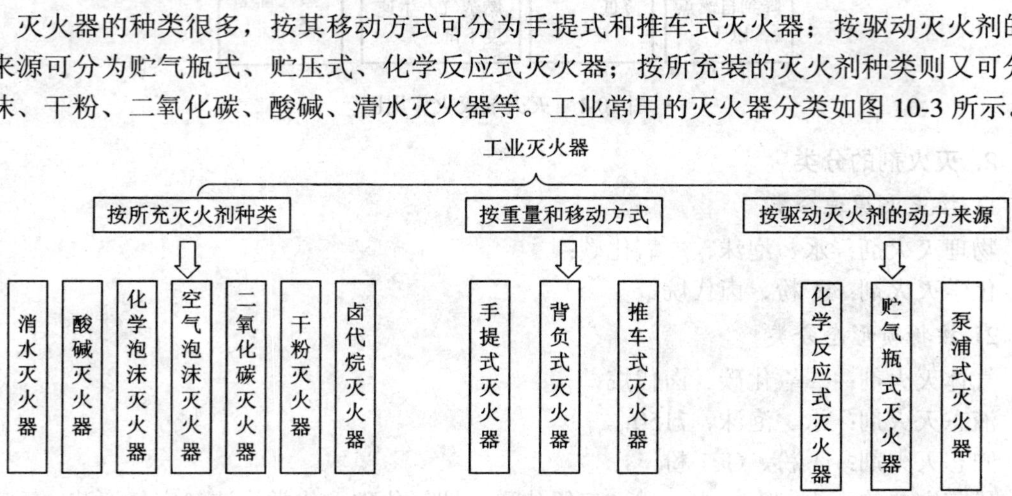

图 10-3　工业灭火器分类图

2. 常用的灭火器材

在油气储运作业场所，要按安全规定配备适用、有效和足够的灭火器材，以便能在起火之初迅速灭火。

常用的消防器材有如下几种：

(1) 灭火沙箱：灭火所用的沙子一般采用细河沙，并应防置于油品作业场所适当的地点，配备必要的铁锹、钩杆、斧头、水桶等消防工具。发生火灾时应用铁锹或水桶将沙子散开，覆盖火焰，使其熄灭。灭火沙箱适用于扑灭漏洒在地面的油品着火，也可用于掩埋地面管线的初期小火灾。

(2) 石棉被：石棉是不燃物，将石棉被覆盖在着火物上，火焰会因窒息而熄灭。石棉被适用于扑灭各种储油容器的罐口、桶口、油罐车口、管线裂缝的火焰以及地面小面积的初期火焰。

(3) 泡沫灭火机：泡沫灭火机的灭火液由硫酸铝、碳酸氢钠和甘草精组成，适用于扑灭桶装油品、管线、地面的火灾，不宜用于电气设备和精密金属制品的火灾。使用时先用手指堵住喷嘴将筒体上下颠倒两次，就有泡沫喷出，覆盖着火物而达到灭火目的。对于油类火灾，不能对着油面中心喷射，以防着火的油品溅出，顺着火源根部的周围，向上侧喷射，逐渐覆盖油面，将火扑灭。使用时不可将筒底、筒盖对着人体，以防万一发生危险。

(4) 四氯化碳灭火机：四氯化碳汽化后是无色透明、不导电、密度较空气大的气体。使用四氯化碳灭火机灭火时将机身倒置，喷嘴向下，旋开手阀，即可喷向火焰使其熄灭。这类灭火机适用于扑灭电气设备和贵重仪器设备的火灾。四氯化碳毒性大，使用者要站在上风口，在室内灭火后，要及时通风。

(5) 二氧化碳灭火机：二氧化碳是一种不导电的气体，密度较空气大，在钢瓶内的高压下为液态。使用二氧化碳灭火机灭火时只需扳动开关，二氧化碳即以气流状态喷射到着火物上，隔绝空气，使火焰熄灭。这类灭火机适用于精密仪器、电气设备以及油品化验室等场所的小面积火灾，但不可用它扑救钾、钠、镁、铝等物质火灾。二氧化碳由液态变为气态时，大量吸热，温度极低(可达到 −80℃)，因此，在使用时要避免冻伤，同时二氧化碳有毒，应尽量避免吸入。

(6) 干粉灭火机：干粉主要由碳酸氢钠、滑石粉、云母粉和硬脂酸组成，钢瓶内装有干粉和二氧化碳。使用时将灭火机的提环提起，干粉剂在二氧化碳气体作用下喷出粉雾，覆盖在着火物上，使火焰熄灭。干粉灭火机适用于扑灭油罐区、库房、油泵房、发油间等场所的火灾，不宜用于扑灭精密仪器、电气设备的火灾。使用时要接近火焰喷射；干粉喷射时间短，喷射前要选择好喷射目标；由于干粉容易飘散，不宜逆风喷射。

10.2 原油火灾的灭火技术

10.2.1 原油火灾和爆炸的特点

原油火灾火势猛烈、火焰温度高、辐射热量强、浓烟气浪大、火焰传播速度快、蔓延迅速、危害面广。由于石油产品储存形式和油品种类不同，其火灾和爆炸的特点也不同。

油气储运中发生的原油火灾具有以下特点。

(1) 大面积流淌性火灾多。油气储运中的原油具有良好的流动特性，当其存放设备遭受严重损坏时，其中的液体便会急速涌泄而出，如伴随火源即会造成大面积的流淌状火场局面。大面积流淌性火灾容易发生在存储油品的罐区或桶装油品库房，处理大量可燃液体的生产装置区也有发生火灾的案例。流淌性火灾火势蔓延快，如果不能及时得以控制，则极易造成大面积燃烧和设备爆炸事故。

(2) 立体性火灾多。油气储运中的原油具有易燃、易爆和流淌扩散性、生产设备密集布置的立体性和建筑的孔洞多且互相串通性，所以一旦初期火灾控制不利，就会使火势上下左右迅速扩展而形成立体火灾。立体火灾对周围相邻建筑威胁性大，火势蔓延迅速，火灾扑救难度大。

(3) 火势发展速度快。对油气储运中原油库区可燃物极为集中的场所，一旦着火其燃烧强度大，火场温度高，辐射热强，加之可燃气体的快速扩散性和液体的流动性、建筑的互通性等条件因素的影响，其火势蔓延速度都较快。据实验数据表明，油气储运中的原油火灾的燃烧速度较普通建筑物火灾的燃烧速度快一倍以上，燃烧区的温度一般要高 500℃以上。其火焰及热量传递不但会使着火设备升温快，还会加热相邻设备及可燃物，造成引燃危险，从而使火势蔓延速度更为加快。

(4) 火灾损失大、影响大。储运中的原油火灾造成的损失较公共或民用建筑的火灾损失要大，根据火灾统计资料概算的结果，每次火灾的平均经济损失较其他生产企业要高五倍左右，而且经常出现损失高达数百万元的火灾。石油化工企业的火灾除造成直接经济损失和伤亡外，还会造成停产、修复所致的间接损失，尤其是对于生产化工原料、中间体原料的企业，火灾造成的停产往往还要使得相关企业停工待料，严重的会使某些社会急需的产品出现短缺，引起社会性的供需失衡。影响石油火灾发展蔓延的因素有：油品性质与储量，热传导和热辐射，气体或液体爆炸的影响，气象情况，复杂地理环境等。

(5) 灭火难度大，消防力量耗费多。储运中，原油的火灾特点、火场形式等决定了其火灾扑救难度和消防力量的消耗不同于一般火灾。石油化工火灾在初期不易控制，多以大火场或大面积火灾、立体火灾、多点火灾的形式出现，火势发展迅速猛烈，危险极大，燃烧物质和产物多有毒副作用，扑救火灾耗费的人力、物力都很多，且扑救的技术要求也远非一般火灾所能比拟。

10.2.2 原油火灾常用的灭火方法

发生原油火灾时常用的灭火方法有以下几种。

1. 冷却法

冷却法的目的在于吸收可燃物氧化过程中放出的热量。对于已燃烧的物质，可以降低其温度到燃点以下，同时抑制可燃物分解的过程，减缓可燃气体产生的速度，造成因可燃气体“供不应求”而灭火。对于已燃物附近的其他可燃物，可使它们免受火焰辐射热的威胁，破坏燃烧的温度条件。

2. 窒息法

窒息法是通过隔绝助燃物——氧，使已燃物在与新鲜空气隔绝的情况下自行熄灭。运用这种方法灭火的方式有：

(1) 用不燃物或难燃物质直接堆积覆盖在燃烧物的表面，隔绝新鲜空气。

(2) 用水蒸气或难燃气体喷射到燃烧物上，稀释空气中的氧，使氧在空气中的含量降低到 9%以下。

(3) 封闭正在燃烧的容器的孔洞、缝隙，使容器中的氧气消耗殆尽后，火焰自行熄灭。

3．隔离法

隔离法是将火源与可燃物隔离，以防止燃烧蔓延。具体方法有：

(1) 迅速移开火场附近的可燃、易燃、易爆物。

(2) 及时拆除与火场毗邻的可燃物及导火物。

(3) 阻止新的可燃物和易燃物进入燃烧地带。

(4) 限制燃烧的物质流散、飞溅。

(5) 将可移动的燃烧物移到空旷的地方，使燃烧物在人的控制下燃烧。

4．化学中断法

化学中断法又称为化学抑制法，它是一种近代发展起来的新的灭火技术。它是依据新的燃烧理论提出的，它认为燃烧是由于某些活性基团维持的连锁反应。化学中断法灭火就是借助化学灭火剂破坏、抑制这些活性基团的产生和存在，中断燃烧的连锁反应，从而达到灭火的目的。

10.2.3 原油储罐火灾的灭火方法

一般的原油储罐火灾灭火应遵循的四个原则是：大力度调度指挥原则；集中兵力于火场的主要方面的指挥原则；集中兵力一次歼灭或逐片歼灭的指挥原则；先控制、后消灭的指挥原则。对于油气集输系统，原油的火灾主要集中在原油油罐，所以对原油油罐防火灭火就显得尤为重要。

1．引发原油储罐火灾的主要原因

原油储罐火灾的产生原因分为以下七类：

(1) 明火引燃、引爆储油罐。附近烟道的火星、车辆喷出的火星、放鞭炮和烧纸的飞火、库区内违章吸烟、动明火、电气焊作业等极易引燃泄漏在地面的油品或引爆弥漫在空气中的油蒸气。

(2) 静电火花引起爆炸。电阻率在 $10^{12}\ \Omega\cdot\text{cm}$ 左右的原油最容易产生静电聚集。多数原油的电阻率大于 $10^{12}\ \Omega\cdot\text{cm}$，为带静电物质，很容易产生和聚集静电荷，而且消散慢。由于油罐接地电阻过大(大于 100 Ω)或消除静电的装置失灵或孤立的导体(如浮顶)与油罐接触不良，都很容易聚集静电荷，一旦放电形成火花，足以引燃或引爆弥漫的油蒸气。

(3) 雷击引起火灾或爆炸。由于油罐顶孔口关闭不严或未安装阻火器，避雷装置设计不合理或发生故障，金属罐接地过大(大于 10 Ω)，静电荷消除不掉等在雷击时易引起火灾或爆炸。

(4) 碰撞和摩擦火花引起火灾。油罐的量油孔口没用有色金属制作，钢尺放入或拉出时易与量油孔口边缘摩擦而发生火花，引燃油罐内油蒸气；用钢铁制造的工具开启油罐孔口或搬运时相互撞击产生火花易引燃泄漏的油蒸气。

(5) 电气原因引起火灾。油罐的主要电气设备如输电设备、线路、泵房电机照明设备等，若发生短路、漏电、接地，过负荷等故障时，产生的电弧、电火花、高热极易引燃泄漏的油品及油蒸气。

(6) 自燃引起火灾。常见的情况如油罐中含硫油品的沉积物在消除时发生自燃，原油加温时温度超过闪点而自燃。

2．原油储罐火灾的扑救

1) 灭火基本要求

坚持冷却保护，防止爆炸，充分利用固定、半固定消防设施实施内攻，适时消灭火灾。

2) 灭火战术要点

(1) 速战速决：加强第一出动，一次性向火场调派具备攻坚灭火能力的优势人员，力求速战速决。

(2) 冷却保护：① 对燃烧油罐全面冷却，控制火势发展，防止油罐变形或塌裂；② 对于没有保温层的邻近罐(理论上讲带有保温层的不需冷却)需进行半面(着火面)冷却，视情况加大冷却强度。

(3) 以固为主，固移结合：对装有固定、半固定泡沫灭火装置的燃烧罐，在可以使用的情况下，坚持“以固为主”的原则，辅以移动式消防车泡沫炮或移动泡沫炮、泡沫钩管、泡沫管枪等相结合的方法灭火。

(4) 备足力量，攻坚灭火：对爆炸后形成稳定燃烧的油罐，在进行冷却的同时，积极做好灭火准备工作，在具备了灭火所需人员、装备、灭火剂、水等条件下发动总攻，一举将火势扑灭。

(5) 隔绝空气，窒息灭火：油罐的裂口、呼吸阀、量油孔等处呈火炬型燃烧时，可采取封堵或覆盖灭火法，将其窒息。

3) 灭火措施和行动要求

(1) 火情侦察。通过外部观察、询问知情人、仪器检测，迅速查明以下情况：

① 燃烧罐内油的储量、液面高度和油液面积。

② 燃烧罐的罐顶结构。

③ 受火势威胁或热辐射作用的邻近罐的情况。

④ 固定、半固定灭火装置完好程度以及架设泡沫钩管的位置。

⑤ 原油的含水率，有无水垫层。

(2) 冷却防爆措施：

① 冷却强度：燃烧罐的冷却强度是 0.68～0.8 L/(s · m)，邻近罐的冷却强度是 0.35～0.7 L/(s · m)。

② 开启水喷淋冷却装置。

③ 利用水枪、带架水枪或水炮。

④ 冷却水要射至罐壁上沿，要求均匀，不留空白点。

⑤ 对邻近受火势威胁的油罐，视情形启动泡沫灭火装置，先期用泡沫覆盖，防止油品蒸发，引起爆炸。

⑥ 用湿毛毡、棉被等覆盖呼吸阀、量油口等油品蒸气的泄漏点。

(3) 灭火准备：

① 加强灭火剂储备，泡沫液的准备量通常应达到一次灭火用量的六倍，同时准备一定数量的干粉灭火剂。

② 落实人员、装备，进攻所需要的大功率泡沫消防车、干粉消防车、举高消防车、移动泡沫炮、泡沫钩管、指战员个人防护装备器材等要组织到位，落实作战人员，明确作战任务。

③ 搞好火场供水，指定专人负责火场供水，合理分配水源，确定最佳的供水方案，确保供水不间断。

④ 保证火场通信畅通，有条件的火场应设置大功率扩音器。

(4) 灭火措施：

① 对大面积地面流淌性火灾，采取围堵防流、分片消灭的灭火方法；对大量的地面油品火灾，可视情形采取挖沟导流方法，将油品导入安全的指定地点，利用干粉泡沫一举消灭。

② 对灭火装置完好的燃烧罐，启动灭火装置实施灭火。

③ 对灭火装置被破坏的燃烧罐，利用泡沫管枪、移动泡沫炮、泡沫钩管进攻或利用高喷车、举高消防车喷射泡沫等方法灭火。

④ 对在油罐的裂口、呼吸阀、量油口等处形成的火炬型燃烧，可用覆盖物(浸湿的棉被、石棉被、毛毡等)覆盖火焰窒息灭火，也可用直流水冲击灭火或喷射干粉灭火。

(5) 注意事项：

① 参战人员应配有防高温、防毒气的防护装备。

② 正确选用灭火剂，液上喷射可使用普通蛋白泡沫，液下喷射应使用氟蛋白泡沫。

③ 正确选择停车位置，消防车尽量停在上风或侧风方向，与燃烧罐保持一定的安全距离，扑救原油罐火灾时，消防车头应背向油罐，以备紧急撤离。

④ 注意观察火场情况变化，及时发现沸溢、喷溅征兆。

⑤ 充分冷却，防止复燃，燃烧罐的火势被扑灭后，要继续对其罐壁实施冷却，直至使油品温度降到燃点以下为止。

10.2.4 原油储罐灭火力量的计算

冷却油罐所需的灭火力量包括：水、消防车、水枪的数量。

1. 冷却用水标准

工业用水指工、矿企业的各部门，在工业生产过程(或期间)中，制造、加工、冷却、空调、洗涤、锅炉等处使用的水及厂内职工生活用水的总称。冷却用水属于工业用水的一种，应符合相关的质量标准，其标准如表 10-1 所示。

表 10-1　冷却用水标准

着火油罐			邻近油罐	
地上罐	地下罐	浮顶罐	地上罐	半地下、地上顶部无覆土保湿罐
0.8 mmol/L	0.4 mmol/L	0.6 mmol/L	0.35 mmol/L	

2. 冷却延长时间

浮顶罐，地下、半地下固定顶油罐以及直径小于 20 m 的地上固定顶油罐冷却时间按 4 h 计算；直径大于 20 m 的地上固定顶油罐按 6 h 计算。

1) 水枪数量

$$\text{水枪数量(支)}=\frac{\text{冷却用水量(L/s)}}{\text{水枪流量(L/s)}}$$

$$\text{水枪数量(支)}=\frac{\text{着火罐周长(m)}}{10\text{(m)}} \tag{10-1}$$

$$\text{水枪数量(支)}=\frac{\text{邻近油罐周长(m)}}{8\text{(m)}}$$

2) 消防车数量

消防车数量取决于消防车的供水能力和油罐区有无高压消火栓。

(1) 着火罐冷却用水量 Q_1：

$$Q_1=\pi Dq \tag{10-2}$$

(2) 邻近油罐冷却用水量 Q_2：

$$Q_2=\pi Dq\frac{n}{2} \tag{10-3}$$

式中：D 为着火油罐直径(m)；q 为着火油罐每米冷却用水量(L/(s·m))；n 为邻近油罐数量。

(3) 每秒冷却用水 Q_3：

$$Q_3=Q_1+Q_2 \tag{10-4}$$

(4) 冷却用水总量 Q：

$$Q=Q_3\times\text{冷却延长时间} \tag{10-5}$$

(5) 水枪数量：

$$\text{水枪数量(支)}=\frac{\text{冷却用水量(L/s)}}{\text{每支水枪流量(L/s)}} \tag{10-6}$$

(6) 消防车的数量：

$$\text{消防车数量}=\frac{\text{水枪数量}}{\text{每辆消防车提供的水枪数量}} \tag{10-7}$$

3) 普通蛋白泡沫计算

(1) 普通蛋白空气泡沫供给强度如表 10-2 所示。

表 10-2　普通蛋白空气泡沫供给强度

油品闪点/℃	供给强度/(L/(s·m²))	
	固定式、半固定式灭火系统	移动式灭火系统
<60	0.80	1.00
≥60	0.60	0.80

在没有足够的移动式泡沫灭火力量或移动式泡沫灭火力量不能及时到达火场的条件下，泡沫供给强度应该增大。油品闪点 < 60℃时，泡沫供给强度应不小于 1.25 L/(s·m²)；

油品闪点≥60℃时，泡沫供给强度应不小 0.8 L/(s · m^2)。

(2) 灭火延续时间。泡沫灭火延续时间取决于泡沫的抗烧性。普通蛋白空气泡沫的抗烧性在 7 min 以上。空气泡沫灭火延续时间按 5 min 计算。

(3) 空气泡沫液储备量和配制泡沫用水储备量。空气泡沫液储备量应为一次灭火用量的六倍。灭火(配制泡沫)用水储备量也应为一次灭火用水量的六倍。空气泡沫液和水的混合比例为 6∶94；发泡倍数按六倍计算。

(4) 着火面积。卧式罐着火面积按整个罐组的占地面积计算，若占地面积超过 400 m^2，按 400 m^2 计算。库房、堆场的着火面积按库房、堆场占地面积计算，若占地面积超过 400 m^2，一般仍可按 400 m^2 计算。

(5) 空气泡沫枪数量的计算步骤和公式如下：

① 求着火油罐油液面积：

$$\text{圆形：} A = \pi\frac{D^2}{4} \tag{10-8}$$

$$\text{矩形：} A = ab \tag{10-9}$$

② 计算空气泡沫量：

$$Q = Aq_1 \tag{10-10}$$

③ 确定空气泡沫产生器数量：

$$N_1 = \frac{Q}{q_2} \tag{10-11}$$

④ 计算升降式泡沫管架或泡沫钩枪数量：

$$N_2 = \frac{Q}{q_3} \tag{10-12}$$

⑤ 计算泡沫混合液：

$$Q_{\text{混}} = N_2 q_{\text{混}} \tag{10-13}$$

⑥ 泡沫消防车数量：

$$N_3 = \frac{Q_{\text{混}}}{\text{消防车供水能力}} \tag{10-14}$$

⑦ 泡沫液储备量：

$$Q_{\text{储}} = Q_{\text{混}} \times 0.06 \times 300\text{s} \times 6 \tag{10-15}$$

⑧ 灭火用水储备量：

$$Q_{\text{备用}} = Q_{\text{混}} \times 0.94 \times 300\text{s} \times 6 \tag{10-16}$$

⑨ 消防用水量是冷却用水储备量和泡沫灭火用水储备量之和。

式中：q_1 为泡沫供给强度(L/(s · m^2))；q_2 为每个泡沫产生器的泡沫产生量(L/s)；q_3 为

每个升降式泡沫管架或泡沫钩枪的泡沫产生量(L/s)；$q_{混}$为每个升降式泡沫管架或泡沫钩枪产生的泡沫混合液量(L/s)；0.06 为混合液含液百分比；300 s 为 5 min 灭火延续时间；0.94 为混合液含水百分比；*a* 为油罐的长度(m)；*b* 为油罐的宽度(m)。

10.3　天然气火灾的灭火技术

10.3.1　天然气火灾发生的原因

1. 常见的天然气火灾原因

常见的天然气火灾原因有：

(1) 埋在地下的管线或室外管线受腐蚀、震动或冷冻等影响，使管道破裂漏气，气体通过土层或下水管道窜入室内，接触明火而着火或爆炸。

(2) 由于进户管线上的室内阀门关闭不严，阀杆、丝扣损坏失灵，阀门不符合安全质量要求或误开阀门，使天然气逸出，遇到明火燃烧或爆炸。

(3) 天然气金属炉或炉筒与可燃建筑物、可燃物品的距离不足，阀门调整不当，以致烧红炉子、烟筒，烤着可燃建筑物或物品而引起火灾事故。

(4) 用天然气取暖的火炕、火墙由于用火时间过长，炕表面过热烤着被褥、衣物或将其他物品引燃。

(5) 由于连接导管、炉灶、阀门等部件损坏或密封不严，造成气体泄漏达到爆炸浓度范围，遇火星发生爆炸。

(6) 人员操作不当，造成气体泄漏或引起火灾事故。

2. 天然气火灾案例

下面列举两个天然气火灾案例。

(1) 1994 年美国新泽西州发生了天然气管道破裂泄漏着火事故，400～500 英尺高的火焰毁坏了 8 幢建筑，破裂处曾发生过机械损伤，壁厚减薄，如图 10-4 所示。

图 10-4　新泽西天然气管道破裂泄漏着火事故

(2) 2000 年 8 月美国新墨西哥州发生天然气管道爆炸着火事故，造成 12 人死亡。这段管线于 1950 年建造，在破裂处可以发现明显的内腐蚀缺陷，如图 10-5 所示。

图 10-5　新墨西哥州发生天然气管道爆炸着火事故

10.3.2　天然气的火灾灭火措施

1. 天然气火灾扑救措施

1) 天然气火灾灭火要求

(1) 抓住时机，以快制胜：抓住火灾初期阶段或火势暂时较弱的有利时机，利用环境条件，做到查明情况快、信息传递快、战术决策快，以最快的战斗行动，控制和扑灭火灾。

(2) 以冷制热，防止爆炸：利用一定的给水强度，在灭火的同时，对着火设备及四周邻近设备进行冷却降温，不能顾此失彼，防止设备、容器、管道因受高温影响而引起燃烧爆炸。

(3) 先重点，后一般：在扑救火灾时，一般可先扑灭外围火，然后进行内攻，以控制火势向周围蔓延扩大，防止形成大面积火灾。但在战斗力量不足时，则应根据着火部位的不同情况，先重点后一般，先易后难，控制火势，待增援力量到达后，再一举扑灭火灾。

(4) 各个击破，适时合围：对于较大面积的火灾，应采取各个击破，穿插分割，堵截火势，适时围歼的方法。

2) 扑救天然气火灾的具体措施

(1) 断源灭火：该方法是解决集输系统火灾首先应该考虑的方法。该方法在前面已经介绍清楚。

(2) 灭火剂灭火：扑救天然气火灾，可选用的灭火剂很多，通常可选择水、干粉、卤代烷、蒸气、氮气及二氧化碳等灭火剂灭火。利用水枪灭火时，宜以 60°～70° 的倾斜角度入射，用压力大于 6 kPa 的高压水流喷射火焰，可取得良好的灭火效果。

(3) 堵漏灭火：对气体压力不大的漏气火灾采取堵漏灭火时，可用湿棉被、湿麻袋、湿布、石棉毡或粘土等封住着火部位，隔绝空气，使火熄灭。在关阀补焊时，必须严格执行操作规程和动火规定，并迅速进行，以避免二次着火、爆炸。

天然气泄漏但尚未着火时，应迅速关闭进气阀门和落实堵漏措施，杜绝气体外泄；迅速设置警戒区，警戒区应布置在该地区天然气浓度在爆炸下限30%的范围内，并随时注意风向变化；禁止一切车辆驶入警戒区，停留在警戒区的车辆严禁启动；做好灭火战斗准备，防止遇火源发生着火爆炸。消防车到达现场，不可直接进入天然气扩散地带，应停留在扩散地段上风方向和高坡安全地带，消防人员动作应谨慎，防止碰撞金属产生火花而引发火灾。根据现场情况，动员天然气扩散区的居民和职工迅速熄灭一切火种并撤离扩散区。

天然气扩散后可能遇到火源的部位，应作为灭火战斗的主攻方向，安排部署水枪阵地，做好应对着火爆炸事故的准备。利用喷雾水或蒸气吹散泄漏的天然气，防止形成爆炸性混合物。险情排除后，经过测试，其浓度确已低于爆炸下限时，方可恢复正常生产。

2. 天然气火灾灭火注意事项

扑灭天然气火灾时应注意以下几点：

(1) 扑灭含有较高硫化氢的天然气火灾时，应注意防毒。

(2) 进入现场的人员，严禁穿铁钉鞋和化纤衣服。一般先采取淋湿衣服的措施，以防产生静电火花。用地形、地物(如门板、墙壁、设备、工具车等)作掩体攻入，防止冲击波和热辐射的伤害。观察储气罐(柜)爆炸征兆，当发现储气罐排气阀猛烈排气并有刺耳哨声，罐体震动厉害，火焰发白时，便是爆炸前奏，应迅速组织全体人员撤离。

(3) 危险区内不得敲打金属，防止发生火花；必要时可使用铜锤、胶皮锤、木槌等不发生火花的工具。

(4) 排除室内天然气须破拆门窗时，应选择侧风向，使用木棍击碎玻璃，以防撞击产生火花引起天然气着火爆炸。

(5) 充分利用厂、站、库内的灭火设施。

(6) 灭火时，一定要在指挥人员的统一指挥下，各个阵地同时进攻，一举将火扑灭，切忌各行其是、零星进攻，否则既浪费人力、物力，又达不到灭火的目的。

(7) 一切非灭火人员应远离现场。

10.3.3 天然气的防火防爆措施

天然气的防火防爆措施包括下面几种。

1. 控制天然气泄漏

防止天然气泄漏，是预防天然气火灾的主要措施。通常漏气的主要部位有输气管道上的阀门、计量表、调压检修表、调节器检修柜、旋转阀垫圈处、软管与灶具或其他用具的连接部位等，应加强对这些部位的护理与检查。

2. 消除着火源

一般可能出现的着火源主要有非防爆电器产生的电火花、电气焊火花、静电火花、雷电火花、撞击火花、明火及其他着火源等。针对这些着火源应采取以下措施进行严格消除和控制：站区所有电器要使用防爆电器并定期检修；站区内严禁烟火，不准吸烟和带入火种；严禁车辆进入防区，在燃气泄漏情况下不准发动车辆；检修作业中应防止撞击、摔砸、强烈摩擦；检修作业动火或使用非防爆电器应按照危险作业规定执行；燃气设备应采取防静电措施；罐区及建筑物应采取防雷措施；站区辅助区应严格控制火源。

3．控制氧化剂

氧化剂要分类存放，如：有机氧化剂不能和无机氧化剂混存；氯酸盐、硝酸盐、高锰酸盐和亚硝酸盐都不能混存；过氧化物专库存放。氧化剂还应与爆炸物、易爆物、可燃物、酸类、碱类、还原剂以及生活区隔离。库房内要洁净、阴凉通风、干燥，防止酸雾进入，远离火种、热源，防止日光曝晒，照明设备要防爆。

10.3.4　民用天然气的安全防火措施

1．民用天然气的安全措施

民用天然气的安全措施包括：

(1) 正确安装天然气灶具：灶台高 600～700 mm 为宜，应将灶具置于避风的地方，有多个灶具在厨房时，间距应不小于 500 mm；不能将灶具直接放在气表下，间距应为 300 mm，并保证仪表清洁、计量准确。

(2) 使用天然气的厨房要求不宜过窄、通风良好，灶具周围不要堆放易燃物品。

(3) 安全使用天然气，防止火灾、爆炸事故的发生，首先要防止漏气，易泄漏的部位有：阀门、气表、灶具与天然气管道接头处；灶具开关芯子、开关阀与喷嘴连接处；胶管宜老化处；管道、气表腐蚀处；灶具胶皮管的两端接头处及胶管年久老化或出现裂纹处；阀门的阀杆与压母之间的缝隙处及阀门填料松动处。

对上述这些容易漏气的部位，可逐一地用肥皂水涂抹检查，如发现肥皂水连续起泡即为漏气。肥皂水可用普通肥皂泡制，也可用洗衣粉适当加水配制。用软毛刷或毛笔蘸肥皂水涂抹接头处。用肥皂水测定漏气，安全可靠。有的用户往往嫌麻烦，直接划火柴去检查漏气，这是很危险的，因为漏出的天然气一旦被火柴点燃，火焰很难控制，处理不当会发生火灾。如果室内已充满一定比例的天然气与空气的混合气，一点火就会引起爆炸事故，后果将不堪设想，所以，在检查漏气时，禁止使用明火。

2．民用天然气的火灾处理

发现厨房漏气，千万不要点火，一切可能引起火花的行动，如开关电灯、抽烟、敲打铁器等都要禁止，发现漏气时应立即关闭气表前阀门或总阀，切断气源；迅速打开门窗，加强室内外空气的对流，以稀释室内天然气的浓度，防止发生天然气爆炸；立即通知维修人员进行修理。天然气一旦着火，不要惊慌，首先应防止事故蔓延或扩大，如火灾发生在厨房内，应立即关闭表前阀门，切断气源，也可以用干粉灭火剂将火扑灭，再关闭阀门；如火势较大，无法关闭表前阀门，应设法关闭进气总阀；如遇阀前堆放的杂物被引燃，可用湿棉被、湿毛巾关闭阀门，切断气源；如室内易燃物被引燃，应视火势大小，组织扑救并报警。

10.4　液化石油气的火灾灭火技术

10.4.1　液化石油气火灾的特点

液化石油气是有机化合物的混合物，其主要组分的物化数据如表 10-3 所示。

表 10-3　液化石油气主要成分物性表

组　分	丙烷(C_3H_8)	丁烷(C_4H_{10})	丙烯(C_3H_6)	丁烯(C_4H_8)
比重	1.5537	2.0859	1.4802	2.0055
闪点/℃	−104	−82.78	−108	−80
自燃点/℃	450	462	460	384

1. 液化石油气的主要特征

液化石油气的主要特征有以下几点：

(1) 燃烧、爆炸性：液化石油气能够燃烧，分为稳定燃烧和爆炸两种形式。液化石油气发生泄漏，遇火发生的连续燃烧现象，叫做稳定燃烧。液化石油气发生泄漏后，与空气混合形成爆炸混合物(爆炸极限约为 2%～9%)，遇到火源发生爆炸，通常会产生强大的冲击波和高温。

(2) 比空气重：液化石油气的密度为空气的 1.5～2 倍，发生泄漏时液化石油气会积存在低洼处或沿地面任意漂流，一旦达到爆炸浓度，遇到火源就会发生爆炸。

(3) 受热膨胀：液化石油气的液体密度随着温度的升高而变小，体积则增加。其液体的体积膨胀系数比汽油、煤油都大，是水膨胀系数的 10～16 倍。因此，充装液化石油气的气瓶应严格控制充装量，否则随着温度的升高气瓶极易被胀裂。

(4) 点火能量小：液化石油气的着火温度约为 430～460℃，比其他可燃气体低，点火能量小，一个火星就能点燃。

(5) 有毒性：液化石油气有低毒，当空气中含有 1%时，人在空气中 10 min 无危险；当空气中含量达到 10%时，人处在该环境中 2 min 就会麻醉。

(6) 带电性：液化石油气在灌装和运输过程中易产生静电，流速越快越易产生静电。

(7) 腐蚀性：液化石油气对容器、管道、橡胶管、密封物等有腐蚀作用。

2. 液化石油气火灾特点

液化石油气火灾的特点有：

(1) 燃烧速度快：液化石油气燃烧时，在有充足空气的条件下，燃烧速度可达 2000～3000 m/s，燃烧异常猛烈。

(2) 火焰温度高：液化石油气的燃烧温度可达 1800℃；爆炸时的火焰温度可达 2000℃以上。

(3) 易发生爆炸：当液化石油气与空气混合达到一定浓度范围(1.5%～10%)时，遇明火极易发生爆炸，1 kg 的液化石油气爆炸相当于 4～10 kg TNT 炸药的威力，并且伴有爆燃现象。

(4) 复爆危险性：火灾中，液化气油气的稳定燃烧被扑灭后，如一时无法切断气源或有效控制泄漏气体时，火场内就可能形成爆炸性混合气体，如遇明火极易发生第二次爆炸或燃烧。

3. 液化石油气发生火灾时的燃烧形式

液化石油气发生火灾时的燃烧形式有：

(1) 稳定燃烧：稳定燃烧是指液化石油气与空气的混合是在燃烧过程中进行的，液化石油气喷出多少，就会与空气混合多少，烧掉多少。一般来说这种火灾，破坏、伤亡性不大。

(2) 动力燃烧：液化石油气从设备系统中喷出来与空气先形成爆炸性混合物，遇火源则发生爆炸性燃烧。液化石油气罐在动力燃烧火焰的作用下，由于气体膨胀还会发生爆炸。一般来说，动力燃烧火灾造成的破坏和伤亡都比较严重。

燃烧的液化石油气有时处于液态或者气态，也有可能处于气液混合状态。根据液化石油气燃烧的以下火焰特征可以判断其状态：

(1) 液化石油气在气相燃烧时，呈明亮的黄色火焰，同时伴随着强烈的哨响。

(2) 液化石油气在液相燃烧时，呈鲜艳的橙黄色火焰，同时分离出炭黑。

(3) 液化石油气在气液混合燃烧时，火焰高度呈周期性变化。

(4) 流散液化石油气燃烧时火焰高度比燃烧面积的直径大 2～2.5 倍。

10.4.2 液化石油气火灾的灭火方法

1. 扑救液化石油气火灾的基本方法

在备足水和其他灭火剂且确保火场不间断供水的情况下，由工程技术人员和操作人员做好堵漏断气准备，并采取下列一种方法或组合方法进行灭火：

(1) 冷却、窒息法：组织数支喷雾或开花水枪并排或交叉射出密集水流，对火焰根部及其周围进行高密度射水，同时由下向上逐渐移动射流，利用水汽化吸收大量的热能，在降低着火点温度的同时稀释液化石油气的浓度，达到使火焰熄灭的目的。

(2) 干粉抑制法：干粉扑救液化石油气火灾效果显著，灭火速度快。在灭火过程中，干粉大量捕捉燃烧中产生的游离基，并与之反应产生性质稳定的分子，从而截断燃烧反应链使燃烧终止。使用灭火剂的多少要取决于火势的大小、压力的高低和冷却效果的好坏等多方面因素，配合水枪降温效果更为显著。

(3) 隔离灭火法：在管道泄漏而储罐阀门尚未烧坏的情况下，可以采取关阀断气的方法进行隔离灭火。操作人员要身着避火服并携带必要工具，在水枪掩护下接近装置、关上阀门、断绝气源。当起火储罐上方发生较小泄漏，且各管道处于完好状态时，可将着火储罐中的液化石油气转移到其他储罐中，即“釜底抽薪”，烧尽储罐中的液化石油气，使火熄灭。但此方法应讲究技巧，对着火储罐的储气量应把握准确，否则容易造成火势扩大蔓延。

(4) 注水升流法：对泄漏部位在下部的储罐，应利用已有或临时安装的输水管线向罐内注水，利用水与液化石油气的比重差，使液化石油气浮到破裂口上，使水从破裂口流出，再进行堵塞工作。操作中要防止水压过大而使液化石油气从罐顶部安全阀处排出，可采取边倒液化气边注水的方法。

(5) 应急点燃法：在其他方法都不能奏效时，为了防止爆炸，在确保绝对安全的前提下，可采取点燃的方法，防止液化石油气达到爆炸极限。在人员撤离现场后，在上风方向将曳光弹或信号枪点燃，实施控制燃烧。

2. 液化石油气站的火灾扑救措施

1) 跑气而未着火的事故处理

跑气原因：阀门损坏、管道破裂、液位计破坏、压缩机损坏、储罐破裂等，其中储罐破裂危险性最大。跑气特点为液化石油气连续蒸发形成大面积的蒸气云，此时应该采取的措施有以下几点：

(1) 切断气源，堵住漏点。具体做法是：① 关闭有关阀门，切断气源；② 若阀门损坏，可用麻袋片缠住跑气处或用卡箍堵漏；③ 管道破裂，可用木楔子堵漏；④ 结冰堵漏：液化气从液相变成气相时要吸收大量热能，跑气处温度急剧降低，在环境温度较低的情况下，向跑气处放水，使之结冰，借以堵塞。

(2) 倒罐：将漏罐内的液化气倒向其他储罐。

(3) 使用开花水枪驱散已经跑出的液化气，防止达到爆炸浓度。

(4) 控制一切火源。具体应做到：① 在液化气已扩散到的地段，应使电器保持原来状态，不要开或关；② 在接近扩散区的地段，要切断电源；③ 进入扩散区的排险人员，要防止金属碰撞产生火花。

2) 跑气着火时应该采取的措施

(1) 冷却防爆：储罐跑气着火时，应启动固定喷水装置，喷水冷却。在无法切断电源的情况下，让其稳定燃烧，直至液化气烧完为止，但不可间断对着火罐和相邻罐冷却。在冷却的同时，应打开放气火炬，以减少罐内压力，防止爆炸。

(2) 根据爆炸征兆，及时安全疏散人员，爆炸的征兆是：① 燃烧的火焰由红变白，光芒耀眼；② 燃烧时发出刺耳的哨声；③ 罐体抖动。

发现上述征兆，人员应立即撤离到安全地点。

(3) 灭火：在切断气源、做好堵漏准备的情况下，用干粉、水流灭火。如果不具备切断气源的条件，不可将火扑灭，以防火灭后气体继续外逸发生爆炸。

3. 液化石油气钢瓶火灾的扑救措施

液化石油气钢瓶火灾扑救措施有：

钢瓶发生燃烧爆炸的条件和原因是由于钢瓶漏气遇明火引燃，或者是钢瓶在外界火焰、高温的作用下，使瓶内压力超过钢瓶的承受压力，钢瓶产生爆炸着火。

钢瓶爆炸前的征兆有：① 火焰直接作用下，持续燃烧约 3 min；② 钢瓶瓶体膨胀鼓肚变形；③ 火焰颜色白亮刺眼、声音变细，发出“嘶嘶”声，如此持续 5～10 s 左右，声音和火焰突然消失，随即爆炸。

液化石油气钢瓶火灾扑救措施：

(1) 罐体、闸阀、管道漏气着火时应采取的灭火措施：

① 阀门失灵导致漏气着火时，首先要彻底扑灭周围的建筑物火灾，暂时孤立钢瓶火点，让其稳定燃烧。在扑灭钢瓶火焰后，可采取木楔堵漏法，即将一个事先准备好的木楔迅速打进角阀孔，制止跑气，然后将钢瓶进行冷却并转移到安全地点。有可能的话，最好将瓶内残液倒出烧掉。

② 钢瓶破裂导致漏气着火时，应首先控制火势，不让火灾扩大，在做好个人防护的情况下，迅速将正在燃烧的破裂钢瓶拖到安全地点，使其燃烧完后自行熄灭，同时把建筑物和地面火势扑灭。

③ 在瓶体破裂导致漏气但未着火的情况下，应迅速熄灭周围一切火种，同时用木楔子堵住漏气处，然后将充满了气体的房间的门窗关闭，防止液化石油气扩散遇明火发生爆燃事故，待确认没有任何火种时再开窗通风。

(2) 操作使用不当导致漏气着火时应采取的灭火措施：

① 切断气源。在没有引燃其它可燃物的情况下，可迅速用一条毛巾(抹布、围裙等物

亦可)盖住钢瓶护栏(防止手部烧伤)，并立即关闭角阀，火即熄灭。

② 先灭火后断气。用手抓一把干粉向火焰根部用力猛打，火焰熄灭的同时立即关闭阀门。

③ 在已引燃可燃物但烟雾不大的情况下，可在用水或灭火器扑救周围火焰的同时，迅速采取断气灭火或先灭火后断气的方法扑灭钢瓶火灾，一定要切断气源，并将钢瓶转移到安全处，以防止钢瓶破裂造成大量液化石油气泄漏引起火灾，造成更大的爆燃事故。

④ 当室内充满烟雾、火势较大、视线不良的情况下，一边扑救周围火焰，一边寻找钢瓶，注意不要把钢瓶碰倒，将钢瓶火扑灭后立即关闭阀门，切断气源，用水冷却钢瓶后将其转移到安全地点。

4. 液化石油气汽车槽车火灾扑救措施

液化石油气汽车槽车火灾的扑救措施有：

(1) 在灌装槽车时，出现槽车泄漏或冒顶跑气要立即停止灌装，采取措施堵漏断气；对流在地面的液化石油气，用蒸气或水枪驱散。

(2) 液化石油气漏气未处理干净时，槽车不能发动，以免排气管火花引起燃烧、爆炸。

(3) 槽车如着火应用水冷却，在条件允许的情况下灭火；如不具备灭火条件，以水冷却稳定分散燃烧。

(4) 如在公路上因车祸翻车导致液化石油气泄漏着火，要采取冷却措施，使其稳定燃烧。

5. 注意事项

灭火时的注意事项有：

(1) 不论在任何情况下，首先要考虑的是堵漏；不管是否着火都要立即用水冷却储罐，同时驱散蒸气。

(2) 火灾爆炸事故发生后，如无可靠的堵漏、倒液措施，只能在水枪冷却下让其稳定分散燃烧，烧完为止。

(3) 液化石油气泄漏事故发生后，立即杜绝一切火源，科学、合理地划出警戒线。

(4) 堵漏人员要佩戴人体保护设备。

(5) 有关技术人员如无特殊情况都要到场，随时向火场指挥员提供各种资料、数据、向消防人员说明扑救措施，消防指挥人员在采取每一个行动时要和工程技术人员商量。

10.5 电气火灾灭火技术

10.5.1 电气火灾的种类与特点

电气火灾隐患的特点就是火灾隐患的分布性、持续性和隐蔽性。由于电气系统分布广泛、长期持续运行，电气线路通常敷设在隐蔽处(如吊顶、电缆沟内)，火灾在初期时不易被火灾报警系统发现，也不易为肉眼所观察到。电气火灾的危险性还与用电情况密切相关，当用电负荷增大时，容易因过电流而造成电气火灾。

电气火灾的发生具有季节性特点，大多发生在夏、冬季。电气火灾所造成的人员伤亡、财产损失和社会震荡都是巨大的。电气火灾主要发生在建筑物内，建筑物内人员密集、疏散困难、排烟不畅，极容易造成群死群伤的重大事故。

1．电气火灾的种类

1) 漏电火灾

所谓漏电，就是线路的某一个地方因为某种原因(自然原因或人为原因，如风吹雨打、潮湿、高温、碰压、划破、摩擦、腐蚀等)使电线的绝缘或支架材料的绝缘能力下降，导致电线与电线之间(通过损坏的绝缘、支架等)、导线与大地之间(电线通过水泥墙壁的钢筋、马口铁皮等)有一部分电流通过，这种现象就是漏电。

当漏电发生时，漏泄的电流在流入大地途中，如遇电阻较大的部位时，会产生局部高温，致使附近的可燃物着火，从而引起火灾。此外，在漏电点产生的漏电火花，同样也会引起火灾。

2) 短路火灾

电气线路中的裸导线或绝缘导线的绝缘体破损后，火线与邻线或火线与地线(包括接地从属于大地)在某一点碰在一起，引起电流突然大量增加的现象就叫短路，俗称碰线、混线或连电。

由于短路时电阻突然减少，电流突然增大，其瞬间的发热量也很大，大大超过了线路正常工作时的发热量，并在短路点易产生强烈的火花和电弧，不仅能使绝缘层迅速燃烧，而且能使金属熔化，引起附近的易燃、可燃物燃烧，造成火灾。

3) 过负荷火灾

所谓过负荷是指当导线中通过的电流量超过了安全载流量时，导线的温度不断升高，这种现象就叫导线过负荷。当导线过负荷时，会加快导线绝缘层的老化变质。当严重过负荷时，导线的温度会不断升高，甚至会引起导线的绝缘层发生燃烧，并能引燃导线附近的可燃物，从而造成火灾。

4) 接触电阻过大火灾

凡是导线与导线，导线与开关、熔断器、仪表、电气设备等连接的地方都有接头，在接头的接触面上形成的电阻称为接触电阻。当有电流通过接头时会发热，这是正常现象。如果接头处理良好，接触电阻不大，则接头点的发热就很少，可以保持正常温度。如果接头中有杂质，连接不牢靠或其他原因使接头接触不良，会造成接触部位的局部电阻过大，当电流通过接头时，就会在此处产生大量的热，形成高温，这种现象就是接触电阻过大。

在有较大电流通过的电气线路上，如果在某处出现接触电阻过大现象时，就会在接触电阻过大的局部范围内产生极大的热量，使金属变色甚至熔化，引起导线的绝缘层发生燃烧，并引燃附近的可燃物或导线上积落的粉尘、纤维等，从而造成火灾。

2．电气火灾的燃烧特点

1) 燃烧猛、蔓延快

电气设备特别是绝缘电气线路，使用大量塑料、橡胶、绝缘漆、稀释剂等易燃物品，给火灾的蔓延创造了条件。使用电气设备的车间立体性强，易发生空间燃烧。

2) 易形成大面积燃烧

由电气设备引起的火灾，会通过各种设备的油漆物、塑料、橡胶及其他易燃、可燃物品迅速扩大。火势也常通过设备及建筑物上的油垢、密集堆放的成品半成品、地沟和各种管道、建筑物的闷顶等途径扩大蔓延，导致大面积燃烧。

3) 烟雾大、气体有毒

电气设备的绝缘物质燃烧时会产生大量烟雾，分解出有毒气体，如：硝基漆燃烧时能分解出过氧化氮；聚氯乙烯塑料燃烧时能分解出氯气和氯化氢气体；橡胶燃烧时能分解出二氧化碳、硫化氢等气体。这些气体都有可能造成人员中毒、窒息。

10.5.2　电气火灾的灭火方法

1．断电灭火

发生电气火灾时，可采取断电灭火，具体方法是：

(1) 电气设备发生火灾后，要立即切断电源，如果要切断整个车间或整个建筑物的电源时，可在变电所、配电室断开主开关。在自动空气开关或油断路器等主开关没有断开前，不能随便拉隔离开关，以免产生电弧，发生危险。

(2) 发生火灾后，用闸刀开关切断电源时，由于闸刀开关在发生火灾时受潮或烟熏，其绝缘强度会降低，切断电源时，最好用绝缘的工具操作。

(3) 切断用磁力启动器控制的电动机时，应先用按钮开关停电，然后再断开闸刀开关，防止带负荷操作产生电弧伤人。

(4) 在动力配电盘上，只用作隔离电源而不用作切断负荷电流的闸刀开关或瓷插式熔断器，叫总开关或电源开关。切断电源时，应先用电动机的控制开关切断电动机回路的负荷电流，停止各个电动机的运转，然后再用总开关切断配电盘的总电源。

(5) 当进入建筑物内用各种电气开关切断电源已经比较困难，或者已经不可能时，可以在上一级变配电所切断电源，这样将影响较大范围供电或处于生活居住区的杆上变电台供电。有时需要采取剪断电气线路的方法来切断电源，如需剪断对地电压在 250 V 以下的线路时，可穿戴绝缘靴和绝缘手套，用断电剪将电线剪断。切断电源的地点要选择适当，剪断的位置应在电源方向，即来电方向的支持物附近，防止导线剪断后掉落在地上造成接地短路触电伤人。对三相线路的非同相电线应在不同部位剪断。在剪断扭缠在一起的合股线时，要防止两股以上合剪，否则易造成短路事故。

(6) 城市生活居住区的杆上变电台上的变压器和农村小型变压器的高压侧，多用跌开式熔断器保护。如果需要切断变压器的电源，可以用电工专用的绝缘杆捅跌开式熔断器的鸭咀，熔丝管就会跌落下来，达到断电的目的。

(7) 电容器和电缆在切断电源后，仍可能有残余电压。因此，即使可以确定电容器或电缆已经切断电源，但是为了安全起见，仍不能直接接触或搬动电缆和电容器，以防发生触电事故。

2．灭火器带电灭火

有时在危急的情况下，如等待切断电源后再进行扑救，就会有使火势蔓延扩大的危险，或者断电后会严重影响生产。这时为了取得主动权，扑救就需要在带电的情况下进行，带电灭火时应注意以下几点：

(1) 必须在确保安全的前提下进行，应用不导电的灭火剂如二氧化碳、干粉等进行灭火。不能直接用导电的灭火剂如直射水流、泡沫等进行喷射，否则会造成触电事故。

(2) 使用小型二氧化碳、干粉灭火器灭火时由于其射程较短，要注意保持一定的安全距离。

(3) 在灭火人员穿戴绝缘手套和绝缘靴、水枪喷嘴安装接地线的情况下，可以采用喷雾水灭火。

(4) 如遇带电导线落于地面，则要防止跨步电压触电，扑救人员需要进入灭火时，必须穿上绝缘鞋。

此外，有油的电气设备如变压器、油开关着火时，也可用干燥的黄沙盖住火焰，使火熄灭。

3. 充油电气设备的火灾扑救

充油电气设备的火灾扑救措施有：

(1) 变压器、油断路器、电容器等充油电气设备的油，闪点大都在 130～140℃之间，有较大的危害性。如果只是容器外面局部着火，而设备没有受到损坏时，可用二氧化碳、四氯化碳、“红卫 912”、干粉等灭火剂带电灭火。如果火势较大，应先切断起火设备和受威胁设备的电源，然后用水扑救。

(2) 如果容器设备受到损坏，喷油燃烧，火势很大时，除切断电源外，有事故储油坑的应设法将油放进储油坑，坑内和地面上的油火应用泡沫灭火剂扑灭。

(3) 要防止着火油料流入电缆沟内。如果燃烧的油流入电缆沟而顺沟蔓延时，沟内的油火只能用泡沫覆盖扑灭，不宜用水喷射，防止火势扩散。

(4) 灭火时，灭火机和带电体之间应保持足够的安全距离。用四氯化碳灭火时，扑救人员应站在上风方向以防中毒，同时灭火后要注意通风。

4. 电气火灾的预防

电气火灾的预防措施有：

(1) 消除或减少易燃、易爆性混合物；

(2) 采用隔离和设置间距，电气设备应与危险区域保持规定的安全距离；

(3) 保持电气设备和电气线路安全运行，以消除引燃源；

(4) 按照规程要求安装线路，持证上岗；

(5) 禁止随意增加电路荷载；

(6) 选用安全的电气开关；

(7) 经常检查电气线路。

10.6　油库大型储油罐的火灾灭火技术

10.6.1　油罐火灾的原因和类型

油库大型油罐火灾中，绝大多数发生在汽油等轻油罐及原油罐。据统计，原油罐和汽油罐火灾所占油罐火灾的比例中，我国是 66%，前苏联为 90%。大型油罐火灾的火势猛烈，火焰温度很高，热辐射强度大，容易发生爆炸或引燃附近油罐。油品外溢会形成大面积火灾，扑救困难。特别是原油和重油罐，若油品含水或罐内有水垫层，油罐着火后一定时间可能发生沸腾突溢，油气喷溅四射使火势更大，这将扩大着火面积且容易造成人员伤亡。1989 年黄岛油库的原油罐火灾就是由于沸溢造成了巨大损失。

1. 油罐火灾的原因

引起油罐火灾的原因很多，一般可归纳为明火、雷击、静电、自燃等四大类。在国内，明火引起的油罐火灾占 64%，静电引起的火灾占 12%，达到自燃点起火占 8%，雷击火灾占 12%，其他原因占 4%。在美国，油罐火灾主要原因为静电。

(1) 明火：大多数是由于检修动火不慎或措施不当所造成的，如：检修管线不加盲板；罐内有油时，补焊保温钉不加措施；焊接管线时，事先没清扫管线；管线没加盲板隔断；油罐周围的杂草、可燃物未清除干净等。

(2) 静电：油罐进油管线从罐体上部接入，油品由高处向低处喷洒进罐，致使形成大量静电积聚，偶然放电往往会引起火灾。检尺或取样时，因放电引燃油罐的事例也曾多次发生。

(3) 雷击：因油罐无可靠避雷设施或静电接地不良，遭雷击引起火灾。

(4) 自燃：重质油品粘度较大，为便于长距离输送，往往需给油品加温，改善其流动性。如果对油品加温控制不严，加热温度达到或超过自燃点，油品一旦遇到空气必自燃起火。另外，油罐中含硫油品沉积物在消除时也可能自燃。

(5) 电气火花：在轻质油罐附近若安装不防爆的电气仪表或电气设备短路、触头分离、外壳接地不良等原因会引起弧光和火花，电气设备发热部分超过最高允许温度也会引起油罐火灾。

2. 油罐内油品燃烧特点

1) 燃烧速度快

液体的燃烧速度是指单位时间内所烧掉液体的数量。燃烧速度分为重量速度和直线速度两种。重量速度是指单位时间内单位面积所烧掉的液体，单位为 kg/(m^2 • h)；直线速度是指单位时间内所烧掉的液体层高度，单位为 cm/h。表 10-4 是几种常见易燃液体的燃烧速度。

表 10-4　几种易燃液体的燃烧速度

液体名称	燃烧速度	
	直线速度/(cm • h^{-1})	重量速度/(kg·m^{-2} • h^{-1})
航空汽油	12.6	91.98
车用汽油	10.5	80.85
煤油	6.6	55.11
直馏重油	8.46	78.1
苯	18.9	165.37
乙醚	17.5	125.84
甲苯	16.08	138.29
丙酮	8.4	66.36
甲醇	7.2	57.6

2) 燃烧温度高，辐射热量大

油品在发生燃烧时将释放出大量的热量，使火场周围的温度升高，造成火灾的蔓延和扩大，使扑救人员难以靠近，给灭火工作带来困难。

表 10-5 是几种可燃物的热值和燃烧温度。所谓热值，是指单位重量或单位体积的可燃物质在完全烧尽时所放出的热量值。

表 10-5　几种可燃物的热值和燃烧温度

可燃物	热值/(kJ · kg^{-1})	燃烧温度/℃	可燃物	热值/(kJ · kg^{-1})	燃烧温度/℃
苯	42 048	—	原油	43 961	1100
甲醇	23 865	1100	汽油	46 892	1200
乙醇	30 991	1180	煤油	41 449～46 473	7
丙酮	307 663	1000	重油	41 868～46 055	1000
乙醚	36 873	2861	木材	7118～14 654	1000～1177

可燃物在燃烧过程中所放出的热量，大部分用于加热燃烧产物，另一部分热量进行热辐射和加热可燃物，使燃烧持续进行。可燃物热值越大，越能加速火势的蔓延。

燃烧温度实质上是火焰温度，原因是可燃物燃烧时所产生的热量是在火焰燃烧区域内析出的。燃烧温度越高，它向周围辐射出的热量就越多，因而可燃物的燃烧速度就越快。因此，油面温度越高，对喷射到油面上的灭火泡沫的破坏就越快，给灭火带来的困难也越大。

总之，可燃物的热值越大，火场上燃烧温度越大，火势蔓延的速度就越快，扑救火灾的工作也就越困难。

3) 油料易流动扩散

油料是易流动的液体，具有流动扩散的特性。在火灾时随着设备的破坏，极易造成火灾的流动扩散，而油料在发生火灾爆炸时又往往造成设备的破坏，如罐顶炸开、罐壁破裂或随燃烧的温度升高塌陷变形等。因此，发生油料火灾时，应注意防止油料的流动扩散，避免火灾扩大。

油料流动扩散的强弱取决于油料本身的粘度，一般粘度低的流动扩散强，但重质油料随着燃烧温度的升高也能增强其流动扩散性。

4) 易沸腾突溢

储存重质油料的油罐着火后，有时会引起油料的沸腾突溢。燃烧的油品大量外溢，甚至从罐内猛烈喷出，形成巨大的火柱，可高达 70～80 m，火柱顺风向喷射距离可达 120 m 左右，这种现象通常称为“突沸”。燃烧的油罐一旦发生“突沸”，不仅容易造成扑救人员的伤亡，而且由于火场辐射大量增加，易引起邻近罐燃烧，扩大灾情。

(1) 重质油品之所以发生沸腾突溢的原因有以下几点：

① 辐射热的作用：油罐发生火灾时，辐射热在向四周扩散的同时，也加热了油面，并随加热时间的增长，被加热的油层也越来越厚，当温度不断升高，油品被加热到沸点时，燃烧着的油品就沸腾溢出罐外。

② 热波的作用：石油及石油产品是多种碳氢化合物的混合物，在油品燃烧时，首先处

于表面的轻馏分被烧掉，而剩余的重馏分则逐步下沉，并把热量带到下面，从而使油品逐层地往深部加热，这种现象称为热波，热油与冷油分界面称为热波面。在热波面处油温可达 149～316℃。辐射热和热波往往是同时作用的，因而能使油品很快达到它的沸点温度而发生沸腾外溢。

③ 水蒸气的作用：如果油品不纯，油中含水或油层中包裹游离态水分，当热波面与油中悬浮水滴相遇或达到水垫层高度时，水被加热汽化，并形成气泡。水滴蒸发为水蒸气后，体积膨胀约 1700 倍，以很大的压力急剧冲出液面，把着火的油品带上空中，形成巨大火柱。

由此可见，决不能因为重质油品的闪点高、着火危险性小而放松防火灭火的警惕。

(2) 沸腾突溢发生的条件有如下几点：

① 油品具有热波的性质，通常仅在具有宽沸点范围的油品(如原油、重油等重质油品)中存在明显的热波，而汽油由于沸点范围比较窄，各组分间的密度差别不大，只能在距液面 6～9 m 处存在一个固定的热波界面，即热波界面的推移速度与燃烧的直线速度相等，故不会产生突溢沸腾。各种油品的热波传播速度和燃烧直线速度见表 10-6。

表 10-6　几种油品的热波传播速度和燃烧直线速度

油品名称		热波传播速度/($cm \cdot h^{-1}$)	燃烧直线速度/($cm \cdot h^{-1}$)
轻质原油	含水＜0.3%	38～90	10～46
	含水＞0.3%	43～127	10～46
重质原油	含水＜0.3%	50～75	7.5～13
重油	含水＞0.3%	30～127	7.5～13
煤油		0	12.5～20
汽油		0	15～30

② 油品中含有乳化或悬浮状态的水或者在油层下有水垫层。

③ 油品具有足够的粘度，能在水蒸气泡周围形成油品薄膜。

油罐着火后“突沸”的时间取决于储罐内储存油品的数量、时间、含水量以及着火燃烧时间的长短，也可以根据罐中油位高度、水垫层高度以及热波传播速度和燃烧直线速度估算，以便采取有效的防护措施。一般在发生“突沸”前数分钟，油罐出现剧烈振动并发出强烈嘶哑声，火场指挥者在掌握征兆时，应果断地抢先一步作出正确决定。

5) 燃烧和爆炸往往交替进行

油气在空气中的浓度达到爆炸极限范围内时，遇火即产生爆炸。油品在着火过程中，油罐内气体空间的油蒸气浓度是随燃烧状况而不断变化的，因此燃烧和爆炸往往是在互相转变中交替进行的。

3. 油罐火灾的特点

在油库发生的火灾事故中，油罐火灾事故的比例是比较大的，而油罐发生火灾时，一般火势猛烈，常伴随着可燃气体混合物的爆炸，使油罐遭到破坏或变形，油品可能外溢漫流燃烧。据不完全统计，油罐发生火灾后，罐顶破坏的约占着火油罐总数的 75%，罐底破坏的约占 4%，罐体无影响约占 21%。油罐火灾的特点有：

(1) 油罐内油气和空气形成爆炸性混合气体。油罐内形成爆炸性混合气体时遇火源发生爆炸，油罐产生裂缝或顶盖全部或局部掀掉。国外资料显示：油罐顶部受到破坏的占 76%，底部受到破坏的占 4%。整个顶部被完全掀掉的很少，其中部分沿顶部周边方向崩开 1/3、1/4 或 1/6。

(2) 油罐内油品火焰高度与油品有关。敞开燃烧时，火焰高度汽油约 1.43D、柴油约 0.93D、乙醇约 0.76D，D 为油罐直径。

(3) 油罐内油品火焰温度高。一般石油产品的火焰温度在 900～1200℃，汽油火焰表面的热辐射强度为 97 200 W/m^2；柴油火焰表面热辐射强度为 73 000 W/m^2；乙醇火焰表面热辐射强度为 68 000 W/m^2。

油罐内储存油品状态不相同，引起火灾的比率也不同，原油和重油罐在储存中时常需加温，引起火灾事故的比例较大；汽油蒸发性强，火灾的可能性大；煤油和柴油不易挥发，相应火灾危险性小；润滑油品不易引起火灾。表 10-7 是某炼油厂对几种油罐火灾比率的统计。

表 10-7　几种油罐火灾比率

油罐名称	汽油罐	原油罐	重油罐	柴油罐
占油罐火灾总数的比例/%	21.2	33.33	36.36	6.06

油罐发生火灾时，燃烧的情况是比较复杂的，通常会出现以下一些情况：

(1) 未排净可燃混合气的空罐在遇明火或高温时，油罐内油气发生爆炸，把罐顶或整个油罐破坏。这种情况一般只发生爆炸。在油罐清洗、通风和动火焊补时尤其应注意此种情况的发生。

(2) 储油罐内气体空间内的油气发生爆炸，把罐顶炸掉，紧接着引起罐内油品迅猛燃烧，也可能罐顶着火(如测量孔等)，在燃烧过程中又转变为爆炸，使油罐遭受破坏，引起油品继续燃烧。油罐的油品燃烧若不及时扑灭，极易造成罐壁的破坏，特别是低液面轻油罐，在燃烧 5～10 min 后，其罐壁将变形，直至塌陷。

(3) 一个油罐着火，极易引起周围多个油罐爆炸、燃烧。因油料的热值高、燃烧猛烈、辐射热量大，邻近油罐内的存油加速蒸发出油气飘至着火油罐，便被引燃或引爆。若着火油罐遭严重破坏或油罐变形，罐顶焊缝或罐壁裂开，油料四处漫流燃烧，也将扩大火灾范围。重质油品罐发生火灾时，因时间长后将发生沸溢，也将引起火灾的扩散。

(4) 小容量油罐或油质较差的油罐，当发生油罐爆炸时，可能把小罐抛到空中或罐壁破裂，油料外流燃烧。小容量油罐若底座不牢固，爆炸时会将盖与罐体同时炸离，抛到数十米以外，油料漫流燃烧，扩大火势或燃烧面积。

(5) 卧式油罐发生火灾，有可能在入口处燃烧，若油罐耐压强度不够，有可能罐体破裂，造成油料流散；也可能某一端头在油罐发生爆炸时被冲开，而油罐往未开裂端迅跑。

(6) 浮顶油罐发生火灾，罐体破裂情况较少，仅在浮顶与油罐壁之间的液面处燃烧。个别情况，如焊接不符合要求，易出现过罐壁发生裂缝漏油燃烧。内浮顶油罐发生气体混合物爆炸时，易出现罐顶破裂现象，应该注意。浮顶罐起火后，应及时扑救，否则燃烧时间过长，浮顶有沉没的危险。

(7) 洞库内油罐发生火灾，一般是先发生爆炸，然后再燃烧，而洞内燃烧时，一般氧气不足，往往出现严重缺氧或兼有滚滚浓烟与有毒气体一氧化碳。在扑救时应特别注意人员的安全。

(8) 油罐火灾时，易造成油罐损坏的是空罐或半罐油。若油罐内储油量较多，如在半罐以上时，气体空间的油气浓度较大，超过爆炸上限，遇火源时油罐不会爆炸，油气在敞口处只能连续燃烧，比较容易扑救。相应空罐或只有少量油的油罐，油蒸气浓度易达到爆炸极限，遇火即引起爆炸。满罐或油料在半罐以上的油罐着火，油罐的破坏一般是罐顶与罐身接触处、沿罐周裂口；若低液位或空罐发生火灾，则可以把罐顶掀掉或使罐壁裂口或将整个油罐拔起。

(9) 油罐在输出油料时着火，最容易发生爆炸，这是因为油料输出时油位下降，缸中气体空间增大，大量空气补充进入罐内，当达到爆炸极限时，遇火就发生爆炸。同时，油料输出使罐内形成负压，在罐外燃烧的火焰会轻易地被吸入罐内，使罐内油蒸气爆炸。

(10) 油罐着火时，燃烧火焰是比较高的，一般情况下 5000 m^3 油罐着火，其火焰可达 50 m 高。火焰的高度与罐径是成正比的，油罐直径越大，火焰越高。火焰的高度同风力又有一定关系，风力越大，火焰的高度越小，但火焰长度增加。表 10-8 是油料燃烧的火焰高度，表中数据为实测数据，仅供参考。

表 10-8　油罐燃烧火焰高度

油罐直径 D/m	0.4	5.4	15.3	22.3	30
火焰高度/m	3.25D	2.12D	1.7D	1.56D	1.23D

4. 油罐火灾危险性影响因素

1) 收发油料时的火灾危险性

油罐在收发油品作业时，油罐的呼吸损耗称作“大呼吸”。收发作业的结果，空间油气浓度变化是相当大的。收油时，罐呼出量很大，有些现场经验表明，在温度 20℃、常压条件下，每进 1 m^3 汽油时，便有 1 kg 汽油蒸气排入大气；而在发油时，因为油料输出时油位下降，罐中气体空间增大，罐内气体压力小于大气压力，大量空气补充进入罐内，当达到爆炸极限时，遇火就发生爆炸，同时，油料输出使罐内形成负压，在罐外燃烧的火焰会轻易被吸入罐内，使罐内油蒸气爆炸。因此，收发油作业时，严格控制点火源，避免静电产生，是防止火灾发生的根本所在。

2) 雷雨天气时收油作业的危险性

在收集到的案例中，起火原因是雷击的共有 1 起，其中 6 个非金属罐，1 个浮顶罐，6 个罐型不详。可见，在油罐的雷击事故中，雷击事故较多的是非金属油罐，而固定顶钢油罐、浮顶油罐，雷击事故少。因此，非金属罐应加强其避雷和导电的预防措施，在雷雨天应停用非金属罐，收油和发油作业只能使用金属浮顶罐，如使用金属拱顶罐，则只能收油而不宜发油，另外，应将其呼吸口引得远些(比如高出罐顶 3 m 以上，离开罐的爆炸危险区)。

3) 罐区人员的不安全因素

众多油罐火灾事故表明，人的不安全因素是导致油罐发生火灾事故的直接原因。对 337 例油罐火灾着火爆炸性质进行的统计分析见表 10-9。从表中可以看出，油库 60%以上的火灾爆炸事故皆属于责任事故。

表 10-9　337 例油罐火灾着火爆炸统计分析

项　目	责任 (次/%)	技术 (次/%)	缺乏知识 (次/%)	其他 (次/%)
军队油库	172/77.5	44/19.8	—	6/2.7
地方油库	45/39.1	23/20.0	23/20.0	24/20.9
合　计	217/64.4	57/19.9	23/6.8	30/8.9

5. 油罐火灾的基本类型

1) 稳定燃烧型火灾

(1) 稳定燃烧。油罐内液位较高，液面上空间空气容量较少，罐内液面以上的气体空间油蒸气与空气混合浓度达不到爆炸极限时，遇明火或其他火源，燃烧仅在液面稳定进行。如果在燃烧过程中，外界条件始终不能使罐内混合浓度达到爆炸极限范围，那么这种燃烧将一直延续到油料烧完为止。

(2) 燃烧火焰起伏。原油罐发生火灾时，燃烧过程中，火灾趋势有起有伏，火灾起时，火焰高大，火焰猛烈，燃烧速度快，辐射热量强；火焰伏时，燃烧火焰缩小，燃烧速度减慢，火焰矮小。这种燃烧起伏的原因是由于原油成分含有轻质和重质不同馏分造成的。

2) 爆炸型火灾

(1) 先爆炸，后燃烧。油罐火灾因故先发生爆炸，然后猛烈燃烧，这种情况是因为罐内液面空间充满着大量油蒸气与空气的混合气体，当达到爆炸极限时，遇到火源就会爆炸，产生高温并加热油品，使油蒸气迅速增加，在充足的空间进行猛烈地燃烧。油罐火灾爆炸，对罐体及固定在罐体上的灭火装置产生极大的破坏，造成罐盖炸开，罐体变形或破裂，使大量可燃液体流散，从而扩大燃烧范围。

(2) 先燃烧，后爆炸。油罐发生火灾后，在燃烧过程中发生爆炸，其主要原因是油罐液面上的油蒸气浓度很高，在一定条件下易发生燃烧。在燃烧过程中，大量空气进入罐内，当油蒸气浓度达到爆炸极限范围内时，油罐就会在燃烧瞬间爆炸。

油罐发生火灾后，在燃烧过程中发生的爆炸一般有三种情况：

① 油罐在火焰或高温作用下，罐内的油蒸气压力急剧增加，当超过它所能承受的耐压强度时，会发生物理性爆炸。

② 燃烧罐的邻近罐在受到热辐射作用时，罐内的油蒸气增加，并通过呼吸阀等部位向外扩散，与周围空气混合达到爆炸极限，遇燃烧罐的火焰即发生爆炸。

③ 回火引起的爆炸。油罐发生火灾，罐盖未被破坏，当采取由罐底部倒流排油时，如排速过快，使罐内产生负压，发生回火现象，也将导致油罐爆炸。

(3) 只爆炸，不燃烧。油罐内油品温度低于闪点，其蒸气浓度又处于爆炸范围，且油罐内液面很低或只有油蒸气的爆炸混合气体(没有原油)，当遇到明火时将引起爆炸而不发生燃烧，把罐顶或整个油罐破坏；另一种情况是当原油或重油罐内油蒸气浓度接近爆炸下限时，遇到火源引起爆炸，但因为这类油品的蒸发速度跟不上燃烧需要的油蒸气量或空气供应不充分，爆炸后也不能继续燃烧。在油罐清洗、通风和动火补焊时应注意这种情况的发生。

(4) 连续性爆炸。

3) 喷溅性燃烧

储存重质油品的油罐着火后，燃烧的油品从罐中大量溢出或猛烈地喷出，形成巨大的火柱，这种现象通常称为“突溢”。燃烧的油罐一旦发生突溢，不仅会造成扑救人的伤亡，而且由于火场上辐射热大量增加，容易直接燃烧临近的油罐，扩大灾情。造成油罐“沸腾突溢”的主要原因是由于燃烧过程中油品产生的辐射热、热波和水蒸气的作用。

油罐着火后，突溢的时间取决于油罐中储存油品数量、时间、含水量以及着火时间的长短，也可以根据罐中油位高度、水垫层高度以及热传播速度和燃烧直线速度进行估算，以便采取有效的防护措施。一般油罐出现剧烈振荡并发生强烈嘶哑声音时，即是“突溢”的预兆。火场指挥者掌握其特征，就能果断地抢先一步做出正确决定。

(1) 发生沸溢喷溅的原因有：

① 热波特性：向油品深度方向加热的特性。

② 热波头：热油向冷油传热的临界面。

③ 高温油层：在燃烧油面与热波头之间所形成的一个被加热(149～3160℃)的热油层。

④ 水垫层：油品中水份沉积罐底后所形成的水层。高温油层接触底部水垫层后，底层水分马上气化，体积迅速扩大 1720 倍。

(2) 沸溢、喷溅时间的预测方法。

沸溢时间：81～134 min

喷溅时间：

$$T=\frac{H-h}{V_0+V_\mathrm{t}}-\mathrm{K}\cdot H \tag{10-17}$$

式中：T 为预计发生喷溅的时间(h)；H 为储罐中液面的高度(m)；h 为储罐中水垫层的高度(m)；V_0 为原油燃烧的线速度(m/h)；V_t 为原油的热波传播速度(m/h)；K 为提前常数(储油温度低于燃点取 0，温度高于燃点取 0.1)(h/m)。

(3) 沸溢喷溅的征兆如下：

① 油面呈现蠕动、涌涨现象，出现油泡沫 2～4 次；

② 火焰增高，发亮，发白；

③ 烟色由浓变淡；

④ 罐壁或其上部发生颤动；

⑤ 产生剧烈的“嘶嘶”声。

10.6.2　油罐火灾的燃烧形态与扑救方法

1. 火炬型燃烧

火炬型燃烧通常有直喷式燃烧和斜喷式燃烧两种形式。直喷式火炬，通常发生在油罐顶部的呼吸阀、测量孔等处，火焰垂直向上，燃烧范围只局限于较小的开口部位。斜喷式火炬主要发生在罐内液体上部的罐壁裂缝处。

火炬型燃烧的扑救方法：登罐用灭火毯或用干粉灭火器灭火；利用蒸气管喷射水蒸气灭火；对斜喷式火炬利用水枪切封。

2．敞开式燃烧

敞开式燃烧，无论是轻质油罐火灾，还是重质油罐火灾，都有发生的可能性。敞开式燃烧火势比较猛，罐口火风压较大，扑救时需要投入较多的灭火力量。

敞开式(无顶盖)燃烧的扑救方法：

(1) 对油面较高的敞开式燃烧，利用固定泡沫灭火系统灭火，如果固定系统强度不够，配合泡沫炮或泡沫枪灭火。喷射泡沫前，必须大强度冷却，保证油面温度在150℃以下。

(2) 对油面比较低的浮顶式油罐，针对辐射热不是很大的初期火灾，可以采用登罐用泡沫枪或灭火器灭火的方法，如果浮船已经沉没，按敞开式固定顶罐灭火。

3．塌陷式燃烧

塌陷式燃烧是指金属油罐的爆炸使罐盖被掀掉一部分后而塌陷到油品中的一种半敞开式的燃烧。塌陷式燃烧会因部分金属构件塌陷在油品中，导致灭火时出现死角，造成灭火困难。另外，也会因塌陷构件温度高、传热快，而导致复燃或引起油品过早出现沸溢或喷溅。

塌陷式燃烧的扑救方法：对油面比较低的塌陷式燃烧油罐，可以采用挖洞灭火，或者采用注油升浮的方法，将火焰升浮到塌陷以上部位，以利于形成泡沫灭火层。

4．流散形燃烧

流散形燃烧，是指由于爆炸、沸溢、罐壁倒塌、管道破裂而造成液体流淌燃烧。流散形燃烧一般火区较大，往往火焰围住多罐同时燃烧，扑救工作极其艰难复杂。

流散形火灾的扑救方法：首先利用泡沫炮或泡沫枪按先上风后下风的方向将地面流淌火扑灭，然后再扑救油罐火灾。

5．立体式燃烧

立体式燃烧，是指由于油品沸溢、喷溅、溢流或其他原因而形成的罐内、罐外地面的同时燃烧。这种形式的燃烧，将对着火罐本身产生极大的破坏作用，给相邻罐带来极大的威胁，灭火难度较大。一般直接采用直流水枪灭火。

10.6.3　油罐火灾的灭火战术原则

油罐一旦着火，火场情况非常复杂，瞬息万变。扑救时应根据具体态势决定具体战术。在灭火战斗中，无论在什么情况下都应根据油罐火灾特点迅速控制火势，防止火灾蔓延，将保证人员安全作为首要任务。经过实践探索，一般情况下，扑救油罐火灾应注意下列几个原则。

1．及时查明火情

在油罐火灾的扑救中，及时、准确地查明火情对整个灭火过程非常重要。应尽快查清：储存油品的种类、数量及液位的高度；罐体是否变形或损坏；着火油罐周边情况，估计其对邻近油罐和周围建筑、设备的威胁程度，确定警戒和保护范围；有无液体泄漏形成流淌火及其扩散趋势；油罐上是否安装固定灭火设施，设施有无损坏及其运行情况；火灾现场风向以及消防水源情况等。若是重质油品火灾，由于其存在沸溢和喷溅的可能，在灭火之初就应快速估算出其可能发生沸溢和喷溅的时间，考虑着火罐内油品转移的可能性及防火堤是否完好，下水道水封情况。以便采用相应的控制措施或防御措施，减少其带来的危害。

2．先控制，后灭火

油罐着火爆炸后，除罐顶被破坏或掀掉外，应保证罐身结构完好，将油品限制在罐内稳定燃烧，不致外泄扩大火势是油罐设计和灭火战术原则的出发点。

油品着火的火焰温度一般高达 1100～1500℃。着火罐燃烧 5 min，罐壁温度可达 500℃，强度降低一半；燃烧 10 min，罐壁温度达 600～700℃，强度降低 90%左右，罐体将发生变形；超过 10 min，罐壁便随时可能发生破裂，引起油品散失，造成火势扩大，威胁着邻近罐和周围构、建筑物的安全。

鉴于上述情况，灭火时，在做好灭火准备工作之前应立即组织力量冷却着火罐和可能危及的邻近罐，以控制火势，防止火灾蔓延。特别是下风方向的邻近罐，受到着火罐的辐射热最强，罐壁温度往往高达 80～90℃，如不冷却，很有可能被引燃，扩大火灾态势，造成更大范围的火灾。给消防人员的人身安全带来威胁。实践证明，首先用水冷却着火罐和邻近罐，接着再进行泡沫灭火是一条成功的灭火战斗原则。例如，某石油化工厂在 204 号、205 号汽油罐被引燃后，严重地威胁着邻近 404 号、107 号罐的安全，为了避免发生更大的恶性事故，决定组织足够力量对这两座罐进行强行冷却，最终有力地阻挡了着火罐的烈焰对邻近罐壁的辐射热，达到了预期的目的。

对着火罐和邻近罐进行冷却的同时，还应组织力量对周围可能受到威胁的设备、建筑物进行疏散、拆迁；对油品可能流散的方向、部位进行筑堤堵流或将流散油品导向安全地点。

3．集中优势兵力，速战速决

油罐着火不同于一般建筑物的火灾。油罐着火后，必须在火灾的初期集中优势力量，投入战斗，力图快速一举扑灭火灾。这是因为：

(1) 油品着火预燃期短，燃烧速度快。例如，汽油仅需 3 s 的预燃期，火焰就可高达十几米。如果不能在短期内扑灭，随着燃烧温度的升高，将给油罐火灾的扑救带来更大困难。

(2) 原油罐或重油罐如果不能及时扑灭，随着热波厚度的增加，扑救会更加困难。当热波触及乳化水层或水垫层时，会引起蒸气的爆喷沸溢现象，造成不可收拾的严重后果。

(3) 如果油罐发生火炬型燃烧，燃烧时间过长，易使罐内油气混合气体达到爆炸极限，造成爆炸或连续爆炸的后果。

(4) 油罐燃烧面积大，特别是大型油罐需要集结一定的消防力量，在要求灭火的短期内用泡沫将油面完全覆盖。因为泡沫的抗热时间一般为 6 min，如果没有足够的灭火力量集中有效地投入灭火，迅速将油面全部封闭，隔绝火源，而是使用零星的灭火力量或在灭火能力不足的情况下施行扑救，便会在油面上形成不能封闭的缺口，火焰继续燃烧。时间一长，燃烧面积还会扩大，甚至从缺口蔓延到整个油面，前功尽弃，起不到灭火作用。

4．做好火场灭火防范措施

在灭火抢险的整个过程中，必须始终把人身安全放在首位。预先考虑到火场可能出现的各种危险情况，把抢救、灭火人员布置到适当的位置，既能有效地灭火，又处于比较安全的地位。一旦出现危及生命的状况，应及时撤离。如果火场上有人受到火灾的威胁，应集中全力抢救。

在扑救危险性较大，可能出现沸溢的原油或重油火灾时，若不能在沸溢前将火扑灭，则要估测出发生沸溢的时间，应在可能沸溢之前，将灭火人员撤离火场或提高足够的警惕，躲避沸溢，避免人员伤亡。

另外，需要指出的是，在确定灭火方案时，应根据火场具体情况，在控制火势的同时，判断灭火的可能性和火灾蔓延的危害性。必要时可放弃灭火，让其在限制范围内燃烧，把重点放在控制和防止火灾蔓延上，以制止造成更大的损失。也就是说，在某些情况下灭火不如在控制火势的条件下将油品烧尽更有利。例如，当罐内油品不足油罐容量的 1/3 且扑救火灾的可能性小，火灾也不可能蔓延，周围设备、建筑物均能受到保护或油罐处于偏僻、得不到外援的地区，而本单位又无足够力量达到灭火的目的时，可采用这种方案。因为灭火要付出大量人力、物力，对于上述情况，即使将火扑灭，经济上也得不偿失。因此，遇到上述情况，可以在冷却水的控制下，将罐内油品烧尽为止。当然，在可能的条件下，还可将罐内部分油品外输，以减少损失。

10.6.4　不同类型油罐火灾的扑救方法

储存易燃及可燃油品的油罐，特别是 5000 m^3 以上的大型储罐，一般都按规范要求设有固定式或半固定式消防设施。选用的灭火药剂有空气(机械)泡沫液、氟蛋白泡沫液。这些设施都是为了在火灾发生初期迅速将火扑灭或将火灾抑制于萌芽状态。

油罐一旦着火，只要固定或半固定消防系统没有遭到破坏，油库消防值班人员和工作人员应首先启动消防供水系统，对着火油罐和临近油罐进行喷淋冷却保护，同时按照固定消防的操作程序，启动固定消防泡沫泵，根据着火油罐上设置的泡沫产生器所需泡沫液量，配制泡沫液，保证泡沫供应强度，连续不断地输送泡沫混合液，力争在较短时间内将火扑灭。

不过，在油罐掀顶的同时，往往会将固定消防设施破坏，使其丧失灭火功能。特别是装于非金属油罐上的固定消防设施，更易遭到破坏。黄岛油库着火事例便是如此，无论是金属锥顶罐，还是非金属罐，着火爆炸后，固定消防设施均遭到破坏，未能起到预定的作用。当固定消防设施遭到破坏不能发挥作用时，扑救油罐火灾便显得更加复杂和困难。这时必须根据油品性质、火灾特点、油罐破坏情况、有无沸溢发生、对周围环境威胁程度等，做出正确判断，迅速制定灭火方案和战略、战术，作好人力与物力上的充分准备，力求尽快控制火势和灭火。

1．拱顶罐的火灾扑救

1) 火炬型燃烧的扑救

火炬型燃烧一般是在罐顶呼吸阀、透光孔或裂缝处的燃烧。

灭火时，首先应根据火焰燃烧的特点来判断在短期内油罐是否会发生爆炸。一般认为当火焰呈橘黄色、发亮有黑烟时，油罐不会爆炸。这时罐内油气混合气体的浓度超过了爆炸极限，处于富气状态，且因混合气中缺氧，燃烧不完全，故有黑烟冒出，还伴有烧得火红的微小炭粒，使火焰显得发亮。当火焰呈蓝色不亮、无黑烟时，说明罐内油气混合物的浓度处在爆炸极限范围内，有可能在短期内发生爆炸。

如果着火罐不会发生爆炸，这时灭火人员可以靠近着火处，采取关闭盖子或用覆盖物

(如浸湿的棉被、麻袋、石棉毡等)窒息灭火，也可以用手提式化学干粉灭火。

如果着火罐随时都可能发生爆炸，灭火人员千万不能靠近油罐。这时可用喷射水流、泡沫进行切割、封闭的方法灭火。特别需要指出的是发生火炬型燃烧时，决不要将罐内油品外输，这样会使罐内形成负压，将罐外燃烧的火焰吸入罐内引起爆炸。

2) 油罐罐盖全部掀掉时的火灾扑救

对于罐盖全部被掀掉的油罐火灾，如果设有固定消防设施且火灾后未遭到破坏而失效时，应首先启动清水系统，对着火罐和邻近罐进行冷却，接着启动泡沫灭火系统，对着火罐油面火焰进行泡沫灭火；当固定消防设施遭到破坏时，可用预先计算出的足够数量的移动式灭火设备及时控制火势，迅速扑灭火灾。

对有可能产生沸溢现象的原油或重油罐，在着火爆炸后顶盖全部被掀掉，给油品发生沸溢创造了先决条件。因此，在扑救这类油罐的火灾时，在战术上要考虑以下几点：

(1) 破坏热波或减小热波的传递速度。由前面所述的原油火灾特性可知，原油罐发生沸溢现象主要是由于原油发生火灾后具有产生热波的性质。如果在灭火过程中，采取以下措施破坏热波或减小热波的传递速度，就可以防止沸溢或延缓沸溢的时间：

① 在热波中注入冷却水。着火后，施放泡沫之前，用软管喷头将水注入油品表面形成的热波中，水流速度控制在 0.08～0.2 L/(min · m^2)的范围内。这时油品表面起泡，导致缓和的溢出，起到冷却热波层和减小热波传递速度的作用。这一操作应持续到安全施放泡沫为止。

② 空气搅拌法。当罐内液位较高时，可用空气搅拌法破坏热波层。在热波深度达到罐中油品的 1/4 以前，采用空气搅拌法最有效。超过此深度，搅动热波可能会使油品温度升高超过水的沸点。在这种情况下，若罐底有水，将会开始沸溢。若罐底无水，而油温超过水的沸点，则在施放泡沫时也会发生缓和的沸溢，此时若能进行有效的控制，火焰将会熄灭并减少泡沫用量。

③ 当液位较低时，可泵入部分冷油来降低热波温度。

(2) 施放泡沫的时间。用泡沫扑灭沸溢性油品的火灾时，施放泡沫的时间至关重要。由实验可知，一般在着火后的 30 min 内，也就是有效热波厚度约在 30～50 cm 以下时，应将火扑灭。如果错过了施放泡沫的良机，尽管施放了泡沫也达不到预期效果，仍会发生沸溢，造成人员伤亡、火灾扩大的后果。

3) 罐盖部分破坏或塌落在罐内时的火灾扑救

油罐发生爆炸或燃烧后，多数情况是罐盖一部分掉进罐内，而一部分在液面上。罐顶呈凹凸不平的状态。火焰将液面的罐盖烧得很热，对泡沫有破坏作用。此外，由于罐顶凹凸不平，泡沫不易覆盖住被罐盖遮挡部分的火焰，不能发挥灭火作用。

在这种情况下，当液位较低时可以提高液位，使液面高出罐盖，然后再注入泡沫，扑灭火灾。

如果是原油罐或重油罐，在使用泡沫灭火不能发挥作用时，这时的灭火方针应是尽量减少油品沸溢带来的损失。根据估算可能发生沸溢的时间，将油品外输一部分。这不仅可以减少油品损失，而且为油品沸溢在罐内准备了更多的空间，不致使油品外泄过多，扩大火势。

除了估算沸溢发生的时间外，还可通过观察热波传递的深度来判断沸溢的发生。一般观察热波传递深度的方法的具体操作是：在着火罐的上风方向用水枪把水喷射在罐壁上，观察罐壁上水的汽化界面，热波深度一般在这个界面以下，也可以在上风向的罐壁上涂上热敏漆或其他受热变色涂料，它们在热波界面上将会改变颜色。

4) 罐壁或罐底破坏时的火灾扑救

油罐着火后，无论罐壁或罐底遭到破坏都会使油品流散，在防火堤内形成大面积燃烧，给扑救工作带来很大困难。遇到这种情况，应根据具体情况，采用相应的措施，科学地组织灭火力量，有效地扑灭火灾。

当油罐周围全是油火，灭火人员根本无法接近着火罐时，即使固定泡沫灭火设备未被破坏，也无法使用，其他灭火设备也用不上。在这种情况下，应组织足够的灭火力量，采用堵截包围的灭火方法，首先扑救防火堤内的流散火焰，一般可用化学干粉灭火器，由远及近逐渐向着火罐推进进行灭火，然后再扑救罐内的火灾。

2. 浮顶罐火灾的扑救

浮顶罐的火灾几乎全是发生在罐顶边缘密封处。因为只有这个地方由于密封不严、有可燃气体冒出而被点燃。储存在浮顶罐中的原油，由于发生沸溢的条件不完全具备，尽管在密封圈处发生火灾，油罐也不会发生沸溢现象。

浮顶罐火灾大多数可以在发生火灾的短期内被扑灭。用便携式泡沫水龙带或手提式化学干粉灭火器即可扑灭。如果周围都有火焰，应两个人合作进行同时灭火，即开始在一起，然后背向而行，在罐的另一侧相遇。

对于密封处火灾发现较晚的少数罐，由于燃烧时间较长，周围钢板温度会很高。这时，如果直接使用泡沫灭火，泡沫会遭到破坏。因此，首先应该用水冷却油罐，然后再使用泡沫进行灭火。

扑救浮顶罐火灾时，要特别注意的是泡沫和水雾不能以大流量直冲入密封处，防止油品从此处溅到浮顶上，引起大面积燃烧，给灭火带来更大困难。同时也要防止泡沫和冷却水大量注入浮顶。这不仅可以节约大量泡沫剂，而且不致使浮顶负荷太重而沉没。在灭火过程中，还要注意打开浮顶上的排泄阀。

如果浮顶发生了沉没，油品一定会全部卷入火灾。在这种情况下，应将油品转移到罐外安全的地方。转移油品的数量应满足使液位降低到浮顶沉降到的深度为止。这时再进行灭火会比较容易些，沸溢的机会也少。灭火方法和步骤与拱顶罐相同。

3. 非金属罐火灾的扑救

非金属罐多建于地下或半地下。罐周围一般不设防火堤。出于结构强度方面的考虑，罐身较浅而断面面积较大，油罐着火后，钢筋混凝土预制顶盖几乎全部被破坏或爆飞，致使暴露面积增大，罐顶上的固定消防设施多数也易遭到破坏而失效。由于罐身浅，容易在短期内发生沸溢喷溅。因此，非金属罐一旦发生火灾，具有更大的危险性和破坏性。

非金属罐火灾的扑救，难度比金属罐大得多。因此，必须根据其火灾特点，制定出周密的消防预案，确定灭火力量，及时控制火势，迅速有效地将火扑灭。

1) 确定灭火力量

确定非金属的灭火力量时，除遵照消防规范的要求外，还应考虑到非金属罐燃烧面积大及其他火灾特点，计算出实际所需的最大灭火力量。例如，当罐内钢筋混凝土柱子表面温度达 600～700℃时，其辐射热对泡沫有严重的破坏作用。

2) 建立联合消防体系

实践证明，对于非金属罐的火灾，在固定消防设施遭到破坏的情况下，单凭本单位的消防力量，往往难以扑救。对于这种情况，除应适当扩大专职消防力量以自防、自救外，还应协同友邻，建立联合消防体系，即各单位可根据各自的火灾特点，确定联合灭火方案及各自出动的灭火力量，协同应急互救的时间。在规定的时间内，着火单位能够汇集足够的灭火力量，从而迅速有效地控制和扑灭火灾。

此外，由于地下或半地下的非金属罐周围一般不设防火堤，一旦发生火灾，油火将会四处流淌。这时可根据具体情况，采取筑堤堵流，把流散的油品堵截在一定范围内，控制火势的发展，或者把油品引导到一个安全的地方。

为了防止非金属罐着火时发生沸溢，平时应该经常注意排出罐内底水。

10.6.5 油罐区的消防安全管理

油罐区是储存各类油品的地方，储存的各类油品一般都具有易挥发、易燃烧、易爆炸、易产生静电等性质，特别是有些油库存有大量的危险化学品，使危险性变得更大，一旦发生火灾，必将造成巨大的经济损失和不良的政治影响。轻者使罐体变形，重者使罐体发生爆炸，油品溢出油罐区，造成大面积的燃烧爆炸。因此，做好油罐区的消防安全管理工作，显得特别重要，具体应该抓好如下几个方面的工作：

1．抓住隐患不放手

“隐患险于明火，防范胜于救灾”，在消防安全工作网络基本完善，制度、机制基本健全的情况下，消防的重点应放在对隐患的排查和监控上。就笔者几年来的经验看，在油罐区隐患的监控和排查上，应重点注意以下几点：

(1) 用电方面的隐患。其一是电力负荷不够，油罐区内配备的消防泵等设施不能正常的启动，其二是闸刀开关等的保险丝不按照实际来设置，而是随便设置，使用的设备已超负荷，但是保险丝还没有熔断。

(2) 烟火方面存在的隐患。尽管一再要求在油罐区内禁止吸烟，但在检查时发现，在油罐区一些非重点区域内有不少烟头，甚至在危险品装卸现场也存在吸烟现象，其危险程度可想而知。据推测，燃烧着的烟表面温度可达 300℃，中心温度可达 800℃，而一般燃烧物的着火点在 200℃以下。其次是车辆未戴防火罩就直接进入罐区，工作人员穿钉鞋直接登罐，这些都很容易产生火花，带来潜在的隐患。

(3) 油罐区动火不规范的隐患。其一是设备、罐体、管道等检修动火或措施不当所致。例如，检修管线不加盲板，罐区有油时电焊不加措施，焊接管线时没有事先清扫干净周围的杂草、可燃物等。其二是动火取暖，职工在油罐区宿舍内使用电暖器或电炉子等取暖。

(4) 装卸危险化学品过程中的隐患。在接卸油品时，管道的法兰连接没有跨接，或是有连接，但是法兰已经生锈，不能正常排除静电。再者，连接船和岸的静电接线柱生锈，没用砂纸打掉，接线柱起不到导除静电的作用。还有就是在装卸前不通知临近单位，致使产生一些不安全因素。

2．加强对消防设施的管理

油罐区的消防设施是一种被动的设备，是火灾发生后才用得上的设施。消防设施最重要的作用就在于扑救初期火灾，把火灾消灭在刚刚产生的初期，阻止火势的进一步发展，避免产生更大的损失。

(1) 加强对消防设施器材的配备。按照有关规范的规定，要害部位、重点设备、安全设施、消防器材等安全设施要落实到岗位、个人。设置安全设施和存放安全设施的部位要有明显标志，要充分发挥安全设施的预防作用，一旦发现事故苗头，安全设施要及时到位，预防事故扩大蔓延。

(2) 加强对消防设施的维修保养。对安全消防设施要定期进行检查和更换，确保消防设施完好，保证在危急时刻，消防设施能派上用场。

3．建立、健全规章制度和操作规程管理

从这几年来发生的重特大火灾事故来看，发生大火的原因，大部分是由于人的疏忽大意、防范不严、隐患不察、玩忽职守等因素所致。

(1) 要加强对责任的认识，建立、健全以公司法人或负责人为首的安全生产责任制，层层签订安全生产责任书，实行终身责任追究制，形成安全生产保障体系，成立专职安全机构，配备专职安全管理人员，制定科学的安全管理制度，将管理职责层层分解、层层落实、形成层层考核的安全管理网络，使职工特别是单位领导认识到自己所应承担的责任，从而积极主动地履行自己的职责。每次大的事故，总能在报纸、电视上看到“水火无情人有情”、“救援无私奉献”、“在某某事故中救出多少人、抢救出多少财物”的报道和一些感人的事迹。但这些都为时已晚，已经造成的重大损失是不可挽回的。对每个人来说，只要提高消防安全意识，从内心深处树立“安全为天”的思想，防患于未然，安全工作就不愁做不好。近年来，很多单位对消防安全工作的重视只停留在口头上，却不落实在行动中。

(2) 要加强对职工特别是新职工的安全教育和培训，推行持证上岗，制定安全教育培训计划，做到安全教育经常化、制度化，特殊工种和关键岗位人员的安全技术培训和教育应严格按照行业要求执行。培训包括以下两个方面：一是对消防理论知识的培训。掌握必需的消防常识，在平时的工作岗位上能够查出本单位存在的隐患，同时能预测到可能会发生的问题，并能及时找出原因所在，把隐患消灭在萌芽状态；二是加强消防技能的训练，掌握必要的设备使用、维修、保养方面的知识，在必要的时候能够发挥所配备的消防设施的作用，发挥处理初期火灾事故的能力。

(3) 加强对职工的岗位考核，正确处理职工造成的得失。岗位考核工作是一项强化管理的重要举措，它对提高油罐区员工队伍的综合素质，促进罐区消防工作具有重要作用。对油罐区员工的失误要有一个正确的认识，不能一味的惩罚，平时要注重用奖励的方法来处理一些问题。在很大程度上，奖励在效果上要优于惩罚，因为奖励是一种有效的激励手段，通过奖励可在一定程度上提高安全意识，促使自己和他人提高业务能力，以获得领导的认可。事实证明，不少人的安全意识还相当淡薄，一个重要的原因是我们在宣传安全工作时，总是侧重于反面事例，即安全事故的危害性，而正面宣传力度不够。安全工作抓不好要出事，要受罚；抓得好是应该的，必须的，这自然无可争议，然而这样一来容易让人感到抓安全工作的内在动力不大，容易导致安全工作的懈怠，不重视。再者，安全工作是一种隐形效益，只有出了事故，才会被重视，所以正确对待工作中的考核非常重要。在进行惩罚的同时，要注重正面的宣传引导，对无安全事故发生、安全工作抓得好的部门和职工，要大力宣传其业绩并给予物质精神奖励。

(4) 要建章立制，管理措施要到位。“没有规矩，不成方圆”，只有制定了各种规章制度、操作规程，员工才知道自己应该干什么，不应该干什么，该怎么样去做。只要员工按照程序规范操作，就不会出问题。

(5) 加强出入油罐区的管理。在油罐区设置明显的标志和警示牌。在进入油罐区前，将手机、传呼等关掉或留在门卫，严禁携带火种。在油罐区内的人员应严格按照规程去做。

(6) 定期召开员工大会。很多单位职工都战斗在生产的第一线，对自己的岗位很熟悉，对存在的隐患应该最清楚，也知道应该怎么样去整改。定期召开职工会议，给他们发言的机会，让他们也参与到管理中去，他们根据实际情况提出的大量好的意见和建议对预防火灾的发生、及时发现隐患、及时进行整改具有重要的意义。

(7) 加强安全检查、巡查力度，定期进行安全综合检查，单位应每月一次，安全主管部门应每周一次，具体岗位应每日一次。规定每个部门的检查内容、范围。做到检查有记录，隐患有整改、有措施、有报告。

思考题

1．简述灭火剂的分类及灭火原理。

2．火灾分为哪几类？分别是什么？

3．室外消防给水系统设置要点有哪些？

4．原油火灾发生的原因有哪些？

5．简述石油火灾的特点。

6．论述石油火灾的灭火方法。

7．简述天然气火灾的危险性因素。

8．简述天然气断源灭火时应该注意的问题。

9．简述液化石油气火灾的灭火方法。

10．电气火灾分为哪几类？

11．论述电气火灾的灭火方法。

12．简述油罐火灾的灭火方法。

参 考 文 献

[1] 张乃禄. 安全评价技术[M]. 2版. 西安：西安电子科技大学出版社，2011.
[2] 宇德明. 易燃、易爆、有毒化学品储运过程定量风险评价[M]. 北京：中国铁道出版社，2000.
[3] 严大凡，翁永基，董绍华. 油气长输管道风险评价与完整性管理[M]. 北京：化学工业出版社，2005.
[4] 吴宗之，高进东，魏利军. 危险评价方法及其应用[M]. 北京：冶金工业出版社，2001.
[5] 张志春. 油气田企业消防安全[M]. 北京：中国石化出版社，2008.
[6] 刘诗飞，詹予忠. 重大危险源辨识及危害后果分析[M]. 北京：化学工业出版社，2004.
[7] 卜文平. 输油管道规程汇编：2分册 安全管理[M]. 中国石化集团管道储运公司，中国石油化工股份有限公司管道储运分公司. 北京：中国石化出版社，2003.
[8] 陈保东，马贵阳. 油品储运技术[M]. 北京：中国石化出版社，2009.
[9] 陈安标，郝建设，孙为民，王庆余，潘积鹏. 油田企业HSE管理人员培训教材[M]. 北京：中国石化出版社，2009.
[10] 刘通. 中国石化安全管理全书(上，下)[M]. 北京：中国物资出版社，1999.
[11] 张德义. 石油化工危险化学品实用手册[M]. 北京：中国石化出版社，2006.
[12] 张国旗，焦为民，崔焕秀，等. 危害辨识与预防指南[M]. 北京：石油工业出版社，2002.
[13] 陆朝荣. 油库安全事故案例剖析[M]. 北京：中国石化出版社，2010.
[14] 郭继坤，王丰. 油库安全管理[M]. 北京：中国石化出版社，1997.
[15] 杨艺，刘建章，付士根. 油库安全评价与应急救援技术[M]. 北京：中国石化出版社，2009.
[16] 范继义. 油库安全工程全书：油库安全工程技术[M]. 北京：中国石化出版社，2008.
[17] 毋元江，王丰. 油库安全系统工程[M]. 北京：中国石化出版社，2006.
[18] 李家启，李良福. 雷电灾害风险评估与控制[M]. 北京：气象出版社，2010.
[19] 刘景轩，刘桂林. 液化石油气安全使用常识[M]. 北京：石油工业出版社，1992.
[20] 张应立. 液化石油气储运与管理[M]. 周玉华. 北京：中国石化出版社，2007.
[21] 中国石油天然气集团公司安全环保部. 采气工安全手册[M]. 北京：石油工业出版社，2008.
[22] 机械工业沈阳教材编委会，继续工程教育教材编委会. 液化石油气及其设备安全技术[M]. 沈阳：东北工学院出版社，1988.
[23] 郑社教. 石油HSE管理教程[M]. 北京：石油工业出版社，2008.
[24] 中国石油天然气集团公司安全环保部. HSE风险管理理论与实践[M]. 北京：石油工业出版社，2009.
[25] 刘铁岭，王晗，苗振宝，等. 集输作业人员HSE培训教材[M]. 北京：中国石化出版社，2009.

[26] 中国石油天然气集团公司安全环保与节能部. HSE管理体系审核教程[M]. 北京：石油工业出版社，2012.
[27] 宋琦如. 职业安全与卫生[M]. 刘志宏，宋辉，杨惠芳. 银川：宁夏人民出版社，2008.
[28] 张乃禄. 安全检测技术[M]. 2版. 西安：西安电子科技大学出版社，2012.
[29] 赵汝林. 安全检测技术[M]. 天津：天津大学出版社，1999.
[30] 冯叔初，郭揆常，等. 油气集输与矿场加工[M]. 山东：中国石油大学出版社，2006.
[31] 郭光臣，董文兰，张志廉. 油库设计与管理[M]. 山东：中国石油大学出版社，2006.
[32] 杨筱蘅. 输油管道设计与管理[M]. 山东：中国石油大学出版社，2006.
[33] 李玉星，姚光镇. 输气管道设计与管理[M]. 山东：中国石油大学出版社，2006.
[34] 杨筱蘅. 油气管道安全工程[M]. 北京：中国石化出版社，2005.
[35] 屈静，马瑞竹，杜春龙. 油田的自动化监控系统探析[J]. 中国新技术新产品，2010(16):40.
[36] 李瑞平. 基于石油产品储罐火灾防护的烟雾自动灭火系统应用研究[J]. 中国石油和化工标准与质量，2011(11):256-267.
[37] 靳家新. 大型原油储罐自动灭火系统简介[J]. 油田地面工程，1990，9(3):51.
[38] 傅蕾，杨萍萍. 罐外式烟雾自动灭火装置在油田的推广应用[J]. 消防技术与产品信息，2000(2):17-18.
[39] 周先进，石新，王丰. 油库设备安全运行及管理[M]. 北京：中国石化出版社，2005.
[40] 苏建华，等. 天然气矿场集输与处理[M]. 北京：石油工业出版社，2004.
[41] 中国安全生产协会注册安全工程师工作委员会. 安全生产技术[M]. 北京：中国大百科全书出版社，2008.
[42] 王遇冬主编. 天然气处理原理与工艺[M]. 北京：中国石化出版社，2009.
[43] 梁平，王天祥. 天然气集输技术[M]. 北京：石油工业出版社，2008.
[44] 朱兆华，姜松，葛长喜. 危险化学品储运工安全技术[M]. 北京：化学工业出版社，2007.
[45] 郑津洋，马夏康，尹谢平. 长输管道安全风险辨识评价控制[M]. 北京：化学工业出版社，2004.
[46] 何英勇，葛华，贾静，何怡，杨秀兰. 天然气集输井站安全系统设置[J]. 天然气工业，2008，28(10):105-107.
[47] 狄彦. 美国Carlsbad天然气管道事故及其启示[J]. 事故分析与报道，2008，8(1):7-9.
[48] 王玉梅，郭书平. 国外天然气管道事故分析[J]. 油气储运，2000(1):5-10.
[49] 宇德明. 易燃、易爆、有毒化学品储运过程定量风险评价[M]. 北京：中国铁道出版社，2000.
[50] 严大凡，翁永基，董绍华. 油气长输管道风险评价与完整性管理[M]. 北京：化学工业出版社，2005.
[51] 吴宗之. 危险评价方法及应用[M]. 北京：冶金工业出版社，2001.
[52] 刘诗飞. 重大危险源辨识及危害后果分析[M]. 北京：化学工业出版社，2004.
[53] 刘祎. 天然气集输与安全[M]. 北京：中国石化出版社，2010.
[54] 王遇冬，何宗平. 天然气处理与安全[M]，北京：中国石化出版社，2008.

[55] 王源，张乃禄，魏磊，余兴华. 油田集输联合站安全监控预警系统的开发[J]. 西安石油大学学报，2010，25(6)：55-57.

[56] 张乃禄，徐菁，赵自愿，王晓明，梁兵. 油田集输联合站安全性的模糊综合评价[J]. 油气田地面工程，2012，31(1)：12-14.

[57] 张乃禄，赵晓姣，胡长岭. 油田联合站故障树评价研究[J]. 油气田地面工程，2007，26(11)：3-5.

[58] 张乃禄，赵岐，张钰哲，贺安武，郭永宏，孙换春. 示功图法计算油井产液量的影响因素[J]. 西安石油大学学报，2011，26(4)：53-55.

[59] 张乃禄，刘峰，郝佳，徐竟天. 联合站监控系统可靠性分析[J]. 油气田地面工程，2008，27(12)：50-51.

[60] 庞诚，张乃禄. 油田数字化井场建设与施工[J]. 油气田地面工程，2011，30(11)：79-80.

[61] 张乃禄，赵晓姣，徐竟天，郭小平. 原油集输联合站故障树分析研究[J]. 中国安全科学学报，2008，18(3)：143-147.

[62] 张乃禄，赵自愿，徐菁，王晓明. 远程稳流注水控制系统可靠性分析[J]. 油气田地面工程，2012，31(2)：49-51.